中国石化“十四五”重点图书出版规划项目

炼油生产过程能量系统优化手册

田　涛　主编

中国石化出版社

内 容 提 要

本书共分为上下两篇，上篇共四章，分别介绍炼油能量系统优化概述、炼油过程的用能分析、炼油单元过程用能及节能和用能过程的系统优化方法；下篇共六章，分别介绍炼油企业总体用能优化、炼油工艺装置能量优化、装置间热集成优化、低温热综合利用优化、蒸汽动力系统优化和循环水系统优化。本书从用能设备、工艺装置、系统及全局三个层次归纳出应用系统方法优化炼油用能的一般规律，提出工艺装置及大系统能量优化思路和策略方法。

本书具有很强的实用性和学术性，对从事炼油行业能量优化的科研、设计、生产和管理的广大人员及高等院校有关专业师生有较大的学习参考价值，也可作为注册咨询工程师(投资)继续教育的参考书籍。

图书在版编目(CIP)数据

炼油生产过程能量系统优化手册 / 田涛主编. — 北京：中国石化出版社，2022. 10

ISBN 978-7-5114-6835-2

Ⅰ. ①炼… Ⅱ. ①田… Ⅲ. ①石油炼制-系统优化-手册 Ⅳ. ①TE62-62

中国版本图书馆 CIP 数据核字(2022)第 185688 号

中国石化出版社出版发行

地址：北京市东城区安定门外大街 58 号

邮编：100011　电话：(010)57512500

发行部电话：(010)57512575

http://www. sinopec-press. com

E-mail：press@ sinopec. com

北京柏力行彩印有限公司印刷

全国各地新华书店经销

*

787×1092 毫米 16 开本 17. 75 印张 445 千字

2023 年 1 月第 1 版　2023 年 1 月第 1 次印刷

定价：68. 00 元

前　言 PREFACE

近年来，随着我国炼油行业节能工作的深入，提高炼油过程能源效率已经成为一项涉及全厂物料平衡、工艺路线、操作优化、设备更新改造等在内的综合性工作，如何理清节能、用能优化与炼油生产的关系，成为未来指导炼厂开展能源优化管理的重要基础。

炼油企业的节能与能量系统优化是既有区别又有联系的两个方面，节能是降低炼油生产过程的能源消耗，减少不必要的能量浪费以实现降低生产成本的实践活动；能量系统优化则是在研究能量利用过程的基础上，运用过程系统工程的方法整体优化能量推动过程实现的研究和探索活动，是过程系统工程方法在能量优化领域的重要应用，是指导企业开展节能工作的重要理论基础。节能可以为企业带来经济效益，但节能未必是通过最优的能量利用措施来实现的，如对出口阀门截流的机泵采用叶轮切削降低电耗、对管网乏汽进行回收利用等，这些措施都节约了能量，但却不一定是在能量利用的最优状态采取的措施。如何以能量利用的最优状态和遵循科学合理的能量利用原则指导炼厂的节能和能效提升工作是未来炼厂能源管理的重要内容。

能量系统优化在炼油行业应用得较早，20 世纪 70 年代，Linhoff 教授创立夹点理论，极大促进了换热网络优化的应用；国内华贲教授在总结用能过程热力学基础上，创立了用能“三环节”理论。线性规划(LP)求解软件及技术的发展促进了炼油蒸汽动力系统和管网系统的优化和求解；同时 PIMS、Pro/Ⅱ、Aspen 等商业流程模拟软件的应用也推动了系统优化手段在炼油节能工作的应用。炼油生产过程的能量利用具有高度非线性特征，上述技术在炼油过程的集成应用尚没有完整统一的原则和策略方法，仅仅是在某个具体方面得以实施。同时在能量系统优化方面也不可能找到一种适用于所有问题的最优化模型和求解方法，必须结合炼油过程的能量利用特点，逐步逼近最优的能量利用状态。开展炼油能量系统优化工作需要具备炼油专业的背景知识和经验，同时按照能量利用线索重新审视炼油生产过程。

出版发行《炼油生产过程能量系统优化手册》的目的是总结实践中开展炼化企业能量系统优化的工作内容，积累、汇总炼油生产中的能效提升措施，归纳提炼能量系统优化所涉及的改进方向和策略，形成对开展该工作有帮助的知识体系和专业方法，扩大其应用面。

目前，关于炼油行业的用能优化书籍较多，例如《工艺过程用能分析及综合》《石油化工过程节能方法和技术》《炼厂能量系统优化技术研究与应用》《炼油装置节能技术与实例分析》等，这些专著促进了炼油行业能量系统优化的发展。针对上述专著的内容和炼油生产实际，建立一套由浅入深、由表及里的系统用能分析方法，指导炼油过程的能量利用诊断，提出改进措施，将具有极为重要的意义。

本书在总结炼油生产过程用能的特点和规律基础上，分析影响炼油生产过程能量利用的因素，从用能设备、工艺装置、系统及全局三个层次归纳出应用系统方法优化炼油用能的一般规律，提出工艺装置及大系统能量优化思路和策略方法；通过能量利用的评价和改进，从设备、装置及系统寻找炼油过程的节能潜力、改进措施，最终达到降低能量消耗、提高企业经济效益的目的。

本书共分为上下两篇，上篇共四章，分别为概述、炼油过程的用能分析、炼油单元过程用能及节能和用能过程的系统优化方法；下篇共六章，分别为炼油企业总体用能优化、炼油工艺装置用能优化、装置间热集成优化、低温热综合利用优化、蒸汽动力系统优化和循环水系统优化。

能量系统优化作为指导炼油企业开展节能工作的重要理论基础和研究领域，是无止境、无边界的开放知识体系。本书在总结大量具体措施的基础上，进行实践规律的抽象提升，既坚持措施方法的实用性，又兼顾实践应用的一般性，而要达到这个目的也绝非易事。本书提出了大量思路性和思考性的方法，但对具体模型、公式、定量分析和实现手段上并未深入展开。希望本书的出版可以对炼油行业的能量系统优化技术起到促进作用。鉴于作者编写水平和时间有限，书中难免存在疏漏和不当之处，欢迎广大读者批评指正。

本书编写过程得到谢小华、李鹏、郑文刚、魏志强等领导和专家的大力支持与帮助，大量内容也是与中山大学陈清林团队、中国石化各企业从事节能工作同志交流所得，在此表示衷心感谢。

目　录 CONTENTS

上　篇

下　　篇

上篇

第一章 概 述

一、炼油能量系统优化的作用与意义

近年来，我国炼油企业的节能工作取得了显著成绩，大量节能新技术广泛应用，炼油装置的主要技术指标大幅提升。例如，复合相变换热器的应用使加热炉排烟温度降低至110℃以下，高通量等强化传热元件的应用使得传热温差显著减小，溴化锂制冷等技术的应用使得低温热回收温度越来越低，液力透平、螺杆膨胀等余压利用技术的应用减少了压力能排弃，乏汽回收技术、三元流技术、无级气量调节技术、先进控制技术、凝结水高温回收技术等被普遍应用。在炼油技术指标不断提升的同时，炼油装置本身的能耗水平也越来越接近或达到世界领先水平。从外在表现看，炼油企业的节能潜力已挖掘得比较深入，提升炼油能效水平的工作开始出现瓶颈，具体体现在：装置能耗指标先进，但炼油企业全厂的能源消耗依然较大。

出现这一瓶颈的原因在于炼油过程的单元与局部、局部与子系统和全局系统之间缺乏有效能量集成优化，包括：炼油企业的蒸汽动力、低温热利用、辅助系统以及采暖、空调等生活用能的匹配普遍存在优化空间；公用工程系统的运行普遍孤立考虑；各工艺装置间及工艺装置与辅助系统之间缺乏有效的全局优化。这些导致了由装置和辅助系统构成的炼油企业整体加工能耗与国外水平仍有一定差距。能量系统优化技术是以企业本质用能合理为出发点，集成考虑用能过程的各环节，从炼油企业的全局视角，整体优化和系统改进能量的利用状况，有针对性地解决企业用能过程中存在的深层次问题，提高炼油过程用能的合理化水平，是破解当前和未来一段时期炼油企业节能工作瓶颈的重要理论指导。随着节能工作的深入，炼油能量系统优化的应用将会越来越广泛。

(1) 炼油过程用能的复杂性使得能量系统优化技术具有较大应用空间

能量是推动炼油生产过程的重要因素，既要驱动流体物料的流动，又要完成工艺介质的分离，同时也是推动反应进行的条件，因此能量在炼油生产过程中的利用形式多样。同时，能量的供入来源广泛、品种繁多，包括原煤、石油焦、炼厂干气(瓦斯)、燃料油、天然气、蒸汽、电等，能源的转化和用能形式差别较大。加之炼油过程的工艺物流数量多、温位分布较广、压力等级多，物料间的能量选择匹配余地大。因此，炼油生产的工艺特点决定了用能过程的复杂性，这使得应用过程系统方法优化炼油用能过程具有较大的施展空间。

(2) 炼油产能的逐步发展为能量系统优化提出了现实需求

我国多数炼油企业的建设年代跨度较大，炼油能力逐步增加，项目投资中对主要工艺装置的扩能投入较多，而对公用工程和用能系统关注较少，工艺装置一再依托原有公用工程，导致工艺过程与用能过程缺少统一规划。未来一段时期内，油品质量升级、环保与碳减排约束将会驱动新一轮炼油装置升级改造，能量系统优化技术将在工艺产能升级与用能优化的协同发展中发挥重要作用，降低产能升级项目投资的同时提升过程能效水平。

(3) 技术经济条件的改变及新技术出现对炼油用能提出新要求

能量系统优化的本质是追求用能过程的经济最优化问题，权衡过程推动力与设备投资的最佳组合，因此全社会技术经济条件的改变必然带来用能过程最优参数条件的变化，需要能量系统优化技术迭代升级，例如能量价格的上涨，使得钢材与原油的比价越来越低，以热回收为主的节能设备的经济平衡点会出现新变化，炼油过程加热炉排烟温度、传热温差等逐渐降低，最优的能量回收条件也会因经济条件的变化而改变。

因此，与一般企业节能技改措施往往从能量浪费的外在表现出发所不同，炼油能量系统优化是从过程用能本质合理的角度出发，在揭示和运用用能规律基础上，以企业用能的全局视角，优化能量利用过程，切实提升企业的整体用能水平。

二、炼油生产过程介绍

炼油生产主要由两大部分组成，即炼油过程和辅助设施。从原油到生产出各种石油产品一般需经过多个物理及化学炼油过程，每个炼油过程相对独立地自成为一个炼油生产装置。在某些炼油厂，从有利于减少用地、余热的利用、中间产品的输送、集中控制等考虑，把几个炼油装置组合成一个联合装置。为了保证炼油生产的正常进行，炼油厂还必须有完备的辅助设施，例如供电、供水、废物处理、储运等系统。

1. 炼油生产装置

炼油生产装置可以按生产目的分为以下几类：

(1) 原油分离装置

原油加工的第一步是把原油分离为多个馏分油和残渣油，因此，每个正规的炼厂都应有原油常压蒸馏装置或原油常减压蒸馏装置。在此装置中，还应设有原油脱盐脱水设施。

(2) 重质油轻质化装置

为了提高轻质油品收率，须将部分或全部减压馏分油及渣油转化为轻质油，此任务由裂化反应过程来完成，如催化裂化、加氢裂化、焦炭化等。

(3) 油品改质及油品精制装置

此类装置的作用是提高油品的质量以达到产品质量指标的要求，如催化重整、加氢精制、电化学精制、溶剂精制、氧化沥青等，加氢处理、减黏裂化也可归入此类。

(4) 油品调和装置

为了达到产品质量要求，通常需要进行馏分油之间的调和(有时也包括渣油)，并且加入各种提高油品性能的添加剂。油品调和方案的优化对提高现代炼厂的效益起到重要作用。

(5) 气体加工装置

如气体分离、气体脱硫、烷基化、C_5/C_6 异构化、合成甲基叔丁基醚(MTBE)等。

(6) 制氢装置

在现代炼厂中，由于加氢过程的耗氢量大，催化重整装置的副产氢气不能满足使用，多数炼厂还会建设专门的制氢装置，包括干气制氢、天然气制氢、煤制氢等。

(7) 化工产品生产装置

如芳烃分离、催化裂化丙烯聚合装置等。此外，为了保证出厂产品的质量，炼厂中都设有产品分析中心。

由于生产方案不同，各炼厂包含的炼油过程的种类和多少，或者说复杂程度会有很大的不同。一般来说，规模大的炼厂其复杂程度会高些。

2. 辅助设施

辅助设施是维持炼厂正常生产所必需的辅助类运行装置或系统，主要的辅助设施包括：

① 供电系统。多数炼厂使用外来高压电源，因此炼厂应有降低电压的变电站及分配用电的配电站。为了保证电源不间断，多数炼厂备有两个电源。为了保证在断电时不发生安全事故，一般情况下炼厂还自备小型的发电机组。

② 供水系统。新鲜水的供应系统主要由水源、泵站和管网组成，有时还需水的净化设施。大量的冷却用水需循环使用，故应设有循环水系统。

③ 蒸气系统。主要由蒸汽锅炉和蒸汽管网组成。供应全厂的工艺用蒸汽、吹扫用蒸汽、动力用蒸汽等。

④ 供气系统。主要包括压缩空气站、氧气站(同时供应氮气)等。

⑤ 原油和产品储运系统。主要包括原油及产品的输油管、码头、铁路装卸站、原油储罐区、产品储罐区等。

⑥ 环保处理系统。如污水处理系统、有害气体处理(如含硫化氢、二氧化硫气体)、废渣处理(如废碱渣、酸渣)等，包括硫黄回收装置、溶剂再生装置、酸性水/污水汽提装置、干气脱硫等独立运行装置。三废的排放应符合环境保护的要求。

三、炼油能量系统优化过程

炼油能量系统优化技术是在一定的物料流程基础上，追随系统的能量演化过程，以流程模拟和优化技术为基础，紧密结合生产工艺用能特点，最大限度优化现有工艺条件，通过总流程调整、工艺参数优化、局部流程调整、工艺管理以及全局系统优化，在单元设备、局部子系统和系统全局 3 个层次上协调优化，达到全局用能最优的改进效果。

1. 总体思路

炼油能量系统优化技术主要研究以热加工为主的炼油过程用能规律及特点，以工艺装置用能改进为核心，同时对炼油企业全局的总体用能过程、装置间热集成系统、低温热综合利用系统、公用工程系统等进行集成调优。

炼油生产工艺的用能过程复杂，全局系统更是涉及多个工艺装置和公用工程系统，能量系统优化在进行工艺装置和全局系统优化过程中要涉及数量庞大的过程变量和约束关系，需要采用科学的分解调优策略，避免或降低变量与约束关系间的相互干扰，保证能量全局优化的系统性和可行性。

工艺装置是全厂能量利用的核心，工艺装置用能优化是能量系统优化的关键过程，同时也是全厂多个系统调优的前提和先决条件，工艺装置优化后确定的燃料气产/用量、蒸汽产/用量、低温热产/用量、热出料条件、热量富余情况、公用工程参数等条件是全局系统优化的初始边界。同时系统优化结果也会反馈影响到工艺装置用能，各个全局系统在优化前后也会相互关联，例如热集成系统优化结果会影响全局低温热的资源量，进而对低温热利用系统产生影响。

根据炼油过程的用能特点及规律，炼油能量系统优化的相关工作内容、层次及工作步骤包括炼油企业总体用能改进、工艺装置能量优化、装置间热集成、低温热综合利用优化和公用工程系统优化 5 个相互联系的任务过程，开展的策略，如图 1-1 所示。

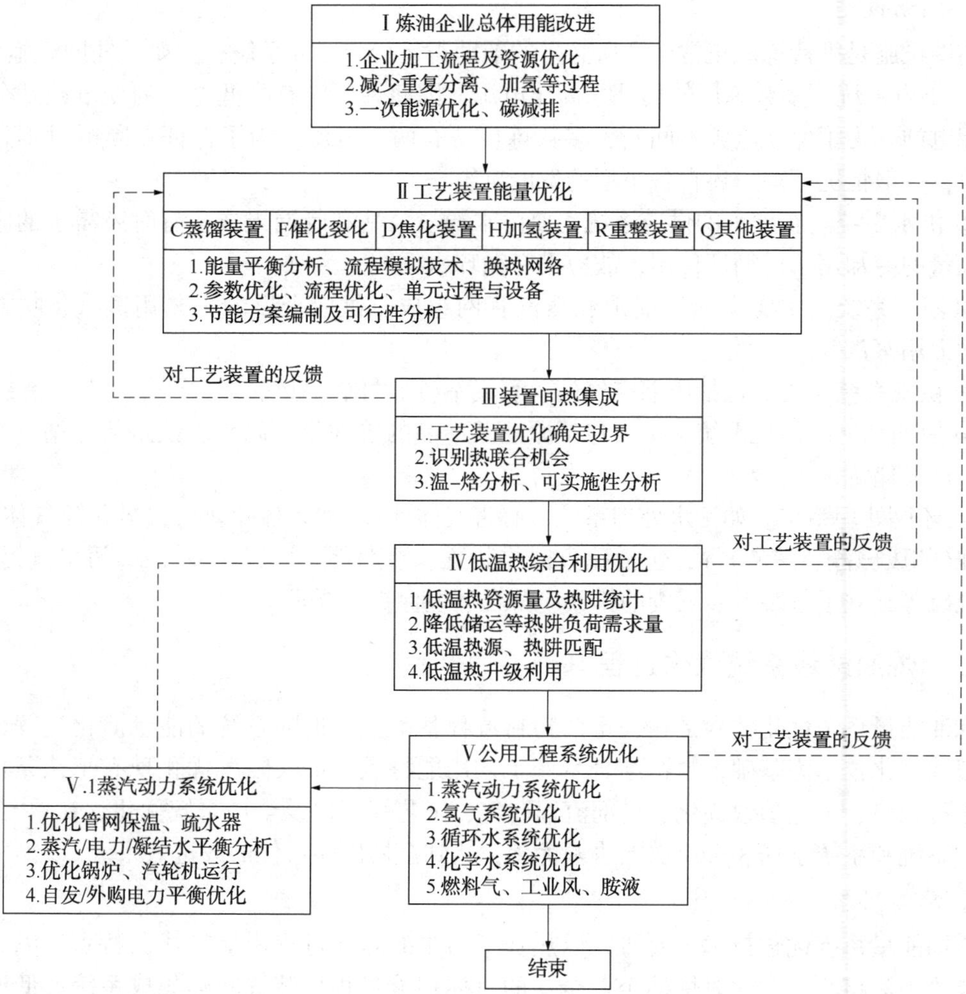

图 1-1 炼油整体能量优化实施框架图

2. 炼油企业总体用能改进

炼油企业总体用能改进是从炼油企业全厂的总体角度出发，整体优化改进用能过程。在原料、产品数量确定的条件下，优化从原料到产品的工艺路线；合理确定和优化全厂的总加工流程，例如循环比、回炼比；避免重复分离-混合、重复加氢等过程。总体用能改进是在满足全厂加工任务前提下，结合总流程优化降低能源消耗，其结果是确定最优的装置运行边界条件，为工艺装置优化提供依据。

3. 工艺装置能量优化

工艺装置是炼油过程能量利用的核心环节，工艺装置既消耗能源，又产出蒸汽、电、工艺热等形式的能量，工艺装置用能状况的改进会决定和影响后续热集成、低温热回收利用以及蒸汽动力系统的运行改进等。

工艺装置的能量优化首先需要对装置的反应和分离过程进行用能改进，降低工艺总用能与过程㶲损耗。对于反应过程，进行必要的工艺路线优选、工艺参数优化以及反应过程与设备强化，例如优化制氢过程水碳比、加氢过程氢油比、催化过程剂油比等；对于分馏过程，在物料和能量同时优化的前提下，通过塔板数-回流比-分离精度之间的权衡，优化中段取热分配和各塔段内回流，优化塔底汽提蒸汽量，并考虑在部分用能"瓶颈"塔段采用新型高效塔盘或高效规整填料，提高分馏效率。

其次，优化工艺装置换热流程、自发汽等级及数量、吹汽量、中段抽出量等主要操作参数；通过工艺运行的自适应权衡，合理应用单元节能技术，例如：中间再沸器/冷凝器、永磁调速、无级气量调节、变频调速等。通过降低工艺过程耗能，最终目的是降低核心工艺装置所需要的能量，同时确定全局系统优化的边界条件。

4. 装置间热集成

在工艺装置能量优化的基础上，实施工艺装置之间的热匹配，通过热集成流程优化、中间产品的出料温度优化，并结合相关装置的换热网络改进，在全局范围内提高能量利用和回收的整体效率。一方面，炼油企业全厂范围的热源、热阱温位分布较广，包括从500℃到接近常温的热量，装置内的热量温位分布不均衡，如果仅在装置内部进行换热回收，很难做到优化匹配。如催化裂化、加氢裂化、延迟焦化、常减压等高、中温装置，不仅热源过剩，且匹配的传热温差均较高，造成能量在量和质两方面的浪费。另一方面，气分、MTBE、污水处理等装置温位相对较低，且其本身的热源难以满足自身需要，存在大量低温热阱；蒸汽动力系统锅炉给水的三段预热(即常温至除盐温度40℃，除盐水40~70℃预热以及104℃左右前的除氧水预热)，储运系统维温、伴热等均是理想的低温热阱。针对炼油厂能量分布状况，实施装置间热集成，可以在全局大系统范围内进行冷/热流的匹配，实现热阱和工艺余热资源的优化利用，提高热量的总体利用效率。

热集成要通过对工艺装置的温-焓分析，确定工艺装置不同温位热量的富裕情况，优化热量在装置间的分布。装置热集成影响因素较多，最关键的优化问题是根据热量分布关系，确定合理的热量转移程度，一般通过优化热出料温度体现。热出料温度过低，不仅起不到热集成的效果，反倒增加上下游装置的冷却和加热负荷；相反，热出料温度过高，不仅会使热输出装置的热负荷增加，同时还会把过多热量"挤压"到下游装置，导致下游装置产生大量低温热难以利用。因此优化热集成出料温度是热集成系统优化的关键，它同时会决定低温热在装置的分布、温度的分布和区域的分布，进而对后续低温热系统优化产生影响。

另外，装置间热集成须结合总体加工流程规划及装置进料情况等，进行上下游装置进料物流流程优化调整，如常减压、催化、加氢、焦化等装置之间物料流程改进。同时，综合考虑各种工程因素(包括自控、平面布置、开停工和事故处理、产品质量以及装置的操作弹性等)，进行不同工艺装置或工段之间的物料直接换热或直接热进、出料优化。

同时，热集成同全厂低温热利用和蒸汽动力系统优化密切关联，必须同时考虑。是否采用热集成取决于在多种原料、多个产品方案下热联合流程的弹性、可操作性和可控制性，最后通过经济权衡来决定取舍。

5. 低温热综合利用优化

炼油过程的低温热是指在能源投入和使用过程中因降级产生的难以利用的低品位能量，是能源使用过程中品位降级的结果。能量的合理利用应尽可能减少能量的无谓降级，因此优化炼油过程的能量系统，应采取各种手段避免低温热的产生。工艺装置能量优化和装置间热集成的实施可以大幅降低企业全厂的低温热量，为大范围系统的低温热综合利用提供了优化条件。低温热综合利用是在采用避免低温热产生各种措施基础上，对仍然存在的低温热进行大系统的全局优化利用。

低温热综合利用的首要步骤是对优化工艺装置后剩余的低温热进行统计和可利用评价。其次，在全厂范围充分深入挖掘低温热阱、优化低温热阱的能量利用，如油品储运系统的维温、管线伴热、生活用热等，降低热阱的能量需求。在优化低温热阱基础上，对低温热源-热阱的利用匹配进行优化，包括：①温位匹配，高温余热用于高温热阱，低温余热用于低温热阱；②顺序利用，优先考虑长期、稳定利用，先工业后生活，先厂内后厂外；③保证工艺装置操作安全、平稳，在热阱变化及生产方案切换时不受影响；④装置平面布置允许。同时，在充分考虑全局范围内热源、热阱的数量、温位及平面布局等条件下，通过优化设计循环热媒水流程，实现热量回收和利用最大化。最后对仍然有剩余的低温热进行升级利用。

储运系统作为重要的低温热阱，可以通过优化降低能量需求，优化内容包括：①油品储运工艺参数优化，包括：油品允许储存温度、进储罐温度、储存时间等；②部分中间产品由冷储罐改为热储罐，如常减压装置蜡油、减压渣油等侧线热出料，实现催化裂化、延迟焦化、加氢等装置热进料；③维温、伴热方式改进：部分油罐维温和管线伴热改用热水，减少热量损失，并尽量利用常减压、催化裂化等工艺装置低温余热作为热源；④按罐区维温要求，划分为90~70℃、60~40℃、40~20℃等不同维温段，实现低温热源的多级利用，提高能量利用效率；⑤设置换热站并优化调整运行，包括生活热水、生活区冬季采暖用蒸汽改用热水等；⑥蒸汽加热维温、伴热系统改进：部分采用1.0MPa的维温要求较高用户，需配套进行疏水系统改造，采用高效疏水设备，减少蒸汽消耗；⑦油罐、输油管线保温优化改造，减少热损失。

6. 公用工程系统优化

公用工程系统是指在企业全厂范围内为工艺装置提供蒸汽、电力、氢气、燃料气、循环水等能耗工质的生产系统。

(1) 蒸汽动力系统优化

蒸汽动力系统优化是能量系统优化节能效益和经济效益的最重要体现者，工艺装置减少的蒸汽、电力需求，最终通过蒸汽动力系统反映在企业减少了煤、瓦斯、石油焦等消耗。在工艺装置用能优化、装置间热集成和低温热综合利用基础上，全厂蒸汽产、耗将形成新的平衡格局，能量系统优化必须在新的蒸汽平衡格局下，优化改进蒸汽动力系统，降低企业外部供入燃料的消耗，提高机组效率和蒸汽动力系统的经济效益。蒸汽动力系统优化内容主要涉及：①配合全厂蒸汽替代工艺加热炉，优化改进联产系统(CFB锅炉，抽、凝机组)；②配合全厂用能改进的蒸汽产/用平衡和柔性改进，工艺过程节汽及发汽优化，低温热回收替代蒸汽；③蒸汽动力系统运行负荷优化，优化蒸汽动力锅炉、汽轮机启停、抽汽参数、运行负荷等参数；蒸汽管网改进，管网布局、保温、压力等级、疏水方式等；④结合蒸汽平衡的动力驱动源优化，新的蒸汽系统格局下的凝结水回收；⑤结合能源价格确定企业合理的汽电比、外购电比例等，降低蒸汽动力系统一次能源投入。以全厂蒸汽平衡作为协调手段，通过能量需求-燃料结构-转换设备优化三者的协调权衡，提升全厂蒸汽、动力的利用效率，有效消除各种减温减压等能源浪费，提高能源利用效率。

（2）氢气系统优化

针对炼厂日益增加的氢气需求和成本，企业氢气系统优化需要全面考虑。炼厂的氢气系统包括用氢装置、制氢装置、回收装置、压缩机、氢气管网等，优化氢气系统既是氢气网络系统优化的重要组成部分和先决条件，同时又受到工艺生产过程的影响。氢气系统优化内容包括：①优化用氢装置，降低氢源需求的质量；②提高副产氢量，降低制氢成本；③在优化管网级数的基础上，按氢气纯度合理匹配氢源和氢阱；④选择合适的方式回收利用含氢气体中的氢气资源；⑤优化制氢过程工艺和原料；⑥提高关键设备效率等。同时应完善制氢、供氢系统的先进控制，实时监控耗氢、产氢装置的动态变化，加强氢气系统管理。氢气系统优化的最终目的是降低炼油过程的制氢能耗和成本。

（3）循环水系统优化

循环冷却水系统是炼油过程的重要公用工程系统，对循环水系统进行系统优化，是炼油企业能量系统优化的重要内容。包括：①降低循环水量；②降低循环水系统供水；③降低循环水管道阻力降；④提高循环水系统设备效率；⑤富余压头的回收利用；⑥循环水回水余热的利用。

同时，作为公用工程系统的氮气、空气、化学水、污水处理、瓦斯系统等也消耗大量能源，也应作为炼油能量系统优化的内容。

第二章　炼油过程的用能分析

炼油生产过程是通过物理和化学变化，把连续、稳定流动的石油原料加工成为产品的过程。能量是推动过程进行的动力源泉，在完成从原料到产品的一系列过程中无不在消耗能量。能量的转换、过程利用以及利用后的回收循环，构成了炼油生产过程用能的完整过程。

炼油过程的用能分析就是应用热力学原理对过程中的能量转换和传递、使用和损失、回收和排弃的情况进行计算和分析，揭示出能量消耗的大小、原因和部位，指出能量利用效率提高的方向，并运用技术经济的优化方法作出剖析和筛选，从而提出和评价不同的改进措施。

第一节　用能过程的热力学分析

热力学作为研究能量转换及其规律的科学方法，是研究工艺过程能量利用的主要理论基础。

能源是自然界中存在的、能够释放功和热等能量形式的物质或载体，这些能量会在人类生产生活的环境中推动产生自发的变化。

炼油生产能量利用的过程，就是能源物质释放能量并被利用的过程。用热力学方法研究用能过程及能源利用的合理性问题称为用能过程热力学，其目的在于以尽可能小的代价，投入较少的能源，最大限度获得过程需要的各种形式的能量(热、功等)，使过程获得最高效率和最大经济效益。

一、能量守恒——热力学第一定律

1. 能量的形式

能量是物质运动变化和相互作用的量度，由于物质的运动有多种形式，如机械运动、电磁运动、热运动、化学变化等，因此，与之对应的能量形式也多种多样，如机械能、电能、热能、化学能等。能量是物质所拥有的基本属性，是推动物质运动和相互作用的动力。

能源转化为能量是过程用能的首要环节，炼油过程使用能量最直接的形式是功和热，在一定条件下一种形式的能量可以转化为另一种形式的能量，但能量的总和保持不变。

2. 能量平衡的一般形式

能量的形式是多样的，能量转化过程中的总和是不变的，因此，能量在转换前后的总量是平衡的。设有如图 2-1 所示的稳定流动体系，其中包含有粗细不同的输送流体的管路，流体在管内连续稳定地从左端流至右端。管路中装有一个换热器向流体供给热量，流体通过管路中的透平机时推动透平转动而向外做功。上述稳定流动过程中：进出体系的物料质量相等；流体通过的管路与设备内任何一点的物料状态不随时间而变化。

以管壁和进、出口截面 1-1 与 2-2 为边界研究体系的能量变化情况。取体系中 m kg 的流体作为计算基准。设其流入 1-1 截面时，单位质量内能、比容分别为U_1、V_1，压力为 p_1，位高为Z_1，流速为u_1；流出 2-2 截面时，相应变为U_2、V_2，p_2，Z_2，u_2。显然，在流动过程中，流体发生的能量变化、换热器供给流体热量、透平对外输出轴功，均服从热力学第一定律的基本关系，即：

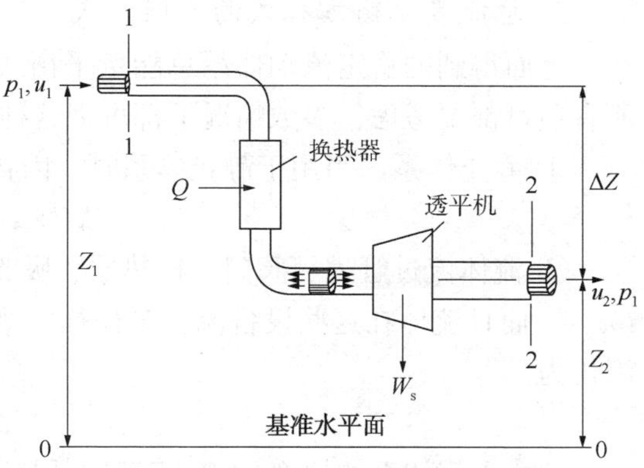

图 2-1　稳定流动过程图

$$E_1+Q=E_2+W_s$$

式中　E_1、E_2——m kg 流体在 1-1 和 2-2 截面处所具有的总能量；

Q——m kg 流体流过换热器时得到的总热量；

W_s——m kg 流体流过透平时对外输出的轴功。

流体流入和流出体系时，其总能量包含以下几项：

① 内能。反映分子内部微观粒子运动的能量，它是区别于因物质整体的位置改变或运动所具有的宏观势能和宏观动能。体系获得的热与功均可使物质的内能增加。

② 势能。受重力场作用，物料在不同的高度位置具有不同的重力势能，它等于物料自某选定的基准面举高到此高度时所需的功。物料进出口的势能分别为$E_{p1}=mg\,Z_1$ 与$E_{p2}=mg\,Z_2$。

③ 动能。物料流动通过管路或设备的某一截面的流速以 u 表示，则输入与输出的动能分别为 $1/2mu_1^2$ 及 $1/2mu_2^2$。

④ 流动功。在连续流动过程中，流体内部相互推动所交换的功是流动功。一定量的流体之所以能挤进截面 1-1 是由于受到后面流体的推动，因而接受了流动功。同样，一定量流体流出截面 2-2，必须推动前面的流体，对前面的流体做流动功。已知进口截面 1-1 处流体的比容为V_1，该处管道截面积为A_1；则 $m$kg 流体挤进截面 1-1 所流过的距离 $l=mV_1/A_1$；推动力为 p_1A_1。输入的流动功为：$(p_1A_1)(mV_1/A_1)=mp_1V_1$；同理，$m$kg 流体离开体系时，输出的流动功为 mp_2V_2。

⑤ 轴功。流体流动过程中通过机械设备的旋转轴在体系和环境之间交换的功称为轴功，以 W_s 表示。

⑥ 热。即通过换热设备供给体系的热量 Q。

由上述各项代入进出口界面处的总能量及第一定律公式，并以单位质量流体计，可整理得到：

$$\Delta U+g\Delta Z+\frac{1}{2}\Delta u^2+\Delta(PV)=q-w_s$$

上式即为稳定流动体系热力学第一定律数学表达式。

3. 总能量平衡方程式的不同形式

上面得到的稳定流动体系总能量平衡式中包括的能量项目较多，并不是在任何情况下所有项目都要考虑，多数情况下都可把这种或那种能全略去不计而使方程式大为简化。

① 静止体系。当用于静止体系时，因物料没有流动，位高又不变，则该式变为：

$$\Delta U+\Delta(PV)=q-w_s$$

② 流体流过管道、阀门、换热器、吸收塔、混合器、反应器等设备时，是不做轴功的(w_s)，而且流体在这些设备流动时往往宏观势能和动能变化不大，可忽略不计，则方程可简化为：

$$\Delta H=q$$

此式表明体系的焓变(ΔH)等于体系与环境所交换的热量(q)，这是对稳流体系做热量衡算的基本关系式。

③ 一般情况下，气体的密度很小，而管道的位高变化不大，因此气体的宏观势能变化是极小的，可忽略不计。如在流动过程中气体不做轴功，而且与外界没有热量交换，则方程可写成：

$$\frac{1}{2}\Delta u^2=-\Delta H$$

由此可见，工作流体在绝热不做轴功的流动过程中，动能的增加等于流体焓值的减少，该式称为绝热稳定流动过程方程式。

④ 当体系与外界既无轴功又无热交换时，例如在绝热情况下，通过混合器、反应器(假设保温良好)或高压流体通过节流阀，则 $g\Delta Z=0$，$\frac{1}{2}\Delta u^2=0$，$w_s=0$，$q=0$，由此得到：

$$\Delta H=0$$

即进入设备时，流体的焓值等于离开设备时流体的焓值。根据这一关系，就可方便地求得上述过程中体系温度的变化。

⑤ 当体系与外界在绝热情况下进行轴功交换时，例如流体通过散热很慢的压缩机、鼓风机、泵等设备时，$q=0$，由此可得：

$$\Delta H=-w_s$$

即体系的焓变等于体系与外界所交换的轴功。利用这一关系，只要知道工作流体通过设备时进出口状态下的焓值，即可求得该设备的轴功。

⑥ 机械能平衡式。由总能量方程式进一步可以推导出机械能平衡式。总能量平衡方程式的微分形式如下：

$$\mathrm{d}U+g\mathrm{d}Z+u\mathrm{d}u+P\mathrm{d}V+V\mathrm{d}P=\delta q-\delta w_s$$

又因为 $\delta q=\mathrm{d}U+\delta w$；对可逆过程，上式中 $\delta w=p\mathrm{d}V$，则可简化为：

$$g\mathrm{d}Z+u\mathrm{d}u+V\mathrm{d}P=-\delta w_s$$

当考虑摩擦损失时，上式左端还应加入摩擦损失，以 δF 代表摩擦损失，则得稳流体系机械能平衡式：

$$g\mathrm{d}Z+u\mathrm{d}u+V\mathrm{d}P+\delta F+\delta w_s=0$$

如稳流体系无轴功的输入和输出，摩擦损失忽略不计，且流体是不可压缩的，即：

$$\int_{p_1}^{p_2} V\mathrm{d}p = V(p_2 - p_1) = (1/\rho)\Delta p$$

式中 ρ——流体密度。

则机械能平衡的积分形式为：

$$(\Delta p/\rho)+g\Delta Z+\frac{1}{2}\Delta u^2=0$$

这就是著名的伯努利方程式。

⑦ 如果不考虑宏观势能和宏观动能变化时，$mg\Delta Z=0$；$\frac{1}{2}m\Delta u^2=0$，则稳流体系热力学第一定律为：

$$\Delta H=q-w_s$$

4. 热力学第一定律在炼油过程中的应用

能量守恒是自然界的客观规律，但应用能量守恒分析不同的过程用能情况却会呈现出不同的形式。炼油过程的用能环节复杂，对于在连续稳定的流动条件下运行的工艺过程体系，应用热力学定律进行用能分析，还须一定的变换，这是因为：

① 体系物料的进出是体现从原料到产品的变化；而能量的进出，则往往体现为实现物料变化的工艺目的而对能量进行的必要转化和利用；进出体系的物流往往不止一股，体系同外界的功和热的交换也不是一个；功和热作为过程量常常都不表示为体系同外界关系的总结果，而是和物流的能量(焓差)一起作为入方和出方分别加以表示。

② 由于工程和经济的因素，工艺过程中对能量的利用一般是不能“彻底”的；换句话说，离开体系的物流大多在高于环境温度和压力的状态下而携带大量能量，因此一般选取一定基准态，通过基准态对进出物料的能量进行定量表示。

图 2-2 工艺过程能量平衡图

一般工艺过程体系的能量平衡如图 2-2 所示。

对于图 2-2 所示的能量平衡关系，显然有：

$$\sum(H_i-H_{io})+Q_i+W_i=\sum(H_e-H_{oe})+Q_e+W_e$$

$(H-H_o)$为物流的能量，用 E 表示：

$$\sum E_i+Q_i+W_i=\sum E_e+Q_e+W_e$$

式中，下标 i 为输入物流；下标 e 为输出物流；下标 o 为基准状态。

上式表明，进入工艺过程的全部物流所携带的能量与外界供入的功和热的总和，等于离开该工艺过程的全部物流携走的能量与过程排出及输出的功和热量的总和，体现了能量守恒。

二、能量品质——热力学第二定律

热力学第一定律所指出的能量转换和守恒定律已广泛用于工业过程中，但它并不能指出能量传递的方向、条件和限度，在对用能过程进行分析时，只考虑能量数量上的平衡是不够的，还需引入能量品质的概念，评价能量品质的理论基础是热力学第二定律。

热力学第二定律是描述自发过程的方向、条件和限度的定律，其表达方式有多种，例如：热不能自发地由低温物体传向高温物体；不可能从单一热源取出热量，使之完全转化为功而不产生其他变化；热到功的转化效率永远小于1。

能量的形式尽管千差万别，种类繁多，但根据物质运动的特性——有序和无序运动，可将能量的状态分为㶲和炕，其对应的过程量即为功和热。㶲(有效能)是评价体系在可逆过程中做功能力的一个热力学状态函数，其定义为：以平衡的环境状态为基准，理论上能够最大限度地转化为功的能量；相应地，把理论上无法转变为功的能量称为炕。如机械能、电能等有序能量，理论上可完全转化为功，所以全部是㶲；对于热能，则不能完全转化为功，受到卡诺循环的限制。能级是在用能分析中表征能量质量的一个重要参数，有序运动的功，如电能、机械能、位能等，其能级为1，化学能也是分子结构的核外电子有序运动的结果，其能级也近似为1。

最大限度地转化为功的条件是过程可逆。过程可逆的关键在于两个条件：一是体系无能量耗散(如摩擦)；二是属于“准静态过程”，即体系的变化是由推动力无限小的一系列平衡过程组成。

现实中绝对的可逆过程是不存在的，自然界的任何过程都不是可逆过程。但是在一定条件下，某些过程接近可逆过程，如纯液体在其沸点下的蒸发。研究可逆过程的意义在于：一是可以通过可逆过程作为标准与实际过程进行比较，衡量实际过程的效率；二是对体系状态的一定变化过程来说，某些状态函数的计算只有以假想这一状态变化为可逆过程时才便于进行。

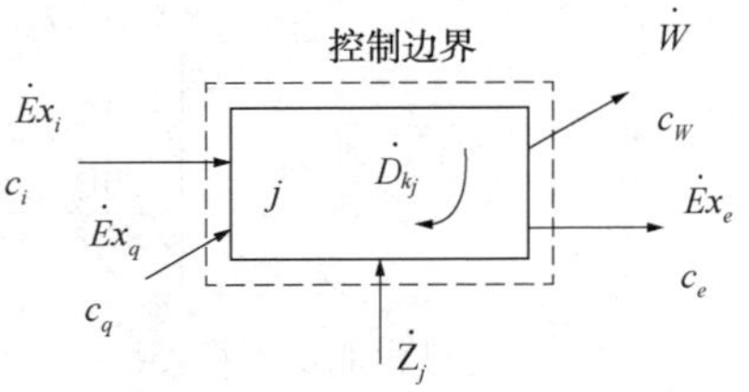

图 2-3　组元 j 㶲平衡示意图

㶲分析法(热力学第二定律)将能量的“质”与“量”有机地结合起来，体现了热力学体系中能量的真正价值。对任何体系，除质量及能量平衡式外，还可建立㶲平衡式。如图 2-3 所示，考虑稳流条件下某体系 j 的㶲平衡，假定过程吸热对外做功，且体系的㶲传递量分别为 $\dot{E}x_i$、$\dot{E}x_e$、$\dot{W}$ 及 $\dot{E}x_q$，可以写出：

$$\sum_i (\dot{E}x_i)_j + \dot{E}x_{q,\ j} = \sum_e (\dot{E}x_e)_j + \dot{W}_j + \dot{D}_{Kj}$$

式中，$\dot{E}x_i$、$\dot{E}x_e$ 分别为进入及离开组元 j 的㶲流率；$\dot{E}x_q$ 与 $\dot{W}$ 分别为所交换的热㶲及功；$\dot{D}_K$ 为组元的㶲损。

㶲分析法从能量的品质和㶲的利用程度来评价过程和装置能量利用上的完善性，主要指标有㶲效率和损耗功等，它不仅可以揭示由于“三废”、散热、散冷等引起的㶲损失以及工艺物流、能流所带走的㶲，而且能准确查明由于过程不可逆性而引起的㶲损，并确认过程不可逆是能量损失的内在因素，指出能量利用热力学上的薄弱环节与正确的节能方向，使人们对节能本质的认识有了重大突破。

尽管㶲分析可指出用能过程全局、各环节直至单元设备的㶲损耗大小，查明过程用能的薄弱环节，指出节能改进的方向，但由于㶲分析片面强调降低㶲损耗来达到过程热力学的完善性，而忽视了㶲损耗对实际过程进行的推动力作用，在降低㶲损耗的同时，会引起过程进行的推动力减少，以及相应的设备投资费用增加；另外，㶲分析也不能反映出能量在变化过程中价值的变化，更不能给出㶲损耗同工艺过程进行之间的关联，以及在实际过程中合理减少㶲损耗的限制条件。因此需要依据㶲经济学对过程用能进行优化。对于任何实际用能过程，符合以下方程：

$$过程速率=\frac{推动力}{阻力}$$

过程速率的大小决定着实际过程的设备、硬件系统的投资费用等；推动力，即过程的热力学不可逆程度，它与过程的㶲损耗直接相关，决定过程进行的能耗费用。任何过程的用能优化都存在能耗费与设备投资费两者的权衡，且最终必须以最大的经济效益为目标。㶲经济学是热力学第二定律分析(㶲分析)与技术经济学相互结合而产生的新型交叉学科，它的目标是在进行系统的操作评价及优化时，将热力学第二定律分析与经济因素结合成单一的模型来考虑，为系统的合理用能提供最经济的保证。

三、能量合理利用的基本原则

能量是推动一切工艺过程进行的“动力”源泉。能量利用的过程大多都会伴随着能量的转化，需要将一种形式的能量转化为人们所期望的另一种形式的能量，在能量转化过程中，能量的形式有所改变，但数量不变，也会发生向环境散失的过程。例如，反应过程，通过加热炉加热提升物料温度，就是将燃料的化学能转化为物料热能的过程，物料热能的增加表现为温度升高，从而使物料达到化学反应所必需的条件，最终推动化学反应发生和工艺过程的完成。再如，分馏过程，通过塔底再沸器供入热量，产生塔内的气相负荷并沿着精馏塔上升，同时也将能量携带上升，完成各级塔板的气液平衡分馏，最终在塔顶以低级形式的能量排弃。能量的有效利用就是在技术、经济条件允许的情况下，合理安排能量的使用过程，以达到人们预期目标的过程。

炼油生产的很多过程都要使用能量，合理用能的原则是按照能源的质量来使用它，按照用户所需要的数量和质量供给能量。

1. 能量的有效利用

能量的有效利用就是要减少能量的降级损失。从能量利用的观点看，一切炼油过程都是在一定的热力学势差(温度差、压力差、电势差和化学势差)推动下进行的，没有推动力的过程是无法进行的。由于任何热力学势差都会导致能量的降级，因此，能量有效利用的中心环节，是在技术及经济条件许可的前提下，采取各种措施，减少能量降级，使能量得以有效利用。

① 按质用能、按需供能，防止能量无偿降级、能量品位无谓降低。按质用能是根据输入能的能级确定其使用范围，按需供能则是根据用户对需求能的能级要求，选择适当的输入能。用高温热源去加热低温物料，或者将高压蒸汽节流降温、降压使用，或者设备保温不良造成的热量损失(或冷量损失)等情况均属能量无偿降级现象，要尽可能避免。两者的核心都是要尽量避免能量的无谓降级，实现能级匹配。

② 能量的梯级利用。炼油过程使用的能源主要是高能级的电力和化石燃料。为了防止

能量的无谓降级，应根据用户对输入能的不同能级要求，使能量的能级逐次下降，对能量进行多次利用，包括梯级利用和多效利用。

梯级用能就是对能级较高的流体(高温带压)，先利用其势差做功，然后再利用其温差供热，其特点是载能工质不变。炼油过程中许多反应都是放热反应，放出的热量不仅数量大而且温度较高，这是化工过程一项宝贵的余热资源。对于温度较高的反应热，应通过余热锅炉产生高压蒸汽，然后将高压蒸汽先通过蒸汽透平做功或发电，最后用低压蒸汽作为加热热源使用，即先用功、后用热的原则。对热量也要按其能级高低合理回收使用，如用高温热源加热高温物料，用中温热源加热中温物料，用低温热源加热低温物料，从而达到较高的能量利用率。

多效利用是通过不同的载能工质传递蒸发潜热，使热能得到多次利用。常用于多效蒸发和多效蒸馏。在多效蒸发中，通过加压或抽真空使各个蒸发器的沸点不同，就可将前一蒸发器的二次蒸汽作为后一蒸发器的加热蒸汽；由于利用了二次蒸汽的余热，就降低了新鲜蒸汽的消耗。在多效蒸馏中，通过加压或抽真空使精馏塔的沸点不同，就可利用高压塔塔顶蒸汽的冷凝热，供低压塔再沸器加热用，从而降低分馏能耗。

③ 优化能量作为过程的推动力，采用最佳推动力的工艺方案。过程速率等于推动力除以阻力，推动力越大，进行的过程速率也越大，设备投资费用可以减少，但有效能损失增大，增加了过程的能量降级损失，能耗费用增加，增加了过程的运行费用。例如，增大传热过程温差，可以强化传热过程速率，但却导致传热㶲损失增加。反之，减小推动力，可减少有效能损失，能耗费用降低，但为了保证产量，只有增大设备，则投资费用增加。炼油过程能量有效利用要根据技术经济评比，用能量来提供适当的过程推动力，即采用最佳推动力的原则，谋求合理解决投资费用与运行费用，使得项目总费用最小。

2. 能量的充分利用

能量的充分利用就是要减少排弃损失。虽然炼油过程有些排弃的能量品质不高，但它们都是由投入系统的高级能量通过不可逆性转化而来。排弃损失是指排出系统而未利用的热量、超过大气压力的余压、可燃气体和可用的原料等。

减少排弃损失的原则：首先要降低能量排弃，使排弃能量降低到最低限度；其次再考虑排弃能量的回收利用。

① 降低能量排弃，减少能量损失。降低能量排弃的主要方法包括：减少散热和跑冷损失；减少跑、冒、滴、漏；减少各种废弃物和污染物的排放量，减少可燃和有用气体的放空。

② 排弃能量的回收利用。在各种节能措施中，排弃能的回收利用是重要方面。在考虑余热的回收时，首先应作出判断是否可通过提高过程的效率以减少余热排放量；然后再调查余热的数量、质量及其稳定性，研究确定余热回收的方法，包括：对高温(或高压)及中温余热用于产生蒸汽及发电，低温余热则可利用热泵提高其温度。

3. 能量的综合利用

炼油过程的特点是原料与产品通常在常温常压下存在，而反应过程常在高温或高压下进行，因此原料、中间物料与产品需反复进行升压、降压，加热、冷却，汽化、冷凝。除了输入一次能源外，炼油过程中还有各种二次能源——化学反应和物理变化的热效应可以利用。这就构成了炼油过程复杂的用能系统：一次能源与二次能源、热量与冷量、高压流体的机械能、热能、电能共存的系统。因此，各种形式能量的相互配合、综合利用，使之各尽其能，具有特别重要的意义，如热电联供的总能系统和能量的综合利用。

（1）热电联供

热电分供时，由高压锅炉产汽供电，而由热量用户自备低压蒸汽锅炉供热。由于动力厂采用凝汽式透平机组发电时，燃料的热能中仅20%~30%转变为电能，除动力厂本身消耗外，其余能量都由冷凝水带走，热量未能充分利用，而热量用户却需要另外消耗燃料产汽。这样的用能系统，不仅能量没有充分利用，而且增加了投资。采用热电联供方式，由高压锅炉产汽，通过抽汽背压透平或背压式透平发电，抽汽或排汽用于供热，使能量都得到充分的利用。

（2）能量的综合利用

炼油过程能量的综合利用除应考虑热能与动力的配合以外，还应考虑各种物理和化学过程热效应、机械能等的综合利用。

第二节　炼油能耗计算

炼油生产过程消耗的能源包括燃料、电、各压力等级蒸汽、除氧水、净化风等各类耗能工质，将各种能源及能耗工质实物量按照规定的计算方法折算为标准油(OE)后的总和，即为炼油综合能源消耗量；炼厂单位综合能耗指标是评价炼厂加工每吨原油过程的综合能源消耗量，由于炼油厂原料、产品和流程的差别，直接应用此指标的可比性较差，国外公司提出了可比性较好的能耗评价指标，如单位能量因数能耗、能源密度指数等。目前，国内一般使用单位综合能耗和单位能量因数能耗来对比评价炼厂能耗。

一、炼厂能耗的定义与计算

炼厂能耗是炼厂在统计期内，对实际消耗的各种能源，如各种燃料、动力(电、蒸汽)和耗能工质等，进行综合计算所得的能源消耗量。

在实际消耗的各种能源中，不包括作为原料用途的能源。炼厂消耗的燃料、水、电、蒸汽，均折算为标准燃料油(EO)进行能耗计算。凡是能耗和能量换算系数的数据单位中出现kg时，均表示kg标准燃料油。各种能源和耗能工质的能量换算系数根据计算的要求分为实际能量换算系数和统一能量换算系数。

实际能量换算系数是按炼厂得到这种能源或耗能工质的实际能量消耗计算所得。统一能量换算系数是根据全国石化工业平均水平及其他有关标准而统一规定。

炼厂实际能耗是以能源的实物消耗为基础，按炼厂实际能量换算系数计算得到的能耗量，它反映了炼厂的实际能耗状况，仅适用于全厂性的能耗计算。

实际能耗包括：全厂使用能源总量、外销能量、全厂综合能耗、炼油能耗和非炼油能耗。炼厂各部分能耗关系如图2-4所示。

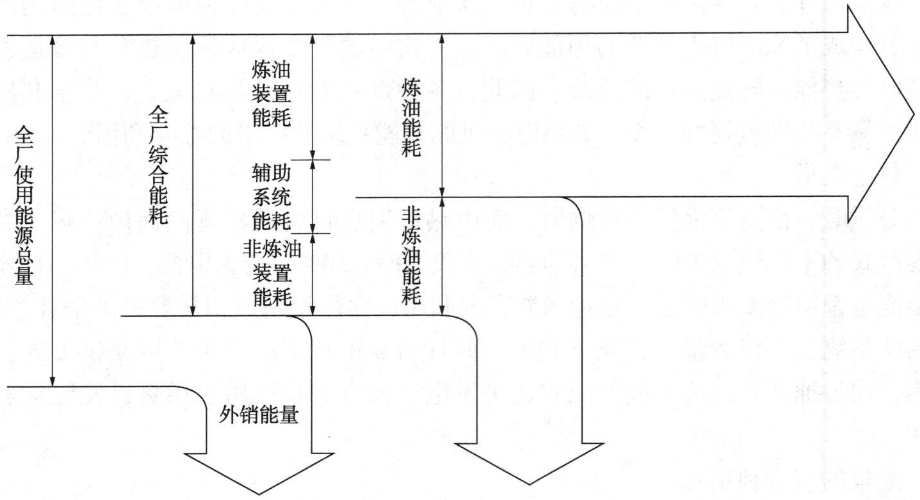

图 2-4 炼厂各部分能耗的关系

二、能耗评价指标及计算方法

评价炼厂整体用能水平的指标包括：单位综合能耗、单位能量因数能耗。单位综合能耗指加工每吨原料油的综合能源消耗量，主要适用于同一个炼厂不同时期的能耗对比，也可用于生产流程相近、辅助系统类似的炼厂能耗对比。单位能量因数能耗可用于不同炼厂和同一个炼厂不同时期的能耗对比。

（一）综合能耗

综合能耗的含义是以一个完整的炼厂为体系，完成从原油到油品的加工过程所消耗的主要能源按一定的折算指标折算成的一次能源消耗量。

1. 综合能耗量

综合能耗量是统计对象（炼油装置、辅助系统或全厂）在统计期内，消耗的各种能源介质折算为标准计量单位后的总和。其计算通式如下：

$$E=\sum M_i R_i+Q \tag{2-1}$$

式中 E——统计对象综合能耗量，kg/a；

M_i——某种能源或耗能工质的实物消耗或输出量，t/a 或 kW · h/a；

R_i——对应某种能源或耗能工质的能量换算系数，kg/t 或 kg/（kW · h）；

Q——与外界交换的有效能量折算为一次能源的代数和，kg/a。

向统计对象输入的实物消耗量和有效热量计为正值，输出时为负值。

2. 单位综合能耗

单位综合能耗是统计对象在统计期内，以单位原油、原料油加工量或产品产量所表示的综合能耗量。单位综合能耗的计算通式如下：

$$e=\frac{E}{G} \tag{2-2}$$

式中 e——统计对象的单位综合能耗，kgEO/t；

E——统计对象的综合能耗量，kgEO/a；

G——统计对象的原油加工量(或原料加工量、产品产量)，t。

3. 能耗计算的规定和说明

① 全厂使用能源总量是指炼厂生产过程中作为燃料、动力的各种能源和耗能工质，不包括转销的能量。

② 外销能量是指全厂生产及其辅助系统向厂外销售的部分。

③ 全厂综合能耗为全厂使用能源总量减去外销能量。

④ 炼油能耗包括炼油生产装置以及为之服务的辅助系统(储运、污水处理、机修、仪修、电修、化验、研究、仓库、消防、生产管理等)所消耗的能量。

⑤ 非炼油能耗系指石油化工、机械制造、建材以及为之服务的辅助系统所消耗的能量。

⑥ 装置开停工和检修所消耗的能量均应计入装置或辅助系统能耗中。

⑦ 装置实际进料量指新鲜原料量，不包括循环量。

⑧ 装置热进料或热出料热量计入能耗时，只计算高出如下规定温度的部分能量：汽油60℃，蜡油80℃，柴油70℃，重油120℃。

⑨ 加热炉烟气或再生烟气输出高于150℃的烟气热量，直接供其他装置或单元有效利用时计入能耗输出；输入、输出温度在60℃以上的低温余热应计入能耗。

⑩ 装置余热发汽、发电和背压汽向外提供的能量，其数据按统一能量换算系数计算。

⑪ 不论向外输出何种形式的能量，只有被有效利用时方可计负值，否则不做外输能量计算。输出输入的数值必须相等。

⑫ 储运系统能耗包括原油及半成品、成品卸、储、调、装、输过程中所消耗的各种能源和耗能工质的能量。

⑬ 污水处理场能耗包括来水提升、隔油、浮选、匀质调节、生化、絮凝沉淀、中水活性炭吸附过滤、中水回用、污泥脱水及焚烧等过程能量消耗的总和。统计单位能耗时，分母为原油加工量。

⑭ 其他辅助系统的能耗，包括空压站、氧气站、机修、仪修、电修、化验、仓库、研究、消防等，可合并一项计算。

⑮ 输变电损失为主变压器到装置和系统分变压器过程中全部输变电损失的数量，不包括装置内部的输电线路损失。全厂电量按主变压器前电表计量数，装置电量按分变压器后电表计量数。

⑯ 热力损失指蒸汽管网散热、排凝的损失，不包括装置和辅助系统内蒸汽损失。

4. 指标应用

炼厂单位综合能耗指标反映了炼厂所消耗的主要能源，其值越大，能耗越高，相应地引起加工成本增高。对单一的炼厂来说，它的变化反映了不同时期能耗对炼油加工成本的影响。根据这个指标的含义，在以下情况下它的使用会产生一些问题：

① 不同的计算体系得出的能耗不同。不同国家所考虑计入能耗的主要能源品种和折算指标不同，使得单位综合能耗不具有可比性，如日本石油化工企业计算能耗时，不考虑新鲜水、循环水的消耗，电和蒸汽的折算系数均比国内低，所以进行国内外能耗对比时，需在同一个计算体系下由实物消耗计算得出能耗，不能直接使用能耗值对比。

② 原料、产品等条件不同的炼厂其能耗不具有可比性。原料与产品质量的差异会影响到需要的工艺装置组成，从而影响能耗，且这种差异较大时，对能耗可比性的影响是很大的。如原料性质越差，硫、重金属含量高，残炭多，轻组分少等，产品质量越高，需要的工艺装置越多，加工深度越大，能耗越高。并且这时能耗高是合理的，因为产品收入与原料成本相比增值大、能耗高等所导致的高加工成本在经济上仍是合算的。

③ 一些炼厂的二次加工装置原料不是由本厂提供，而是由厂外购买，以加工每吨原油所计算的炼厂单位综合能耗基本没有可比性，不能用于不同炼厂的对比，因为此时加工每吨原油的意义不同。

（二）单位能量因数能耗

在单位能量因数能耗的计算中，需首先计算出炼油全厂的能量因数，其主要由炼油装置因数和辅助系统因数两部分组成。

1. 炼油装置能量因数

① 以炼厂常减压蒸馏装置能耗 11kgEO/t 为基准，把常减压蒸馏装置的能量系数定为1。

② 其他炼油装置以平均先进能耗作为该装置的能耗定额，并与常减压蒸馏装置的能耗定额相比，其比值作为该装置的能量系数，用 K_i 表示（各装置能耗定额和能量系数见表 2-1）。考虑到同类炼油装置由于产品方案等的不同所带来的能耗定额的较大差别，增加了能耗定额分类，并对某些装置使用了变量型的能耗定额。

表 2-1 部分炼油装置能耗定额（GB 30251—2015）

装置名称		能耗定额/（kgEO/t）	能量系数	计算基准
常减压蒸馏		10	1	对处理量
常压蒸馏		9	0.9	对处理量
催化裂化	蜡油催化裂化	48	4.8	对处理量
	重油催化裂化	55	5.5	对处理量
	深度催化裂解	80	8.0	对处理量
延迟焦化		25	2.5	对处理量
催化重整	预处理和重整单元	90	9.0	对重整进料
	脱重组分塔	22	2.2	对抽提进料
	芳烃抽提	40	4.0	对抽提进料
	芳烃分离	20	2.0	对抽提进料
制氢	气体	1100	110	对氢产量
	轻油	1100	110	对氢产量
加氢裂化		$33\times(1.3-x)$	$3.3\times(1.3-x)$	对处理量
加氢处理	蜡油	16	1.6	对处理量
	渣油	20	2.0	对处理量
	中压加氢改质	28	2.8	对处理量

③ 炼油装置能量因数计算如下：

$$U=\sum C_i \cdot K_i=\frac{\sum A_i \cdot E_{ei}}{A_c \cdot E_c} \tag{2-3}$$

式中　U——炼油装置能量因数；

C_i——各炼油装置的加工量与全厂原油加工量的比值；

K_i——装置能量系数；

A_i——装置加工量；

A_c——常减压蒸馏装置加工量；

E_{ei}——装置应达到的标准能耗值；

E_c——常减压蒸馏装置的标准能耗值。

炼油装置能量因数的意义是炼厂应达到的标准能耗总量折算成达到标准能耗常减压蒸馏装置的套数。显然，高能耗装置越多、加工流程越长，折算成的标准常减压蒸馏装置套数越多，炼厂的能量因数就越大，所以能量因数也是炼厂加工复杂程度的体现。使用国内外不同评价指标体系时，若所规定的能耗计算方法不同，各工艺装置的标准能耗不同，单位能量因数的结果也不一样。

2. 辅助系统能量因数

辅助系统能量因数由储运系统(E_{CD})、污水处理厂(E_{WD})、其他辅助系统(E_{QD})、热力损失(E_{SLD})和电力损失(E_{eLD})共五部分组成。

(1) 储运系统

储运系统的参考能耗按下式计算：

$$E_{CD}=E_{C_1}+E_{C_2}+E_{C_3} \tag{2-4}$$

式中　E_{CD}——储运系统参考能耗，kgEO/t；

E_{C_1}——原油储运系统参考能耗，取值为1.0，kgEO/t；

E_{C_2}——重质油品储、调、输的参考能耗，取值为2.0，kgEO/t；

E_{C_3}——原油进厂、卸油、洗槽参考能耗，kgEO/t，其不同情况的取值可按表2-2计算。

表2-2　原油进厂、卸油、洗槽等能耗定额

分类		E_{C_3}/(kgEO/t)
原油进厂方式	槽车进厂	2.5
	油驳进厂	1.6
	油轮进厂	0.7
	管道输送	0.015L
洗槽车		$0.3\frac{G_e}{G}$

注：L为炼油企业管辖范围内，能耗所涉及的原油输送管道长度，单位为千米(km)。

G_e为洗槽车油品总量，单位为吨(t)。

则储运系统的能量因数 E_C 为：

$$E_C=\frac{E_{CD}}{11} \tag{2-5}$$

（2）污水处理场

其能量因数由参考能耗计算：

$$E_{WD}=\sum I_{Wi}\cdot\frac{G_{Wi}}{G} \tag{2-6}$$

$$E_W=\frac{E_{WD}}{11} \tag{2-7}$$

式中 E_{WD}——污水处理场参考能耗，kg/t；

E_W——污水处理场能量因数；

I_{Wi}——污水处理场某单元的能耗指标（见表 2-3），kg/t；

G_{Wi}——统计期内污水处理场某单元污水处理量，t；

G——统计期原油加工量，t。

表 2-3 各种污水处理单元的能耗指标

<table>
<tr><th colspan="2">单元名称</th><th>符号</th><th>每吨污水的能耗指标/kg</th></tr>
<tr><td colspan="2">来水提升</td><td>I_{W1}</td><td>0.20</td></tr>
<tr><td colspan="2">隔油</td><td>I_{W2}</td><td>0.12</td></tr>
<tr><td rowspan="2">浮选</td><td>全溶气</td><td rowspan="2">I_{W3}</td><td>0.2</td></tr>
<tr><td>回流溶气</td><td>0.11</td></tr>
<tr><td colspan="2">匀质调节</td><td>I_{W4}</td><td>0.20</td></tr>
<tr><td colspan="2">生化</td><td>I_{W5}</td><td>0.30</td></tr>
<tr><td colspan="2">絮凝沉淀</td><td>I_{W6}</td><td>0.02</td></tr>
<tr><td colspan="2">中水活性炭吸附过滤</td><td>I_{W7}</td><td>0.06</td></tr>
<tr><td colspan="2">中水回用</td><td>I_{W8}</td><td>0.20</td></tr>
<tr><td colspan="2">污泥脱水及焚烧</td><td>I_{W9}</td><td>0.07</td></tr>
</table>

（3）热力损失能量因数

$$E_{SL}=\frac{E_{SLD}}{11} \tag{2-8}$$

$$E_{SLD}=\frac{2.85G_S}{G} \tag{2-9}$$

式中 E_{SLD}——热力损失参考能耗，kg/t；

E_{SL}——热力损失能量因数；

G_S——统计期内炼油生产用汽总量，t；

G——统计期原油加工量，t。

（4）输变电损失能量因数

$$E_{eLD}=\frac{0.0075G_S}{G} \tag{2-10}$$

$$E_{eL}=\frac{E_{eLD}}{11} \tag{2-11}$$

式中　E_{eLD}——输变电损失参考能耗，kg/t；

E_{eL}——输变电损失能量因数；

G_e——统计期内炼油生产用电总量，kW·h；

G——统计期原油加工量，t。

（5）其他辅助系统

$$E_{QD}=11r\sum C_iK_i \tag{2-12}$$

$$E_Q=\frac{E_{QD}}{11} \tag{2-13}$$

式中　E_{QD}——其他辅助系统参考能耗，kg/t；

E_Q——其他辅助系统能量因数；

r——不同类型炼厂的其他辅助系统系数，按炼厂规模划分，见表 2-4。

表 2-4　其他辅助系统系数

炼厂公称规模	r 值	炼油厂公称规模	r 值
5Mt/a 及以上	0.04	1.5Mt/a 及以下	0.12
1.5~5.0Mt/a	0.07		

3. 单位能量因数能耗

由炼油装置能量因数、辅助系统能量因数可计算全厂炼油能量因数 E_f：

$$E_f=(\sum C_iK_i+E_C+E_W+E_Q+E_{SL}+E_{eL})K_t \tag{2-14}$$

式中，K_t 为气温修正系数，引入 K_t 的目的是消除不同地区气温对能耗的影响，更加合理地确定能耗评价指标，以便于能耗指标的对比。

则炼厂的单位能量因数能耗为：

$$e_{Pf}=\frac{e_P}{E_f}$$

式中　e_{Pf}——全厂炼油单位能量因数能耗，kg/(t·E_f)；

e_P——全厂炼油单位综合能耗，kg/t；

E_f——全厂炼油能量因数。

综合上述分析，可以得出单位能量因数能耗的如下特性：

① 单位能量因数能耗表示炼厂所有工艺装置的实际能耗总量与应该达到的先进能耗总量相比的平均节能潜力，是一个高度综合性的指标，用于整体评价不同炼厂的能耗是科学合理的。

② 使用国内外不同的评价体系时，若所规定的能耗计算方法不同，各工艺装置的标准

能耗不同，单位能量因数能耗结果也不一样，差别可能较大，所以在进行对比时，必须使用同一个评价体系。

③ 单位能量因数能耗与原油加工量无关，完全适用于二次加工装置有外购原料的炼厂的能耗评价。

④ 单位能量因数能耗中，已经考虑了加工流程的复杂程度，故不再与其有关。

⑤ 单位能量因数能耗评价的缺点是，评价的准确性取决于标准能耗的确定。尽管对某类工艺装置可能制定许多档次的标准先进能耗，甚至采用考虑主要影响因素后的拟合公式表达标准能耗，以大大增强其可比性，评价结果已经足以从宏观上表明能耗水平的高低，但毕竟制定的标准先进能耗还是有局限性的，所以不可能在细微的程度上分析对比能耗。

三、能量换算系数

1. 实际能量换算系数

实际能量换算系数指新鲜水、循环水、电、蒸汽和燃料的换算系数，按供出该能源或耗能工质的总量与生产该能源或耗能工质所消耗的实际总能量的比值计算。

对于热电站，采用供热比和供电比的方法将消耗分开，再计算能量换算系数。供热比定义为热电站向外供热的热量与热电站总供热量(即供热的热量与供发电的热量之和)之比，供电比定义为供电消耗的热量与电站总供热量之比。供热比与供电比之和等于1。

(1) 电的换算系数

$$R_e = \frac{E_{pe}}{G_{pe}} \tag{2-15}$$

式中 R_e——电换算系数，kg/(kW·h)；

E_{pe}——电站综合能耗量，kg/a；

G_{pe}——电站总供电量，kW·h/a。

(2) 蒸汽的换算系数

$$R_s = \frac{E_{ps}}{G_{ps}} \tag{2-16}$$

式中 R_s——蒸汽换算系数，kg/t；

E_{ps}——锅炉综合能耗量，kg/a；

G_{ps}——锅炉总供汽量，t/a。

(3) 新鲜水的换算系数

$$R_{nw} = \frac{E_{nw}}{G_{nw}} \tag{2-17}$$

式中 R_{nw}——新鲜水换算系数，kg/t；

E_{nw}——新鲜水站综合能耗量，kg/a；

G_{nw}——水站总供水量，t/a。

（4）循环水的换算系数

$$R_{rw}=\frac{E_{rw}}{G_{rw}} \tag{2-18}$$

式中 R_{rw}——循环水换算系数，kg/t；

E_{rw}——循环水场综合能耗量，kg/a；

G_{rw}——循环水场总供水量，t/a。

对同时有外购和自产水、电、蒸汽的能量换算系数取二者的加权平均值。

燃料的实际能量换算系数采用统一能量换算系数。

2. 统一能量换算系数

GB 30251《炼油单位产品能源消耗限额》列出了燃料、电及耗能工质折算为一次标准能源时的统一能量换算系数，见表 2-5。

表 2-5 燃料、电及耗能工质的统一能量换算系数

类别	数量与单位	能量折算值/MJ	能源折算值/kgEO
电	1kW·h	9.546	0.228
新鲜水	1t	6.28	0.17
循环水	1t	4.19	0.10
软化水	1t	10.47	0.25
除盐水	1t	96.30	2.30
除氧水	1t	385.19	9.20
凝气式蒸汽轮机凝结水	1t	152.8	3.65
加热设备凝结水	1t	320.3	7.65
燃料油	1t	41868	1000
燃料气	1t	39775	950
催化烧焦	1t	39775	950
工业焦炭	1t	33494	800
10.0MPa 蒸汽	1t	3852	92
3.5MPa 蒸汽	1t	3684	88
1.0MPa 蒸汽	1t	3182	76
0.3MPa 蒸汽①	1t	2763	66
<0.3MPa 蒸汽①	1t	2303	55
低温余热②	1MJ	0.5MJ	0.012

① 如为饱和蒸汽，则按焓值计算。

② 即输出、输入规定温度以上的 1MJ 低温热量时，折半按 0.5MJ 计入能耗。

装置或单元之间交换的高于规定温度的热进料、热出料热量和烟气热量，其实际的统一能量换算系数均为 1.0。

四、能耗指标计算示例

1. 综合能耗

某2.0Mt/a渣油加氢装置综合能耗计算如表2-6所示。由表可知，该装置消耗的能耗工质包括电、各等级蒸汽、燃料气、循环水等，这些能耗工质折算为标准油的消耗量达4327.52kgEO/h，其每小时的加工量为250t/h，因此其单位综合能耗为17.31kgEO/t。

表2-6 某2.0Mt/a渣油加氢装置综合能耗计算表

序号	能耗工质	消耗量		能源折算值		设计能耗/(kgEO/h)	单位能耗/(kgEO/t)
1	电	kW	10483.2	kg/(kW·h)	0.26	2725.63	10.90
2	循环水	t/h	856.4	kg/t	0.1	85.64	0.34
3	除氧水	t/h	51.77	kg/t	9.2	476.28	1.91
4	4.1MPa蒸汽	t/h	46.22	kg/t	88	4067.36	16.27
5	1.0MPa蒸汽	t/h	-39.49	kg/t	76	-3001.24	-12.00
6	0.5MPa蒸汽	t/h	-13.8	kg/t	66	-910.80	-3.64
7	净化压缩空气	Nm^3/h	680	kg/Nm^3	0.038	25.84	0.10
8	燃料气	t/h	1.119	kg/t	1075.8	1203.82	4.82
9	氮气	Nm^3/h	134.92	kg/Nm^3	0.15	20.24	0.08
10	液力透平	kW	-582	kg/(kW·h)	0.26	-151.32	-0.61
11	热进出料	kW	1192.08			102.50	0.41
12	回收低温热	kW	-4336			-372.83	-1.49
13	凝结水	t/h	-5	kg/t	7.65	-38.25	-0.15
14	含硫污水	t/h	62.1	kg/t	1.1	68.31	0.27
15	含油污水	t/h	2.5	kg/t	1.1	2.75	0.01
16	汽提净化水	t/h	21.443	kg/t	1.1	23.59	0.09
17	合计					4327.52	17.31

2. 单位能量因数能耗

某炼厂具有25套炼油装置，各装置加工量及炼油装置的能量因数计算结果如表2-7所示。

表2-7 某炼厂炼油装置能量因数计算表

装置名称	能耗	装置加工量	C_i	K_i	$C_i \times K_i$
2#常减压蒸馏	9.45	2235405.00	18.06	1.1	0.1986
3#常减压蒸馏	7.29	9350744.00	75.54	1.1	0.8309
催化裂化	49.42	1302849.00	10.52	5.5	0.5789

续表

装置名称	能耗	装置加工量	C_i	K_i	$C_i \times K_i$
1#延迟焦化	25.00	916835.00	7.41	2.5	0.1852
2#延迟焦化	22.92	2250843.00	18.18	2.5	0.4546
催化汽油加氢	14.09	123035.00	0.99	1	0.0099
汽油吸附脱硫	6.20	385618.00	3.12	0.85	0.0265
2#柴油加氢	8.21	2077089.00	16.78	1.2	0.2014
3#柴油加氢	12.94	1509291.00	12.19	1.2	0.1463
1#航煤加氢	4.12	988976.00	7.99	0.8	0.0639
1#加氢裂化	30.53	1212736.00	9.80	3.3	0.3233
2#加氢裂化	21.60	1796354.00	14.51	3.3	0.4789
蜡油加氢	5.00	1392317.00	11.25	1.6	0.1800
连续重整	60.16	1223593.00	9.88	12	1.1861
制氢	712.21	39045.00	0.32	110	0.3470
气体分馏	45.55	221247.00	1.79	4.8	0.0858
焦化液化气分馏	26.77	139541.00	1.13	4.8	0.0541
裂化轻石分离	13.17	121164.00	0.98	1.8	0.0176
2#硫黄回收	-135.92	197536.00	1.60	-3	-0.0479
1#溶剂再生	6.21	2852160.00	23.04	0.7	0.1613
2#溶剂再生	4.83	5829840.00	47.10	0.7	0.3297
2#硫黄溶剂再生	5.43	2016000.00	16.29	0.7	0.1140
3#污水汽提	9.27	807576.00	6.52	1.1	0.0718
1#污水汽提	16.58	813981.00	6.58	1.5	0.0986
氢气提纯	73.20	62193.00	0.50	12	0.0603
合计					6.1567

由生产数据计算的辅助系统能量因数如表 2-8 所示。

表 2-8 某炼厂辅助系统能量因数表

项目	数值	项目	数值
$\sum C_i \times K_i$	6.157	E_{eLD}	0.0403
E_{CD}	0.315	K_t	1.023
E_{WD}	0.03	E_f	6.870
E_{QD}	0.123	E_d	68.702
E_{SLD}	0.0485		

由表 2-8 可知，该炼厂储运系统能量因数(E_{CD})为 0.315，污水处理厂能量因数(E_{WD})

为 0.03，热力损失能量因数(E_{SLD})为 0.0485，电力损失能量因数(E_{eLD})为 0.0403，其他系统能量因数(E_{QD})为 0.123，炼厂能量因数为 6.870。该炼厂的单位综合能耗为 54.99kgEO/t，则其单位能量因数能耗为 8.00kgEO/(t·E_f)。

第三节 炼油用能特点

一、炼厂能耗构成

炼厂的规模、结构和加工流程不同，其用能情况会出现较大变化，表 2-9 列出了不同规模炼厂的能耗情况。从炼厂的一次能源构成来看，主要包括燃料气和燃料油、催化裂化烧焦、机泵和压缩机等消耗的电、蒸汽和新鲜水等。根据加工流程的不同，各种能源介质在炼厂能耗计算中所占的比例有所不同。一般而言，加热炉的燃料消耗量最大，约占 30%~40%；其次为催化烧焦，约占 10%~40%。催化裂化装置的加工规模越大，原料性质越差，催化裂化烧焦占能耗的比例就越高。炼化企业电的消耗量约占能耗的 20%~30%，蒸汽消耗约占能耗的 10%~20%，提高蒸汽品质和实现逐级利用可提高蒸汽的利用率。

表 2-9 大型炼厂的设计能耗构成实例

炼厂	A	B	C	D
加工规模/(Mt/a)	8.0	10.0	12.5	12.0
全厂综合能耗/(MJ/t)	3550.4	3133.8	2900.6	2440.9
全厂综合能耗/(kgEO/t)	84.94	74.97	69.39	58.39
全厂能量因数 E_f	8.28	7.78	6.78	6.18
单位能量因数能耗/[MJ/(t·E_f)]	427.05	402.77	422.45	394.82
动力系统单耗				
燃料/(kg/t)	32.96	31.54	28.60	24.76
电/(kW/t)	78.02	71.23	60.74	68.86
蒸汽/(kg/t)		85.43	26.48	75.6
催化烧焦/(kg/t)	31.43	20.58	6.19	9.60
新鲜水/(t/t)	0.79	0.48	0.33	0.48

大型炼厂的加工流程日益呈现新的特点：加工原油趋于劣质化，设计原油大多选择高硫中质或重质原油(API 低于 35，硫质量分数大于 1.0%)和重质高含酸原油；增产高附加值产品：丙烯(聚丙烯)、混合二甲苯和优质蒸汽裂解原料等高价值产品，炼厂逐渐向油-化一体化或油-化-纤一体化的综合性方向发展；二次加工装置的增加提高了原油的加工深度，同时也增加了加工流程的复杂程度。

炼厂能量因数的增大，表明全厂加工流程趋于复杂。新建及改扩建大型炼厂在追求经济效益最大化的设计理念下，为满足劣质原油加工、产品质量升级和增产高附加值产品的需求，提高了原油加工深度，扩大了二次或三次加工装置的规模。因而，在实现原料深度转化和产品升值的同时，必然会增加全厂加工流程的复杂程度，相应增加全厂能耗。

二、炼厂用能的特点

1. 炼油过程的用能特点及能量系统

炼油生产中，由原料到产品的连续流动过程会伴随着能量的供应、转换、利用、回收和排弃等环节。例如，物流需加热，就需要消耗燃料或蒸汽；产品需冷却或冷凝，就必须消耗冷却水或进行空气冷却；泵和压缩机的运行需消耗电力或由蒸汽透平直接驱动。这些能量的供入都是由炼油企业消耗的能源获得，炼油企业的能源消耗包括原煤、石油焦、天然气、炼厂气(瓦斯)、电、蒸汽、催化裂化烧焦等。

2. 炼油过程是物料变化和能量变化同时进行

炼油过程是借助能量作为过程推动力，实现从原料到产品的物料转化，工艺物流既是产品载体又是能量载体。例如对原油蒸馏过程，如图 2-5 所示，原油在分离设备中进行分离所需的能耗是加热炉、分馏塔和换热器输入能量共同驱动的结果，从原油到产品的演变过程也是能源完成转换、利用和回收的过程，能量与物流相互关联。

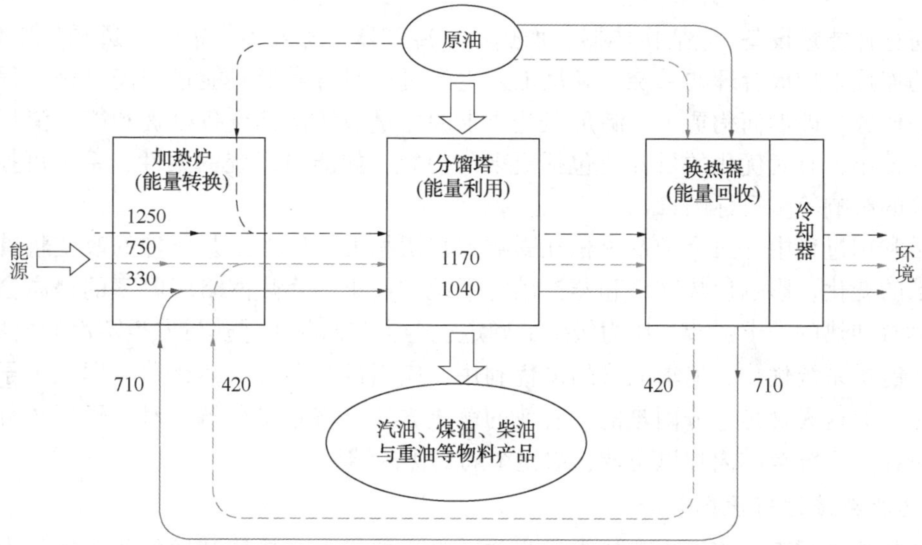

图 2-5 原油蒸馏装置能流和物流过程示意图

3. 能量推动工艺过程进行中数量不变但品质下降

能量作为工艺过程进行的推动力，在过程系统中被利用的方式和演变过程具有共同之处：进入过程系统的能量，通过转换环节变成工艺过程需要的能量种类和形式，以此推动工艺过程进行，在推动中能量降质但数量不变，除部分进入产品物流外，降质后能量通过各种单元过程或设备被回收利用，其余以各种形式排入环境。

炼油能量系统是所有完成能量转换、利用和回收功能的系统集合，包括工艺过程子系统、热回收换热网络子系统、蒸汽动力公用工程子系统，如图 2-6 所示，它担负着生产过程物流的加热、冷却、驱动机泵的动力供应、工艺和加热用蒸汽等任务，对炼油生产过程能源消耗起着十分重要的作用。

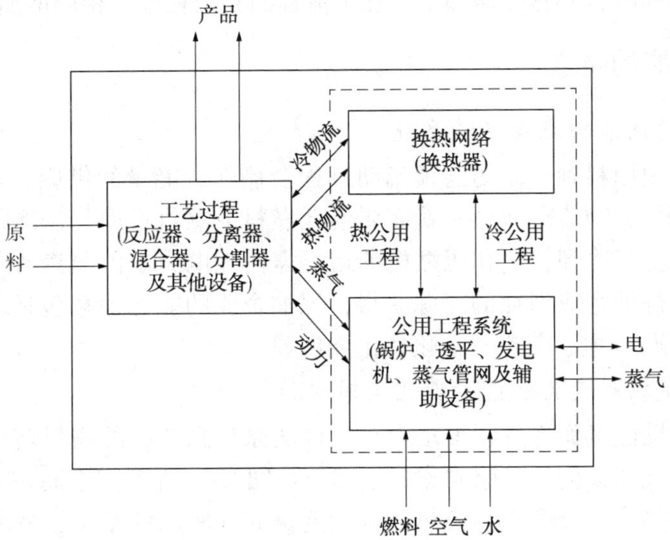

图 2-6 炼油能量系统构成图

如何选择能量设备(包括换热器、加热器、冷却器、蒸发器、锅炉、透平、热泵等)及其相互的连接以构成合理的系统，满足工艺生产过程对各类形式能量的需求是过程能量集成优化的任务，即如何构造一个满足工艺要求的能量系统使其设备投资和能源消耗等的总费用目标最小，有时优化的目标还包括更多的内容，如能量系统的柔性、系统可控性、对环境排放的影响等多目标因素。

能量利用过程中，三个子系统相互影响、密切相关。例如工艺条件的改变将首先通过能量需求的变化，影响换热网络和蒸汽动力系统的需求；换热网络回收率的提高会减少对燃料和蒸汽加热的需求；蒸汽压力级别的确定也会决定回收工艺热量发生蒸汽的数量。

开展能量系统优化、追求能量的最优利用，应当进行系统整体优化，即三个子系统的联合优化，而这无疑是十分困难的。有效的解决方法是将系统分解，对各子系统分别加以优化，再在大系统范围内加以协调，取得全局最优的结果。

4. 总能系统运行原则

提高热能利用率是炼油生产技术进步的一个重要标志，热能利用的优劣在很大程度上影响产品能耗的高低。炼油行业生产运行的大量实践证明，从全局观念出发的能量总体利用系统(简称总能系统)是生产设计的一个重要组成部分。

在炼油生产中，能源一般都是转化为热与功(或电)而被利用的，这是由热力学的基本定律所决定的，即改变体系能量状态的能量形式只有功和热两种。总能系统的内容和要求就是在生产活动中，为达到最优的能源利用效果，综合分析、研究生产全过程的能源转换和能量利用状况，按照系统中可能得到的能源供应，对各种形式能源、不同品位的能量需求，从总体上合理安排功和热的利用，并使其与供需之间的品位进行优化匹配。

① 尽量减少一次能源的消费，因为燃料一旦燃烧，就必然有部分热能散失到环境中去，同时由于摩擦及实际循环的效率低以及在换热器中的温降等原因，所有的实际过程都是不可逆过程，并促使能量很快降级。

② 热具有特殊价值，与温度直接相关。温度愈高其热效率也愈高，并在高温位时可回收更多的热量。

③ 功是最有价值的能量形式。在理论上，功可以完全转化为热，而热只能部分转化为功，这意味着回收功比回收热更有意义。

④ 冷量具有较高价值。冷量温度愈低其价值愈高，因为产生冷量需要大量的功。

⑤ 要尽可能避免不可逆过程。因此，采用逐级利用的方法回收能量是非常重要的。在热量回收过程中要尽可能多地建立若干等级，每一级依次逐步降低温度。另外，在化学工艺过程中把物流和能流结合起来，将回收的能量用来预热物料，产生蒸汽带动过程气体压缩机等，是能量回收与利用的合理途径。

第三章　炼油单元过程用能及节能

炼油工艺过程是化学工业的重要分支，复杂炼油装置的工艺均是由传热、传动、传质和反应构成的“三传一反”的单元过程组合而成。“三传一反”的能量利用与节能是炼油用能分析的重要基础。

第一节　流体流动及设备节能

炼油过程的物料流经管道和设备，由于克服沿程阻力和局部阻力，会引起能量损失；炼厂消耗的动力能源大多用于直接弥补这些损耗，如泵机、压缩机的功耗等。

一、流动过程节能措施

炼厂中使用着大量的泵、鼓风机、压缩机等流体机械，炼厂电能消耗量中的大部分都是用于驱动这些流体机械。减少流体流动的能量消耗和损失，应尽可能减少流动过程的压降，包括降低局部阻力损失和沿程阻力损失。减少局部阻力损失，应尽可能减少管道上的弯头和缩扩变化，减少阀门等管件的数量；减少沿程阻力损失，可以适当加大管径（即减小流速）以减少阻力等。

提高流体机械本身的性能作为流体机械节能的重要方面，无疑是必要的。另外，优化流体机械的运行工况，也存在较大的节能潜力。炼油过程很多流体机械的选型，是按满足额定负荷进行设计，炼厂设计者在选用时，由于考虑管路阻力、流量变化等因素，往往会留有较大余地，导致设计中采用大容量设备、而运行中采用关小调节阀来调节流量，造成流动过程的能量损失。

炼油企业提高流体流动过程能量利用效率的措施包括以下几方面。

1. 选用合适的流体机械

流体机械是炼油企业流动系统的重要部分，在选用流体机械时，应使流体机械与流动系统之间很好地匹配。

以离心泵为例，图 3-1 为离心泵特性曲线，从其效率曲线可见，随流量 Q 的变化，离心泵的效率存在一个最高点，称为设计点。离心泵铭牌上所标明的流量、压头 H、功率 N 等参数，即是对应该最高效率工况点的参数。

当离心泵安装在一定的管路上时，其所提供的压头与流量，必须与管路所需要的压头和流量一致，因此，离心泵的实际工作情况就会由泵的特性和管路特性共同决定。

将离心泵的特性曲线与管路特性曲线绘在一张图上时，两曲线的交点 M 就是离心泵的工作点，如图 3-2 所示。在设计阶段选用泵的时候，工作点 M 应该在离心泵的高效率区域内。由于管路输送条件不同，一般离心泵不可能正好在最佳工况点运行，应使其工作区处于最高效率点的92%左右。

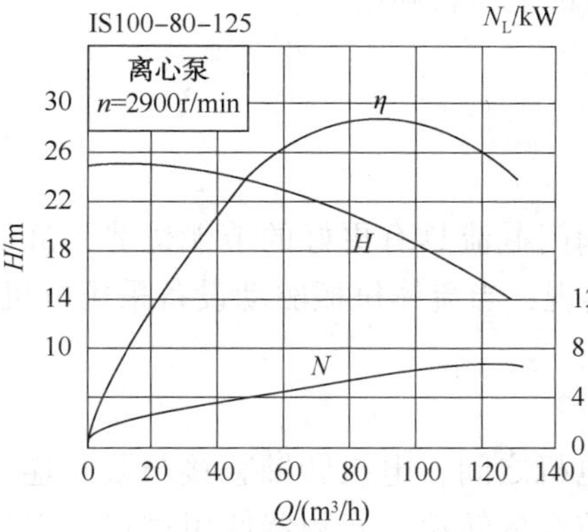

图3-1 离心泵运行曲线图

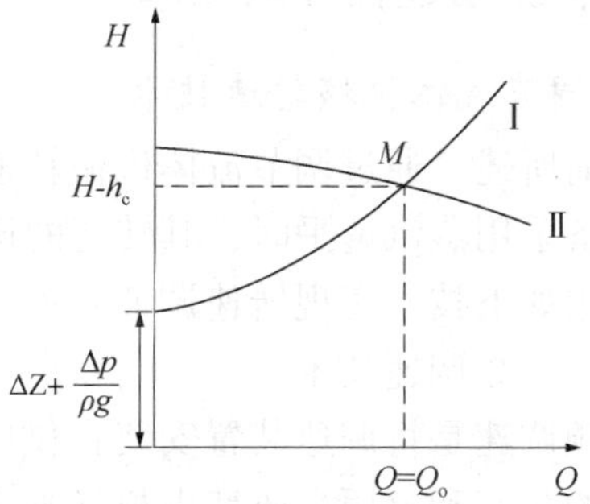

图3-2 离心泵工作曲线图

在选用流体机械时，如果不能依据正常流量而是依据最大流量来选择，同时为了留有一定余量，再放大一个系数，导致泵的流量偏离其额定流量，以至造成“大马拉小车”的现象，使流体机械长期在低效率区运行，会造成能量浪费。

2. 优化流量调节方式

通常在生产运行时，输送流体的流量会经常发生变化；不同的流量调节方式，也会产生不同的能量利用效果。流体的流量调节通常可以通过两种途径实现：

（1）改变管路特性

管路特性的改变一般通过调节阀门的开度来实现，采用阀门调节流量方法简单，流量可以连续变化，但能量损失较大。

（2）改变流体机械的特性

改变流体机械特性的主要方法有：①改变转速；②优化叶轮设计，例如切削叶轮；③采用泵的串联或并联。

采用流体机械转速调节时，管路特性不变，但由于离心泵的流量与转速成正比，功率与转速的立方成正比，因此流量减少，离心泵的功率相应减小，该调节方式具有节能效果。

离心式鼓风机和压缩机具有与离心泵类似的压力-风量特性。但因工作流体是气体，存在喘振和阻塞两种极限工况。在小风量区域存在发生喘振现象的极限风量，在低速下由于雷诺数减小而压力下降；在高速下由于马赫数增加而发生阻塞现象，压力急剧下降，效率也降低。

对于离心式压缩机，转速调节可采用变频装置。变频调速适用于同步机和异步机，具有调速范围广、平滑、相对稳定性好、操作方便等优点。

3. 回收流动过程能量

炼油生产过程的有些反应和分馏工艺需要在一定压力下进行，而物料的存储却需要在常压下进行，因此，物料经过泵升压进行加工后，需要降压进行存储，物料降压过程的压力能可以回收利用。例如加氢装置的反应产物经分离后的冷高分油，部分流程可以采用液力透平回收压力能，用以驱动原料升压泵，降低装置电耗；加氢装置的循环氢脱硫塔在高压下运行，贫胺液经过升压进入脱硫塔，吸收循环氢中的 H_2S 等杂质后变为富胺液，由脱硫塔送出，该股富胺液的压力能也可以采用液力透平回收利用。

二、流动过程节能技术

1. 调节流体机械转速技术

如前所述，通过调节流体机械转速相比于阀门截流具有更好的节能优势，流体机械的驱动设备采用蒸汽透平时，其转速的调节容易实现；当流体机械驱动设备采用电机驱动时，可以采用如下技术实现转速调节。

（1）变频调速技术

变频调速是将调速装置安装在供电电源与电机之间，电机转轴直接与泵相连，通过改变电源的频率和电压来改变电机转速，从而调节泵的转速。变频器使用过程会产生谐波电流，进而污染电网。可通过以下措施减少变频器谐波：

① 当设备附近有电磁干扰时，加装抗射频干扰滤波器。

② 使用具有隔离的变压器，将电源侧绝大部分的传导干扰隔离在变压器之前。

③ 电动机与变频器之间的电缆采用钢管敷设或恺装电缆，并与其他弱电信号线分走不同的电缆沟铺设，降低线路干扰，变频器使用专用接地线。

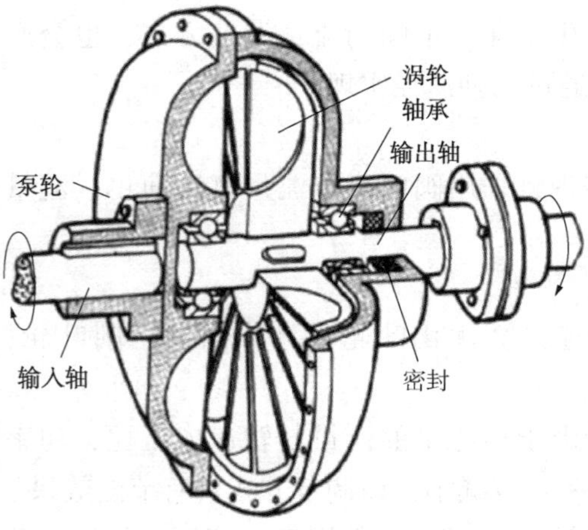

图 3-3 液力耦合调速原理图

（2）液力耦合调速技术

液力耦合器是安装于离心泵与原动机之间的联动装置，以液体为介质，利用液体的动能来传递转矩，其主要由壳体、泵轮和涡轮组成。其工作原理如图 3-3 所示，工作时，输入轴从电机获得能量带动泵轮的叶片转动，使机械能转变为工作腔内工作液的动能；之后，高速液体进入涡轮带动涡轮叶片转动，将机械能传递给输出轴，带动离心泵工作；最后，工作液返回泵轮，形成周而复始的循环流动。

液力耦合器通过液体将输入轴与输出轴联系起来，密闭工作腔内工作液的流量决定了能量传递的多少，从而决定了输出轴转速的大小。因此，液力耦合器通过调节工作液的流量，可以实现泵的转速调节。

（3）永磁调速技术

永磁调速装置是通过调节空隙实现从电动机向负载传输扭力的调节。永磁调速装置主要由导体转子、永磁转子和控制器 3 部分组成，如图 3-4 所示。导体转子固定在电动机轴上，永磁转子固定在负载转轴上，导体转子和永磁转子之间有间隙(称为气隙)。这样，电动机和负载由原来的硬(机械)连接转变为软(磁)连接，通过调节永磁体和导体之间的气隙就可实现负载轴上的输出转矩变化，从而实现负载转速变化。

当永磁调速装置接到一个控制信号后，如压力、温度、流量、液面高度等信号传到永磁调速装置的控制器，控制器对信号进行识别和转换后，产生一个机械操作指令，来调节导磁体和永磁体之间的间隙大小；然后，根据负载对扭矩的要求，调节永磁调速装置输入端的扭矩，最终改变电动机输出功率，实现电动机节能，提高电动机工作效率。永磁调速是根据滑差原理工作，为产生转矩，必须有滑差，因此能量的损失又叫滑差损失。滑差损失以发热的方式消耗，同时附加有散热和摩擦损失。产生的热量由空气对流自然冷却，但大功率设备一般都采用水冷散热设计。

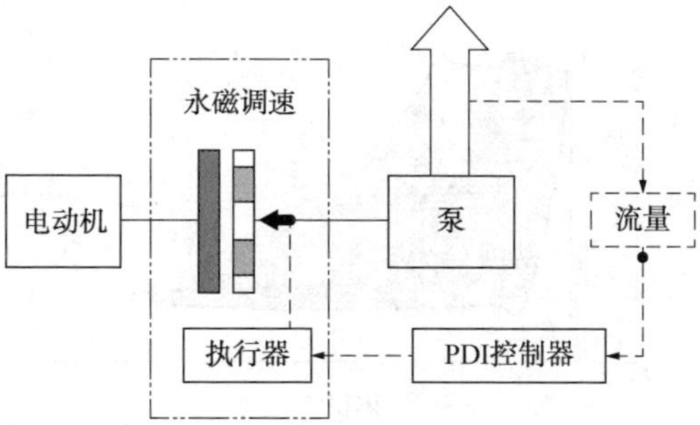

图 3-4 永磁调速原理图

永磁调速设备为非接触、纯机械连接，结构简单、易损件少；电动机与泵轴不直接连接，振动不产生相互影响；不产生谐波，不伤害电动机，不影响电网功率因数；可空载启动或软启动，电动机启动电流小、时间短，对电网无冲击。在离心泵上加装永磁调速装置，可以使电动机根据泵的需要供电，使泵达到理想的运行状态。

表 3-1 对变频调速、液力耦合调速和永磁调速进行了对比。

表 3-1 三种调速技术的对比

序号	项目	变频调速	液力耦合调速	永磁调速
1	总费用	较高	较高	较低
2	减振效果	较好	较好	降低 50%~85%
3	维护工作量及成本	很高	很高	较小
4	设计寿命	5~10 年	10 年	20~30 年
5	节能效果	最高，整体效率 92%~95%	整体效率 70%~85%，有损失	与变频器相当，低速时较变频器差
6	调速范围	最大(可超频)	最小	40%~98%
7	结构	体积最大最复杂	较复杂	较简单、元器件少

2. 压缩机无级气量调节

炼油生产过程中大量应用往复式压缩机，对于相同的进气工况，往复式压缩机的排气量都是在设计中就已确定。但是随着操作的变化，工艺条件对气量的需求也会变化，而正常情况下往复式压缩机载荷控制只有三个档(0，50%，100%)，流量调节跨度较大。常用的旁路调节需要将压缩机排出的高压气体通过旁路管线返回进气管实现流量调节，由于返回进气管的高压气体是经过压缩机消耗压缩功产生，返回进气管后其压力能损失，导致能量浪费。

无级气量调节是通过对进气阀关闭时间的控制，达到连续调节容积流量效果，即在 0(10%)~100%之间连续调节。其工作过程是：进气阀在气缸进气行程结束后，被强制保持在开启位置，活塞在压缩行程中部分气体从气缸中被顶开的进气阀返回进气管，当活塞运动至对应需求气量位置时，被顶开的进气阀关闭，气缸内剩余的气体开始被压缩，达到额

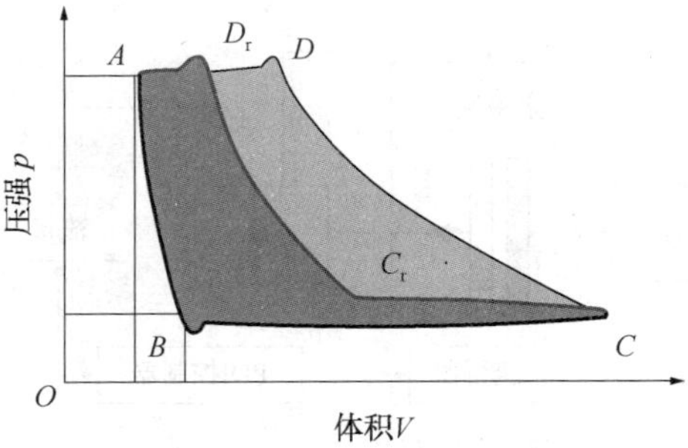

图 3-5 无级气量调节压缩过程节能原理

定排气压力后，经排气阀排出，图 3-5 展示了无级气量调节工况下的往复压缩机节能原理。

无级气量调节的压缩包括以下 5 个过程：①膨胀过程：AB 曲线。气缸余隙残留的高压气体经过膨胀，压力逐渐下降，此时进气阀和排气阀均为关闭状态。②吸气过程：BC 曲线。气缸内压力低于一定值时，进气阀在压差的作用下自动开启，C 点为吸气过程结束。③回流过程：CC_r 曲线。在吸气过程结束时，即在 C 点接通高速控制阀，高压油驱动执行机构强制顶开进气阀，使进气阀保持开启状态，气缸中吸入的气体通过被顶开的进气阀回流到进气管道而不压缩。④压缩过程：C_rD_r 曲线。在回流过程结束时，即在 D_r 点切断高速控制阀，进气阀在压差的作用下关闭，压缩机进入压缩阶段。⑤排气过程：D_rA 曲线。气缸内压力高于一定值时，排气阀在压差的作用下自动开启，压缩机进入排气阶段。通过上述新的工作循环，多余的气量通过进气阀回到进气管道，没有被活塞压缩做功，图 3-5 中压缩功对应的面积显著减小，机组功率下降。

无级气量调节是控制往复压缩机工作气量的一种理想方法，根据压缩机结构参数和实际需要的排气量，换算得到需求气量对应的回流过程(CC_r)时长，通过液压系统与执行机构的作用即可实现气量理论上 0%~100%的连续调节(实际因压缩机而异，一般在 10%~100%的范围内)，从而使压缩功的消耗随实际容积流量变化而变化，可显著降低机组功耗。但由于需要精确计算顶开进气阀阀片的时间、执行器动力快速高频切换、执行部件的快速响应(毫秒级)，因此对控制器和电磁阀都有极高的要求。

3. 防喘振控制技术

离心式压缩机存在一个最大压头和最小流量的极限，超过这个极限，压缩机将发生喘振。生产中，防止喘振的方法是将部分流量返回到压缩机的入口或放空，以使压缩机工作点远离其喘振极限点。回流或放空的部分气体将损失掉大量的压缩功，从而造成压缩机能耗的增加。

防喘振控制系统可以精确地确定压缩机工作点远离喘振点，从而维持一个足够的又不过分大的回流量来保证机组可靠、经济运行。

为了使压缩机工况点始终远离喘振极限区域，并且保证能耗最小，需要建立一种可变极限流量的控制方式，使其在不同转速及不同压比条件下，都有一个可以相应变化的极限流量与之对应。采用这种可变极限流量的控制方法，是当前压缩机防喘振控制普遍采用的控制策略。只要使压缩机工况点沿防喘振控制线变化，就可保证压缩机工况点不进入喘振区域，且能耗最小，如图 3-6 所示。

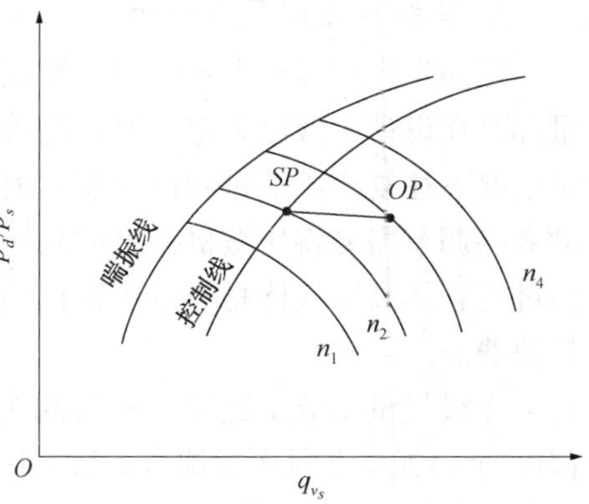

图 3-6 压缩机运行控制图

压缩机的喘振极限是一个复杂的函数，它随气体组分、入口压力、温度、转速和入口导流叶片角度的变化而变化。防喘振控制技术采用多元函数来计算压缩机工作点对喘振的趋近程度，精确地确定对扰动大小的响应，从而使压缩机防喘振安全裕量最小，其结果是既保护了压缩机，又使回流量或放空量降到最低程度。

4. 液力透平

液力透平是将流体工质压力能转换成机械能的机械设备。液力透平主要部件是一个旋转元件——叶轮，它安装于透平轴上，具有沿圆周均匀排列的叶片。带有压力能的流体在流动中，经过冲转叶轮后，将自身能量转换为叶轮的动能，驱动叶轮轴产生扭矩，透平轴直接或经过传动机构带动其他机械，输出机械功。

液力透平主要对采用减压阀或孔板减压的连续工艺流程中的高压流体，回收压力能，包括：

① 加氢裂化装置，液力透平应用在高压分离器与低压分离器之间，如图 3-7 所示。

② 循环氢脱硫过程中，应用在高压吸收塔与低压分离器之间，贫胺液经高压贫胺泵加压后进入到高压循环氢脱硫塔对循环气进行脱硫。脱硫后的气相返回到反应系统作为循环氢；吸收硫化氢后的富胺液自高压循环氢脱硫塔底部进入到液力透平，由液力透平减压后送出装置。

③ 从管线的高压处向罐区输送成品或原油时。

在这些液力透平的典型应用中，液力透平可回收高达 80%的流体能量用来驱动泵或其他转动机械。

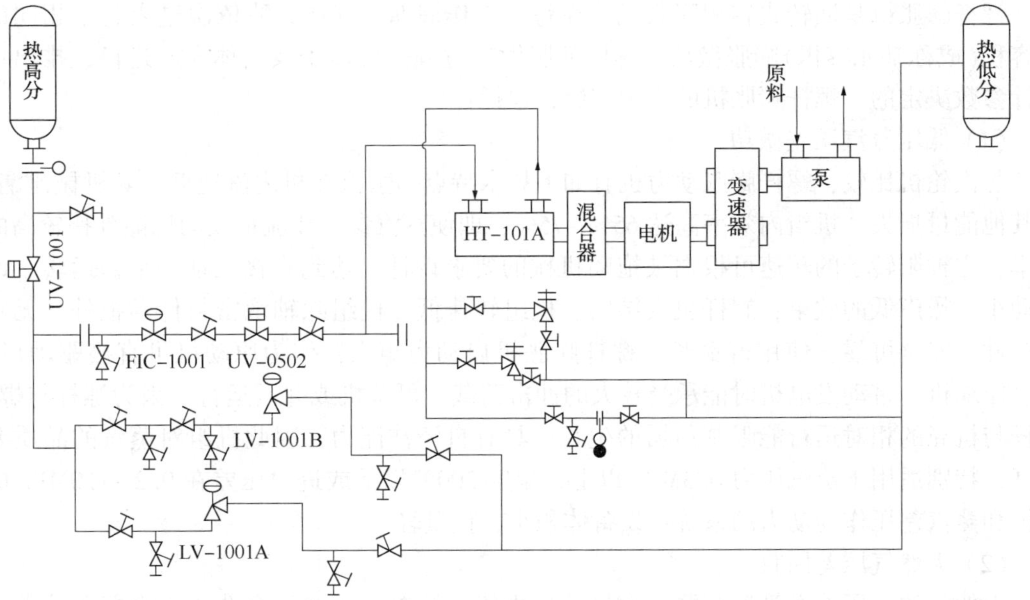

图 3-7 液力透平连接图

在高压加氢装置中，液力透平主要用于回收反应产物从高压分离器到低压分离器之间的能量，为反应进料泵提供部分驱动力。当热高分液位正常时，去热低分的液控高压角阀一只关闭，另一只高压角阀开度在 15%~20%之间，主要是从安全上考虑，同时保持管线阀门等处于预热状态；液位高低调节由液控高压角阀控制，以保证热高分油进液力透平的流量维持不变；当热高分液位较低，高压角阀关闭仍不能维持液位时，进液力透平流控阀会关小，降低进液力透平流量，但必须满足液力透平最小流量的要求。

5. 螺杆膨胀机及应用

对于气体流动过程压力能的利用还可以采用螺杆膨胀机。螺杆膨胀机主要利用带压气体膨胀，驱动螺杆旋转实现能量回收利用。螺杆膨胀机由一对螺旋转子和壳体组成，如图 3-8所示，热的带压气体经过进汽口(A)进入阴阳螺杆前端面齿槽，推动阴阳螺杆转子向相反的方向旋转，随着转子的转动，气体沿前端齿槽开始向后端面扩容(B、C、D)，气体膨胀、容积增加、压力降低，实现膨胀做功，最后从后部齿槽排气口(E)排出，功率从主轴阳转子输出。

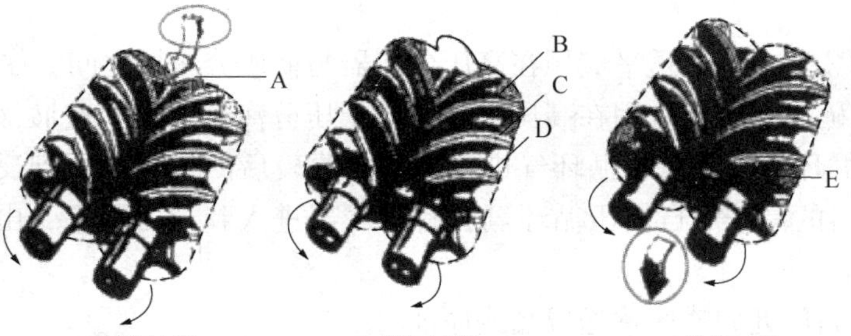

图 3-8 螺杆膨胀运行原理图

螺杆膨胀机是回转式容积膨胀机，在每一工作周期，气体介质依次进入若干相同的工作容积(或称基元容积)膨胀做功。螺杆膨胀做功过程是由转子及气体介质进口、排出口的设计参数决定的。螺杆膨胀机的应用广泛，包括：

(1) 低压蒸汽压差做功

与汽轮机比较，螺杆膨胀动力机有如下技术特点：蒸汽在机内流速低，除机械泄漏外，无其他能量损失，机组内效率高达 65%~75%，即使蒸汽参数或流量波动仍能维持较高的内效率；主轴阳转子的转速可根据被拖动机械的要求设计，达到直接驱动、平稳运转、设备振动小、噪声低的效果；螺杆粗大结实、机组转速低，机组除轴承密封件易损外，无其他磨损件，安全可靠，使用寿命长；螺杆膨胀机启动力矩大，作为原动机可直接驱动风机、泵、压缩机，带动发电机时能承受较大的冲击荷载，可单机或并网运行；因为螺杆与螺杆、螺杆与机壳的相对运行能限制污垢的生长，具有自清洁能力，因此机组对蒸汽的品质要求不高，特别适用于蒸汽压力 0.3MPa 以上、温度 300℃以下或进出压差在 0.2~1.0MPa 的利用饱和蒸汽差压作为动力的系统；设备体积小、重量轻。

(2) 天然气压差回收

天然气的高压输送管道蕴藏了大量的压力能，简单调压过程会造成巨大能源浪费。天然气螺杆膨胀余压发电，可以有效地回收管网的压力能。

在天然气输送工况下，由于压力较高，压差较大，对螺杆膨胀机的结构设计提出更严格的要求。

(3) 有机朗肯循环

有机朗肯循环技术是利用炼油企业的低温余热，加热低沸点的有机工质，使其蒸发变成带压力的气体，通过螺杆膨胀机对外做功。对于炼油企业的低压蒸汽(压力小于0.3MPa、温度小于250℃)，很多处于气、液两相状态；由于水不能直接用于膨胀做功，但其热量可以被有机朗肯循环利用。炼油企业的其他温度高于85℃的物流，如油、低压水蒸气、烟气、地热、太阳能聚焦面板等都可以用于有机朗肯循环。

三、高压泵、大功率泵等的节能

炼油过程的物料升压用电在能耗中占比较大，主要消耗在新氢压缩机、原料油泵、循环氢脱硫塔贫溶剂泵、各塔底重沸炉泵、尾油泵、柴油泵等大功率机泵上。

当实际流量和设计流量不匹配时，适度降低循环机转速或增上无级气量调节系统；部分机泵流量不匹配，效率低、调节阀压降较大，可切削机泵叶轮、进行三元流改造、增上变频器、全关泵的小流量循环线。

对于空冷器节能，可通过加强上游物流换热，增加变频调整百叶窗开度，采用新型高效叶片等空冷技术等。对于高压空冷的偏流问题，可将入口分配器由空冷平台下面提升至空冷平台上面，使空冷入口分配管由上流模式改成下流模式，并调整偏流严重的空冷器位置。此外保证空冷入口处适宜的物流温度和注水量，防止空冷器结垢、腐蚀穿孔。

第二节　分馏过程及设备节能

炼油生产过程存在大量的物料分馏过程，分馏过程主要靠分馏塔实现，分馏塔的运行过程如图3-9所示，物料自分馏塔中部的适当位置连续加入；分馏塔底的再沸器将塔底加热，使其汽化产生上升蒸气，一部分塔底物料抽出后作为塔底产品；分馏塔顶冷凝器将塔顶蒸气冷凝为液相，一部分作为分馏塔回流，由塔顶返回塔内，其余作为塔顶产品。分馏塔内的气相由下向上流动、液相由上向下流动，气、液两相逆流接触；在塔板上完成组分分离，自动进行着低沸点组分蒸发和高沸点组分冷凝的热交换过程。

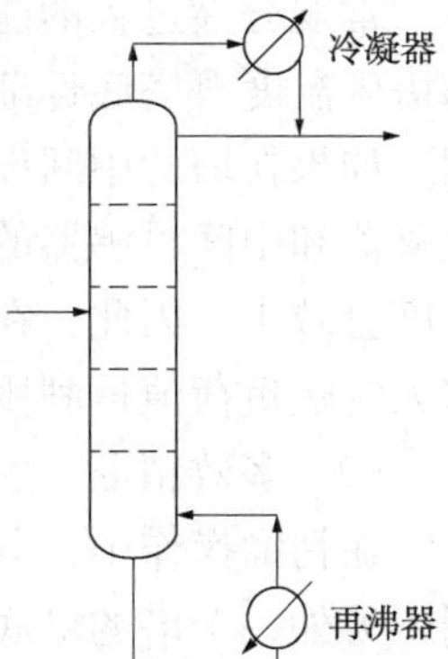

图3-9　分馏塔运行图

一、分馏过程能量分析

分馏塔能量平衡满足：

$$Q_s+Q_F=Q_D+Q_C+Q_W \tag{3-1}$$

式中　Q_s——再沸器的加热负荷；

Q_F——进料带入热量；

Q_D——塔顶产品带出热量；

Q_C——塔顶冷凝器负荷；

Q_W——塔底产品带出热量。

由分馏过程能量平衡可以看出，分馏塔的塔底再沸过程和塔顶冷凝过程是驱动分馏过程不断产生上升气相和下降液相的能量消耗环节，也是分馏塔与外界进行能量交换的主要渠道。从温度分布、压力分布和浓度分布看，塔底的温度高、压力高、重组分含量高，通过再沸器加入能量使得塔底物料汽化，成为分馏塔气相来源的能量供入，塔底气相温度较高，其上升过程中会在每一块塔板上被冷却和冷凝放出部分冷凝热，该冷凝热是塔板上液相蒸发的能量来源，气相冷凝过程和液相蒸发过程既是能量交换过程，也是组分提浓过程(即分馏过程)：液相蒸发过程中，轻组分优先蒸出并进入气相；气相冷凝过程中，重组分优先冷凝并进入液相，因此沿塔自下而上的气相轻组分含量逐渐升高，沿塔自上而下的液相重组分含量逐渐升高。分馏塔自下而上的压力梯度是气相得以沿塔上升的驱动力和能源来源；分馏塔液相的自身重量是液相得以沿塔下流的驱动力，同时由于液相不断流动，因此分馏塔全塔压降要远小于整塔静液相压差，而分馏塔塔顶回流罐所具有的位能是压力驱动气相不断上升的结果。

分馏过程的能量消耗主要为完成以下过程：①用于克服气、液相流动阻力造成的压降；②不同温度物流间的传热；③相浓度不平衡物流间的传质，或不同浓度物流的混合。

二、分馏过程及节能设备

对于炼油过程，提高分馏过程能效的手段包括：减少冷凝器和再沸器中传热过程的温差；减少精馏塔中传热和传质过程的推动力以及流动压差；研究和应用高效换热设备以及高效率、低压降的新型塔板和填料，实现过程节能；选择最适宜回流比和进料热状态同样可达到节能的效果；开发新型分馏工艺。

(1) 中间冷凝器和中间再沸器

常规分馏过程的能量交换是通过在塔顶和塔底对塔内物料进行冷凝和蒸发实现，在分馏塔内温度自塔底逐渐升高，如能在塔中部设置中间冷凝器，就可以采用温度较高的冷却剂。如果在塔的中间设置中间再沸器，对于高温塔，则可以应用温位较低的加热剂。中间冷凝器和中间再沸器的使用并不会降低分馏过程的总热负荷，但是分馏过程的有效能降级程度会减小。因此，在生产过程中必须有适当温位的加热剂和冷却剂与其相配，并需有足够大的热负荷值得利用，如此才有效益。

(2) 多效精馏

在精馏操作中，分离过程消耗的能量是热能，多效精馏就是将一个塔的塔顶冷凝热量用于另外一个塔的塔底再沸热量。在多效精馏流程中，全部原料加入高压塔，在该塔中分离得到纯度较高的塔底产品，塔顶得到易挥发物部分浓缩的产物，再引入低压塔做进一步分离为两股较纯的产品。

多效精馏可节省能耗，但增加了设备投资，经济上是否可行需通过经济核算决定。由于两塔间的热耦合，所以要求更高级的控制系统。

(3) 热泵精馏

将塔顶温度较低的能量进行压缩升级后，作为塔底再沸器的热源。热泵精馏是靠消耗一定量机械能达到低温热能再利用，因此消耗单位机械能回收的热能是一项重要的经济指标。显然，对于原料中各组分沸点接近的精馏塔应用热泵精馏的效果会更好。由于热泵精馏需要增设压缩机，又要消耗机械能，所以推广应用受到限制。

(4) Petlyuk 塔(耦合塔)

在一定分离顺序下两塔非常规(液相产品)联结，即或气相或液气双相联结形成耦合，是 Petlyuk 等 1965 年提出的，其节能机制是：避免组分在塔段内无谓地重复冷凝-汽化。图 3-10为三组分分离的四种方案。

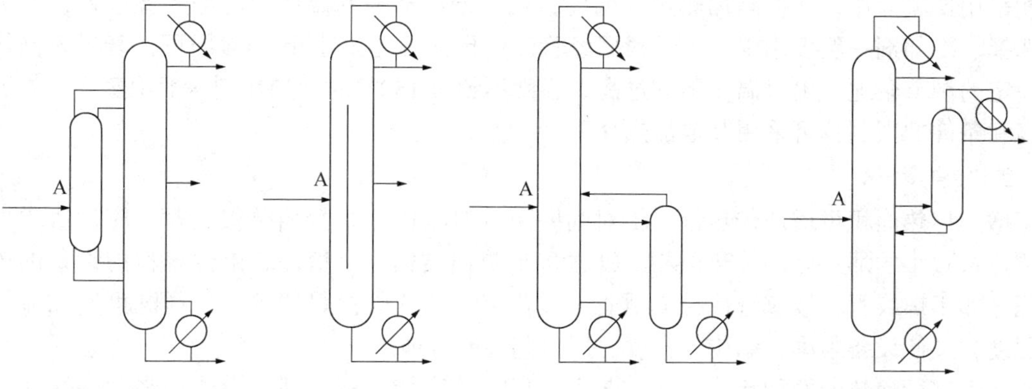

图 3-10　三组分 Petlyuk 塔(耦合塔)的四种方案

Petlyuk 塔的成功运用，可降低 20%~30%的能耗。耦合塔的应用实例主要有：炼油工业的侧线汽提、闪蒸塔，BASF 公司在化工装置中也有应用。耦合塔在运用时要根据分离对象的物性、组成，选择适当方案。

(5) 复杂塔

复杂塔是指一个或多个进料，除塔顶和塔底出料(产品)外还有一至数个侧线产品(出料)的分馏塔，炼油工业中的常减压蒸馏装置的常压塔、减压塔和催化裂化装置的主分馏塔等就是复杂塔。其节能机制为：某些产品从侧线抽出，用于要求分离精度不太高时，可节省再沸器和冷凝器的负荷，避免无谓地重复冷凝-汽化。

第三节　传热过程及设备节能

通过换热器传热回收热能是炼油过程重要的能量回收手段，增加热能的回收利用，对降低炼油过程总能耗有重要意义。

一、换热过程节能途径

高温物流与低温物流通过传热交换的热量在数量上是相等的，传热量与换热器总传热系数、平均温差和传热面积相关。通过改变总传热系数、平均温度差和传热面积，可提高传热量，但提高哪一个因素有利，需与其他方面综合考虑，得到节能与经济的合理值。

传热温差减小，单位传热面积的传热量就减少，对一定的热负荷，所需传热面积必然增大，这样会使摩擦损耗功增加。要做到既不增加传热面积，又有较小的传热温差，就必须强化传热过程，提高传热总系数。

1. 传热平均温度差

传热温差过程的节能措施包括：①设法减少传热温差，不同温位下的换热应采用不同的传热温差：高温下，换热温差可以大一些，以减少换热面积；在低温下换热，应采用较小的传热温差，以减少有效能损失。②由于冷、热流体逆流换热较并流换热平均温度差大，可减少载热体用量，节省操作费用，且流体间温差均匀，当两种流体均为变温的情况，尽可能采用逆流操作。③提高加热剂的温度，或降低冷却剂的温度，可增大温度差，但要合理选择。冷却剂一般多用水，通常根据经验保证传热温差不小于10℃即可，若考虑操作留有一定的调节余地，出口温度不宜过高。温度不超过180℃时，加热剂一般用蒸汽，如温度再高和条件的限制，可采用其他加热介质。

2. 传热面积

增加传热面积可增加传热量。①对间壁两侧对流传热系数相差很大时，应设法增加对流传热系数小的那一侧的传热面积；②改进传热面结构，尽量提高单位容积内设备的传热面积，如用螺纹管、波纹管代替光滑管，或都采用翅片管换热器等，这样既可增加流体湍动程度，又使设备紧凑，结构、密度、压力和温度合理。

如果进行换热的两种流体，在工艺上可以允许直接接触，则应设法增强两种流体间的相互接触，以增大其接触面积，达到节能目的。如文丘里冷却器、泡沫冷却塔等属此类。

3. 总传热系数

传热过程是一个复杂的过程，传热的热阻是一串联热阻，减小控制热阻可以达到强化过程的效果。提高传热系数的措施包括：

① 增加流体湍动程度。对无相变的传热过程，强化传热的主要方法是设法减薄层流底层的厚度。增加流体速度，强化湍动程度，减小层流底层的厚度，提高流体的对流传热系数，如列管换热器中增加管程数，壳体内加设挡板等。但流速的提高会导致流体阻力增大，因此，提高流速不是无限制的。

② 对有相变的沸腾传热过程，提高传热系数的主要方法是增加传热面的汽化核心及生成气泡的频率。通过增加换热表面粗糙度，在管子表面涂上一层氧化层，采用带环向凸出物的横纹管，或在管壁上绕上细金属丝等方法都可以增加管壁的粗糙度，换热表面增加粗糙度可以提高流体的湍流程度，从而强化了传热过程，同时增加汽化中心数量。

③ 通过特殊的传热壁面设计，改变流动条件，使流体在流动过程中不断改变流动方向，提高湍动程度。如管内装入麻花铁、螺旋圈或金属丝片等添加物；又如板式换热器的板片表面压制成各种凹凸不平的沟槽面等，均可提高传热系数，但流体阻力亦相应有所增大。

④ 换热器随着使用时间的加长，垢层增厚，会直接影响传热，管壁的污垢对传热的影响很大，应予以定期清洗与冲刷。因此应采取防止或减缓结垢的措施，并应及时清除传热面的垢层。

二、传热过程节能设备

1. 板式换热器

板式换热器主要由一组的薄金属板平行排列构成，如图3-11所示，用框架将板片夹紧组装于支架上，两相邻板片的边缘衬以垫片压紧。

板式换热器在低流速下即可达到湍流，故总传热系数高，而流体阻力却增加不大，污垢热阻亦较小；结构紧凑，单位体积设备提供的传热面积大；操作灵活性大，可以根据需

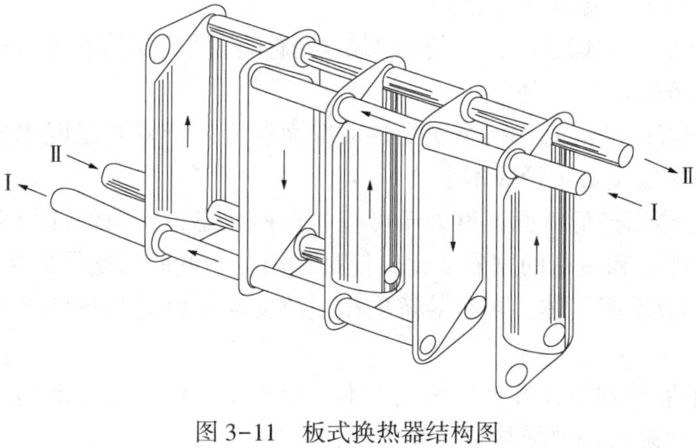

图 3-11　板式换热器结构图

要调节板片数目以增减传热面积或以调节流道的办法，适应冷、热流体量和温度变化的要求；加工制造容易，检修清洗方便，热损失小。

2. 热管技术应用

热管是一种新型的高效能换热装置。其结构简单，在一根密闭的金属管子内表面上覆盖一层具有毛细结构物质的芯网，中间是空的，管内装有一定量的载热介质。由于毛细管作用，工作液体渗透到芯网中，当管子热端被加热后，液体在芯网中吸热汽化，所产生的蒸气流向冷端，蒸气在冷端遇到冷表面则冷凝成液体，并放出热量，而后在毛细力作用下，通过芯网又返回热端。从而反复循环，不断地将热量从热端传至冷端。

由于在热管内是蒸发和冷凝带有相变的传热过程，故传热系数很大。热管结构简单、重量轻，不需要消耗动力，不需要维护，在低温差下也能有效传热，它是中低温余热回收的有效设备。

3. 复合相变换热器

复合相变换热技术将单根热管构造成一个相互关联的整体，在保持热管换热技术优点的同时，通过复合相变换热器内循环的调节，可以实现对换热管壁面温度的在线控制。

图 3-12 表示了复合相变换热器的工作原理。复合相变换热器分为蒸发段和冷凝段，通过汽水分离装置连通，饱和蒸汽和饱和水在密闭系统内自然循环。饱和液体在下部蒸发段吸收烟气余热汽化为饱和蒸汽，蒸汽沿上升管进入汽包，经汽水分离，合格蒸汽进入上部热交换器放热，蒸汽被冷凝成液体，回到汽水分离装置分离后在下部受热段再次汽化，往复循环，完成了把热量从高端传向低端的单向导热。

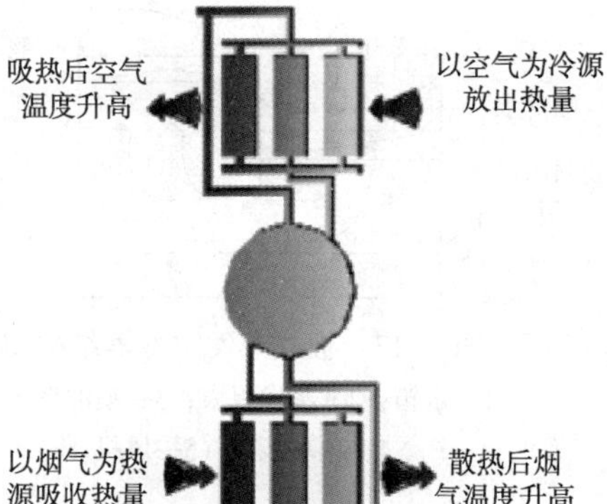

图 3-12　复合相变换热器图

通过对降液管的节流控制，可以实现蒸发段和冷凝段换热管壁面温度的调节控制。通过调节水流量，可改变汽包中相变介质的饱和压力和温度，从而达到热交换器壁面温度可调控的目的。

复合相变换热技术具有以下特点：

① 能大幅降低烟气排烟温度，可使燃煤锅炉排烟温度稳定降低至 130℃以下，回收大量中低温热量，经济效益潜力大。

② 在降低排烟温度的同时保持金属受热面壁面温度处于较高温度水平，有效避免结露腐蚀和堵灰问题，降低设备维护成本。

③ 保证金属受热面最低壁面温度处于可控、可调状态，从而保证排烟温度与壁温相对稳定，可适应锅炉煤质和负荷的剧烈变化，使排烟温度和壁面温度保持相对稳定。

④ 通过适时排放不凝气体，可有效解决相变热交换器可能出现的老化问题，极大延长设备的使用寿命。

⑤ 使用过程中极易判断并处理投用效果不佳的管束，设备运行期间无需大量系统维护工作，且可根据需要随时调整换热量，易于操作。

4. 换热器清洗技术

周期性清除表面污垢是保持换热器在运行阶段高效率的必要手段。胶球在线清洗技术的清洗机理是利用循环水自身水压动力，海绵胶球通过管子内微受压缩，胶球受流体的推动力在管内流动，并借助海绵体的弹力对管壁施加压力。该挤压力不仅能很好削掉污垢，而且胶球和管内壁挤压摩擦滑动，对污垢具有很好的研削效果。此外，胶球与污垢顺管内流动，沿前方排出，对管壁具有很好的清洗和排污作用。

5. 蒸发空冷器

炼油生产的冷却过程通常采用循环水冷却器或空冷器。循环水冷却器存在冷却水耗量大、污染环境、操作费用高等缺点；传统空冷器采用翅片管作为传热元件，普遍存在占地面积大、重量大、耗水量大、易积灰等问题。蒸发空冷器的应用可以克服上述缺点。

（1）板式蒸发空冷器

板式蒸发空冷器是以不锈钢波纹板片作为传热元件，将水冷与空冷、传热与传质过程融为一体且兼有两者之长的新型空冷器。

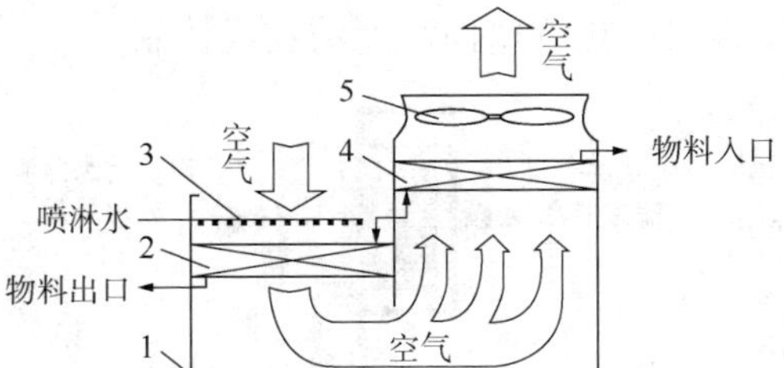

图 3-13 板式蒸发空冷器结构图

1—水箱；2—蒸发板束；3—喷淋系统；4—预冷板束；5—风机

板式蒸发空冷器结构，如图 3-13 所示，它利用水蒸发汽化带走热量，降低工作介质温度，甚至可以将介质冷到干球温度以下，接近湿球温度。板式传热元件具有介质湍流程度高、流通面积大、传热表面光滑、紧凑等优点，且板束采用单板排结构，迎风面积小，仅为传统空冷器的 1/7～1/10，冬季防冻、抗冻性能好。

板式蒸发空冷器采用波纹板片作为传热元件，包括板束、风机、箱体、喷淋系统等部分。在风机引风的作用下，风向与喷淋水重力方向相同，共同克服喷淋水表面张力，顺风布膜，在较低的风速下便可形成利于蒸发的均匀水膜，通过水膜蒸发传热，传热效率高。与管式元件相比，外表面水膜更均匀，有效蒸发面积接近 10%，加之较高的风速，光滑波纹表面湍流程度高，不易结垢，即使不喷水也具有较高的传热效率，能耗大为降低。

(2) 表面蒸发空冷器

表面蒸发空冷器是一种传热效率高、操作费用低、工艺先进、运行可靠的冷凝冷却设备。其设计合理、操作简便，可广泛应用于低温位介质的冷凝冷却，在炼油及化工装置中具有极大的推广价值。

表面蒸发空冷器结构如图 3-14 所示，用泵将下部储水池中的循环水输送到水平放置光管管束上方的喷淋分配器中，水分配器的喷嘴把冷却水向下喷淋到光管表面，使管外表面润湿并形成连续的水膜。同时，用风机将空气从设备下部的空气吸入窗吸入，使其自下而上流动，横掠光管管束。此时，传热过程一方面依靠水膜与空气间显热传递进行，另一方面利用管外水膜的迅速蒸发来强化管外传热，由于水的汽化潜热很大，水膜的蒸发强化了管外表面的传热，使设备总体传热效率较单独的空冷器或水冷器高得多，一般比立式水冷器高 30%。

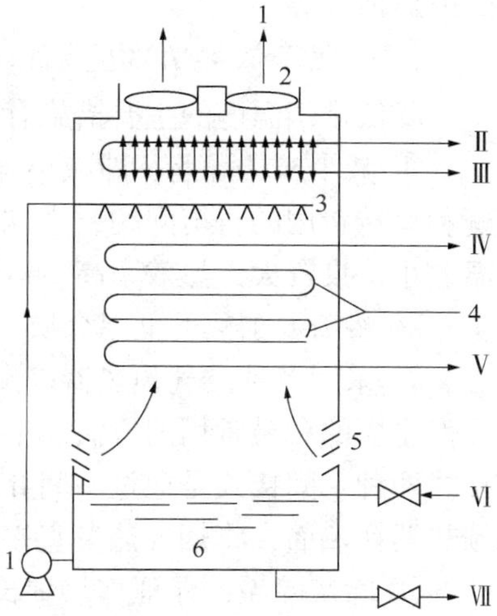

图 3-14　表面蒸发空冷器图

第四节　加热过程及设备节能

提高加热炉效率的目的是减少燃料消耗，而炼油装置管式炉的节能措施比一般工业炉要灵活得多，因为它所加热的工艺介质在经过后续设备完成蒸馏或其他加工过程之后，产品需要冷却到一定温度才能送出装置，冷的原料和热的产品之间往往要进行复杂的热交换。同时，炼油工艺装置内常常不只一台加热炉，另外还有各种其他设备，它们之间在热能利用上往往是可以互补的，这就有可能也有必要首先把加热炉同整个装置结合在一起，全面考虑和优化，以便采取综合节能措施。

一、降低加热炉热负荷

炼油装置的特点是加热炉的热负荷随换热流程的不同而改变。优化换热流程，降低加热炉热负荷，是减少燃料消耗、降低装置能耗最直接、最有效的措施。

降低加热炉负荷，可以通过提高装置进料温度、加强物流之间的换热，以提高原料进加热炉入口温度；降低反应温度、降低分馏塔底温度、降低热高分入口温度的控制指标；对流段余热优先考虑加热物料，然后考虑发生蒸汽等措施实现。

以常减压装置的常压炉为例，2.5Mt/a 处理量的常减压装置，原油入炉温度(换热终温)220℃左右，需要常压炉负荷 48.3MW，如果优化换热流程，原油换热终温提高到 293℃，出口温度 360℃，常压炉的热负荷只需要 58.1MW。

二、提高加热炉热效率

热效率是衡量加热炉能源利用的重要指标，其高低关系着炼油装置能耗的高低。提高加热炉热效率的措施包括：降低排烟温度、降低过剩空气系数、减少不完全燃烧损失、减少散热损失等。

1. 合理降低排烟温度

降低排烟温度的主要措施有以下几种：

① 减小末端温差，即减小排烟温度与被加热介质入对流室温度之差。这项措施涉及投资和运转费用的权衡问题，末端温差大，投资少，但加热炉热效率低，运转费用高；末端温差小，投资大，热效率高，运转费用低，应该由详细的技术经济比较来决定。

② 将需要加热的低温介质，如锅炉给水等引入对流室末端。

③ 采用各种空气预热器以预热空气。用烟气预热空气是加热炉回收烟气余热、提高热效率主要的和最常用的方法。空气预热器有多种形式。烟气预热空气的方法有间接式和直接式两种：间接式是通过中间介质或工质从烟气取热，再传递给空气；直接式是通过空气预热器换热面，将烟气热量直接传递给空气。

④ 除灰除垢，保证加热炉长期在高热效率下运转。

2. 降低过剩空气系数以减少排烟损失

过剩空气量增加，排烟时大量的过剩空气将热量带走排入大气，使排烟损失增加，热效率降低。由于过剩的空气是在排烟温度下排入大气的，所以排烟温度越高，过剩空气带走的热量就越多，对热效率的影响也就越大。降低过剩空气系数的方法有：

① 选用性能良好的燃烧器，保证在较低的过剩空气系数下完全燃烧。

② 加强运行管理，确保加热炉在合理的过剩空气系数下运转，既不让过剩空气量太大，也不因过剩空气不够而出现不完全燃烧。

③ 做好加热炉的堵漏，因为炼油加热炉几乎都是负压操作的，如果看火门、人孔门、弯头箱门等关闭不严或炉墙有泄漏之处，从这些地方漏入炉内的空气一般都不参与燃烧而白白带走热量。

④ 提高加热炉用燃料气、空气的温度。

3. 减少不完全燃烧损失

在排烟损失中，由于不完全燃烧而造成的化学热损失会降低热效率，造成大气污染。机械不完全燃烧产生的炭粒还会造成对流室炉管表面积灰，影响传热效果。减少不完全燃烧损失的措施，首先是选用性能良好的燃烧器，并及时和定期进行维护，使燃烧器长期保持在良好状态下运行，以保证在正常操作范围内能完全燃烧；其次是在操作中精心调节，以保证过剩空气量既不太多，也不太少。

炼油加热炉的燃烧器性能一般都较好，自动化控制水平也较高，因此不完全燃烧都较少，在设计和运行中通常都不考虑不完全燃烧损失。但对那些性能不良或维护不及时导致运行状况不好的燃烧器，以及操作管理不精心的炉子来说，不完全燃烧损失则是不可忽略的。

4. 减少散热损失

加热炉外壁以辐射和对流两种方式向大气散热，散热量与炉外壁温度、环境温度和风速等有关。采用新型炉面保温材料、加强堵漏可减少炉体的热损失。当内壁温度、炉墙材质、结构和尺寸一定时，环境温度下降，炉外壁温度也降低，但实际温差变化不会太大，因此散热损失变化也不大。同样条件，环境风速增加，炉外壁温度也降低，但对流传热系数会增加，因此散热量的变化也不大。综上，环境温度和风速对炉外壁温度影响较大，而对散热损失影响并不大。

新建炼厂的加热炉散热损失并不大，一般仅占炉子总供热量的1.5%~3%。因此，靠减少散热损失来提高热效率的余地并不大。但对于已经使用多年、炉墙已有损坏的炉子，及时修补炉墙以减少散热损失、提高热效率却是很有必要的。

5. 合理选用吹灰器

(1) 蒸汽吹灰器

蒸汽吹灰器仍然是最为常用的吹灰设备，由于它结构简单，便于操作，目前仍然广泛应用。一般常见为伸缩式蒸汽吹灰器。利用高压蒸汽直接对积灰表面进行吹扫，清除积聚在炉管表面的积灰。其特点是安全可靠。

(2) 声波清灰器

声波清灰技术是利用声波发生器把一定强度的声波送入运行中的加热炉的对流段中，通过声能量的作用，使空气分子与粉尘颗粒产生振荡，破坏和阻止粉尘粒子在炉管表面沉积，使黏附在炉管表面的粉尘颗粒处于悬浮流化状态，借助烟气流动和扰动流将其带走或使其自动脱落。

声波清灰器在炼油加热炉上的应用为周期运行间歇操作，可以手动或自动运行。

(3) 激波除灰器

在炉外一个特殊的容器中使可燃气体中产生爆燃，剧烈爆燃的气体在容器内瞬时膨胀，并产生压缩波，通过管线将冲击激波引入加热炉的对流段，辐射至积灰的炉管表面，通过调整和控制产生的激波强度，使积聚在炉管表面的积灰在足够强度的激波冲击下碎裂，最终脱离炉管表面。

对于声波清灰器和激波除灰器在设计和选用时应充分对其进行安全评估，因为低频声波和爆燃冲击波泄漏均会危害人身安全，为此应充分考虑该设备的安全性，在使用中还应对该设备进行必要的安全防护。

6. 加热炉与其他设备联合回收余热

对炼油装置需要空冷的产品，将其冷却器排出来的热空气收集起来供给炉子作燃烧空气，可以回收一部分热能。例如使用热油式空气预热器代替空冷器，将原来空冷的油品引入热油式空气预热器，油品冷却后送出装置，被加热的空气供给炉子作燃烧空气。如果油品提供的热量不多，也可将这种热油式空气预热器作为暖风器使用。空气自环境温度预热到一定的温度(例如60~80℃)后，再进入烟气余热回收设备，不仅可回收热能，而且解决了余热回收设备冷端的低温露点腐蚀问题。

7. 富氧局部增氧助燃节能技术

富氧局部增氧助燃技术是利用加热炉助燃风量1%~15%的富氧气体，经特定的专用富氧喷嘴送到燃烧中心，使燃料燃烧完全，并通过增大烟气中二氧化碳和水分子的浓度提高热辐射效率。采用此技术可降低燃料燃点，提高燃烧强度和燃烧效率，加快燃烧速度，获得较好的热传导，从而节约能源。其节能的主要机理如下：

① 提高燃烧强度，加快燃烧速度，缩短燃尽时间，促进燃烧完全。

② 降低空气过剩系数，减少排烟量和降低排烟温度，从而减少排烟带走的热量。

③ 减少烟气中氮气含量，增加烟气中具有强热辐射作用的二氧化碳和水分子的浓度，增强烟气热辐射作用，提高热量的利用率。

④ 烟气量减少，延长烟气在炉中的停留时间，从而促进热交换作用。局部增氧助燃的关键是将适量的富氧空气通过专用的富氧喷嘴，以一定的速度和喷射角度，送入燃烧火焰特定的位置集中高效助燃。

第四章　用能过程的系统优化方法

炼油生产过程是一个复杂的过程，涵盖了包括“三传一反”在内的众多单元操作。这些操作往往相互交叉、渗透。对这样复杂的过程，直接应用单元操作的热力学分析来评价难度较大。能量作为核心工艺过程进行的推动力，在过程系统中被利用的形式和方式、步骤及演变过程具有共同之处，因此，需要寻找一个能够剖析复杂工艺过程用能规律的分析方法。按能量变化的线索来认识过程系统，揭示其结构关系，便成了过程系统设计和优化的一个重要手段。

第一节　炼厂用能分析

炼厂是由生产设备(由各种工艺设备组成的界区内设备)、公用工程设备、废弃物处理设备以及其他附属设备构成的，可将它们看作是具有如图 4-1 所示的层次结构的总体系统。

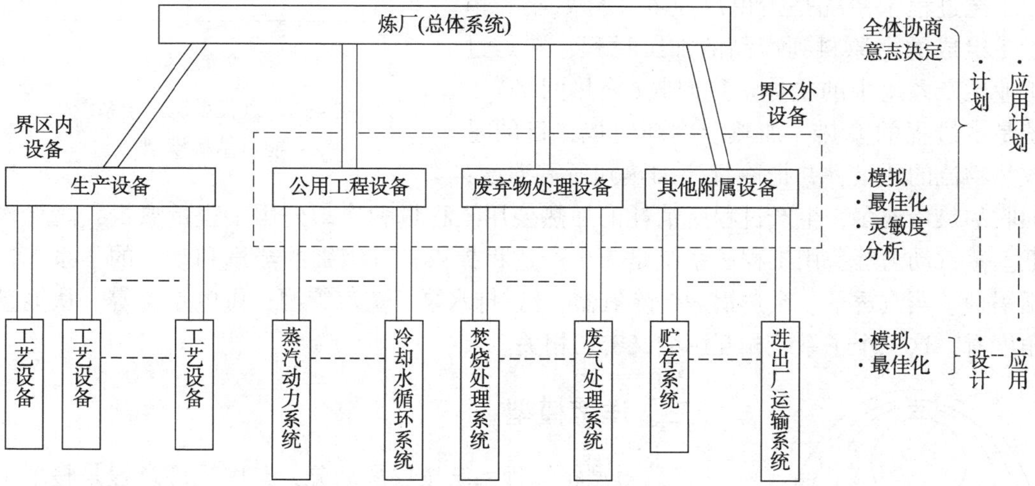

图 4-1　炼厂总体系统图

在考虑炼油过程的节能时，通常必须了解对象系统所处的范围和有关外部系统的相互关系，必要时必须在更大的系统内考虑问题，即把部分的或全部的外部系统包括在内一起考虑。

过程系统的能量流结构是客观存在的，人们在进行过程能量综合优化研究时，特别是在进行热能的有效回收利用时提出了多种能量结构模型。

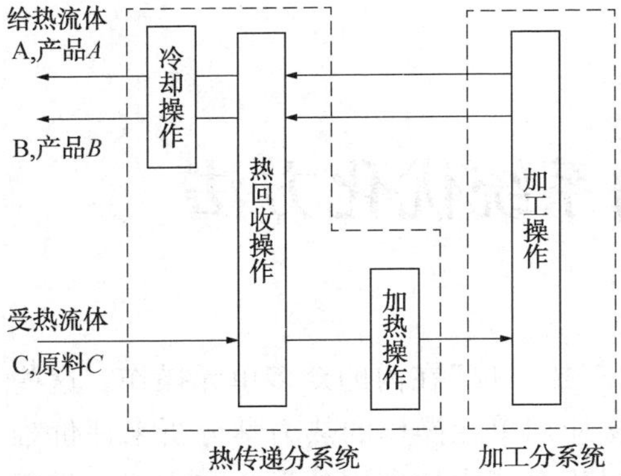

图 4-2 过程系统双子系统能量结构模型

一、双子系统模型

双子系统模型是根据能量在系统的利用及回收线索，将物料与能量分别考虑，即将系统分为加工和换热两个子系统，如图 4-2 所示。

模型总体反映了过程系统通过能量的推动作用，完成从原料到产品的物料转化的本质，其中物料加工子系统（如反应、分馏等）处于核心地位，包括产物热量回收与原料加热的换热子系统作为辅助子系统，主要提供加工子系统所需要的热能，满足物料变化所需的温度要求。该模型通过系统内热量集成，定性地反映了过程系统热能回收、利用的特点，但缺乏定量的模型以及深入的描述。

二、三子系统模型

该模型将过程系统划分为工艺（反应、分离）、热回收、公用工程三个子系统，定性地反映了过程系统能量转换和利用内在的相互联系、相互制约的关系，如图 4-3 所示。

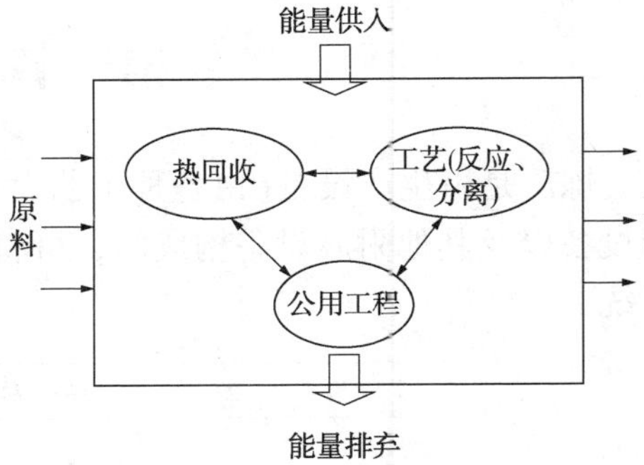

图 4-3 过程系统三子系统能量结构模型

工艺过程子系统是指由反应器、分离器等单元设备组成的由原料到产品的加工过程，它是过程工业生产系统中的主体。热回收（换热网络）子系统是由过程的换热、加热、冷却组成，目的是回收热物流的热量，并把冷物流加热到所需温度；其回收的热量愈多，生产过程所消耗的加热公用工程量和冷却公用工程量愈少，能耗也就愈低。蒸汽动力等公用工程子系统是为生产过程提供各种级别的蒸汽和动力的子系统。它包括锅炉、蒸汽透平、余热锅炉、除氧器、给/排水泵、蒸汽管网、供电系统等。从能量利用角度看，这三个子系统相互影响又密切相关。

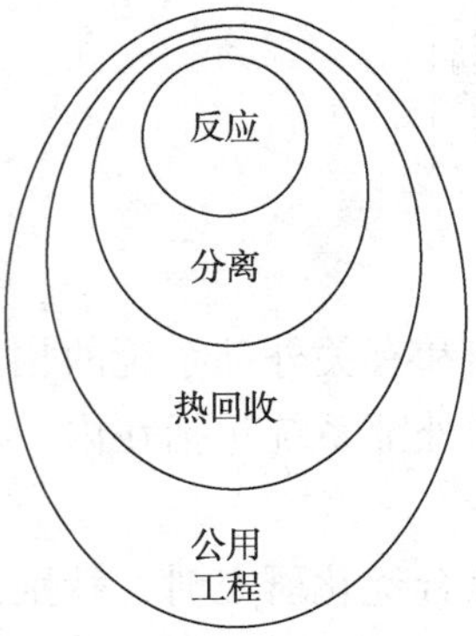

图 4-4 过程系统洋葱模型

三、洋葱模型

洋葱模型将过程系统按层次划分，其中反应过程是整个工艺的核心部分，其次是分离子系统，外层的能量系统用来提供反应和分离系统进行的过程推动力，分为换热网络和公用工程两个部分，如图 4-4 所示。

过程系统集中与优化的步骤中，首先进行核心的反应器设计，其设计同时也确定了分离系统设计的条件，并以此设计分离系统；反应系统与分离系统设计共同决定了过程加热、冷却负荷，并以此来设计换热网络；不能由热回收提供的加热冷却负荷则决定了公用工程的需要量。洋葱模型体现了过程系统的先后层次性，但是对过程系统能量结构的描述较为粗略。“夹点”分析法用多层包容的洋葱模型来描述过程系统的总体结构，已广泛应用于过程系统换热网络的优化合成，同时也应用于全过程系统的能量集成，取得了显著的节能经济效益。

以上所述的能量结构模型均在不同侧面反映了过程系统不同部分的能量特征及其之间的相互关系，但均是定性的和较片面的描述，同时也未能给出严格、定量的数学模型；子系统的划分也未能反映能量结构的本质。尽管模型的提出对过程能量综合优化有一定的定性指导作用，但由于其本身的缺陷限制了它们的应用与发展。

而近期发展的三环节能量结构模型克服了上述缺陷，它不仅描述了工艺过程用能系统的结构关系，而且结合㶲经济学，建立了过程系统能量平衡和㶲平衡关系式，通过一系列评价指标和能量流示意图准确反映用能系统特点和改进方向。

四、三环节结构模型

三环节结构模型是我国学者提出，并广泛用于炼油装置能量平衡分析的一种结构模型。

按照能量变化线索研究工艺过程，石油化工过程用能有下述三大特点：

① 过程用能的主要形式是热、流动功和蒸汽，而热、功和蒸汽又是由电和燃料转化来的。一般是通过转换设备，如炉、机泵等实现能量转换的。

② 转换设备提供的热、功、蒸汽等形式的能量进入工艺核心环节(反应、分离等)，连同回收循环能量一起推动工艺过程完成后，除部分能量转入到产品中外，其余均进入能量回收系统。

③ 能量在工艺核心环节完成其使命后，质量下降，但尚具较高的温度和压力，在很大程度上可以通过换热设备、换功设备(如液力透平)等回收利用，从而可以减少转换设备输入的能量。但受工程和经济条件约束，回收不能彻底，最终通过冷却、散热等渠道排弃到环境中去。连同转换环节的损失能一起构成了装置的能耗。

因此，石油化工过程用能存在三大环节：将一次能源转换为工艺过程可以直接利用的能量的转换和传输环节、完成工艺核心过程的能量使用环节和从工艺利用环节排出能量中进一步回收利用的能量回收环节，即能量转换、传输，能量使用，能量回收“三个环节”。其中，用能对象是核心工艺设备，但其数量不变(无消耗)，与之匹配的转换和传输环节以及能量回收环节却表现出了能量排弃。基于上述用能特点，提出了用能分析三环节模型，系统地解决了炼油装置能量平衡和㶲平衡的方法问题，用能分析的三环节能量结构模型如图 4-5 所示。

用能分析三环节模型从宏观上指出能量使用的平衡和制约关系。装置使用能量贯穿于整个过程中，能量品位降低，最后达到工程上不能再回收利用时损失掉，形成能量的消耗。

1. 能量平衡参数

(1) 总供入能 E_p

总供入能 E_p 由转换环节设备的供入能项汇总，包括下列内容：①供入燃料；②供入焦炭(包括催化裂化烧焦)；③外供入蒸汽；④供入电(包括装置耗电与水、压缩空气折电)；⑤外供热，指装置热进料(超出规定温度以上部分)和回收环节回收后用于转换环节的能量

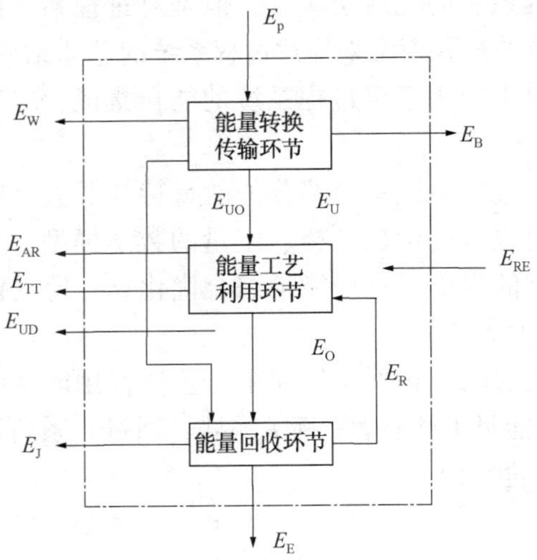

图 4-5 三环节能量结构模型图

E_P—总供入能；E_U—有效供入能；
E_B—转化输出能量；E_W—直接损失能量；
E_R—回收循环能量；E_O—待回收能量；
E_E—回收输出能量；E_J—回收环节排弃能量；
E_{UD}—工艺利用设备散热；E_{UO}—非工艺流体有效动力；
E_{RE}—反应放热；E_{AR}—反应吸热；E_{TT}—物理能差；
E_T—热力学能差，$E_T=E_{TT}+E_{AR}-E_{RE}$

(加热炉用空气，转换环节用自发汽等)；⑥原料带入化学能。

(2) 转换输出能 E_B

转换输出能 E_B 是指由转换环节输出到装置外的能量，主要有：①汽轮机抽出或背压蒸汽；②加热炉等加热外装置物料等热量；③转换环节热电联产供出装置外电量。

(3) 直接损失能 E_W

① 排烟热损失：包括炉子燃烧排烟损失、化学不完全燃烧损失、机械不完全燃烧损失、炉子雾化蒸汽(以在排烟温度下的焓进行计算)、炉子用电(风机)的有效动力等。

② 烟气余热锅炉等排污，蒸汽传输泄漏损失。

③ 散热损失：包括转换设备散热，热出料，外供热及蒸汽传输热损失，受热流体由转换设备至工艺设备间的传输热损失等。

④ 无效动力能：指工艺机泵、水、压缩空气折电的无效动力，汽动泵(蒸汽往复泵、蒸汽喷射泵)的无效动力(由总供入蒸汽能减去有效功计算)。

(4) 非工艺流体有效动力 E_{UO}

指未进入工艺流体的机泵等有效动力，主要为水、压缩空气折电及空冷风机的有效动力，以及其他非工艺流体的有效动力，该部分能量未进入工艺利用环节，应单列计算。

(5) 有效供能 E_U

指总供入能 E_P 中经转换和传输环节供出的有效能量，包括炉子、再生器、机泵和蒸汽传输的能量等项。

(6) 工艺总用能 E_N

工艺总用能 E_N 指在测试期操作工况下，体系工艺设备使用能量的实际数量(不包括原料化学能)，一般由下列三部分构成：

$$E_N=E_U+E_R+E_{RE} \tag{4-1}$$

式中符号意义如图 4-5 所示，E_R 为反应放热，对于吸热反应，反应热已来源于 E_U 和 E_R，因此，视 $E_{RE}=0$；吸热反应热为 E_{AR}。

(7) 热力学能耗 E_T

指工艺过程消耗的能量转化到产品中去的能量，它等于产品带出与原料带入能量(包括物理能和化学能)之差。在不计原料化学能的能量平衡体系中，热力学能耗可由产品和原料的物理能差加上体系基准温度下的反应热求得，如图 4-6 所示。

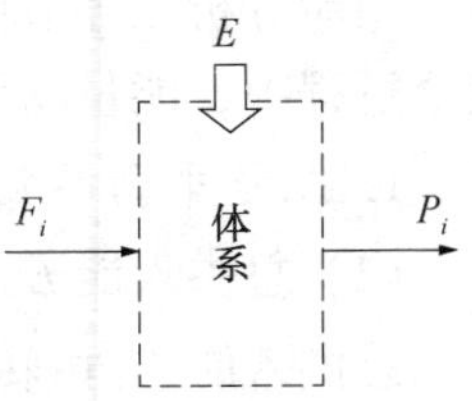

图 4-6 热力学能耗示意图

$$E_T = \sum P_j \cdot H_j - \sum F_i \cdot H_i = E_{TT} + \sum Q_{A,i} - \sum Q_{T,j} \tag{4-2}$$

（8）待回收能 E_O

工艺总用能中除热力学能耗和利用环节的散热外，其余均进入回收环节，视为待回收能。待回收能不包括装置输出产品的化学能。

（9）回收循环能 E_R

回收循环能 E_R 是从待回收能 E_O 中回收并用于本装置内工艺利用环节的能量，包括以下四项：①换热回收能量中用于提高进入工艺设备物流品位的能量；②回收环节发汽并用于工艺利用环节的部分(注意应把自发汽中用于转换环节和外输的蒸汽分开)；③液力透平从高压工艺物流中回收功带动工艺机泵的能量；④以物流形式带入利用设备的能量。

（10）回收输出能 E_E

从待回收能 E_O 回收，而用于本装置工艺利用环节以外的能量，包括：①装置热出料能量(规定温度以上部分)；②与其他装置换热输出能量；③预热炉用空气、发汽用于转换环节的能量。

（11）排弃能 E_J

指待回收能中以各种方式排弃到环境中的能量，包括散热、冷却、物流(凝结水、乏汽等)及其他排弃能四项。

2. 能量平衡关系式

从图 4-5 所示能量结构可以找出其能量平衡和制约关系，再根据项目参数内容及设备平衡结果，就可很方便地汇总出装置能量平衡结果，为诊断用能问题奠定数据基础。能量平衡关系式主要包括以下几项：

（1）对过程体系做能量衡算，可得到三环节能量平衡关系式

$$E_P + E_{RE} = (E_W + E_{TT} + E_{AR} + E_{UD} + E_J) + (E_E + E_B) \tag{4-3}$$

将热力学能差计算关系式代入上式可得：

$$E_P = (E_W + E_T + E_{AR} + E_{UD} + E_J) + (E_E + E_B) \tag{4-4}$$

式(4-4)中右边第二个括号内为体系供出能量，不属于体系使用和消耗的能量；右边第一个括号内各项为体系在用能过程最终在三个环节以四种形式进入产品或损失于环境中的能量，称为净能耗，即：

$$E_A = E_W + E_T + E_{UD} + E_J \tag{4-5}$$

从体系供入能量和供出体系能量的平衡关系有：

$$E_A = E_P - E_E - E_B \tag{4-6}$$

式(4-5)与式(4-6)计算结果应相同。

（2）能量转换和传输环节能量平衡关系式

$$E_P = E_B + E_U + E_{UO} + E_W \tag{4-7}$$

转换和传输环节有效供出能为：

$$E_U = E_P - E_B - E_{UO} - E_W \tag{4-8}$$

（3）能量工艺利用环节能量平衡关系式

$$E_U + E_{RE} + E_R = E_{TT} + E_{UD} + E_O + E_{AR} \tag{4-9}$$

体系工艺总用能为：

$$E_N = E_U + E_R + E_{RE} \tag{4-10}$$

待回收能为：

$$E_O = E_N - E_T - E_{UD} - E_{AR} \tag{4-11}$$

式(4-11)也可写成：

$$E_O = E_N - E_T - E_{UD} - E_{RE} \tag{4-12}$$

(4) 能量回收环节的能量平衡关系式

$$E_O + E_{UO} = E_J + E_E + E_R \tag{4-13}$$

待回收能为：

$$E_O = E_J + E_E + E_R - E_{UO} \tag{4-14}$$

式(4-13)与式(4-14)计算结果应相同，否则，应找出原因予以修正。

回收环节排弃能可按下式平衡得出：

$$E_J = E_O - E_R - E_E + E_{UO} \tag{4-15}$$

水、压缩空气折电及空冷风机等有效动力在回收环节中作为其他排弃能排弃。机泵有效动力可归入其他排弃能项。

回收环节排弃能由冷却排弃能 E_{JC}、散热排弃能 E_{JD}、物流排弃能 E_{JM} 和其他排弃能 E_{JO} 组成，故：

$$E_J = E_{JC} + E_{JD} + E_{JO} + E_{JM} \tag{4-16}$$

一般可由下式平衡数据，对回收环节散热排弃能实测数据进行校核：

$$E_{JD} = E_J - E_{JC} - E_{JO} - E_{JM} \tag{4-17}$$

(5) 装置能耗 E_C

装置能耗一般可直接由实物消耗按照其统一折算系数进行计算，也可由下式根据能量平衡数据进行汇总折算：

$$E_C = E_A + \Delta E_M + E_{IC} \tag{4-18}$$

$$\Delta E_M = \sum (\pm E_i \zeta_i) \tag{4-19}$$

$$\zeta_i = \frac{\text{生产 } i \text{ 能源时一次能耗}}{\text{实际焓值}} - 1 \tag{4-20}$$

式中 ΔE_M——能耗修正项，kW 或 MJ/t；

E_{IC}——原料在基准温度下的化学能，kW 或 MJ/t；

E_i——i 种能源及载能工质供入能量，kW 或 MJ/t；

ζ_i——i 种能源及载能工质折算系数。

3. 系统用能评价指标

由以上三环节能量平衡关系，可以得出评价过程系统用能的评价指标，简单介绍如下：

(1) 能量转换和传输效率

$$\eta_U = \frac{(E_U + E_B + E_{UO})}{E_P} \times 100\% \tag{4-21}$$

(2) 装置工艺总用能 E_N

装置工艺总用能见前文所述。

(3) 工艺利用环节能量效率

$$\eta_{\mathrm{P}}=\left(1-\frac{E_{\mathrm{UD}}}{E_{\mathrm{N}}}\right)\times 100\% \tag{4-22}$$

(4) 能量回收利用率

$$\eta_{\mathrm{R}}=\frac{E_{\mathrm{R}}+E_{\mathrm{E}}}{E_{\mathrm{O}}+E_{\mathrm{UO}}}\times 100\% \tag{4-23}$$

(5) 装置能源利用率

$$\eta_{\mathrm{C}}=\frac{E_{\mathrm{U}}+E_{\mathrm{UO}}+E_{\mathrm{B}}}{E_{\mathrm{PC}}}\times 100\% \tag{4-24}$$

式中　E_{PC}——供入装置一次能源消耗(不扣除装置输出能)，kW 或 MJ/t。

$$E_{\mathrm{PC}}=E_{\mathrm{P}}+\Delta E_{\mathrm{M}} \tag{4-25}$$

“三环节理论”揭示的能量利用线索，只完成一次能源到能量利用设备的阶段，至于能量如何在设备内部完成转化过程，无从论述，同时，“三个环节”的划分依据具有一定人为因素，三环节模型通过能流图展现的能量演化，可以指导能量的科学利用。

“三环节理论”人为割裂了能量转化存在，例如分馏过程，生产中投入的物料在分馏塔的中部，但塔顶产品的位能却比进料高很多，这种位能的增加并不是平白无故产生的，而是由热能转化而来的，因此，在能量的利用过程中也存在着能量形式的转化。

第二节　最优化方法

最优化方法是研究过程系统能量优化问题的重要基础，大多数能量优化问题均是在一定约束条件下进行，这些约束条件有些是用能过程本征需要满足的等式约束，如能量守恒、质量守恒；而有些约束是外部条件受到限制，如外界提供的物料有限制、提供的热源温度有限制、设备的能力有限制等。应用最优化方法开展能量系统优化通常可按以下两大步骤进行。

① 建立数学模型：首先，确定所研究的对象、问题的范围和优化的变量等。然后，确定数学模型中的目标函数，如能耗最小、费用最低、利润最大等，建立各变量之间所应满足的各类约束条件，包括等式约束条件和不等式约束条件，当然也包括简单的无约束优化问题。

② 求解上述优化问题的数学模型：由于所研究问题内容的不同，其数学模型的形式也不同，因此需要用不同的数学优化方法进行求解。

一、最优化基本概念

最优化问题通常由下列几个基本要素组成：①目标函数；②决策变量；③约束条件与可行域。

(一) 目标函数

目标函数(又称性能函数、评价函数)是最优化问题所要达到的目标。两组不同的决策变量，其好坏优劣要以它们使目标函数达到多少为评比标准。所谓“最优化”就是要找到一组使得目标函数达到最大或最小的决策变量值。目标函数通常以 J 来表示，它是 n 维优化

变量向量 y 的函数，记作：

$$J=F(y)$$

式中，$y=(y_1, y_2, \cdots, y_n)^T$。

(二) 决策变量

决策变量是指对过程系统的性能指标有明显影响、互不相关和可调的那些变量。系统除决策变量外，还有状态变量，它们是决策变量的函数，用来描述系统的状态。决策变量一旦确定，状态变量也随之确定，即系统的状态也被确定。从数学上讲，决策变量数等于系统的自由度数。当自由度等于0时，即无决策变量，解是唯一的，表明过程系统不存在最优解；当自由度≥1时，系统存在最优解。

(三) 约束条件

约束条件是变量的可行范围或优化的解空间。约束条件有等式约束和不等式约束两种形式，等式约束可以用来消去决策变量，使优化问题的维数降低，搜索空间变小，有利优化问题的求解。

二、最优化方法的分类

求解最优化问题的方法很多，大致有如下几种分类原则。

(一) 无约束最优化与有约束最优化

如果按照有无约束条件分类，则最优化问题可分为两大类，相应的求解方法也分为两大类。

1. 无约束最优化

在寻求使目标函数达到最优的决策时，如果对于决策变量及状态变量无任何附加限制，则称为无约束最优化。此时，问题的最优解就是目标函数的极值。这类问题比较简单，其求解方法是最优化技术的基础。

2. 有约束最优化

若直接或间接地对决策变量施以某种限制，则称为有约束最优化。其中又可分为等式约束最优化和不等式约束最优化。有些求解有约束最优化问题的方法是通过把有约束最优化问题转化成无约束最优化问题进行求解的。

(二) 线性规划和非线性规划

如果按照目标函数及约束条件的函数形式分，则可分为线性规划(LP)和非线性规划(NLP)两大类。

1. 线性规划

当目标函数及约束条件均为线性函数时，称为线性最优化或线性规划。求解这类问题的最优化方法是发展得比较成熟的技术。

2. 非线性规划

当目标函数或约束条件中至少有一个非线性函数时，则称为非线性最优化，或非线性规划。过程系统参数的优化通常都属于非线性规划。然而，由于求解非线性规划问题往往比较困难，所以有时也将其近似地线性化，以求用比较成熟的线性规划技术求解。如果目标函数为二次型，而约束条件为线性函数，则称为二次规划问题。二次规划是从线性规划到非线性规划的过渡，是最简单的一种非线性规划。

（三）连续规划，整数规划和混合规划

按照规划问题中变量的性质不同，又可以分为连续规划、整数规划和混合规划。

（1）连续规划

如果规划问题中的各变量均为连续变量，则称为连续规划问题，这是大多数情况。

（2）整数规划

如果规划问题中的变量都只能取整数值，是离散变化的，则这类问题称为整数规划问题。其特殊场合是变量只能在 0 和 1 之间两者择一，这时称“0–1 规划”。

（3）混合规划

如果规划问题中的变量一部分是连续变化的，一部分是取整数变化的，则此类问题称为混合规划。

三、线性规划及求解

1. 线性规划

由于线性规划的求解技术成熟、建模过程清晰，因此，在炼油生产的能量系统优化中应用较多，甚至有时需要人为将非线性问题转化为线性问题建模求解。

线性规划问题是满足下述特点的最优决策问题，这一决策使某目标达到最优：①每个问题的决策方案可用一组变量表示，这组变量称为决策变量。②有一定的约束条件，约束条件是决策变量的线性等式或不等式函数。③有一个可表示为决策变量的线性函数的决策目标（即目标函数），决策目的是使目标函数达到最大或最小。

线性规划问题数学模型的一般形式为：

$$\min(\max) z = \sum_{j=1}^{n} c_j x_j \tag{4-26}$$

$$\text{s.t.} \quad \sum_{j=1}^{n} a_{ij} x_j \leqslant b_i (\text{或} \geqslant b_i, \text{或} = b_i)(i = 1, 2, \cdots, m) \tag{4-27}$$

在数学模型中，a_{ij}，b_i，c_j（$i=1, 2, \cdots, m$；$j=1, 2, \cdots, n$）为已知量，x_j 为决策变量，z 为目标函数。

为求解线性规划问题，通常把一般形式的线性规划问题转换成统一的标准形式。线性规划问题数学模型的标准形式为：

$$\begin{aligned}
\min \quad & z = c_1x_1 + c_2x_2 + \cdots + c_nx_n \\
\text{s.t.} \quad & a_{11}x_1 + a_{12}x_2 + \cdots + a_{1n}x_n = b_1 \\
& a_{21}x_1 + a_{22}x_2 + \cdots + a_{2n}x_n = b_2 \\
& \qquad \vdots \\
& a_{m1}x_1 + a_{m2}x_2 + \cdots + a_{mn}x_n = b_m \\
& x_1, x_2, \cdots, x_n \geqslant 0
\end{aligned}$$

或矩阵形式：

$$\min \quad z=c^T x$$
$$\text{s.t.} \quad Ax=b$$
$$x \geqslant 0$$

式中，$A=(a_1, a_2, \cdots, a_n)=(a_{ij})$是$m \times n$矩阵；$a_j=(a_{1j}, a_{2j}, \cdots, a_{mj})^T$；$c=(c_1, c_2, \cdots, c_n)^T$；$x=(x_1, x_2, \cdots, x_n)^T$；$b=(b_1, b_2, \cdots, b_m)^T$；$c_1, c_2, \cdots, c_n$称为变量$x_1, x_2, \cdots, x_n$的价格系数，$c$称为价格系数向量。

对炼厂的油品调和过程可以应用线性规划模型优化生产运行。某炼厂利用 5 种中间汽油组分调和制备 2 种产品汽油，分别为Ⅰ(93 标号)和Ⅱ(95 标号)，如图 4-7 所示。

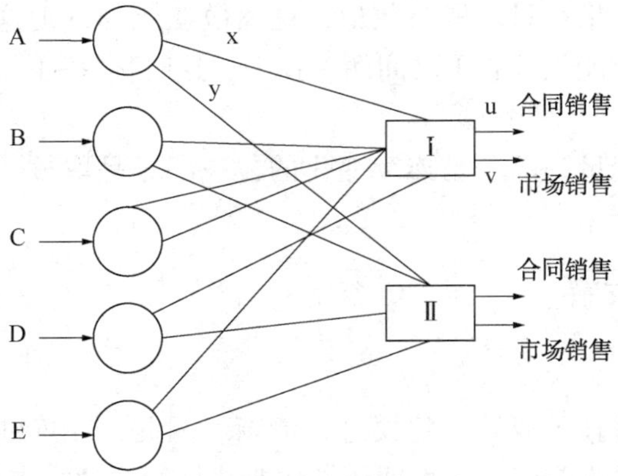

图 4-7 炼厂汽油调和过程图

对 2 种产品汽油可以按照合同销售和市场销售两种方式，对于调和过程剩余的汽油组分也可在市场进行销售。已知 5 种中间汽油组分的产量、辛烷值、生产成本、销售价格和调和费用，如表 4-1 所示。

表 4-1 调和过程中间汽油组分条件表

中间汽油组分	产量 a_i/(kt/a)	辛烷值β	市场价格/元	成本/元	调和成本/元
A	200	70	3000	2400	100
B	400	80	3500	2700	100
C	400	85	3600	2850	100
D	500	89	4200	3450	100
E	500	99	6000	4000	150

同时，两种产品汽油的合同销量、合同价格和市场价格也是已知的，如表 4-2 所示。

表 4-2 调和过程产品汽油条件表

产品汽油	合同销售量/(kt/a)	辛烷值 γ	销售价格/元	
			合同价	市场价
Ⅰ	500	85	4000	4600
Ⅱ	400	95	5500	6000

该问题可以利用线性规划制定年度的生产计划，使全年的纯利润达到最大。目标函数应当是整个计划年度的纯利润。

假设，对于每一个中间汽油组分 i：

x_i = 用于生产Ⅰ汽油的数量，kt/a；

y_i = 用于生产Ⅱ汽油的数量，kt/a；

z_i = 直接销售量，kt/a。

每一个产品汽油 j：

u_j = 合同销售量，kt/a；

v_j = 市场销售量，kt/a。

（1）线性规划模型

将由下列方程组成：每一个中间汽油组分及产品汽油的物料衡算；保证达到产品辛烷值的混合约束条件和合同规定的销售量约束。

① 每个中间汽油组分 i 的物料衡算：

$$x_i + y_i + z_i \leqslant a_i \tag{4-28}$$

式中，a_i 为在计划年度内的中间汽油组分 i 产量，kt/a。

② 对每个产品汽油的物料衡算：

$$\sum_i x_i = u_1 + v_1;\quad \sum_i y_i = u_2 + v_2 \tag{4-29}$$

③ 对每个产品的混合约束：

$$\sum_i \beta_i x_i \geqslant \gamma_1(u_1 + v_1) \tag{4-30}$$

$$\sum_i \beta_i y_i \geqslant \gamma_2(u_2 + v_2) \tag{4-31}$$

式中，β 为中间汽油组分的辛烷值；γ 为产品汽油的辛烷值。

④ 对每个产品 j 的合同销量约束：

$$u_j \geqslant \delta_j \tag{4-32}$$

式中，δ 为最低合同销售量，kt/a。

则目标函数应为：$\min\{40u_1 + 55u_2 + 46v_1 + 60v_2 + + 6z_1 + 8z_2 + 7.5z_3\} + 7.5z_1 + 20z_5 - 25(x_1 + y_1) - 28(x_2 + y_2) - 29.5(x_3 + y_3) - 35.5(x_4 + y_4) - 41.5(x_5 + y_5)$

（2）约束条件

① 中间汽油组分的物料衡算：

$$x_1 + y_1 + z_1 \leqslant 20 \tag{4-33}$$

$$x_2 + y_2 + z_2 \leqslant 40 \tag{4-34}$$

$$x_3 + y_3 + z_3 \leqslant 40 \tag{4-35}$$

$$x_4 + y_4 + z_4 \leqslant 50 \tag{4-36}$$

$$x_5 + y_5 + z_5 \leqslant 50 \tag{4-37}$$

② 产品汽油物料衡算：

$$x_1 + x_2 + x_3 + x_4 + x_5 = u_1 + v_1 \tag{4-38}$$

$$y_1+y_2+y_3+y_4+y_5=u_2+v_2 \tag{4-39}$$

③ 混合约束：

$$70x_1+80x_2+85x_3+90x_4+99x_5=85(u_1+v_1) \tag{4-40}$$

$$70y_1+80y_2+85y_3+90y_4+99y_5=95(u_2+v_2) \tag{4-41}$$

④ 合同销售限制：

$$u_1 \geqslant 50 \tag{4-42}$$

$$u_2 \geqslant 40 \tag{4-43}$$

此外，所有的变量只有在≥0 时才有物理意义。所以，形成的最优问题涉及 14 个变量、11 个约束方程加上非负值约束条件。通过对上述问题求解，可以得到纯利润最大时产品调和过程的运行参数。

2. 线性规划的基本概念

① 可行解：满足所有约束条件的决策变量的一组值，称为线性规划问题的一个可行解。常用 $x=(x_1, x_2, \cdots, x_n)^T$ 表示。

② 可行域：所有可行解的集合称为可行域，常用 D 表示。

③ 最优解：使目标函数取最优值的可行解，称为线性规划问题的最优解，常用 $x^*=(x_1^*, x_2^*, \cdots, x_n^*)^T$ 表示。

④ 凸组合：设 $x_1, x_2, \cdots, x_i$ 是 R^n 中的 l 个已知点。若对于某点 $x \subset R^n$ 存在常数 $a_1, a_2, \cdots, a_i \geqslant 0$ 且 $\sum_{i=1}^{i} a_i = 1$ 使得 $x = \sum_{i=1}^{i} a_i x_i$，则称 x 是 $x_1, x_2, \cdots, x_i$ 的凸组合。

⑤ 凸集：从几何上看，凸集是一种点的集合，它的内部没有“洞”，边界不向内凹。从数学上看，其上任取两点所连成线段上的点还属于这个集合。如矩形、三角形、圆形都为凸集，而圆环不是凸集。

⑥ 极点：若凸集 C 中的点 x 不能表示成 C 中另外两个不同点的凸组合，则称点 x 为 C 的极点，如矩形、三角形的顶点，圆周上的点。

四、应用实例

炼油生产过程的能量系统优化，有时可以应用数学优化的建模方法实现。通常，组成最优化问题的模型包括：目标函数和约束条件两个部分。能量系统优化是与工艺过程的经济效益密切相关的，因此应用数学建模方法的目标函数通常是过程的经济效益指标。

$$J=\sum_i p_i P_i-\sum_j r_j R_j-\sum_m \sum_n u_m U_{mn}-\sum_n \alpha_n I_n-\sum_k m_k M_k$$

式中 J——石油化工生产过程的经济效益；

p_i——第 i 种化工产品的单价；

P_i——第 i 种化工产品的产量；

r_j——第 j 种原料的单价；

R_j——第 j 种原料的消耗量；

u_m——第 m 种公用工程的单价；

U_{mn}——第 n 种设备对第 m 种公用工程的消耗量。

描述模型的约束条件中包括各种参数和变量。设计参数通常是建模时需要选为定值，例如设备参数、过程参数等。通过函数关系求解的变量称为过程变量，例如通过物料平衡、能量平衡和相平衡等，可以求解过程的温度、压力、流量等。还有一类变量称为设计变量（也称决策变量、控制变量），这类变量是可以在一定范围内选取，选取得恰当与否对过程的技术经济指标有重要的影响，这类变量个数相当于模型的自由度，其选值的过程称为最优化问题求解过程。自由度大容易达到最优设计（或最优决策），但求解较困难。

为了实现炼油生产过程的优化，首先需要进行工艺过程的物料衡算、热量衡算、设备计算与投资、成本、利润等经济计算，这些就是目标函数所必须满足的约束条件。将目标函数与约束条件相结合，就构成了炼油生产过程的优化问题，如图 4-8 所示。

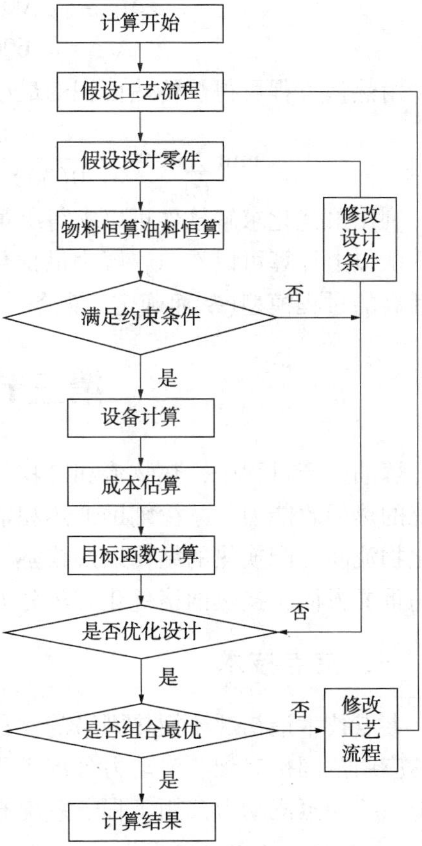

图 4-8 数学规划法应用过程图

【例】 某炼厂欲利用废热将某物料温度由100℃加热到500℃，其流程和有关数据如图 4-9 所示，请问：各温度如何选取才能使换热器系列的总传热面积 A 为最小？

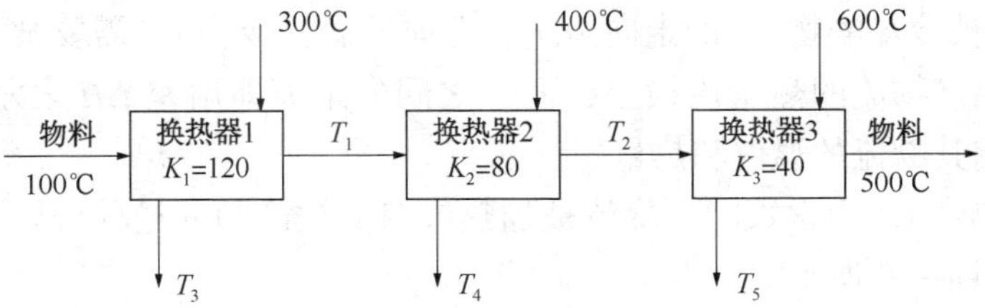

图 4-9 换热网络流程示意图

解：(1) 所有物料其$m_i \cdot c_{Pi}=10^5$，其中 m 是流体的质量流率，c_P为流体比定压热容，i为流体序号。

(2) 三个换热器的总传热系数分别为 $K_1=120$，$K_2=80$，$K_3=40$。

数学模型如下：

热量衡算：对换热器 1：$mc_P(T_1-100)=mc_P(300-T_3)$，即 $T_3=400-T_1$

对换热器 2：$mc_P(T_2-T_1)=mc_P(400-T_4)$，即 $T_4=400-T_2+T_1$

对换热器 3：$mc_P(500-T_2)=mc_P(600-T_5)$，即 $T_5=100+T_2$

换热器传热温差：

$$\Delta t_{m_1}=[(300-T_1)+(T_3-100)]\div 2=300-T_1$$

$$\Delta t_{m_2}=[(400-T_2)+(T_4-T_1)]\div 2=400-T_2$$

$$\Delta t_{m_3}=[(600-500)+(T_5-T_2)]\div 2=100$$

由热量方程可得总传热面积的最小化目标函数：

$$\min\sum_{t=i}A_i=\frac{T_1-100}{120(300-T_1)}+\frac{T_2-T_1}{80(400-T_2)}+\frac{500-T_2}{40\times 100}$$

利用最优化求解软件可以求得决策变量数据：$T_1=181$，$T_2=296$；目标函数 $A=7049$。

从以上计算可以看出，解决最优化问题的关键是确定合理的目标函数. 开发准确、可靠性高的过程模型(从而确定约束条件)，以及选择适宜的优化方法来解算。

第三节 换热网络优化

炼油生产过程中，热物流和冷物流换热可以充分利用热物流的热量加热冷物流，提高系统的热回收能力，减少辅助加热和辅助冷却负荷。能量回收主要通过换热网络系统实现，优化物流间匹配换热的结构以及换热负荷分配的问题，即换热网络优化是炼油能量系统优化的重要方面，换热网络优化方法分为夹点方法和数学规划方法两大类。

一、夹点技术

夹点技术最初源于换热网络的优化集成，在成功地应用于换热网络的基础上，夹点技术的应用范围扩展到蒸汽动力公用工程子系统，而后又进一步发展成为包括热回收换热网络子系统和蒸汽动力公用工程子系统的总能系统。

(一) 夹点的形成及意义

物流的热特性可以用温度 T 为纵轴、焓 H 为横轴的温-焓图(T-H 图)表示，在温-焓图中，热物流(需要被冷却的物流)的走向是从高温向低温，冷物流(需要被加热的物流)的走向是从低温向高温。物流的热量用横坐标两点之间的距离即焓差 ΔH 表示，因此，物流线左右平移并不影响其物流的温位和热量。

当物流的比热容 C_p 为常数时，冷流被加热或热流被冷却的过程可以用温-焓图上的一条直线表示，如图 4-10 所示。

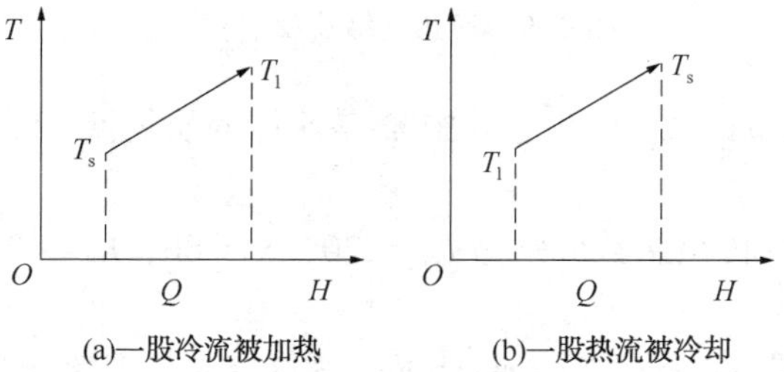

图 4-10 T-H 图上的一股物流

在实际工业生产系统中，通常是有若干冷物流需要被加热、若干热物流需要被冷却。对于多股热流或冷流，我们可将它们合并成一条热复合曲线或冷复合曲线。图 4-11 表示了如何在温-焓图上把三股热流合并成一条复合曲线。

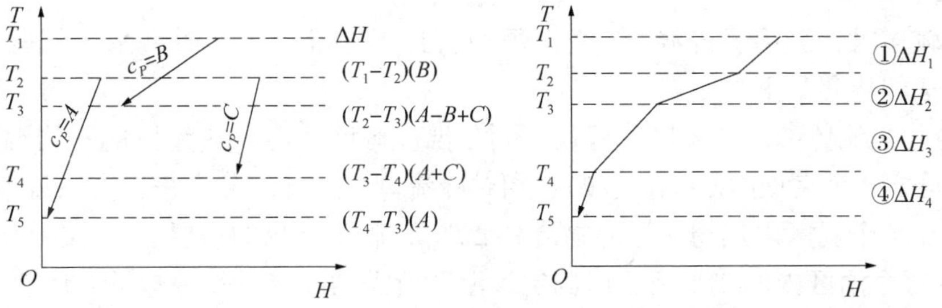

(a)三股热流被冷却的T-H图　　(b)三股热流的热复合曲线

图 4-11　复合温-焓线

设有三股热流，其热容率分别为 A、B、C（kW/℃），其温位分别为 T_1-T_3、T_2-T_4、T_2-T_5，如图 4-11(a)所示。在 T_1 到 T_2 温度区间，只有一股热流提供热量，热量值为$(T_1-T_2)B=\Delta H_1$。所以这段曲线的斜率等于曲线 B 的斜率；在 T_2 到 T_3 的温区内，有三股热流提供热量，总热量值为$(T_2-T_3)(A+B+C)=\Delta H_2$，于是这段复合曲线要改变斜率，即两个端点的纵坐标不变，而在横轴上的距离等于原来三股流在横轴上的距离的叠加，即在每一个温区的总热量可表示为：

$$\Delta H_i = \sum_j c_{Pi}(T_i - T_{i-1}) \tag{4-44}$$

式中　j——第 i 温区的物流数。

照此方法，就可形成每个温区的线段，使原来的三条曲线合成一条复合曲线，如图 4-11(b)所示。以同样的方法，也可将多股冷流在温-焓图上合并成一条冷复合曲线。

（二）夹点确定的方法

当一个系统的工艺参数及物流数据确定下来后，就可很方便地把夹点位置确定下来。

1. 图解法

当有多股热流和多股冷流进行换热时，可将所有的热流合并成一条热复合曲线，所有的冷流合并成一条冷复合曲线，然后将两者一起表示在温-焓图上，如图 4-12 所示。T-H 图上的组合曲线可以沿横轴平移而不改变换热的热负荷，因此，可以将冷流组合曲线沿横轴向左平移，这时两条曲线之间的垂直距离随曲线的移动而逐渐减小，也就是说，传热温差逐渐减小。当两条曲线的垂直最小距离等于最小允许传热温差 ΔT_{min}时，就达到了实际可行的极限位置。这个极限位置的几何意义就是冷、热流组合曲线间垂直距离最小的位置。从图 4-12 中不难看到，这个最窄位置就是夹点。这时，两条曲线端点的水平差值分别代表最小冷、热公用工程用量，以及最大热回收量（即最大换热量）。

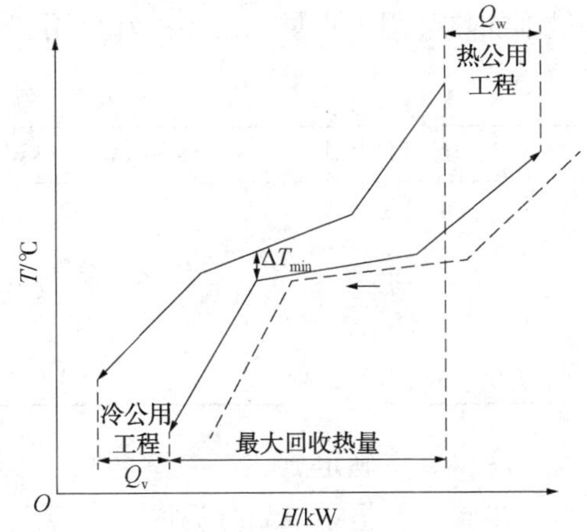

图 4-12　换热网络组合曲线图

2. 问题表格法

当物流较多时，采用复合温-焓线很烦琐，且不够准确，此时常采用问题表来精确计算。问题表法的步骤如下。

① 以冷、热流体的平均温度为标尺，划分温度区间。冷、热流体的平均温度相对热流体，下降二分之一个夹点温差($\Delta T_{min}/2$)；相对冷流体，上升二分之一个夹点温差($\Delta T_{min}/2$)。这样可保证在每个温区内热物流比冷物流高 ΔT_{min}，满足传热的需要。

② 计算每个温区内的热平衡，以确定各温区所需的加热量和冷却量，计算式为：

$$\Delta H_i = (\sum c_{P_C} - \sum c_{P_H})(T_i - T_{i+1}) \tag{4-45}$$

式中 ΔH_i——第 i 区间所需外加热量，kW；

$\sum c_{P_C}$，$\sum c_{P_H}$——分别为该温区内冷、热物流热容流率之和，kW/℃；

T_i、T_{i+1}——分别为该温区的进、出口温度，℃。

③ 进行热级联计算。第一步，计算无外界热量输入时各温区之间的热通量。此时，各温区之间可以存在自上而下的热流流通，但不能有逆向热流流通。第二步，为保证各温区之间的热通量不小于0，根据第一步级联计算结果，取绝对值最大的、热通量为负值的热量，其绝对值为外界需要加入的最小热量，即最小加热公用工程用量，由第一个温区输入；然后计算外界输入最小加热公用工程量时各温区之间的热通量；而由最后一个温区流出的热量，就是最小冷却公用工程用量。

④ 温区之间热通量为0处，即为夹点。

(三) 总组合曲线

在蒸汽动力系统优化综合中，常用的不是冷热复合曲线图，而是总复合曲线图，即以温度为纵坐标，热流量为横坐标，在不同温段标出净热流量和该温段的坐标值。它可以很容易地从热通量级联图转化获得。以下面的例子具体说明问题表格法确定夹点和绘制总复合曲线。

【例 1】 某一换热系统的工艺物流为两股热流和两股冷流，其物流参数如表 4-3 所示。取冷、热流体之间最小传热温差为 10℃。现用问题表格法确定该换热系统的夹点位置以及最小加热公用工程量和最小冷却公用工程量。

表 4-3 物流参数表

物流编号和类型	热容流率 c_P/(kW/℃)	供应温度/℃	目标温度/℃
1 热流	3.0	170	60
2 热流	1.5	150	30
3 冷流	2.0	20	135
4 冷流	4.0	80	140

解：夹点确定。

步骤一：把系统划分温区。

① 将所有热流和所有冷流的进、出口温度(℃)从小到大排列起来。

热流体：30、60、150、170

冷流体：20、80、135、140

② 计算冷热流体的平均温度(℃)，即将热流体温度下降 $\Delta T_{min}/2$，将冷流体温度上升 $\Delta T_{min}/2$。

热流体：25、55、145、165

冷流体：25、85、140、145

③ 将所有冷热流体的平均温度(℃)从小到大排列起来。

冷热流体：25、55、85、140、145、165

④ 整个系统可以划分为五个温区，如图 4-13 所示，它们分别为：

第一温区为 165～145；第二温区为 145～140；第三温区为 140～85；第四温区为 85～55；第五温区为 55～25。

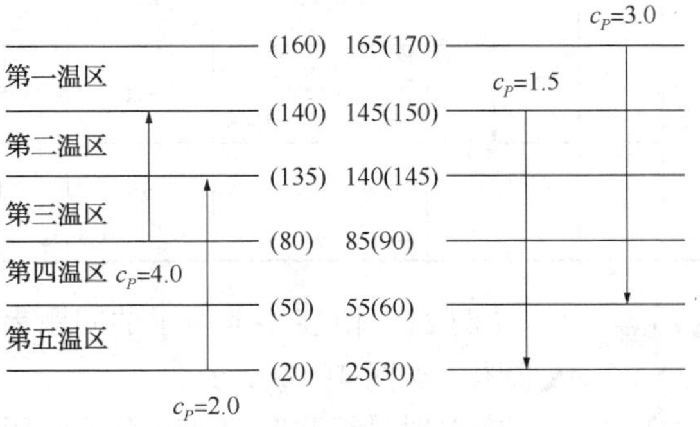

图 4-13　温度区间划分

步骤二：温区内热平衡计算，用式(4-5)计算结果命名为“亏缺热量”列于表 4-4 第三列。

例如：第一温区：ΔH_1 = -3. 0(165-145) = -60kW

ΔH_i 为负表示该温区有剩余热量。

步骤三：计算外界无热量输入时各温区之间的热通量，命名为“累积热量”，此时，第一温区的输入热量为 0，其余各温区的输入热量等于上一温区的输出热量，每一温区的输出热量等于本温区的输入热量减去本温区的亏缺热量 ΔH_i，计算结果列于表 4-4 第四列。

例如：第一温区：输入热量 = 0(因外界无热量输入)kW，输出热量 = 0+60 = 60kW

第二温区：输入热量 = 60kW，输出热量 = 60+2. 5 = 62. 5kW

步骤四：确定最小加热公用工程用量。从步骤三的计算中可以看到，当外界无热量输入时，第三温区向第四温区输出的热量为负值，这意味着第四温区向第三温区提供热量在热力学上是不合理的。为消除这种不合理现象，使各温区之间的热通量≥0，就必须从外界输入热量，使原来的负值至少变为 0，因此得到最小加热公用工程量为 20kW。

步骤五：计算外界输入最小加热公用工程量时各温区之间的热通量。换热网络所需的最小加热量可从第三温区以上的任何温区中输入。为方便起见，本例题中假定该热量从第一温区输入。计算方法同步骤三的完全相同，计算结果形成问题表的最后一列——热通量。

例如：第一温区：输入热量 = 20kW，输出热量 = 20+60 = 80kW

第二温区：输入热量 = 80kW，输出热量 = 80+2. 5 = 82. 5kW

步骤六：确定夹点位置。第三温区和第四温区之间热通量为 0，此处就是夹点，即夹点在平均温度 85℃(热流温度 90℃，冷流温度 80℃)处。

表 4-4 问题表

温度和温区	物流	亏缺热量/kW	累积热量/kW		热通量/kW	
			输入	输出	输入	输出
165℃ 第一温区 145℃		-60	0	60	20	80
第二温区 140℃		-2.5	60	62.5	80	82.5
第三温区 85℃		82.5	62.5	-20	82.5	0
第四温区 55℃		-75	-20	55	0	75
第五温区 25℃		15	55	40	75	60

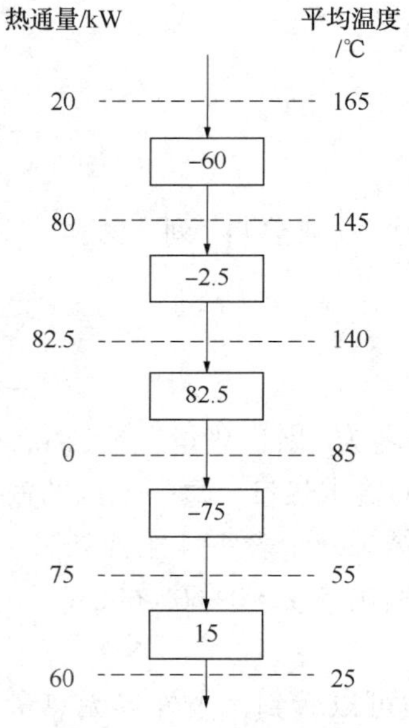

图 4-14 热通量级联图

【例 2】 由表 4-4 所示的问题表，确定该网络的热通量级联图，如图 4-14 所示。

在热通量级联图中，每个温区用一个矩形表示，矩形内为该温区的亏缺热量。热通量级联图的左侧给出了经过每个温区的热通量情况，右侧给出了各温区边界的冷、热流体平均温度。热通量级联图中热通量为 0 处为夹点。

如上所述，总复合曲线是以冷、热流体的平均温度为纵坐标，焓为横坐标。总复合曲线是这样构成的：热通量级联图中各温区边界的冷、热流体平均温度及其对应的热通量，构成总复合曲线图上的一个点(平均温度为其纵坐标，热通量为其横坐标)，将相邻的点用直线连接，就构成了总复合曲线。

【例 3】 以图 4-15 中(a)的热通量级联图，绘制其总复合曲线图 4-15(b)。

复合曲线绘制是从夹点开始分别向上和向下进行。在本例中，夹点的平均温度为 100℃。从夹点(0，100)开始向上，第三温区(100~150℃)需热量 800kW，因此，从(0，100)向(800，150)画一条直线；然后，下一个温区为第二温区(150~180℃)，可提供热量 200kW，需热量从 800kW 减为 600kW，这就形成了从(800，150)到(600，180)的一段直线；最后是第一温区(180~210℃)，需热量 400kW，总需热量从 600kW 增加到 1000kW，构成(600，180)到(1000，210)最后的线段，如图 4-15(b)所示。

从夹点向下绘制复合曲线的方法是相同的，只是此时多余热量为正，需要热量为负，

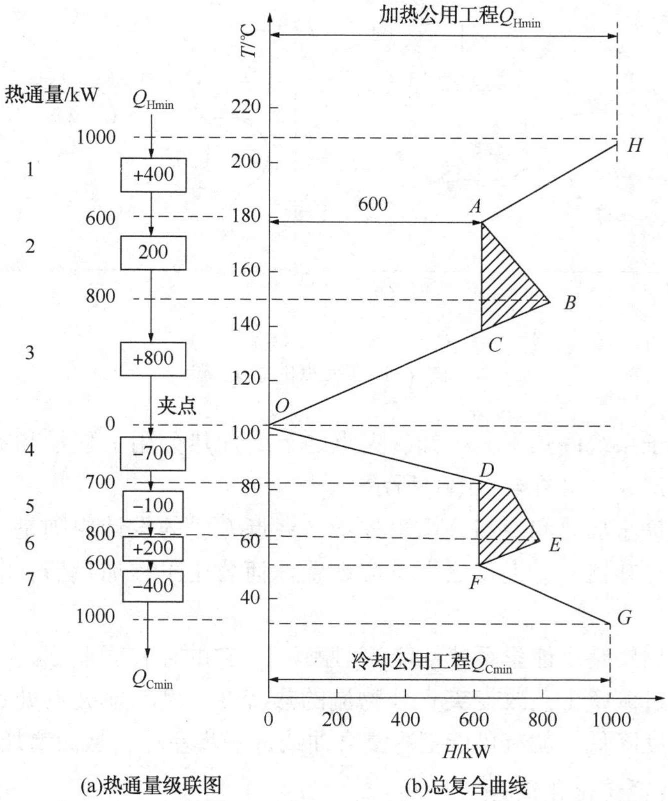

图 4-15　总复合曲线

与夹点之上相反。

总复合曲线表达了温位与热通量的关系。夹点之上的总复合曲线表示需外界加热的热量与温位的关系，相当于冷、热物流以ΔT_{min}的温差互相换热后所剩余的、“净”需被加热的冷流；同样，夹点之下总复合曲线表示需外界冷却的热量与温位的关系，相当于冷、热流体在ΔT_{min}的温差下换热后所剩余的“净”过程热流。

（四）夹点的意义

由上面的分析可知，夹点是冷热复合温焓线中传热温差最小的地方，此处热通量为 0。夹点的出现将整个换热网络分成了两部分：夹点之上和夹点之下。夹点之上是热端，只有换热和加热公用工程，没有任何热量流出，可看成是一个净热阱；夹点之下是冷端，只有换热和冷却公用工程，没有任何热量流入，可看成是一个净热源；在夹点处，热流量为 0，如图 4-16(a)所示。

如果在夹点之上热阱子系统中设置冷却器，用冷却公用工程移走部分热量，其量为β，根据夹点之上子系统热平衡可知，β这部分热量必然要由加热公用工程额外输入，结果是加热和冷却公用工程量均增加了β。

同理，如果在夹点之下热源子系统中设置加热器，加热和冷却公用工程用量也均需要相应增加。

如果发生跨越夹点的热量传递α，即夹点之上热物流与夹点之下冷物流进行换热匹配，

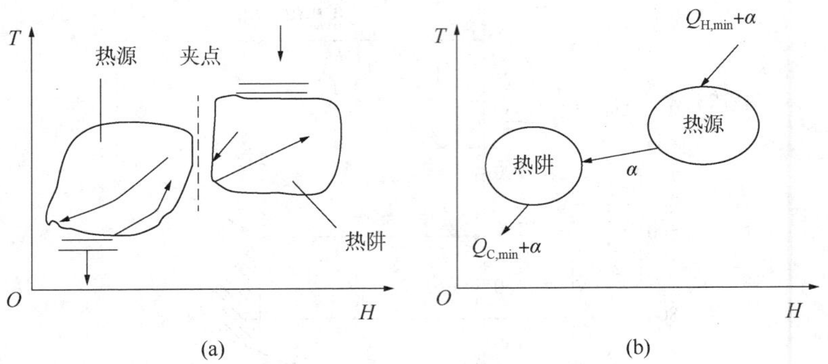

图 4-16 夹点的意义

则根据夹点上、下子系统的热平衡可知，夹点之上的加热公用工程量和夹点之下的冷却公用工程量均相应增加 α，如图 4-16(b)所示。

因此，为达到最小加热和冷却公用工程量，夹点方法的设计原则是：①夹点之上不应设置任何公用工程冷却器；②夹点之下不应设置任何公用工程加热器；③不应有跨越夹点的传热。

此外，夹点是制约整个能量系统性能的“瓶颈”，它的存在限制了进一步回收能量的可能。如果有可能通过调整工艺改变夹点处物流的热特性，例如使夹点处热物流温度升高或使夹点处冷物流温度降低，就有可能把冷复合曲线进一步左移，从而增加回收的热量。

(五) 蒸汽动力系统优化综合

蒸汽动力系统是石化企业的重要组成部分，消耗燃料，为整个生产过程提供蒸汽、电力、冷却水等公用工程。蒸汽动力系统是否合理，直接决定企业的能耗水平。

过程系统中的冷、热流体通过换热回收热量后，仍需蒸汽动力系统提供加热公用工程和冷却公用工程，这些加热公用工程和冷却公用工程往往都是多级的。此外，许多企业都有自己的自备电站。此时，如何使动力的发生与热能的供应结合起来，而最有效地利用燃料就是蒸汽动力系统优化综合的内容。另外，有时企业中还有热泵装置，它能将系统中的低温热能升级作为加热热源。如何正确应用热泵而获取节能和经济效益，也是蒸汽动力系统优化综合的内容。由于篇幅有限，在此只介绍多级公用工程的设置问题。

由于温位高的加热蒸汽价格要比温位低的加热蒸汽高，而温位低的冷却介质价格要比冷却水贵得多，所以，在实际工程应用中合理采用不同温位的多级公用工程会更经济。

在分析多级公用工程配置问题时，总复合曲线可以清晰地表示整个系统所需热量和温位的关系，是分析多级公用工程配置的重要工具。

1. 加热公用工程的选择

在夹点之上，为了减少加热公用工程的费用，根据总复合曲线应选择尽量接近净热阱的加热公用工程级别。

常用的加热公用工程有两种形态：一种是有相变的介质，通常为蒸汽；另一种是无相变的介质，例如热油、烟道气等。

对于采用蒸汽作为加热公用工程的情况，由于通常利用其热量中的潜热部分，故在

T–H图上表示出来为一条水平线。

例如图 4–17 所示的总复合曲线，若可采用三种级别的加热蒸汽，则可按图示的方式选择(即图中的 a、b、c 三级)。图 4–17 中的Ⅰ、Ⅱ、Ⅲ三条线段，表示了三级不同温度的加热公用工程，其纵坐标表示了公用工程的温度，横坐标投影的长度表示了所需要的公用工程热量。

通常在设计时，当夹点之上存在“口袋”时，由于在“口袋”所在的温度区间(如图 4–17 中的 AC 段)，所需加热公用工程量保持不变，而较低温度的加热公用工程意味着较低的运行费用，故常在“口袋”底部选择一级加热公用工程，如图 4–17 中的Ⅲ段加热公用工程。

这种分段加热的处理，实际上就是用温位较低的蒸汽加热夹点以上温位较低的物流。公用工程划分的级别越多，高温位的加热公用工程用量越少，可减少运行费用，但增加了换热网络的复杂性和投资费用，所以要结合工程实际全面考虑。

当某温位热源恰好满足该温位净冷流所需热量时，就构成了公用工程夹点，如图 4–18 中对应 2 线的 D 点和对应 3 线的 E 点。

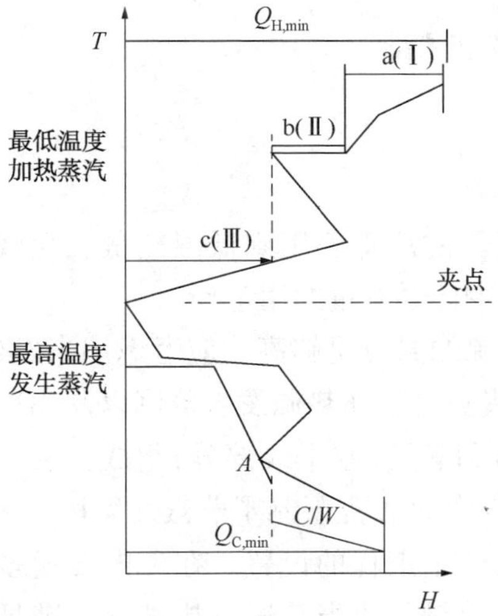

图 4–17　由总复合曲线确定公用工程等级

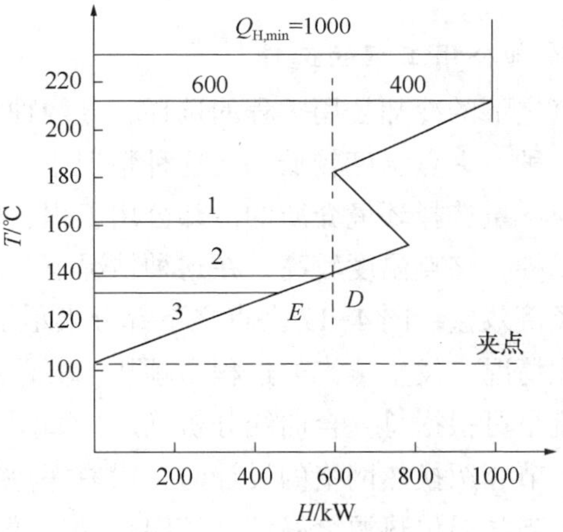

图 4–18　不同等级加热公用工程量的确定

若采用变温的加热公用工程，如热油加热、烟道气加热等，则存在一个加热公用工程入口温度 T_s、出口温度 T_r 和流量 F 的选择，如图 4–19(a)所示。

一般说来，入口温度 T_s 应尽可能高，这样既可减少加热公用工程的流量，又可提高加热器的传热温差，减少加热器面积，但 T_s 受工艺条件件的限制。当 T_s 给定后，加热介质的流量越大，其出口温度 T_r 越高，加热公用工程直线斜率变小，从 AB 变为 AB'，如图 4–19(a)所示。加热介质流量大，则操作费用高，但加热器传热温差也相应提高，传热面积减少，投资费用减少。加热介质流量小，直线斜率变大，直线变陡，其出口温度 T_r 越低，排热损失减少，系统能量性能较好，但传热面积增大，投资费用增大。所以存在投资费用和操作费用之间的权衡。为了保证加热公用工程能提供过程所需的全部热量，加热公用工程直线必须处在净热阱线之上。

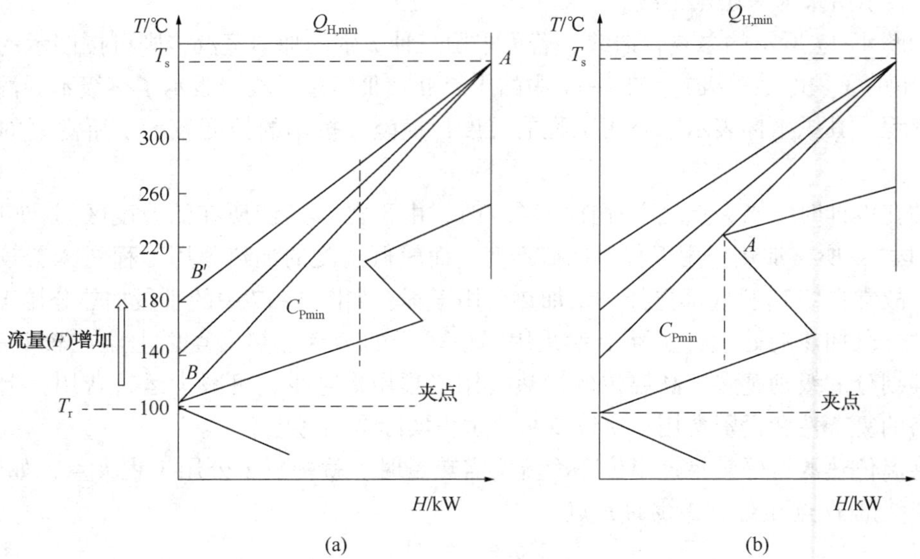

图 4-19 变温加热公用工程

2. 冷却公用工程的选择

夹点之下的冷却公用工程的选择，分两种情况考虑。

第一种，夹点温度较低。在这种情况下，低温段的冷却要用到低温冷量。为减少操作费用，应尽量选择环境介质的冷却公用工程，以减少低温冷量的用量。

第二种，夹点温度较高。在这种情况下，净热源的温位足够高，应考虑用来发生蒸汽，以创造经济效益。图 4-17 夹点之下部分表示了用夹点之下净热源发生蒸汽以及用冷却水冷却的分配情况。发生蒸汽的过程由预热(斜线部分)和蒸发(水平线部分)组成，发生蒸汽的级别及流量可根据总复合曲线分析确定，如图 4-17 中的 A 点限制了蒸汽发生量。

上一节介绍换热网络的设计时，没有考虑多级公用工程的设置。在考虑设置多级公用工程后，当某温位热源恰好满足该温位净冷流所需热量，或当某温位热阱恰好满足该温位净热流所需放热量时，就构成了公用工程夹点，这就是多夹点的设计。对于多夹点的设计仍应没有跨越各夹点的传热，以及没有不合理设置的公用工程，这就要求公用工程物流也不能跨越其相应的夹点。在设计时，可将各级公用工程物流同工艺物流一起在图上表示进行设计。

3. 热机的设置

工程上最常用的热机有蒸汽透平和燃气透平。蒸汽透平工作循环是朗肯循环，其过程如图 4-20 所示，其工质为水蒸气。

水在锅炉中吸收由燃料燃烧产生的热量而生成蒸汽，蒸汽通过蒸汽透平膨胀做功，做功后的蒸汽若温位足够，可直接以蒸汽形式输出，用于加热或工艺过程，这种透平称为背压透平；蒸汽在透平中也可一直膨胀到接近环境温度，然后在冷凝器中向低温热源排热，冷凝水经泵返回锅炉，这种透平称为凝汽透平。另外，在进、排汽之间还可设有抽汽口，将抽汽用于加热或工艺用汽，组成抽汽背压透平或抽汽凝汽透平。

燃气透平循环的流程如图 4-21 所示。空气经压缩机(简称空压机)升压，并与做功后的燃气换热升温后进入燃烧室，在燃烧室内燃料燃烧产生高温高压燃气，进入透平膨胀做功，膨胀后的燃气经与空气换热后排出。由于大气压力限制了燃气透平膨胀的终点，其排气温度可高达 450℃左右，因此该排气热量也可作为加热热源，构成热能和动力的联合生产。

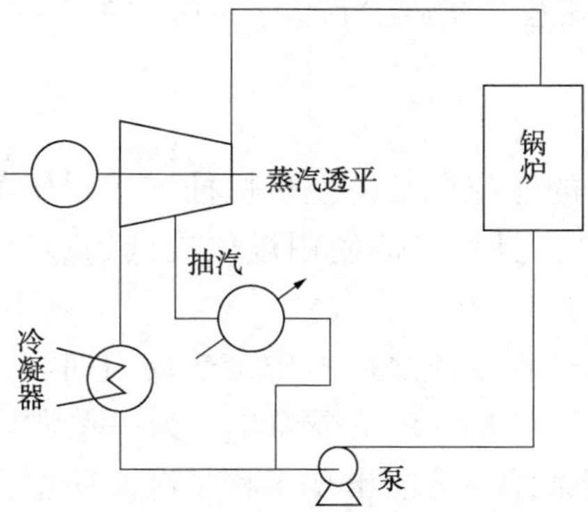

图 4-20　蒸汽透平朗肯循环

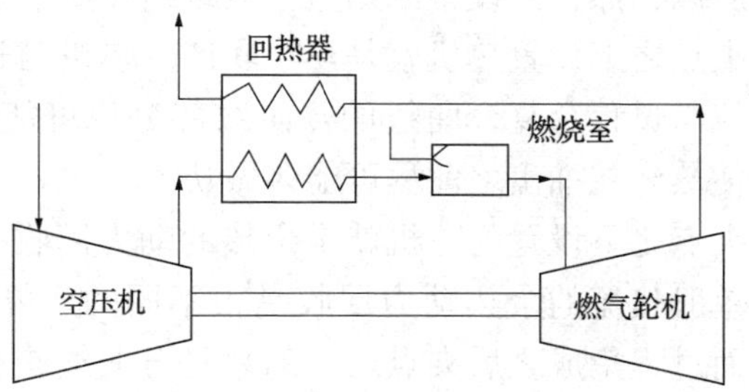

图 4-21　燃气透平循环

在过程系统中，热机有三种可能的设置方式：在夹点之上、跨越夹点、在夹点之下，如图 4-22 所示。

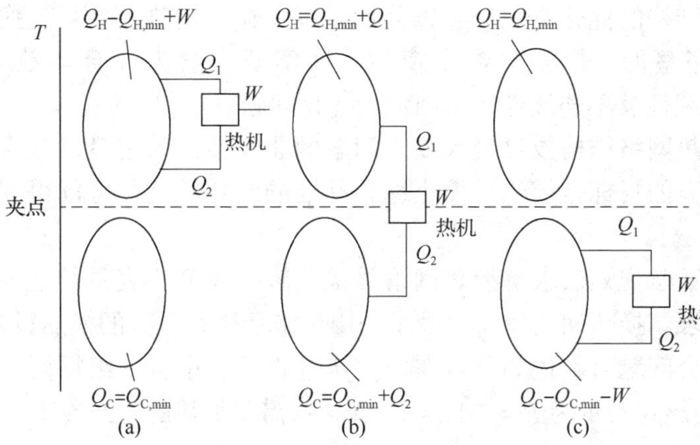

图 4-22　热机在过程中的设置

图 4-22(a)表示了热机的第一种可能的设置方式，即吸、排热均在夹点之上。此时，只要热机排热的温位足够高，就可以全部为过程所用，也就是说，总需热量Q_H等于热机所做的功加上换热网络所需最小加热公用工程量，$Q_H=Q_{H,min}+W$。这样，若不计各类损失，从整个系统的角度来看，热源以 100%的效率做功，能量利用率大大提高。此时，对夹点之下的冷却公用工程没有影响。所以，在夹点之上，将热机与热回收系统适当结合，可以发挥最好的效益。

图 4-22(b)表示了热机跨越夹点的设置，即吸热在夹点之上，排热在夹点之下。这样，由于过程在夹点之上为净热阱，需要Q_H的热量，而热机也需要Q_1的热量，加热公用工程将总共提供$Q_{H,min}+Q_1$的热量。在夹点之下，过程为净热源，多余$Q_{C,min}$的热量要排出，而热机

又排出Q_2的热量，使冷却公用工程量增至$Q_{C,min}+Q_2$。可见，此种设置做功所消耗的热量与单独放置的热机将排热直接排给冷源的效果一样，不能改善能量利用率。

热机设置在夹点之下，从过程吸热，排热也在夹点之下，如图 4-22(c)所示，此为余热发电的情形。此时，对夹点之上的加热公用工程没有影响。而在夹点之下，热机利用过程的余热做功，不仅额外获得了功，还使冷却公用工程用量减少到$Q_{C,min}-W$，同夹点之上的设置一样，大大提高了能量利用率。

所以，热机的设置原则是不能跨越夹点。

夹点之上设置热机就是热功联产。热机与过程的匹配原则是使热机抽汽或背压蒸汽的放热线与过程总复合曲线的热阱线部分尽可能吻合，且尽可能使用温位较低的蒸汽加热，这样使蒸汽在抽出之前尽可能多做功。

夹点之下设置的热机就是余热的动力回收。在过程集成之后考虑余热动力回收，与只考虑单股热流的余热动力回收是很不同的。单股热流的 $T-H$ 图很简单，为一单调降的直线。而过程集成之后夹点之下的总复合曲线是很复杂的，可能出现多种情况。应根据总复合曲线的形状来确定工作介质以及发生蒸汽的温度和蒸汽量。

二、数学规划方法

数学规划法是根据换热网络的物理特性建立数学模型并求解，是一种更加系统、可以自动生成换热网络结构的优化方法。它以公用工程消耗、换热器数目、换热面积三者之间的权衡放入一个完整的、严格的数学模型。该模型一般为混合整数非线性规划模型(MINLP)，具有非线性、不连续性、非凸性的优化问题。

由于可能的换热网络结构数目极大以及问题的非线性，采用最优化方法达到严格最优非常困难。近来研究的目标是简化和缩小综合问题的维数，这样可以得到相当于最优或接近最优的解答。

采用超结构的数学规划法求解换热网络最优化解的典型代表是转运模型，它用较小规模的线性规划方法求解换热网络所需的最小公用设施费用和最少的换热设备数目。

换热网络的综合问题可叙述如下：在一生产过程系统中，一组需要冷却的热工艺物流有 N_H个，以集合的形式表示为 $H=\{i \mid i=1, N_H\}$；需要加热的一组冷工艺物流有 N_C个，以集合形式表示为 $C=\{j \mid j=1, N_C\}$。每一热物流的质量流率为 F_i，比定压热容为 C_{Pi}，需要由初始温度 T_c^s冷却到终了温度 T_c^t。类似地，每一冷物流的质量流率为 F，比热容为 C_P，由初温 T_j^s加热到终温 T_j^t。由于热物流的总热含量与冷物的热含量通常不会相等，加上热力学上对传热过程所需温差推动力的约束，所以还需采用一组公用设施加热物流(如燃料、蒸汽等)，有 N_S 个，以集合 $S=\{m \mid m=1, N_S\}$ 表示，以及一组公用设施冷却物流(如冷却水、冷冻剂等)，有 N_W个，以集合形式表示为 $W=\{n \mid n=1, N_W\}$。综合问题的目标就是构造一个具有最小的投资费用和操作费用(以年计)的换热器网络。

换热网络设计的目标包含：第一，最小的公用设施消耗。这是主要的目标，因为这意味着网络系统具有最大的热回收率和最小的操作费用。第二，最少的换热设备数，这相当于投资费用最少。第三，改进“夹点”。夹点处物流间传热温差最小，它是“瓶颈”之处，所以改进夹点可以提高网络系统的热回收率，但这要同整个化工生产过程系统一起考虑。

（一）转运模型

运输模型是确定把产品由工厂直接送到目的地的最佳网络，而转运模型是确定把产品由工厂经由中间仓库再运送到目的地的最优网络。对于热回收问题，热量可看作产品，由热物流通过中间的温度间隔送到冷物流，在中间的温度间隔内，应当满足传热过程的热力学上的约束，即热、冷物流间传热温差要大于或等于允许的最小传热温差 $\Delta T_{\min}$。温度间隔的划分可按夹点热系统中的子网络的划分方法，在每个子网络中保证热、冷物流间的传热温差。热回收网络的转运模型示意图如图 4-23 所示，热量由热物流流到相应的温度间隔，然后流到该间隔中的冷物流，剩余的热量则流向较低温位的温度间隔。

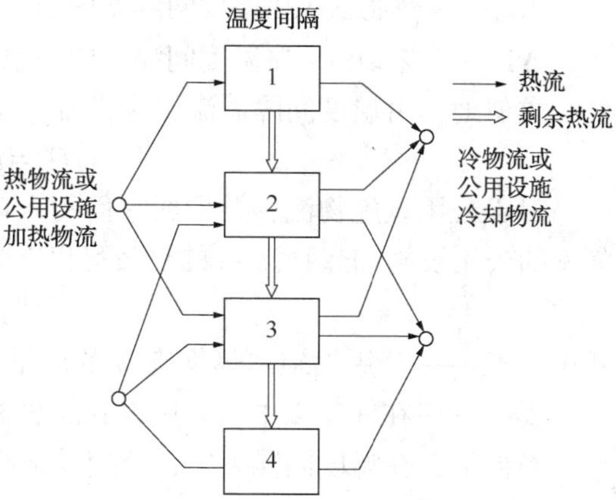

图 4-23　热回收网络的转运模型

由图 4-23 可知，对每个温度间隔，热量流动的情况，具体说明如下：

① 热量从包含在某一温度间隔中的所有热物流和公用设施加热物流进入该温度间隔。

② 热量由该温度间隔流入包含在该温度间隔中的所有冷物流和公用设施冷却物流。

③ 该温度间隔中过剩的热量流到下一个较低温位的间隔中去。

④ 从温位较高的间隔进入到该温度间隔的热量，不能再用于更高的温度间隔，这是因为热量不能自动地由低温流向高温。

该转运网络中包含的变量有：从一个温度间隔流到下一个较低温度间隔的剩余热量，以及公用设施加热、冷却物流的流量。

把该模型数学公式化，就可用于推算最小公用设施费用，进而获得具有最少换热设备数目的网络。

（二）最小公用设施费用问题

用于换热器网络综合问题的设计目标之一是确定所需的最小公用设施物流费用，这一问题可处理成一个转运问题来求解。

首先把包含所有物流的整个温度区间划分为 K 个温度间隔，由高温到低温给以标号 $k=1, 2, \cdots, K$，每一温度间隔的温度变化以 ΔT_K 表示。为了识别出所有物流相对于这些温度间隔的位置，定义下面的集合：

$H_k=\{i \mid$ 在温度间隔 k 中出现的热物流 $i\}$

$C_k=\{j \mid$ 在温度间隔 k 中出现的冷物流 $j\}$

$S_k=\{m \mid$ 在温度间隔 k 中出现的公用设施物流 $m\}$

$W_k=\{n \mid$ 在温度间隔 k 中出现的公用设施物流 $n\}$

令 Q_{ik}^H 为进入间隔 k 的热物流 i 的热负荷，可由下式计算：

$$Q_{ik}^H=F_i C_{Pik} \cdot \Delta T_k^i \tag{4-46}$$

式中　F_i——热物流 i 的质量流量；

C_{Pik}——热物流 i 在温度间隔 k 中的比热容；

ΔT_k^i——热物流 i 在温度间隔 k 中的温度变化。

类似地，由温度间隔 k 流到冷物流 j 的热负荷为：

$$Q_{jk}^C = F_j C_{Pjk} \cdot \Delta T_k^j \tag{4-47}$$

对于公用设施物流，要根据它们的入口和出口温度，放在相应的温度间隔中。进入间隔 k 的公用设施加热物流 m 的热负荷出下式给出：

$$Q_{mk}^C = F_m^S \Delta h_{mk} \tag{4-48}$$

式中 F_m^S——公用设施加热物流 m 的质量流量；

Δh_{mk}——在间隔 k 中，公用设施加热物流 m 的焓降。

类似地，在温度间隔 k 中，公用设施冷却物流 m 的热负荷为：

$$Q_{nk}^W = F_n^W \Delta h_{nk} \tag{4-49}$$

式中 F_n^W——公用设施冷却物流 n 的质量流量；

Δh_{nk}——在间隔 K 中，公用设施冷却物流 n 的焓增。

如图 4-24 所示，对温度间隔 k 可写出热量衡算式：

$$R_k - R_{k-1} - \sum_{m \in s_K} F_m^S \cdot \Delta h_{mk} + \sum_{n \in W_k} F_n^W \cdot \Delta h_{nk} = \sum_{i \in H_k} Q_{ik}^H - \sum_{j \in C_k} Q_{jk}^C \tag{4-50}$$

$$K=1,\ 2,\ \cdots,\ K$$

式中 R_k——流出间隔 k 的剩余热量；

R_{k-1}——流出间隔 $k-1$ 的剩余热量，并流入间隔 k；

$m \in S_k$——公用设施加热物流 m 属于间隔 k 中的公用设施加热物流集合 S_k；

$n \in W_k$——公用设施冷却物流 n 属于间隔 k 中的公用设施冷却物流集合 W_k；

$i \in H_k$——热物流 i 属于间隔 k 中的热物流集合 H_k；

$j \in C_k$——冷物流 j 属于间隔 k 中的冷物流集合 C_k。

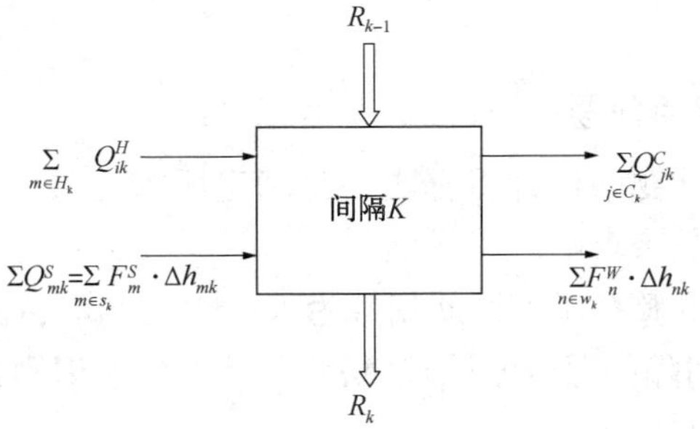

图 4-24　在每一温度间隔中热流示意图

公用设施物流的费用可表示为：

$$Z = \sum S_m \cdot F_m^S + \sum W_n \cdot F_n^W \tag{4-51}$$

式中 S_m——公用设施加热物流单位价格；

W_n——公用设施冷却物流单位价格。

由上得出最小公用设施物流费用的转运模型，以线性规划方法如下：

$$\min Z=\sum S_m \cdot F_m^S+\sum W_n \cdot F_n^W \tag{4-52}$$

S. t.（约束条件）：

$$R_k - R_{k-1} - \sum_{m \in S_K} F_m^S \cdot \Delta h_{mk} + \sum_{n \in W_k} F_n^W \cdot \Delta h_{nk} = \sum_{i \in H_k} Q_{ik}^H - \sum_{j \in C_k} Q_{jk}^C \tag{4-53}$$

$$k=1,\ 2,\ \cdots,\ K$$

$$F_{\mathrm{m}}^S \geqslant 0 \qquad m \in S$$

$$F_{\mathrm{n}}^W \geqslant 0 \qquad m \in W$$

$$R_O=0$$

$$R_k=0$$

$$R_k \geqslant 0 \quad k=1,\ 2,\ \cdots,\ K-1$$

当公用设施物流的单位价格 S_{m}、W_{n} 都取 1 时，求解上述转运问题，即得到最小的公用设施用量，如果只采用一种公用设施加热物流和一种公用设施冷却物流，则最小公用设施物流用量就相当于最小公用设施物流费用。

（三）最少换热设备数量问题

具有最少换热设备数量的网络系统相当于其设备投资费用最小。由上述已确定出适宜的公用设施物流量，现把它加到工艺物流集合中，所以定义扩充的集合 $\overline{H}=\{H,\ S\}$ 为热物流，$\overline{C}=\{C,\ W\}$ 为冷物流。如果确定出系统中存在 $N_{\mathrm{L}}-1$ 个夹点（剩余热流量为零），则可把原来的 K 个温度间隔分割成 N_{L} 个子网络，对应每个子网络 1 中的温度间隔子集表示为 S_{Nl}，l=1，2，…，N_{L}。显然，物流间的匹配换热要局限在各子网络内部，否则会产生热流通过夹点的情况，增大了公用设施物流用量。用 $H_I \subseteq \overline{H}$ 和 $C_l \subseteq \overline{C}$ 表示在子网络 1 中出现的热物流（集合）和冷物流（集合），$R_{i,k}$ 表示热物流 $i \in H_I$ 的剩余热量，$k \in S_{N_L}$，$I=l$，N_L。在子网络中的温度间隔 k，物流间的换热量表示为 Q_{ik}，$i \in H_{lk}$，$j \in C_{lk}$，$k \in S_{N_L}$，其中：$H_{lk}=\{i \mid i \in H_l$，热物流 i 出现在间隔 $\bar{k} \leqslant k$，$\bar{k}$，$k \in S_{N_L}\}$，同样，$\bar{k} \leqslant k$ 表示 $\bar{k}$ 为包括闻隔 k 及比间隔k温位高的间隔（在 S_{Nl} 子网络中）。

$$C_{lk}=\{j \mid j \in C_l,\ \text{冷物流}\ j\ \text{出现在间隔}\ k \in S_{N_L}\}$$

现引入 0-1 二元变量 y_{ijl}，表示在子网络 l 中热物流 $i \in H_l$ 和冷物流 $j \in C_1$ 之间的匹配换热存在与否。每一个匹配对应一个换热设备（y_{ijl}的下标说明在一个子网络 l 中物流 i 同 j 只匹配一次）。在子网络 l 中物流匹配的总热交换量 $\sum Q_{ijk}$ 与二元变量 y_{ijl} 可用下面的不等式相关联：

$$\sum_{k \in S_{Nl}} Q_{ijk} - U_{ijk} \cdot y_{ijk} \leqslant 0 \tag{4-54}$$

$$i \in H_l$$

$$j \in C_l$$

$$l=1,\ 2,\ \cdots,\ N_L$$

式中 $U_{ijk}=\min\left\{\sum_{k \in S_{Nl}} Q_{lk}^{\overline{H}},\ \sum_{k \in S_{Nl}} Q_{jk}^{\overline{C}}\right\}$ 相当于物流 i、j 间可能进行的热交换量的上限。

参考图 4-25，可构造下面的混合-整数转运模型，确定具有最少换热设备数的网络结构：

$$\min Z = \sum_{i=l}^{N_L} \sum_{i \in H_l} \sum_{j \in C_l} e_{ijk} \cdot y_{ijk} \tag{4-55}$$

S. t.（约束条件）：

$$R_{i,k} - R_{i,k-1} + \sum_{i \in C_{lk}} Q_{ijk} = Q_{lk}^{\overline{H}} \quad i \in H_{lk} \tag{4-56}$$

$$\sum_{i \in H_{jk}} Q_{ijk} = Q_{jk}^{\overline{C}} \quad j \in H_{lk} \tag{4-57}$$

$$k \in S_{Nl}$$

$$l=1, 2, \cdots, N_L$$

$$\sum_{k \in S_{Nl}} Q_{ijk} - U_{ijk} \cdot y_{ijk} \leqslant 0 \tag{4-58}$$

$$i \in H_l$$

$$j \in C_l$$

$$l=1, 2, \cdots, N_L$$

$$\left.\begin{aligned} R_{ik} \geqslant 0 \quad & i \in H_{lk} \\ Q_{ijk} \geqslant 0 \quad & i \in H_{lk} \\ & j \in C_{lk} \end{aligned}\right\} \begin{aligned} & k \in S_{Nl} \\ & l=1, 2, \cdots, N_L \end{aligned}$$

$$y_{ijk}=0, 1$$

$$i \in H_l$$

$$j \in C_l$$

$$l=1, 2, \cdots, N_L$$

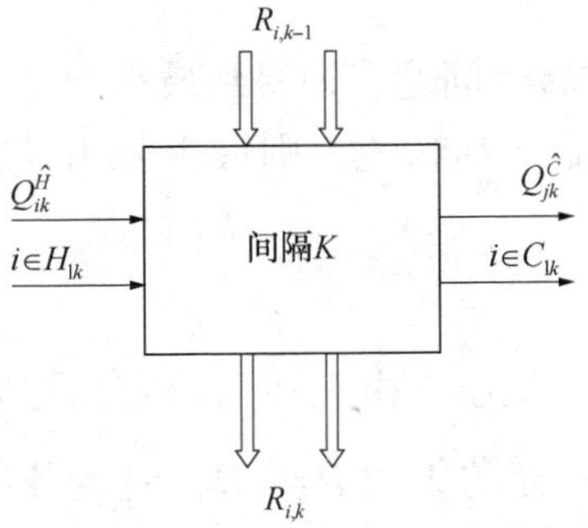

图 4-25 温度间隔中各个热物流的情况

目标函数中 e_{ijk} 为权因子，反映物流间匹配换热的优先程度，若对物流间的匹配换热无特别要求，则取 e_{ijk} 皆为 l。对禁止匹配换热的，取：

$$y_{ijk}=0, \ (i, j) \in P, \ l=1, 2, \cdots, N_L$$

求解上述混合整数规划问题亦可以分解成 N_L 个子网络问题逐一求解。

由于数学规划方法模型的复杂性，其优化求解是一项非常具有挑战性的工作，受限于模型的复杂性和求解问题，目前模型中考虑的目标和约束仍不够全面，仍需要不断改进。

第四节 流程模拟

流程模拟是一种采用数学方法来描述过程的静态/动态特性，通过计算机进行物料平衡、热平衡、化学平衡、压力平衡等计算，对生产过程进行模拟的过程。可将流程模拟系统定义为应用过程工程理论、系统工程理论、计算数学理论同计算机系统软件相结合而建立起来的一种计算机综合软件系统，专用于模拟流程工业的过程和设备以及整个流程系统。

一、流程模拟技术

流程模拟是以化工过程的流程系统数据为输入信息，用计算机辅助进行热量和物料衡算，对工艺过程开发、设计和操作进行计算分析。化工生产流程模拟的目的就是通过对各单元的研究，按照流程结构，推测整个流程的特性，找到工业生产的“瓶颈”，指出改进和节能的方向。

流程模拟要对一个流程系统进行稳态模拟。通常要执行以下三方面的内容：

① 流程系统模型。即描述流程系统性能的数学模型，一个完整的系统模型，必须包括组成系统的各个单元模型和对系统结构的表述模型。单元模型往往是描述流程系统中各单元设备性能的模型，实际上是指各种过程单元操作的模型，不一定是真实的过程设备，它是流程系统模型的基础。而表述流程系统结构即流程结构的部分，可有不同的灵活做法。

② 物性数据和热力学模型。为了分析流程系统中物料发生的状态和组成变化，必须具有物料的各种物性数据，并且具备可以应用基础物性数据(如分子量、沸点、临界温度、临界压力、临界体积、偏心因子等)计算特定温度和压力下性质的方法，即物性计算的热力学模型。

③ 求解算法。流程系统模拟实际上是对一个数学模型进行求解，因此，必须有针对不同模型特点的有效的求解方法。由于流程系统是由多台设备组成的复杂组合体，它的数学模型还要包括表述流程结构的部分，因此所需的解算方法也随之复杂化，要能够处理单元之间互有联系、彼此影响所带来的困难，对整个系统模型进行有效的求解。

流程系统模型、物性数据和热力学模型、求解算法是流程模拟的三个核心要素。流程模拟是能量过程优化的基础。过程系统的数学模型描述准确，才能反映过程系统的特性，并以此模型来研究过程优化条件。过程优化又有两个不同层次的概念：过程系统结构优化和过程参数优化。

过程系统结构优化是指一个工艺流程结构是否合理，对已知的原料条件和最终产品要求，找到一个最佳的工艺流程来完成任务。这要涉及不同工艺路线、不同加工方案的选择以及不同分离流程、换热流程的选择等。

过程参数优化是指一个工艺流程确定的系统，内部的每一个环节、每一个单元如何处于最佳状态下运行，从而使整个流程的总体性能达到最优。为此就要找到单元设备操作参数最优值。

二、流程模拟方法

流程模拟方法可分为序贯模块法、联立方程法和联立模块法。

1. 序贯模块法

序贯模块法(sequential modular approach)是开发最早、应用最广泛的方法。目前绝大多数通用软件多采用该方法。序贯模块法是以过程系统的单元设备数学模型为基本模块，该模块的基本功能是：只要给定全部输入流股相关变量和设备主要结构尺寸，即可求得所有输出流股的全部信息。同时，该信息提供后续单元设备模块的输入。根据过程系统拓扑流程的信息流图，按照流股方向依次调用单元设备模块，逐个求解全系统的各个单元设备，获取全系统的所有输出信息。因此，序贯模块法是对系统内的单元模块逐个依次序贯计算求解系统模型的一种方法。

2. 联立方程法

联立方程法(equation-based approach)的基本思想是：将描述过程系统的所有方程组织起来，形成一个大型非线性方程组，进行联立求解。这些方程来自于各个单元过程的描述及生产工艺要求、过程系统设计约束等。与序贯模块法不同的是：序贯模块法是按单元过程模块求解，而联立方程法是将所有方程放在一起联立求解，从而打破单元模块间的界限，可根据计算任务的需要按一定的方法分隔成若干较小的方程组，按一定的顺序联立求解，或将非线性方程线性化，与原线性方程一起形成大型稀疏线性方程组，再联立求解。

3. 联立模块法

联立模块法是用各个模块的严格模型计算出来的结果，根据输出信息与输入信息间的关系生成简化模型，例如线性模型，再对简化模型以及联结方程联立求解，求解过程包括设计规定方程，对断裂流股要设定初值，求解后得出各流股的新值，再迭代使其收敛。根据简化模型与 Jacbian 矩阵产生的方法以及迭代变量选定方法的不同，具体的算法有所不同。

三、流程模拟软件及使用

流程模拟软件是一种综合性计算机程序系统，可用于单元过程以及这些单元过程所组成的整个化工过程系统的模拟计算。

1. 流程模拟软件的组成

流程模拟软件通常由输入输出模块、单元操作模块、物性数据库、算法子程序模块、单元设备估算模块、成本估算、经济评价模块和主控模块等几部分组成，其相互关系见图 4-26。

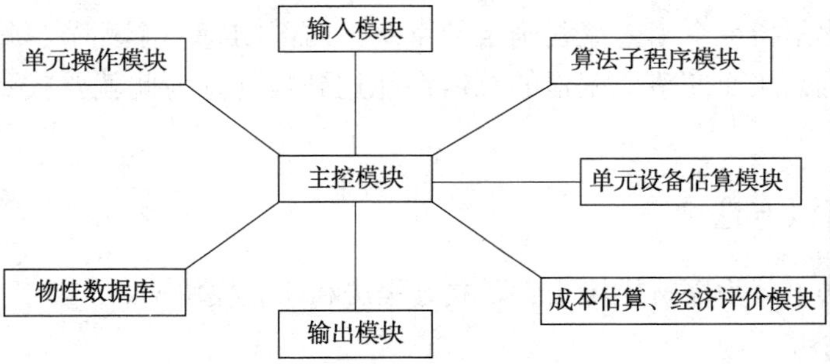

图 4-26　流程模拟软件结构

(1) 输入输出模块

输入模块主要用于各种必要信息的输入，包括：①化工过程系统的结构信息；②原料流的信息，包括原料的组分、组成、温度、压力、流量以及一些必要的物性。通常，完全定义一个包括 n 个组分的物流，需要 $n+2$ 个自变量，例如物流的温度、压力和 n 个组分的流量；③单元模块的设计参数，例如精馏塔的塔板数、回流比、操作温度及压力等；④计算精度；⑤其他，如费用的信息、用户给定的计算次序表等。

输出模块能将用模块计算得到的大量信息以容易阅读与理解的格式输出，并可根据用户的要求输出信息。

（2）物性数据库

物性数据库供给各模块在运算中所需的物性数据。它主要存储物性数据信息和各种物性计算程序，常由3部分组成：

① 基础物性数据库。该数据库存储基础物性数据，包括：与状态无关的物质固有属性，如分子量、临界温度、临界压力、临界分子体积、临界压缩因子、偏心因子等；标准状态下物质的某些属性，如标准生成热、标准生成焓、绝对熵、标准沸点、标准沸点下汽化热以及物性估算程序所需的各种系数（如估算纯液体饱和蒸气压的安托因常数、估算气体溶解度的亨利常数、二元交互作用参数等）；一定状态下物质的某些属性，如比热容、饱和蒸气压等，这些属性常被关联成一定形式的计算公式。公式中的参数和官能团参数也属于基础物性数据。

② 物性估算程序。用于估算单元模块计算所需的基础物性数据，以及一定压力、温度下纯组分和混合物的基础物性、热力学性质及传递性质，如逸度、活度、气液平衡常数、熵、焓、密度、导热系数、扩散系数、表面张力等。

③ 实验数据处理系统。存储用户提供的试验数据，并按用户的要求对实验数据进行检验、筛选、变换以及数据回归和参数估值。

（3）算法子程序模块

算法子程序模块包括各种非线性方程组的数值解法、稀疏线性方程组解法、最优化算法、参数拟合、插值计算方法和各种迭代算法等。

（4）成本估算和经济评价模块

成本估算和经济评价模块一般包含静态和动态的经济评价指标和各要素的估算方法。成本估算和经济评价可以独立进行，也可以和流程模拟软件连接在一起，进行投资、操作费用和经济分析的评价。

（5）单元操作模块

化工过程通常包括反应、换热、压缩、闪蒸、精馏或吸收等单元，每一类单元过程都可用一个相应的模块表达。模块的数学模型，包括物料平衡、能量平衡、相平衡和速率方程等。在输入单元的物流变量、设计变量，自物性数据库取得物性数据后，求解这些方程就能得到输出物流变量和单元中的状态变量。

表4-5列出了Aspen Plus软件中的单元模块名称，其他流程模拟软件如PRO/Ⅱ等也有这些模块，但模块的名称不尽相同。

表4-5 Aspen Plus软件中部分单元过程模块

单元过程	模块名称	功能
混合器/分流器	Mixer Faplit Saplit	物流混合 物流分流 子物流分流

续表

单元过程	模块名称	功能
分离器	Flash2 Flash3 Decanter Sep Sep2	双出口闪蒸 三出口闪蒸 液-液倾析器 多出口组分分离器 双出口组分分离器
换热器	Heater HeatX MIleatX Hetran Aerctran	加热器/冷却器 双物流换热器 多物流换热器 与 BJAC 管壳式换热器的接口程序 与 BJAC 空气冷却换热器的接口程序
塔	DSTWU Distl RadFrac Extract MultiFrac SCFrac PetroFrac Rate-Frac BatchFrac	简捷蒸馏计算 简捷蒸馏核算 严格蒸馏 严格液-液萃取器 复杂塔的严格蒸馏 石油的简捷蒸馏 石油的严格蒸馏 基于质量传递速率的蒸馏模型 严格的间歇蒸馏
反应器	HStoic RYield REquil Rgibbs RCSTR RPlug RBatch	化学计量反应器 收率反应器 平衡反应器 Gibbs 自由能最小的平衡反应器 连续搅拌罐式反应器 活塞流反应器 间歇反应器

2. 流程模拟的步骤

目前应用最广的稳态流程模拟软件主要有 Aspen Plus、Pro/Ⅱ、ChemCAD 和 HYSYS 等，其中前三种软件主要采用序贯模块法进行解算，HYSYS 则主要基于联立方程法求解。

利用通用流程模拟系统软件进行流程模拟，一般分为以下几步。

(1) 分析模拟问题

针对具体的模拟问题，确定模拟的范围和边界，了解流程的工艺情况，收集必要的数据(原始物流数据、操作数据、控制数据、物性数据等)，确定模拟要解决的问题和目标。

(2) 搭建模拟流程

利用流程模拟软件提供的方法绘制模拟流程，即利用图示方法建立流程系统的数学模型。虽然，表面看是绘制模拟流程图，实际上是建立了流程系统的数学模型。搭建的模拟流程会描述流程的连接关系及所包括的单元模块。不同的流程模拟系统具有不同的流程搭建方法和风格，要参考软件系统的用户手册。

(3) 定义物质组分

针对绘制的模拟流程，利用模拟软件的物质组分数据库，定义模拟流程涉及的组分。有些模拟软件的物质组分是开放的，使用者可以查看物质组分的基础物性数据，甚至可以修改基础物性数据或添加基础物性数据。对于涉及到一些流程模拟系统的物性数据库中没有的组分，此时需要用户收集或估算这些组分的基础物性，采用用户扩充数据库的方法，输入物性数据。流程模拟涉及物质组分对模拟结果具有很大影响，直接关系到模拟结果的准确性和精确度，对于复杂过程，往往在这方面需要的工作量较大。

(4) 选择热力学方法

流程模拟计算离不开物质的物性计算，如分离计算需要平衡常数的计算，能量衡算需要气液相焓的计算等。热力学方法会直接影响流程模拟计算结果的精度和准确性。由于物性计算的复杂性和多样性，到目前还没有一种能适用于各种物性及其混合物通用的热力学方法。人们通过长期努力，开发了不同的计算方法，这些方法各有优劣，适用于不同的物系、不同的操作条件。应用流程模拟软件需依靠自己的经验和知识选择一种最好的方法，这是流程模拟计算是否成功的关键。

热力学方法选择的一般原则是：对于非极性或弱极性物系，可采用状态方程法，该法利用状态方程计算所需的全部性质和气液平衡常数；对于极性物系，采用状态方程与活度系数方程相结合的组合方法，即气相采用状态方程法，液相逸度采用活度系数法计算，液相的其他性质采用状态方程或经验关联法。

(5) 原始物流及模块参数输入

流程模拟需要使用者输入必要的过程数据。过程数据主要是从外界进入的原始物流数据(流量、温度、压力、组成等)、单元模块参数(塔板数、进料位置、操作参数等)。具体的流程模拟系统数据的输入方法不同，可参考其用户手册说明。

(6) 模拟运行

完成上述过程即可搭建完成流程模拟的系统模型。一般流程模拟系统会检查数据的完整性和准确性，若一切准备就绪，模拟模型即可处于可运行状态；数据不完整或有错误时，模拟模型处于不可运行状态。此时，最好将建立的流程和输入的数据进行保存，以防模拟系统处于死机或跳出。当模拟处于可运行状态时，即可进行流程模拟计算。模拟系统会利用使用者构建的流程模型、物质组分、热力学方法、输入的数据，采用一定的模拟计算方法进行模拟计算，得到物料、能量衡算结果。

(7) 模拟结果分析

流程模拟计算的结果是软件系统依据使用者输入的条件进行运算得出的相关数据。流程模拟系统的计算结果取决于物质组分数据、热力学方法选择、单元模块适用性等，因此，对流程模拟结果进行分析评价是非常必要的。对发现的问题及时判明原因，进行必要的修改和调整，重新进行模拟计算，直到得到准确的结果为止。

(8) 模拟结果输出

输出模拟计算结果，利用计算结果产生最终报告，任务完成。

四、流程模拟应用案例

催化裂化装置的主分馏塔是将提升管反应器出口产物分离成富气、粗汽油、柴油、回炼油和油浆的复合塔，是承担催化裂化装置分离任务的关键设备，其操作对整个催化裂化装置能耗有重要影响。由于催化裂化装置反应油气温度较高(450~550℃反应油气)，导致主分馏塔呈过热状态进料并且含有大量蒸汽，主分馏塔全塔过剩热量较大。由于主分馏塔的温度随塔板变化较大，下部塔段的取热温位较好，出于分离和节能的要求，催化主分馏塔往往需要设置3~4个中段循环回流取热。在保证主分馏塔各塔段具有足够液相回流的条件下，适当增加塔下部高温位中段循环的取热比例，可以增加高品质能量的输出，对降低主分馏塔的操作能耗有重要意义，该项节能手段在炼厂全局能量系统优化中被广泛应用。

由于主分馏塔具有多取热段、多侧线采出的特点，取热负荷分布的变化会影响该塔的气液相负荷和分离效果，进而对产品质量和流量产生影响。应用流程模拟技术优化计算催化裂化主分馏塔取热分布对操作参数的影响，对于指导装置实际运行、降低操作成本有重要帮助。

1. 主分馏塔模拟及分析

应用Pro/Ⅱ模拟软件对某催化裂化装置的主分馏塔进行模拟计算，结合装置的实际生产工况确定模拟过程工艺参数，该分馏塔结构如图4-27所示。

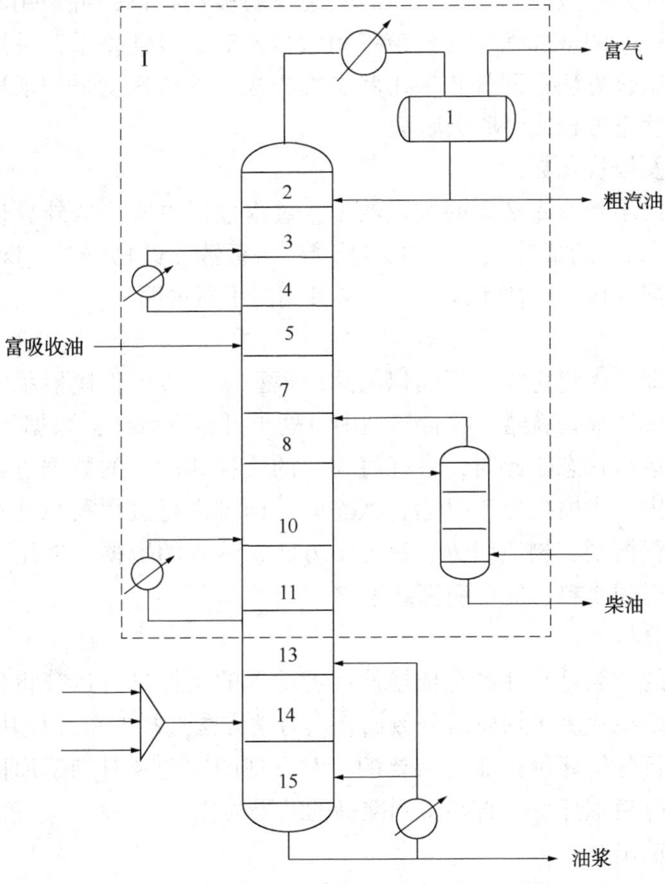

图4-27 某催化裂化主分馏塔模型结构示意图

采用模拟策略对该塔建模，该塔可简化为15块平衡理论板，包含四个回流：塔顶冷回流、塔顶循环回流、第一中段循环回流和油浆循环回流，其进料、抽出和返塔位置等结构见图4-27。表4-6~表4-8列出了模拟中各物流的物性和流量参数。

表4-6　主分馏塔产品物性及流量表

项目	稳定汽油(D86)/℃	柴油(D86)/℃	油浆(D1160)/℃
初馏点	21.1	214.4	307.2
5%	38.9	252.8	367.2
10%	52.2	262.8	378.3
30%	85.5	281.6	404.4
50%	118.3	298.3	428.3
70%	158.3	318.3	470.5
80%	—	—	493.3
90%	198.9	339.4	537.8
95%	212.2	351.7	
终馏点	223.9	362.7	648.0
密度/(g/cm^3)	0.769	0.926	1.008
流量/(t/h)	53.21	24.26	13.99

表4-7　主分馏塔相关气相组成表

组分	富气/(kg/h)	吸收油/(kg/h)	稳定汽油/(kg/h)
CO	106.6	5.4	
CO_2	403.2	23.6	
N_2	748.4	5.4	
H_2	184.2	52.3	
C_1	2482.1	39.5	
$C_2^=$	1977.2	61.2	
C_2	377.4	81.6	
$C_3^=$	5468.5	162.4	
C_3	2129.6	22.2	
iC_4	4316.4	14.5	
$1-C_4^=$	6221.5	8.6	0.1
nC_4	1403.4	5.4	4.99
iC_5	44.5		2.64
$1-C_5^=$	106.6		3.22
nC_5	11.8		1.79

表 4-8 蒸汽、吸收油和中段取热量表

蒸　汽		贫吸收油流量/(m^3/h)	11.13
产物带入/(t/h)	11.11	贫吸收油温度/℃	251.7
柴油汽提/(t/h)	0.61	富吸收油流量/(m^3/h)	11.50
压力/kPa	115	富吸收油温度/℃	32.2
顶　循		第一中段	
流量/(t/h)	163.79	流量/(t/h)	135.79
返塔温度/℃	74.0	返塔温度/℃	174.0
取热/MW	9.85	取热/MW	11.11

对于分馏塔中段取热控制主要通过中段抽出量和中段返塔温度实现，为了体现热量优化，模拟中采用控制取热负荷和返塔温度条件、计算抽出量的，在中段取热优化中，一方面要尽可能多地取塔下部的高温位热，另一方面又要在取热负荷一定的条件下尽可能多地抽出，从而提高中段返塔温度，加大中段与其他物流换热的冷端温差。

通过以上数据，可以利用 Pro/Ⅱ模拟软件计算得到主分馏塔各个操作数据。计算得到的主分馏塔气、液相负荷如图 4-28 所示，其中液相负荷曲线各点数值为总负荷，即包含抽出或中段循环注入量的负荷；相应的液相净负荷数值标注在相应总负荷曲线对应点处。

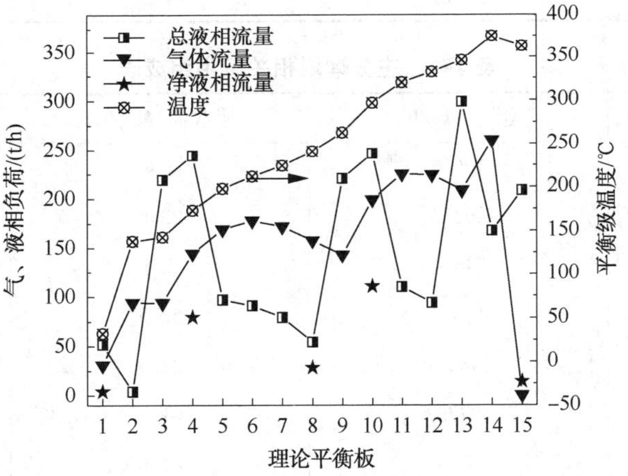

图 4-28 主分馏塔气液负荷及温度分布图

从图 4-28 可以看出，主分馏塔进料即反应产物以过汽化状态进入主分馏塔第 14 板，塔底油浆上返塔 153.14t/h 进入第 13 板，与第 12 板内的回流一起在第 13 板上与进料上升气相传质换热，由于油浆上返塔的外回流呈过冷状态，因此第 13 板实际为一块取热塔板，由塔下部上升的气相在此板上换热后会有一部分冷凝，因此第 13 板气相较第 14 板气相有一个突降；相同的规律也发生在每一个有过冷外回流的塔板上，如第 10 板和第 3 板，它们的气相负荷与下层塔板相比都有一定减小。第 13 板液相与下层塔板上升的过热气相换热后以饱和状态溢流到第 14 板，由于第 14 板温度较高，因此会有部分液相汽化，相应第 14 板液相内回流要小于第 13 板。由此可以，看出第 14 板与第 13 板之间的气相实际包括了第 14

板上汽化和进料两部分。第 14 板液相溢流进入第 15 板，第 15 板的抽出油浆分成三股：一股冷却后打入第 13 板(油浆上返塔)，一股冷却后进入第 15 板(油浆下返塔)，一股作为出料。主分馏塔底往往存在蒸汽汽提和搅拌操作，因此第 15 板的液相负荷实际包括第 14 板溢流到第 15 板并经过汽提后的部分和油浆下返塔两部分之和。第 10 板和第 11 板分别是第一中段循环换热板和抽出板，抽出板上的总液相负荷为 246.36t/h，其中 135.79t/h 溢流到第 12 板，其余抽出冷却后返回第 10 板，由于中段取热的存在使得分馏塔上升气相得以在特定塔段冷凝形成回流；相同的规律也发生在顶循第 3 板和第 4 板之间。

第 8 板为柴油抽出板，其总液相负荷为 54.28t/h，其中 25.83/h 作为柴油侧线抽出，其余 28.45t/h 以内回流溢流到第 9 板，第 8 板到第 5 板的气液分布可以由隔离体系的热量平衡和物料平衡得出，只是在第 7 板多出了柴油汽提塔蒸汽和轻烃返塔物流，使得该板气相负荷有轻微突然增加趋势。

第 2 板为塔顶冷回流注入板，塔顶回流罐中液相 3.83t/h 以 32.2℃注入第 2 板形成塔顶冷回流，主要用来作为控制塔顶温度的辅助调节手段，但是由于塔顶冷回流向塔顶打入大量汽油，使得塔顶汽油分压升高，而塔顶温度是相应塔顶汽油分压下的露点温度，因此，此时的塔顶温度应控制得较高(增加了控制的高限)，尤其当反应大量注入水蒸气时，可以采用塔顶回流提高塔顶温度的方法防止水蒸气凝结。

综上所述，催化裂化主分馏塔运行特点是过热油气进料与油浆换热后呈饱和状态沿塔上升，每遇到一个中段回流取热即有一部分物料冷凝下来，相应有一个液相负荷增加。

2. 取热优化研究

由模拟计算结果可以得到该主分馏塔全塔取热分布，见表 4-9。从表中可以看出，该塔的油浆和第一中段取热量相对较少，顶循取热较多。塔顶取热包括 3.78t/h 的汽油返回第 2 板后汽化并升温的热量，而模拟计算出的冷凝器负荷包含了全部油气和水蒸气的冷凝热和降温显热。

表 4-9　优化前的取热分布表

取热参数	塔顶	顶循	一中	油浆上返	油浆下返
抽出量/(t/h)	3.78	164.85	135.79	153.40	41.07
抽出温度/℃	137.9	173.3	296.5	362.7	362.7
返塔温度/℃	32.2	74.0	174.0	276.2	312.5
取热负荷/MW	0.65	9.85	11.11	11.78	1.45
取热比例/%	1.88	28.27	31.88	33.82	4.15

由模拟分析可知，改变分馏塔的取热比例会相应改变分馏塔的操作条件，其中包括：汽油、柴油抽出量；塔顶、塔底、油浆取热量；平衡级各板气液负荷、各板气液组成(汽油、柴油抽出板干点除外)；平衡级温度。研究取热量变化及分布对以上各参数影响可以指导合理优化取热分布。

(1) 取热负荷对分馏塔气、液相负荷影响

为研究取热变化对分馏塔气、液负荷影响，在原有工况下研究了第一中段循环和顶循

取热分别增加 1.17MW 条件下的分馏塔液相、气相负荷，其结果分别见图 4-29 和图 4-30。

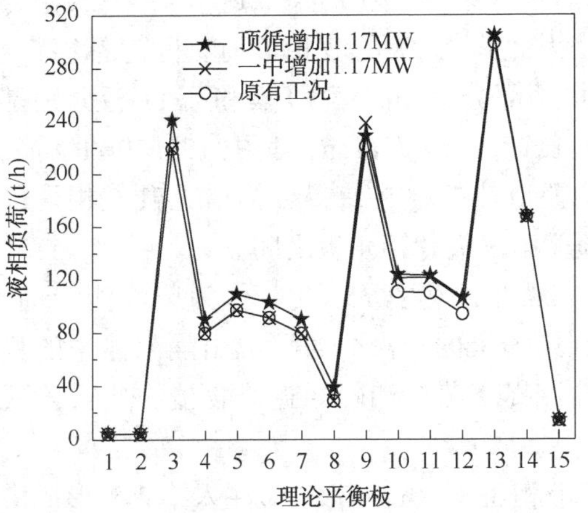

图 4-29　顶循、第一中段取热变化对液相负荷关系图

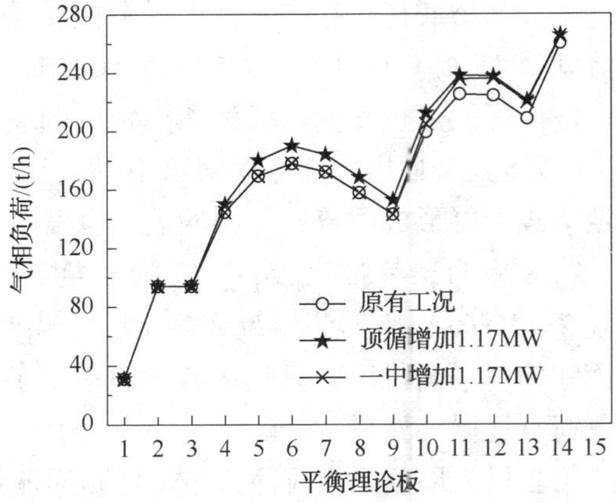

图 4-30　顶循、第一中段取热变化对气相负荷关系图

由图 4-29 可知，顶循和第一中段取热负荷增加使得分馏塔某些塔段液相负荷增加。对比基准工况，第一中段取热增加 1.17MW，使得第一中段抽出板和第一中段返回板液相流量均有较大程度增加，同时抽出板以下几块塔板的内回流也有不同程度增加。在指定返回液相温度情况下，增加中段取热即意味着多抽出和返回取热物流，因此第 10 板和第 11 板液相负荷会增加；同时由于第 10 板取热量的增加，使得塔下部上升气相在第 10 板冷凝量增加，导致第 12 板的内回流较基准工况略有增加，第 12 板内回流的增加同时使得第 13 板、第 14 板液相负荷的增加。相同的规律也发生在顶循取热增加时的工况，但是顶循取热增加后，顶循抽出板以下第 5~10 板液相负荷受冷凝量的增加均会受到影响，这使得整个分馏塔大多数塔板液相流量均有所增加。

由图 4-30 可知，顶循和第一中段取热负荷增加会使得分馏塔某些塔段气相负荷增加。由前所述，第一中段取热负荷增加导致第一中段抽出板、返回板和抽出板以下塔板液相负荷的增加，在侧线抽出、进料一定的条件下，可由隔离体系的物料衡算得知某塔板液相内回流增加必然意味着下层塔板气相负荷的增加(例如：对图 4-27 中隔离体系 I 作物料衡算可知，第 12 板内回流增加必然导致由第 13 板上升气相增加)，由此可以判断顶循取热负荷增加导致分馏塔第 4~13 板气相负荷的增加。中段抽出返回板的气相负荷不变，由抽出板上升的气相量增加，同时返回板的取热负荷也相应增大，这两者共同作用使得返回板的气相负荷不变，最终导致产品分布不会出现较大波动。

综上所述，催化主分馏塔的顶循、中段取热量增加会加大该塔的气、液相负荷，即塔的运行负荷增加。

（2）第一中段取热负荷对分馏塔操作的影响

从分馏塔操作热平衡可知，当第一中段取热负荷增加时，第一中段抽出板和返回板之间以及抽出板下方的液相回流增加，这会使抽出板下方的气相减小，随之带来塔上部气相负荷减小，因此第一中段负荷增加会影响下部的取热变化。图 4-31 是分馏塔达平衡条件时，油浆上返塔和下返塔取热随第一中段取热变化图。

从分馏塔的操作过程可以看出，一中段取热增加后，如不对塔进行任何操作，第一中段上部塔段的气相负荷减少至一定程度，气相热量将不足以将上部溢流下的液相汽化，塔的上部就会有液泛倾向。由图 4-31 可知分馏塔稳定运行的条件，第一中段取热负荷增加，油浆上返塔取热负荷减小，即油浆的洗涤和冷凝作用要减弱，过热油气的冷凝将向分馏塔上部转移；同时为保证塔底温度保持不变，相应油浆下返塔取热负荷增加，所以提高第一中段负荷在操作上要求适当减小油浆上返塔取热负荷。

图 4-32 是第一中段取热负荷变化对塔下部各板温度的影响关系图。

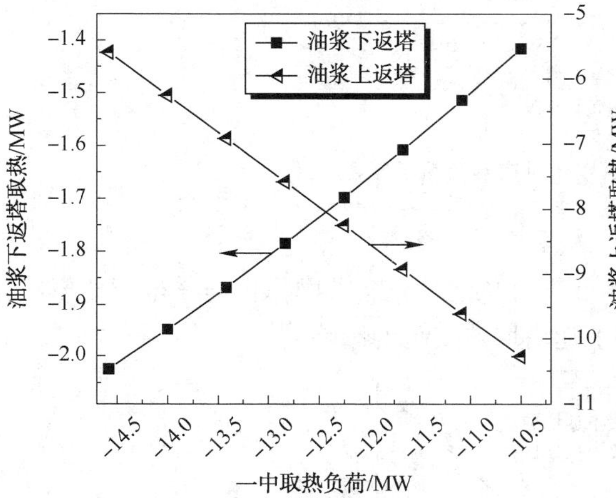

图 4-31　第一中段取热变化对油浆上返塔和下返塔取热关系图

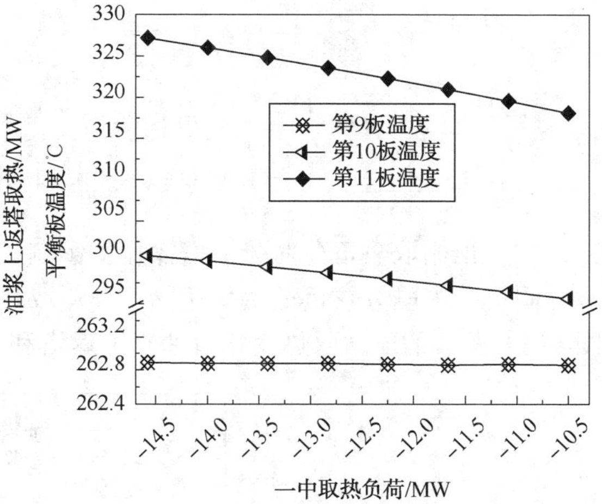

图 4-32　平衡级温度随第一中段取热负荷变化关系图

从图 4-32 可以看出，随着第一中段取热负荷增加，油浆上返塔取热负荷减小，脱过热段温度将会增加，由此使得第一中段下方气相负荷将会有所增加。所以，在顶循取热负荷一定时，增加第一中段取热负荷实际的效果是将油浆脱过热段取热转移到第一中段，塔的取热部位上移。

第一中段取热分布变化对产品质量和收率也会产生一定影响，图 4-33 表示了第一中段取热负荷变化对产品流量影响的关系图。

由图 4-33 可知，第一中段取热负荷增加，柴油抽出量增大，汽油抽出量不变，油浆抽出量减小，这说明在原有的取热条件下，由于脱过热段温度太低，使得部分柴油组分被冷却油浆冷凝带入了塔底油浆当中，如果提高脱过热段温度，可以提高这部分柴油的抽出量，相应油浆的收率也会降低，但是从相对量上来讲，第一中段取热负荷增加对柴油抽出量的影响非常有限，如图中第一中段取热增加 1.17MW 时，柴油流量增加不到 0.1%。对于汽油组分，由于在脱过热段以及第一中段温位下都处于气相状态，改变塔下部的取热负荷分布基本不会影响其组分流量和产率，因此其抽出量也不变。

综上所述，在分馏塔顶循取热负荷不变的情况下，增大第一中段取热负荷，会使得脱过热段温度提高，脱过热段气相负荷增大，液相负荷增加，柴油抽出量略有增加，油浆抽出量减小。

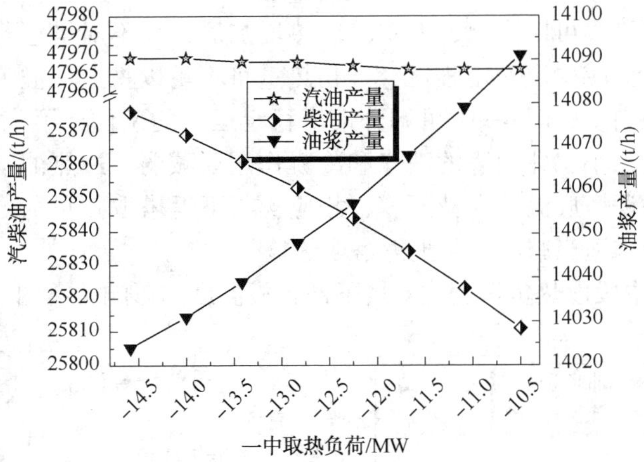

图 4-33 第一中段取热变化对产品流量关系图

(3) 顶循取热负荷对分馏塔操作的影响

同第一中段取热负荷变化相同，顶循取热负荷的变化对分馏塔操作也会产生重要影响，图 4-34 表示了顶循取热变化对油浆上返塔和下返塔取热变化的影响。

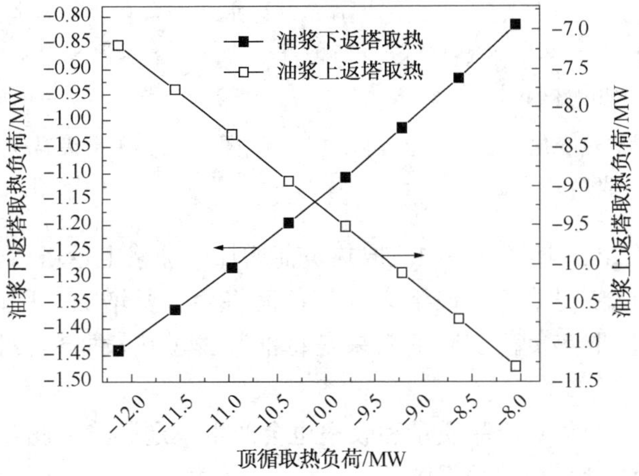

图 4-34 顶循取热变化对分馏塔取热影响关系图

从图 4-34 可以看出，顶循取热量减少会导致油浆上返塔取热量增加、油浆下返塔取热量减小。这主要由于顶循取热减小使得分馏塔顶循以下塔段液相负荷减小，若不减小塔底上升的气相负荷，该塔的液相就不足以提供气相冷凝所产生的热量，该塔的操作就有“冲塔”倾向。因此，对于减小顶循取热以后的分馏塔，必然要增加油浆上返塔取热来控制分馏塔下部气相量才能避免该塔操作中的冲塔倾向。

图 4-35 是顶循取热变化对分馏塔各侧线产品流量的影响关系图。

从图 4-35 可以看出，随着顶循负荷的增加，汽油流量几乎不变，柴油流量增加，油浆流量会降低，这主要是因为分馏塔的取热部位上移，导致负荷上移，上部塔段的分离负荷加大，塔下部的柴油、油浆中的汽油在塔上部得到充分分离。从分馏塔各产品质量的分析可以进一步验证该结果，如图 4-36 所示。

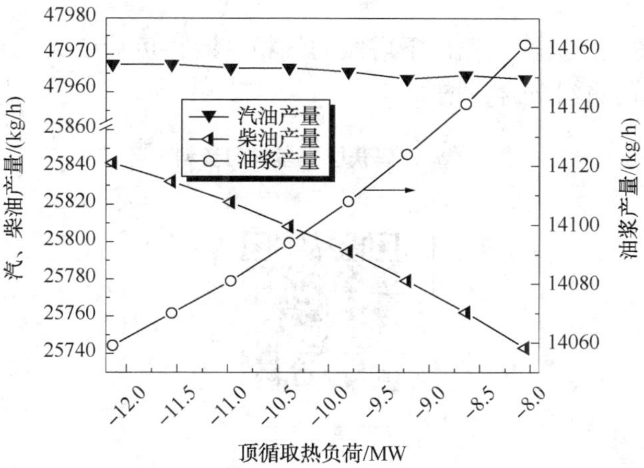

图 4-35　顶循取热变化对产品流量影响关系图

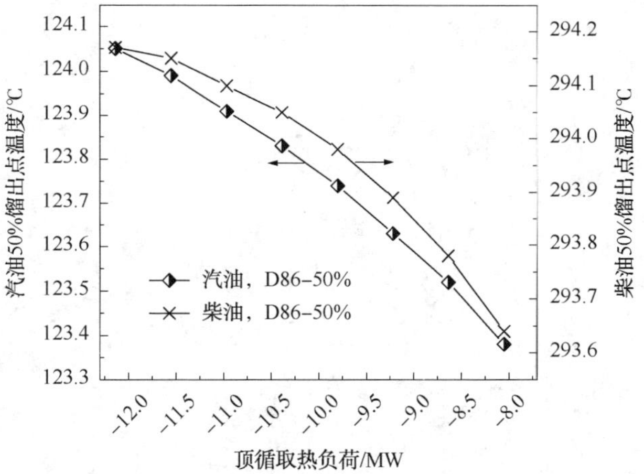

图 4-36　顶循取热变化对产品质量影响关系图

以汽油和柴油馏分的 D86-50%点代表其组分轻重，以柴油 50%馏出点与汽油 50%馏出点之差表示两者的分割清晰度，从图 4-36 可以看出顶循变化对产品质量的影响。随着顶循取热的增加，汽油和柴油的 50%馏出点温度升高，这主要是由于下部塔的取热减少、重组分的分离负荷上移所导致。

综上所述，顶循取热量增大，会使顶循以下塔段的气相、液相负荷变大，柴油产品流量增加，油浆产品流量减少，同时汽油、柴油产品的重组分含量增加。

3. 研究结论及建议

① 主分馏塔的顶循、中段取热量增加会加大该塔的气、液相负荷，即塔的运行负荷增加。

② 在分馏塔顶循取热负荷不变的情况下，增大第一中段取热量，会使得脱过热段温度升高，脱过热段气相负荷增大，液相负荷增加，柴油抽出量略有增加，油浆抽出量略有减小。

③ 顶循取热量增大，会使顶循以下塔段的气相、液相负荷变大，重组分的分离负荷上移，汽油、柴油产品的重组分含量增加。

下 篇

第五章　炼油企业总体用能优化

炼油企业总体用能改进是炼油能量系统优化的重要过程步骤，总体用能改进的内容包括：总加工流程优化、生产运行优化、炼油单元组合优化、能源结构优化等方面，它是从企业整体角度分析用能存在的问题，确定工艺装置运行条件，为能量优化的后续步骤确定初始条件，其实施过程如图 5-1 所示。

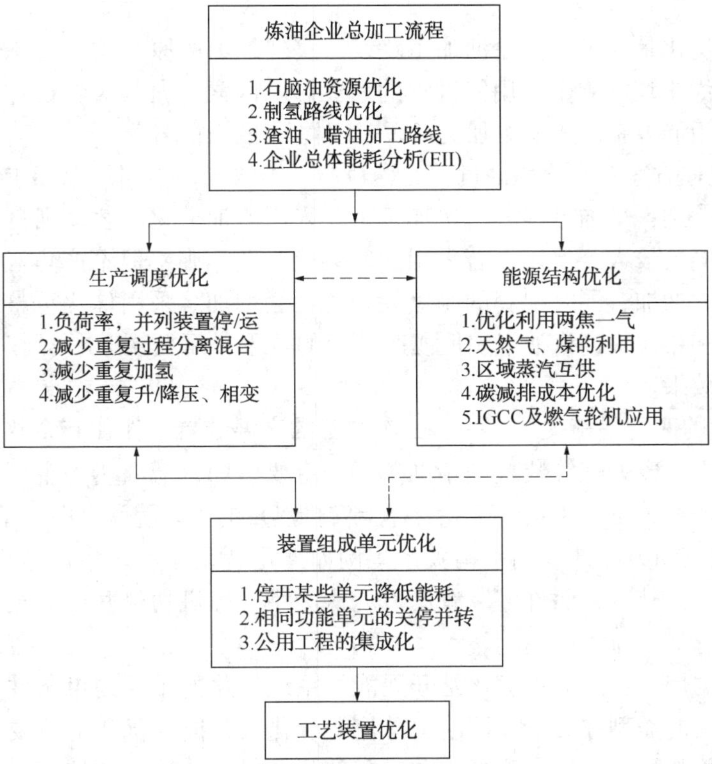

图 5-1　企业总体用能改进示意图

① 总加工流程优化。是在市场、原料和产品方案相对确定的情况下，从企业整体角度出发，以提高整厂用能水平和效益为目的，分析优化原料到最终产品的整体加工路线，对炼油企业工艺过程的中间物料走向进行系统优化，实现原料性质、产品方案与炼厂结构的优化匹配；优选加工路线短、能耗低的生产流程；并针对优化的加工路线合理调整生产流程，优化装置间的物流及加工方案。对于在运行的炼油企业，总加工流程优化要针对企业石脑油资源、渣油资源的平衡优化以及利用先进能量分析手段指标，确定工艺装置节能潜力等。

② 生产运行优化。是在企业总加工流程路线一定条件下，从节能角度，优化企业的生产运行及调度，确定相同类型的加工装置间的运行负荷率分配、减少重复性加工过程等。

③ 炼油单元组合优化。对装置组成单元进行合理整合，通过停开装置内的某些单元或者相同功能单元的并转，合理分配加工负荷，进而达到节能目的。

④ 能源结构优化。针对装置运行的能源消费结构和消费方式的优化，它与调度系统优化可以并行进行，同时会与调度优化相互影响和耦合。

炼油企业所处的市场、区域、季节等因素会通过影响企业的生产，进而影响企业的能量系统，形成对企业生产经营和能量系统的外部约束，因此也要考虑以上优化因素对企业整体能量环境的评价。

第一节 总加工流程优化

总加工流程优化是通过优化原油加工路线，实现加工的原油质量与炼厂配置的优化匹配。总加工流程优化是影响企业用能过程的重要影响因素，尤其对新设计炼厂，总加工流程对能耗构成和用能方案的影响更加突出。表现在如下三个方面：

① 总加工流程方案会影响炼油过程的燃料产、用状况。不同的总加工流程对整厂的燃料分配会有很大差别：炼油过程的二次加工主要采用渣油催化工艺，则自产焦炭和干气在燃料构成中的比例会较大；反之，若采用加氢裂化工艺，则不但不产焦炭，干气量少，而且燃料用量会大大增加，同时配套的制氢装置能耗会增加。采用催化重整工艺时，不仅应考虑到直接能耗和相应提高汽油辛烷值或产芳烃的效果，而且须考虑“副产”氢气节省等量制氢装置能耗的效果。

② 影响热量的匹配平衡关系。一、二次加工的高温装置，往往有余热外输；许多三次加工、产品精制、三废处理等装置和精助单元，主要以中、低温热为主要用能形式。这两类装置的组成、比例关系，决定着全厂总体上安排热量的大系统联合匹配条件。

③ 影响蒸汽及动力的产、用平衡关系。例如催化裂化、焦化装置等装置，热量富裕，多数情况下会产蒸汽外输；而许多装置则以耗汽为主。燃机功热联产、蒸汽背压透平的设置等条件，也因总加工流程而不同。

对于在运行的炼厂，总流程优化是开展能量系统优化的重要约束条件，它直接决定着工艺装置加工原料的类型和数量；同时，总流程优化又是能量优化的重要方面，通过总流程改进可以改善物料加工路线、降低工艺过程能耗。对于在运行的炼厂，进行总加工流程优化要做好相关物料的平衡优化。

一、石脑油加工路线流程优化

石脑油资源优化就是针对炼油生产过程石脑油的产、用平衡，优化工艺路线的分配，提高石脑油资源综合利用水平，避免因物料的加工流向导致能耗增加。

在炼化企业中，石脑油馏分可以进入催化重整生产高辛烷值汽油组分和(或)生产芳烃原料，还可以通过蒸汽裂解工艺生产乙烯、丙烯等化工原料。从分子结构来看，低碳直链烷烃适合作乙烯裂解原料，异构烷烃适合作为汽油调和组分，而环烷烃则适合作催化重整的原料。

在炼化一体化企业中，石脑油的主要来源包括直馏石脑油、加氢裂化的轻、重石脑油、精制后的延迟焦化石脑油以及蜡油/渣油加氢处理装置和柴油加氢精制装置副产的石脑油等。

精制后的延迟焦化石脑油、蜡油/渣油加氢处理装置和柴油加氢精制装置副产的石脑油芳潜含量低，是乙烯裂解的优良原料，通常直接作为乙烯裂解原料；加氢裂化重石脑油的芳潜含量高，是催化重整装置的好原料；加氢裂化轻石脑油含有较高的异构烷烃，可作为汽油调和组分，同时其组分含有一定的 C_5、C_6 烷烃，也可作为乙烯裂解原料。

针对上述原则规律，结合企业石脑油平衡情况合理优化石脑油资源加工路线。

二、制氢流程和路线优化

炼厂常规制氢主要方法有蒸汽转化法和部分氧化法两种。蒸汽转化法只能使用轻质原料，而部分氧化法的原料比较广泛，可以使用从天然气到重质渣油的任何烃类原料。

炼厂氢气来源有多种渠道，采用烃类水蒸气转化法制氢，能耗成本较高；重整副产氢气或催化裂化富氢干气（或其他富氢气体）进行氢气提浓，能耗稍低。

由于小分子烃类的氢碳比高，因此制氢工艺应尽量选择平均分子量小的轻烃作为原料，其中甲烷及天然气最理想。在炼厂中如果有加氢干气（释放气）等气体资源也应尽量利用。

对于制氢原料，采用天然气或石脑油等轻质原料制氢，具有流程短、能耗低、操作简单和可靠性高的优点，但随着石油、天然气价格的不断上涨以及炼厂对原油资源深加工利用的要求，轻质原料制氢在资源利用深度、成本效益上越来越难以体现经济性。在此背景下，采用煤作为原料制氢在经济性上表现出越来越强的优势。

同时应考虑炼油企业附近的氢气资源，与邻近钢铁企业的副产氢气集成优化或在工业园区内利用集成的公用工程提供氢气，都可以降低炼油过程的制氢成本。

三、渣油加工流程和路线优化

渣油加工路线对炼油企业经济性和能量利用影响重大，包括多种渣油加工工艺和组合工艺。

（1）延迟焦化工艺

该工艺具有原料适应性强、工艺成熟、操作费用少等优势，但存在将一部分渣油变成低价值焦炭的劣势。采用高温、低压、低循环比的操作方式，是未来延迟焦化技术的发展方向。

（2）渣油催化裂化

该工艺只能转化“杂质”相对较少的渣油，对高硫、高残炭、高金属的渣油必须经过预处理才能进行催化裂化。同时，它也是炼厂温室气体排放的主要工艺装置，受未来对于碳排放的限制影响，降低催化裂化装置碳排放的技术将受到关注并会引发新的技术进步。

（3）渣油加氢处理

有固定床、移动床、沸腾床和悬浮床加氢处理 4 种工艺。其中，固定床加氢工艺投资抵、操作方便，发展最为迅速，在相当长的时期内将仍然是大多数炼油企业加工劣质原料的优选技术。沸腾床加氢改质已成功工业化多年，浆态床渣油加氢裂化尚处于工业示范阶段。

(4) 溶剂脱沥青工艺

该工艺是从减渣中提取高质量的脱沥青油，减少渣油量；脱油沥青进入延迟焦化生产汽油、柴油和蜡油，减少总焦炭产量。

虽然渣油加工技术种类很多，但没有适用于所有渣油、能够解决所有问题的单一技术，由此，渣油加工组合技术应运而生，并得到广泛应用。

(5) 延迟焦化-催化裂化组合工艺

该工艺将高硫渣油进焦化装置，高硫蜡油和焦化蜡油加氢脱硫、脱氮后作为催化裂化原料，重油催化裂化所产生的油浆作为延迟焦化的进料；通过调整焦化和催化的加工量可以大幅度改变柴/汽比，提高炼厂的生产灵活性，如图 5-2 所示。该组合工艺通过脱碳过程，脱除渣油中的绝大部分重金属、沥青质等，轻质油品收率相对较高，但产生的油品须经精制后才能作为产品出厂，同时高硫石油焦的清洁化利用问题也很突出。一般用来处理高硫、高金属(>300μg/g)、高残炭等非常劣质的渣油，其工艺特点为操作压力低、温度高，其转化率随原料油中的残炭含量的增加而增加。

(6) 渣油加氢-重油催化裂化组合工艺

该工艺是将劣质渣油经过渣油加氢处理后，生产部分轻质油品，加氢后的常压渣油作为重油催化裂化的原料；重油催化裂化装置产生的重循环油又可作为渣油加氢的进料，重循环油中的芳烃含量高，可以有效提高渣油中胶质和沥青质的溶解性，从而提高其渣油的转化率，减少催化剂的积炭，延长催化剂的寿命，其流程如图 5-3 所示。

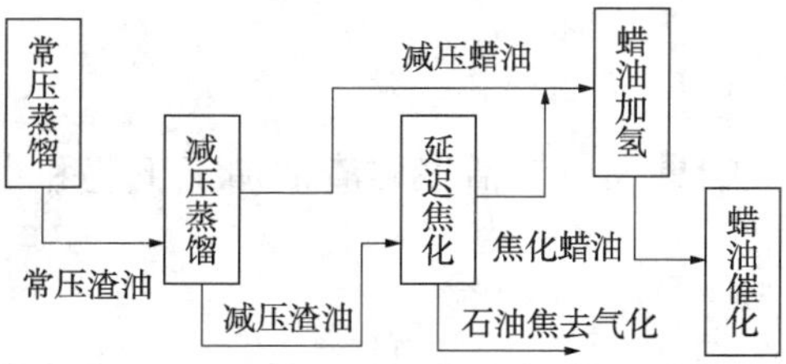

图 5-2 延迟焦化-催化裂化组合工艺示意图

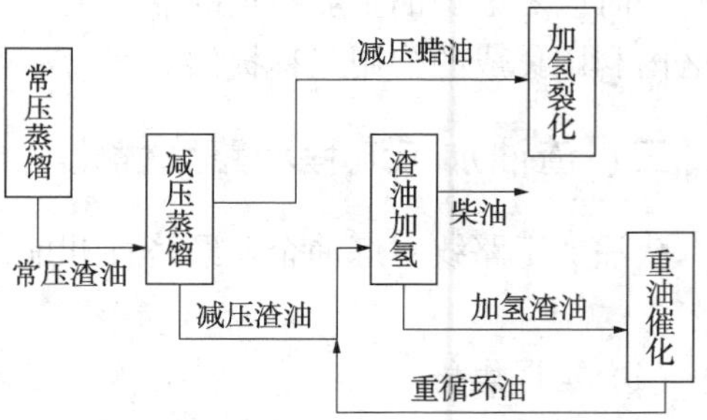

图 5-3 渣油加氢-重油催化裂化组合工艺示意

(7) 渣油溶剂脱沥青-沥青气化-脱沥青油加氢处理-催化裂化组合工艺

该工艺是利用溶剂脱沥青工艺，浓缩劣质渣油中的金属、硫和残炭等，然后脱油沥青去气化装置生产电、水蒸气和合成气，脱沥青油至加氢裂化或经加氢处理后进催化裂化进一步转化，其流程如图 5-4 所示。由于其沥青的收率较焦化工艺所产生的焦炭高，故其轻油收率相对较低，通常用于炼化一体化的项目中，通过减少外供电量来进一步提高全厂的经济效益。这种组合工艺可以处理高硫、高金属和高残炭渣油。

该组合工艺的另外一个应用是在流程中增加延迟焦化装置，将脱油沥青至延迟焦化装置，进一步浓缩原料油中的硫、金属、残炭等。脱沥青油和焦化蜡油经加氢处理后可以满足催化裂化的催化剂和工艺操作要求，以便生产所需要的轻质产品。由于采用了更进一步的浓缩工艺，故产生石油焦的量低，因此这种组合工艺较前者具有更高的渣油转化率和轻油收率。

（8）渣油加氢-延迟焦化组合工艺

该工艺是将劣质渣油经过渣油加氢浅度处理，降低其硫含量后再进入延迟焦化装置，生产轻质油品，轻质油品经过浅度精制后作为产品出厂；同时，焦化装置生产的低硫石油焦销路好且用途广泛，其流程如图5-5所示。其优点是可以避免劣质渣油直接焦化生产的高硫石油焦所带来的二次环境污染。

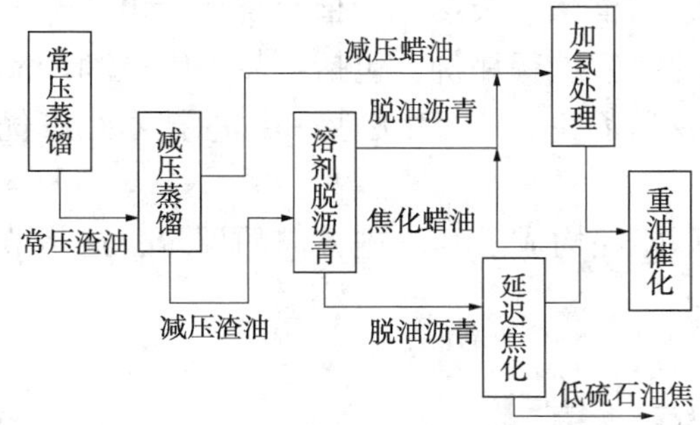

图5-4　溶剂脱沥青-延迟焦化-催化裂化组合工艺示意图

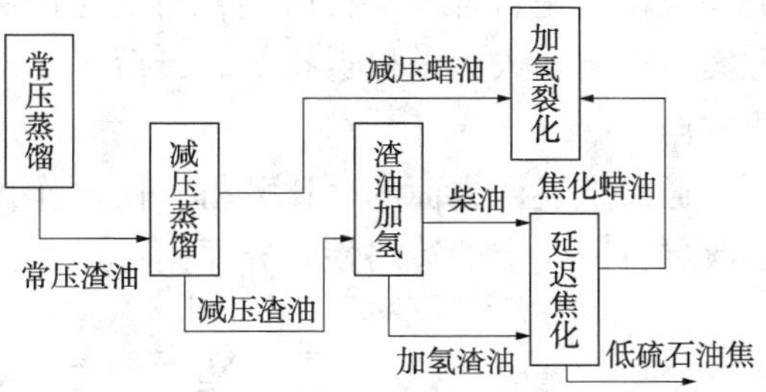

图5-5　渣油加氢-延迟焦化组合工艺示意图

每一种工艺都有其局限性，要根据渣油性质选择相应的加工工艺。通常重油加工工艺的选择应根据原料油性质、产品要求、转化率、产品价格、经济和环境保护的要求等因素综合考虑。低硫、低金属含量的渣油应选择重油催化裂化工艺进行加工；高硫、低金属含量的渣油应采用加氢与催化裂化组合工艺进行加工；高硫、高金属含量的渣油需采用焦化、溶剂脱沥青或浆态床加氢工艺进行加工。

渣油加工路线的优化选择对企业的能量系统优化约束较强，在进行总加工流程优化时，应依据以上重油加工处理过程的理念，合理有效地优化组合，最大限度降低渣油加工成本和能耗。在进行原料优化时，需要综合考虑各套装置的生产作用，例如：重油催化裂化装置的原料质量差且拥有渣油加氢装置时，可以考虑将全部或部分重油原料先进行加氢处理，以加氢处理油作为催化裂化原料，降低催化裂化生焦率。

当减压渣油的质量差不适合作为渣油加氢或者重油催化裂化装置的原料时，可以考虑先用溶剂脱沥青工艺，浓缩劣质渣油中的重金属、硫和残炭等，然后将脱沥青油作为加氢裂化原料，或者将其加氢处理后再作为催化裂化的原料。

四、企业能耗总体分析

结合现有运行数据以及历史数据对装置进行用能评价，采用先进能量分析指标，对标能效先进装置，确定重点能耗装置及能量优化的目标方向。

（1）能耗分布

分析全厂能耗在各工艺装置、各辅助单元间的分布。一方面，应密切结合炼厂所处的特定具体条件；同时又要与其他同类炼厂对比，从中找出问题和改进的潜力。另一方面，能耗分析可以提供从更大的范围内评价全厂用能，以及总流程和加工方案合理性的基础数据。

（2）能耗构成

炼厂所消耗的各种能源中，加热炉燃料、蒸汽、原煤、天然气、催化烧焦、石油焦和电等所占的构成比例。

能耗构成的合理性评价要结合炼厂所处的地理位置、能源供应和运输条件，诸如：①是处于西北、西南水电资源丰富区，还是东南电力紧张区；②邻近地区煤的开采及运输条件如何；③邻近地区有无带高效蒸汽锅炉的大型电站；④天然气资源情况等。

能耗构成分析要对目前炼厂所耗瓦斯、原煤、石油焦、天然气、催化烧焦、电、蒸汽的构成比例是否合理进行研究，对决定能耗构成的因素进行评价，包括：装置组成和产品方案所决定、人为随机选择等。最后提出与上述客观条件及其变化趋势一致的技术经济优化方向。

通过上述两方面的对比分析，便可作出对炼厂能耗构成及其改进方向的评价，这是节能改进方案制定的策略性指导原则。

第二节 生产运行优化

总加工流程优化是优化原料到产品的工艺路线，优化的结果是整个炼厂的物料变化过程基本确定。而能量系统优化中的生产运行优化则是从物料在装置间的处理过程出发，优化企业的生产运行。生产运行优化既是确定装置运行情况的初始条件，也是能量系统优化的重要内容。通过生产过程优化可以确定同类型装置的负荷分布、装置的物料运行条件，为进一步的装置优化提供条件。

一、装置负荷率及停工/运行

装置的生产负荷与能耗水平有直接的关系。工艺装置负荷率低，单位原料的加工能耗会上升，使总能耗增加。分析装置负荷率与能耗的关系，提高装置负荷率，降低单位加工能耗。

对于有几套并行的生产装置，可提高能耗较低装置的负荷率，延长其他同类装置的停工及检修时间，从而使全厂用能降低。优化装置运行情况要结合装置加工能力的匹配，使装置能力得到最大限度发挥。

二、减少重复分离/混合

炼油企业物料的重复分离/混合会增加企业整体能耗，应从炼油企业物料的整体流向出发，避免重复过程导致的能耗增加。

① 重油催化装置在加工减压渣油时，掺混补充一定蜡油改善进料性质，可提高催化裂化装置原料的调配适应性，但也会因此造成能量浪费。在上游常减压装置完成蜡油和渣油的分离，通过减压系统的真空环境提高拔出率，把常压渣油分离为减压渣油和蜡油，消耗大量能量；而在下游的催化装置内又将渣油和蜡油混合，导致减压分馏过程能量白白浪费。

通过合理控制常减压拔出率，避免减渣与减蜡在上游分离之后又在下游混合。对于有两套常减压装置的企业，可以停开向催化装置提供进料的常减压装置减压部分，避免先分馏后混合的能耗浪费。对于只有一套常减压装置的情况，可采用常压塔抽出部分常渣的方法加以解决。重油催化裂化进料可由“减渣+蜡油”改为“常渣+蜡油”，降低蜡油比例，减少减压部分的分馏能耗。

② 柴油加氢装置掺混部分直馏汽油，导致装置分馏系统能耗大大增加，从全厂总流程和生产优化角度应尽量避免汽油与柴油混合加氢的生产安排。

三、减少重复加氢过程

炼油企业的催化重整装置采用加氢裂化重石脑油为原料，在满足重整进料的条件下，可以不经过重整预加氢单元直接进入重整反应部分，这样可避免已经加氢过的重石脑油重复在预加氢单元加氢的问题。对于是否重复加氢要根据产物的控制指标确定，当加氢裂化重石脑油满足重整进料要求时，要避免其在重整装置预加氢单元的重复加氢。

四、减少重复相变过程

在保证产品质量的前提下，优化操作汽化率是油品分馏塔重要的节能措施，可以避免过多的、不必要的重复汽化-冷凝，减少分馏用能。例如，对常减压蒸馏装置的初馏塔、常压塔过汽化油可以直接抽出，不经加热炉提温直接进入后续流程，避免过汽化油的反复加热汽化和冷凝，减少加热炉的热负荷，降低工艺总用能。

炼油单元优化是在生产运行优化确定装置加工原料的情况下，对同类型装置由于负荷率较低，导致相同功能的单元之间可以合并处理，以及公用介质的集中供给及处理等。

五、相同功能单元的关停并转

通过对相同功能的单元进行关停并转和整合优化，在停开某些装置内该功能单元的同时，提高其他装置该功能单元的负荷，可以有效降低加工能耗。例如，常减压装置会设置轻烃回收系统，常压塔顶气经压缩后用直馏石脑油进行吸收其中的 C_3 及 C_4，然后，石脑油进入稳定塔进行分离。常规催化重整装置的脱丁烷塔顶产品作为 LPG 时，乙烷含量可能会超标，脱丁烷塔顶产品进入轻烃回收装置，可保证产品质量合格。对于产生不饱和炼厂气的催化裂化和延迟焦化装置也会配备吸收稳定系统。通过对上述装置内相同功能单元的优化整合，停开某些装置内轻烃回收单元，优化全厂范围内该功能单元的运行，降低了企业总体能耗。

六、公用工程介质的集成供应

公用工程介质由公用工程系统统一供应可以降低装置内的处理成本，提高全厂效益。例如：装置内的除盐水、除氧水集中统一由动力站供应；炼油企业干气的集中脱硫；干气脱硫单元的胺液集中再生等。

第三节 能源结构优化

炼油企业的能源构成复杂，包括干气、石油焦、无烟煤、天然气等一次能源。催化烧焦在催化裂化装置再生过程中燃烧并利用，也可看作炼油企业的一次能源。

能源结构优化是从企业整体出发，对炼油过程使用的能源进行评价，根据企业的生产发展、能源消费结构、价格以及能源外部供应条件，制定能源供应策略，确定合理的能源消费结构。同时能源利用要考虑环保处理费用、排污费用等附加因素，在效益最大化前提下，宜采用优质、清洁燃料。

一、优化利用炼厂干气

炼厂干气(瓦斯)是炼油企业生产环节中的副产品，干气总量一般占原油加工量的5%~8%左右，干气富含氢气、烷烃、烯烃等组分，是生产过程的重要燃料。优化利用炼厂干气首先考虑回收气体中的轻烃、乙烯和氢气等高价值组分，使瓦斯“变干”；通过变压吸附、膜分离等技术把干气中的氢和 C_2、C_3 烃分离出来，提供加氢装置用氢气和乙烯装置原料，降低炼厂制氢能耗和石脑油裂解制乙烯能耗。同时应采用脱硫工艺降低干气硫含量，避免加热炉露点腐蚀问题。

瓦斯系统是炼油企业能量系统的重要组成部分，瓦斯系统介质复杂、结构庞大，炼油企业生产过程所需的燃料有90%以上都是由瓦斯系统提供的，因此瓦斯系统的优化运行对炼油企业节能降耗工作具有举足轻重的作用。

在炼油生产过程中，大部分装置排放的瓦斯气体被排放到低压瓦斯管网，这些瓦斯气体称为低压瓦斯。低压瓦斯富含 H_2、C_2、C_3、C_4、C_5 等组分，其中 H_2 是加氢装置的原料气体，C_2 可用于化工产品的深加工，C_4 可作为烷基化的原料，C_5 是汽油调和的重要组分，C_3 和 C_4 还可以被加工为液化石油气，在市场上销售。因此，为了减少资源浪费，提高生产效益，低压瓦斯应通过氢气回收装置和轻烃回收装置进行深度处理回收氢气和轻烃。由于低压瓦斯中 H_2S 浓度较高，若将低压瓦斯作为燃料，不仅会造成加热炉内壁的腐蚀，而且会排放大量 SO_2，对环境造成污染，所以，炼油企业很少把低压瓦斯直接用作燃料源。

除了低压瓦斯，炼油企业中的部分生产装置还会生产高压瓦斯，并排放至高压瓦斯管网。高压瓦斯 H_2S 含量较低，并且压力稳定，是生产过程中理想的燃料源。但是，一般情况下生产装置所排放的高压瓦斯难以满足整个炼油企业的燃料需求，于是，气柜中存储的低压瓦斯就会被输送到脱硫装置进行脱硫处理，成为满足燃烧要求的高压瓦斯。

作为瓦斯气体的存储单元，低压瓦斯气柜和高压瓦斯管网所能容纳的瓦斯气体受到一定限制，为保证炼油过程安全平稳地运行，瓦斯气体的产量和消耗量应尽可能保持平衡。如果低压瓦斯产量远远大于其耗量，那么气柜中存储的瓦斯就会突破容量上限，并用燃放火炬的形式放散，如图5-6所示；如果高压瓦斯产量远远大于其耗量，那么多余的高压瓦斯就要通过降压阀，排放到低压瓦斯管网，这样就会提高压缩机的工作负荷，增加系统的操作成本。反之，如果低压瓦斯产量远远小于其耗量，那么气柜中存储的瓦斯就会突破容量下限，容易造成机械故障；如果高压瓦斯产量远远小于其耗量，那么就要向高压瓦斯管网中注入液化石油气等贵重资源，以保持管网压力，极大地增加了企业的燃料成本。

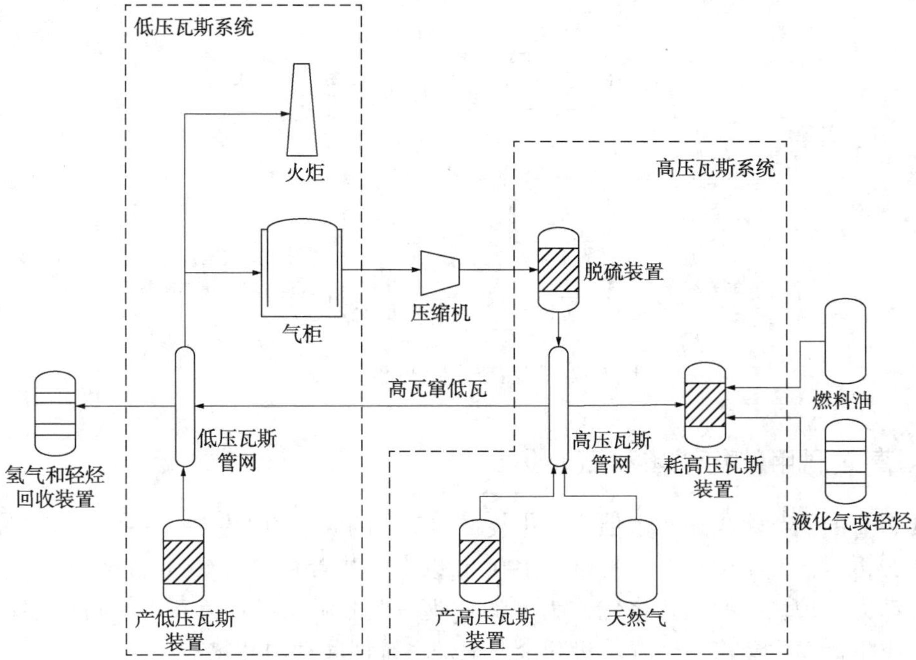

图 5-6　炼油企业瓦斯系统结构简图

炼油企业中一般设置两类瓦斯回收装置：回收贵重组分的氢气和轻烃回收装置以及回收燃料气的低压瓦斯气柜系统。

氢气和轻烃是炼油企业重要的物料，回收瓦斯气体中的氢气和轻烃尤为必要。氢气回收主要针对含氢量较高的瓦斯气体，如重整装置干气、催化装置干气、PSA 解析气等。部分装置产的瓦斯富含 C_2、C_3、C_4 等组分，回收轻烃的方法包括低温分离法、吸收稳定法以及膜分离法等方法。氢气和轻烃回收技术已得到成熟发展。

低压瓦斯气柜系统(图 5-7)由两部分组成：火炬系统和低压瓦斯回收系统。火炬系统由水封罐和火炬组成，正常情况下，低压瓦斯系统的压力低于水封罐压力，低压瓦斯被储存于气柜，经压缩机升压并经脱硫处理后成为可直接用作燃料的高压瓦斯。当气柜容量突破上限或遇重大事故需紧急排放瓦斯的情况下，低压瓦斯系统压力将会超过水封罐压力，瓦斯气体冲破水封排向火炬。而低压瓦斯回收系统则包括气柜和压缩机，大多数炼油企业的低压瓦斯回收系统均采用这种“气柜+压缩机”的组合回收方式，即将各装置排放的低压瓦斯经管网输送到气柜内，由压缩机加压后输至高压瓦斯管网作为装置燃料进行综合利用，并以此来调节全厂瓦斯系统的压力平衡，避免系统管网因瓦斯过剩或不足造成压力波动，从而保证各装置正常生产。气柜是低压瓦斯回收系统中主要的储存缓冲设施，它通过储存和回收炼油企业的低压瓦斯来调节瓦斯管网压力，在炼油企业瓦斯系统的平衡中起着重要作用；压缩机是瓦斯回收系统最重要的动力设备，它的作用是把经过气柜缓冲平衡后的低压瓦斯压缩升压为压力恒定、流量平稳的高压瓦斯，以并入全厂瓦斯管网供各生产装置、加热炉、锅炉或作为民用燃气使用，其使用性能的好坏将直接影响到低压瓦斯的回收效率。

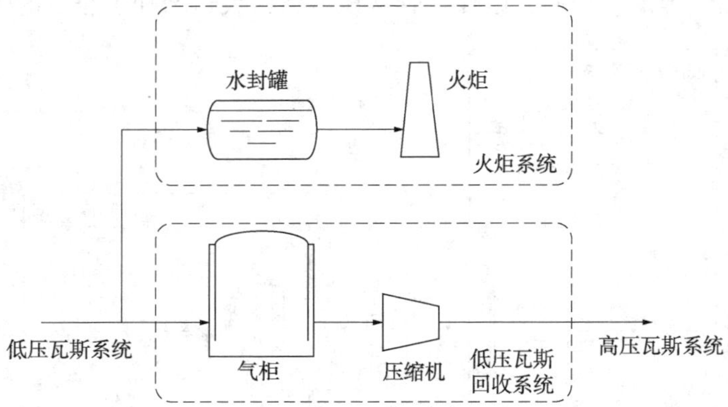

图 5-7 炼油企业低压瓦斯系统图

二、高效利用催化烧焦和石油焦

炼油企业的催化烧焦通常占催化裂化装置加工量的6%~9%左右，一套3.5Mt/a的催化裂化装置，再生器发生中压蒸汽量可达170t/h以上，装置总发汽量达350t/h，基本相当于一台中型动力锅炉，因此催化烧焦作为炼油企业一次能源构成贡献重大，目前催化烧焦的能量通过再生器发生蒸汽、烟气轮机和余热锅炉系统回收动力和热能。

高效利用催化裂化焦炭：首先考虑采用预处理工艺（如蜡油加氢和渣油加氢）或组合工艺（如溶脱和减黏）降低催化烧焦产生；其次尽量提高催化裂化烟气的能量回收机组效率和同步率，避免再生烟气走旁路而不进烟气轮机。

对于石油焦的利用，可通过循环流化床高压锅炉发电，也可采用煤气化一体化的热、电与化工产品联产技术的方案。石油焦的利用需要同炼厂所处的位置、焦炭的销路、煤的供应来源和价格等因素综合起来考虑。

三、利用外部煤、天然气和蒸汽

炼厂燃料来源不足时，应依靠外部能源供入，而不应以自身产品作为燃料使用。根据企业自身条件和环境，综合利用外部煤、天然气、电和发电厂的中/低压抽汽。煤产汽成本低于渣油、瓦斯，比较而言宜采用煤产汽；煤产汽宜选用高压、大容量CFB锅炉，可考虑采用IGCC工艺实现蒸汽和氢气联产。外部能源的优化需要结合燃料的热值、价值、使用燃料产生排放、污染治理等综合考虑，宜采用低碳、清洁、优化能源。

同时，根据炼厂热/电比的优势，发挥炼厂与电厂的能源互补优势，积极利用邻近电厂的中压、低压抽汽，实现热电联供集成与优化。炼厂所需热多电少，电厂可提供的热量多，两者的热/电比具有互补性。利用电厂的汽轮机抽汽供应炼厂，提高炼厂的热电联产效率；炼厂的低温余热用于加热电厂的锅炉给水（包括新鲜水、软化水和除盐水等），提高热量利用效率。

同时，应积极采用太阳能、地热等新能源，降低化石能源使用以及由此带来的环保问题。

四、权衡优化工艺装置产汽

对于工艺装置利用自身工艺热量发生蒸汽进入炼厂蒸汽管网的情况应综合考虑。工艺装置的燃料为炼厂干气、天然气，其热量成本较高；炼厂动力站燃料为煤，并且通过热电联产大大提升产汽效率，因此，装置内部的工艺热量尽量不产汽，应最大限度为工艺所用。例如，一股工艺物流温度从 280℃降到 250℃，只能发生 1. 1MPa 饱和蒸汽，相当于一台低压锅炉的作用；如果附近存在工艺装置分馏塔再沸器需要加热到 250℃，则利用上述工艺热量作为再沸器的热源应优先考虑，再沸器节省下来的燃料通过热电联产系统先发电再生产高压蒸汽，其效率会大大提高。

五、环境因素的制约

能源使用过程造成的环境因素要在能源结构优化环节集成考虑，包括燃用煤、石油焦造成的 SO_2、NO_x、CO_2 排放等。碳减排成本优化可依据碳排放管理政策要求，应用碳夹点技术优化能源消费方式，合理确定低碳能源与煤、石油焦的比例。

扫码获取更多学习资料

第六章　炼油工艺装置能量优化

第一节　常减压装置能量优化

常减压蒸馏装置是炼厂原油加工中第一道必不可少的工艺过程，需要加工各种不同性质的原油，不仅可以直接生产产品，还为二次加工装置提供合格的原料，例如生产的石脑油是蒸汽裂解装置和催化重整装置的原料；所生产的重馏分油(蜡油)是润滑油基础油或催化裂化或加氢裂化装置的原料。常减压蒸馏装置加工的原油量大，其能量消耗在炼厂所占比重较大。

一、常减压装置概况

常减压装置的目的是将原油分割成为各种沸点范围不同的组分，以适应产品和下游工艺装置对原料的要求，不同原油和产品会有不同的加工方案和工艺流程。其典型流程可分为常减压蒸馏和常压蒸馏两种，常减压蒸馏一般包括初馏塔、常压塔和减压塔，为三塔流程，其典型工艺流程见图 6-1，目前炼厂多采用此蒸馏方案。常压蒸馏不设减压塔，为两塔流程，常压重油直接作为催化裂化原料，或进行加氢处理。

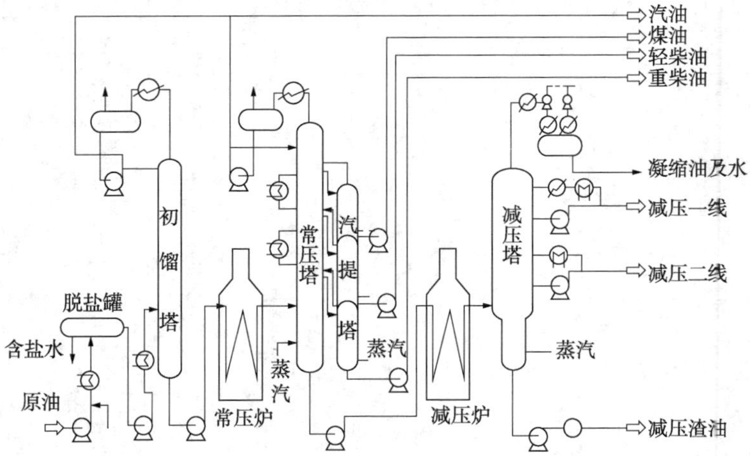

图 6-1　典型原油常减压蒸馏工艺流程

三塔常减压装置中，原油从罐区进入装置，由原油泵升压后经过换热器换热至 130℃左右，进入电脱盐装置，在电场、破乳剂作用下脱除原油中的水和盐分，脱盐后原油含盐量小于 3mg/L，含水量小于 0.5%；脱盐后的原油经过换热至 200~240℃进入初馏塔，初馏塔顶的油气经冷却后，一部分送回初馏塔顶，作为回流控制塔顶温度，另一部分作为产品送出装置。初馏塔底油由初馏塔底泵升压，经换热后送至常压加热炉，加热到 350～370℃进入常压蒸馏塔。

原油在常压塔中进行分馏，塔顶馏出汽油组分或重整原料，其中一部分作为塔顶回流，常压塔的侧线抽出可根据需求生产溶剂油、煤油、喷气燃料、轻重柴油等馏分。常压塔一般设置 2 个中段循环回流，其作用是使全塔的气液相负荷分布更加均匀，而且可以回收利用分馏塔过剩的高温热量，降低能耗。

常压塔底为常压重油，用泵加压后输送至减压加热炉，加热后进入减压分馏塔，为防止常压重油在高温下发生分解、结焦反应，一般控制减压炉出口温度不大于 420℃。减压塔通过抽真空系统，使常压重油在减压条件下进行蒸馏。减压塔顶的馏出组分主要是裂解气、蒸汽及少量的油气，减压蜡油由侧线抽出。

（一）电脱盐工艺

自地下采出的石油一般都含有水分，而且水中溶解有 NaCl、$CaCl_2$、$MgCl_2$ 等盐类。一般在油田会采用沉降法去除部分水和固体杂质，使外输原油的含水量控制在小于 0.5%、含盐量小于 50mg/L。但油田处理的原油脱盐、脱水效果不稳定，含盐量及含水量仍不能满足石油加工过程要求，必须在原油蒸馏之前进一步脱盐脱水。

电脱盐的设计和实施需根据各炼厂进场原油的品质和处理量来决定，一般采用的是二级电脱盐或三级电脱盐，图 6-2 是典型的二级电脱盐装置的工艺流程。

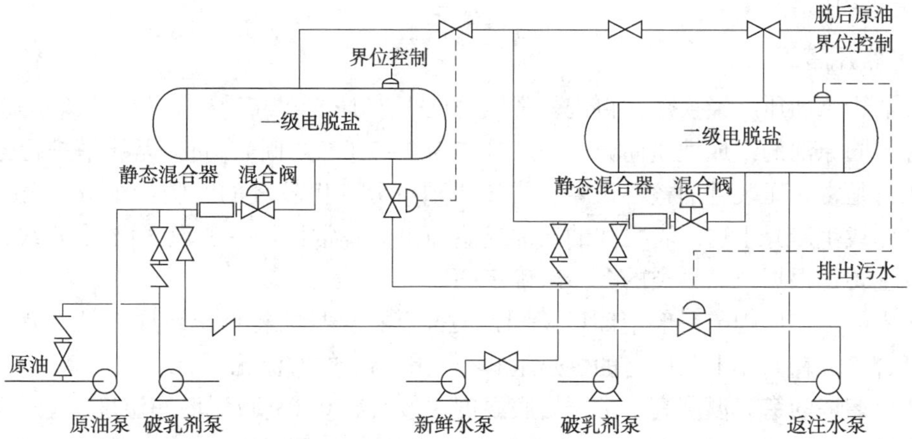

图 6-2 二级电脱盐工业流程

在二级电脱盐流程中，含有破乳剂的水溶液用泵注入原油入口，原油经换热后达到一定的温度，和所加注的水经静态混合器混合后，进入一级电脱盐罐的油水分布器，油水混合物在电脱盐罐内通过弱电场和常电场，细小水珠聚集沉降从电脱盐罐下部排出，排水和注水换热后排入含盐污水系统，脱水后的原油从电脱盐罐顶部排出。

从一级电脱盐罐顶部排出的原油与破乳剂、注水混合，经静态混合器混合均匀后进入二级电脱盐罐，二级电脱盐罐脱出的水可直接作为一级脱盐的注水，或排入含盐污水系统。

一般情况下，注水流程为新鲜水经与一级脱盐的排水换热升温后，注入到二级脱盐罐的静态混合器前；二级罐排水经升压后回注到一级脱盐罐的静态混合器前。换热后的一级排水排入污水系统。有些炼厂采用脱硫净化水作为脱盐注水，这不仅减轻了污水处理场的压力，而且从环保方面考虑也是有益的。

（二）初馏塔工艺

原油经过电脱盐单元脱水脱盐后，继续换热，一般加热到220~240℃进入初馏塔。原油在初馏塔的加工目的是：

① 提高装置处理量。尤其是加工轻质原油时，将220~240℃的原油送入初馏塔，这样部分汽化的轻组分可以分离出来，降低了原油换热系统和常压炉的压降，降低了常压炉的负荷。

② 转移塔顶低温腐蚀。设置初馏塔可以将一部分“$HCl-H_2O-H_2S$”腐蚀转移到初馏塔顶，减轻常压塔顶的腐蚀，这样做在经济上较为合理。

③ 增加产品品种。可以将较轻的石脑油组分从初馏塔顶分离出来，作为乙烯裂解原料、重整原料等产品；也可以从初馏塔的侧线生产溶剂油。

④ 缓解原油带水对常压塔的影响，稳定常压塔操作。

由于进料温度较低，初馏塔内的气相并不是很多，绝大部分是液相。根据原油轻重的不同，初馏塔的产品量(不考虑侧线抽出)大约占原油的3%~7%。大部分的原油是以液体状态流到塔底，这部分油称为“拔头油”或“初底油”。由于原油汽化会造成温降，初底油温度会低于进料温度4~5℃。初底油经泵加压后再和高温重油换热至260~320℃，经加热炉加热后进入常压塔。

（三）常压塔工艺

初底油用泵加压后经换热，再进入常压炉进一步加热至365℃(各装置设定的炉出口温度随所炼不同原油的组成性质而异，一般都在360~370℃之间)，进入常压塔进行分离。

常压塔是常减压装置的核心设备，常压塔顶可分离出较轻的石脑油组分，塔底生产重质油品，侧线生产介乎这两者之间的柴油或蜡油组分。常压塔一般设3~5个侧线，侧线数量的多少主要是根据产品种类的多少来确定的。

常压塔的工作原理与一般精馏塔相同，但又有它自身的特点，结构上是带有多个侧线汽提的复合塔，在操作上是固定的供热量和小范围调节的回流比。

原油分馏塔的塔底温度高，常压塔底温度一般在350℃，减压塔底温度一般在390℃左右。在这样的高温下，很难找到合适的再沸器热源，因此通常不用再沸器产生气相回流，而是在塔底注入过热水蒸气以降低油气分压，帮助塔底重油中的轻组分汽化。

原油分馏塔除了在塔顶采用冷回流或热回流外，根据原油分馏塔处理量大、产品要求不高、一塔出多个产品的特点，还采用了一些特殊回流方式。

1. 塔顶油气二级冷却冷凝回流

采用塔顶油气二级冷却冷凝回流，主要是为了减少塔顶冷却面积。首先将塔顶油气冷凝到55~90℃，回流打入塔内，在较大温差的条件下取出大部分热量，然后再将产品冷却到安全温度(40℃左右)以下。

采用二级冷凝冷却方案的主要优点是：由于油气和水蒸气在第一级基本上全部冷凝，

故集中了绝大部分热负荷，而此时的传热温差较大，单位传热负荷需要的传热面积可以减小；到第二级冷却时，虽然传热温差较小，但其热负荷只占总热负荷的很小一部分。因此，总的来说，二级冷凝冷却方案所需的总传热面积要比一级冷凝冷却方案小得多。

2. 循环回流

循环回流的作用首先是从塔的下部取出高温位的回流热；如果不是采用循环回流取热，那么这些热量将在塔顶全部以冷回流的形式取出，由于温位很低，这部分热量很难回收，还需要较多冷却负荷。采用循环回流时，从塔的中部取出回流热的温位要比从塔顶取出回流热的温位高出许多，可以产生价值更高的可利用热源，对装置的节能起到重要的作用。根据循环回流在常压塔的分布位置，又分为塔顶循环回流和中段循环回流。

采用塔顶循环回流（见图 6-3），还可以减少塔顶的冷凝冷却负荷，降低塔顶馏出管线和冷凝冷却系统的流动压降。

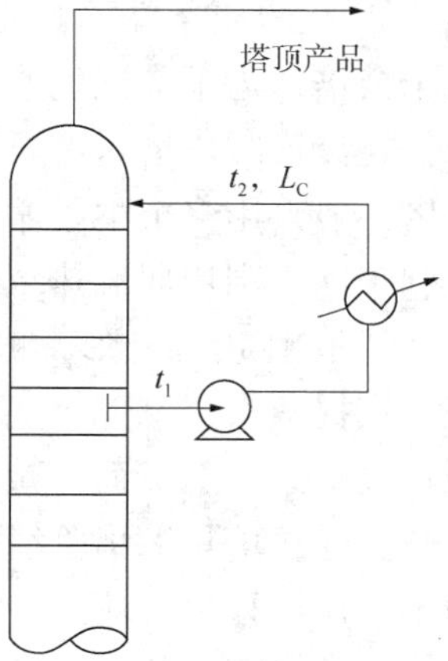

图 6-3　塔顶循环回流

采用中段循环回流还可以使塔内气、液相负荷比较均匀，提高其处理能力。当然，采用中段循环回流也会带来一些不利之处：中段循环回流上方塔板上的回流比相应降低，塔板效率有所下降；中段循环回流的出入口之间要增设换热塔板，使塔板数和塔高增大；相应地增设泵和换热器，工艺流程变得复杂。

一般化工产品精馏塔的分离精确度可以用某些组分在塔顶产品和塔底产品中的纯度来表示。石油蒸馏的产品不是具体的组分，而是较宽的馏分，因此无法用纯度表征分离效率。石油蒸馏过程两相邻馏分之间的分离精确度通常用该两个馏分的蒸馏曲线的相互关系来表示，如图 6-4 所示。

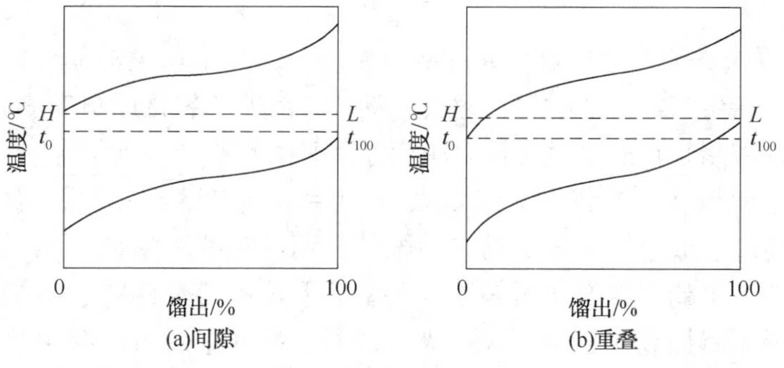

图 6-4　相邻馏分间的间隙与重叠

倘若较重馏分的初馏点高于较轻馏分的终馏点，则这两个馏分之间有些“脱空”，这个间隙可以用较重馏分的初馏点与较轻馏分的终馏点之间的温差来表示；倘若较重馏分的初馏点低于较轻馏分的终馏点，则称为“重叠”，意味着一部分轻馏分进入到重馏分当中，其结果会降低馏分的收率，这是由于分馏精确度差所造成的。而间隙意味着较高的分馏精确度，间隙越大说明分离精确度越高。

(四) 减压塔工艺

常压渣油自常压塔塔底抽出，经泵加压后进入减压炉加热，一般加热到390℃进入减压塔。减压塔塔顶油气被抽真空系统不断地抽走冷却，使塔内形成负压，常渣大量气化，分离成蜡油组分或润滑油组分和减压渣油。

与初馏塔、常压塔相比，减压塔在结构和工艺上有明显的不同。

① 减压塔对分馏精度的要求要比常压塔粗略。

② 减压塔的结构和工艺要求尽量提高收率，同时还要避免发生裂化反应。减压塔进料段真空度是提高收率和避免裂化的关键。为了提高进料段的真空度，减压塔顶需使用高效稳定的抽真空设备，提高塔顶真空度。另外，塔内都使用压降较小的塔板或者填料，尽量减少进料段到塔顶的压降。

③ 在减压条件下，油气、水蒸气、不凝气的比体积大，比常压塔中汢气的比体积要高出十余倍。为了降低气速，防止气相夹带液相，减压塔的直径和板间距要比常压塔大。因此，在设计减压塔时需要更多地考虑如何使沿塔高的气相负荷均匀以减小塔径。为此，减压塔一般采用多个中段循环回流，常常是在每两个侧线之间都设中段循环回流。这样做也有利于回收利用回流热。

④ 减压塔的外形一般都是两头细中间粗，这是因为塔顶的气相负荷较小，只剩下不凝气、汽提蒸汽(湿式)和携带上来的少量油气，故塔径较小。为降低塔顶气相流量和减轻塔顶抽真空系统的负荷，减压塔顶一般不出产品，塔顶管线只供抽真空设备抽出不凝气之用，以减少通过塔顶馏出管线的气体量。因为减压塔顶没有产品馏出，故只采用塔顶循环回流而不采用塔顶冷回流。

减压塔底部的直径常常缩小以缩短渣油在塔内的停留时间。此外，有的减压塔还在塔底打入急冷油以降低塔底温度，减少渣油分解、结焦的倾向。

⑤ 由于塔内是负压，为保证减底泵入口有足够的灌注压头，避免减底泵抽空，故减压塔底离地面较高。

⑥ 减压蒸馏系统的最高温度部位是在减压炉出口，为了避免油品分解，对减压炉出口温度要加以限制，在生产润滑油时不得超过398℃，在生产裂化原料时不超过400~420℃，同时在高温炉管内采用较高的油气流速以减少停留时间。

减压塔的真空度是靠抽真空系统实现的，这个系统包括蒸汽喷射器(真空泵)、冷却器、大气腿、油气分离罐、放空线等。抽真空系统的作用是连续不断地将减压塔顶馏出的气体抽出，使塔内保持一定的真空度。图6-5为典型的干式减压蒸馏的三级抽真空流程。

塔顶油气被增压器抽吸，然后进入一级冷却器，把其中的可冷凝组分冷却成液体并通过大气腿流入油气分离罐加以回收，不能冷凝的气体组分自冷却器中部被二级真空泵抽出，进入二级冷却器继续冷却，残余的不凝气进入三级真空泵，再进入三级冷却器，最后还不能冷凝的气体可以排入大气，或者与油气分离罐顶的不凝气合并送到加热炉作为低压瓦斯，从而稳定地保持工艺要求的塔顶真空度。

大气腿和塔顶油气分离罐内水封的作用是形成液柱，保证冷凝液能够从处于负压状态的冷却器顺利排到常压状态的塔顶罐内，同时防止空气倒入抽真空系统和油气混合发生危险。

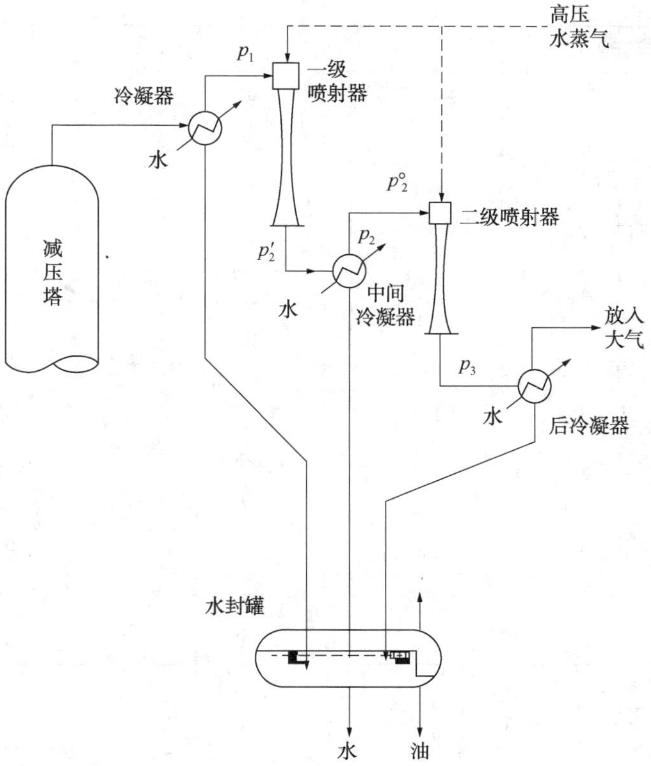

图 6-5 抽真空系统流程

二、常减压装置用能分析

原油蒸馏是炼厂原油加工中的第一个工艺过程，原油数量较多、油种变化频繁，因而原油蒸馏装置的规模及能量消耗巨大，其能耗一般约占炼厂总能耗的20%~30%左右。近年来，由于产品质量及环保要求的日趋严格，炼厂装置结构发生较大变化(主要是重油催化裂化、催化重整和各类加氢装置的增加)，使这一比例有所下降。但原油蒸馏装置的能耗占炼厂总能耗的比例仍高达15.0%以上。

由于原油的组成因产地不同而变化，炼厂对目的产品的构成要求也不同，所采用的加工方案和装置组成出现较大差异，因而会对原油蒸馏过程有不同的要求，这些均决定了原油蒸馏工艺与工程的重要性和复杂性。

(一) 物料平衡

常减压蒸馏装置的产品收率随原油性质、产品方案和操作条件的不同而有较大差异，表 6-1 列出了某 8.0Mt/a 常减压装置物料平衡数据。

表 6-1 某 8.0Mt/a 常减压装置物料平衡

物料名称	馏分范围/℃	收率/%	流率/($\times10^4$t/a)	备 注
原料		100	800	
产品				

续表

物料名称	馏分范围/℃	收率/%	流率/($\times10^4$t/a)	备 注
不凝气		0.13	1.01	轻烃回收料
常顶一级油	~175	3.61	28.92	重整预加氢原料
石脑油	~175	12.51	100.1	轻烃回收料
常一线油	175~240	7.54	60.29	柴油加氢和航煤加氢料
常二线油	240~295	9.74	77.92	柴油加氢料
常三线油	295~365	9.45	75.6	柴油加氢料
减顶油	295~365	0.28	2.23	柴油加氢料
减一线油	295~365	1.9	15.2	柴油加氢料
减二线油	365~465	14.28	114.24	加氢裂化料
减三线油	465~540	11.83	94.6	加氢裂化料
减四线油	540~565	3.84	30.7	渣油加氢料
减压渣油	≥565	24.9	199.2	焦化和渣油加氢料
合计		100	800	

由表6-1可知该装置的总拔出率为75.1%。

(二)能耗构成

常减压装置消耗能源包括燃料气、电、各等级蒸汽、循环水、除盐水、工业风、热输出等,表6-2列出了某8.0Mt/a常减压装置能耗数据。

表6-2 某8.0Mt/a常减压装置部分能耗(含电脱盐部分)

项 目	消 耗 量		燃料低热值		单位能耗
	单位	数量	单位	数量	MJ/t原料
燃料气	Nm^3/h	9881	MJ/Nm^3	32.056	332.583
电	kW·h/h	7916.26	MJ/(kW·h)	10.89	90.519
3.5MPa蒸汽	t/h	28.7	MJ/t	3684	111.017
1.0MPa蒸汽	t/h	14.63	MJ/t	3182	48.880
0.4MPa蒸汽	t/h	10.9	MJ/t	2763	31.623
除盐水	t/h	11.83	MJ/t	96.3	1.196
循环水	t/h	1861.2	MJ/t	4.19	8.188
污水	t/h	108.75	MJ/t	46.05	5.258
脱硫净化水	t/h	76.5	MJ/t	6.28	0.504
凝结水	t/h	-29.78	MJ/t	320.29	-10.015
净化空气	Nm^3/h	480	MJ/Nm^3	1.59	0.801
0.6MPa氮气	Nm^3/h	30	MJ/Nm^3	6.28	0.198

续表

项目	消耗量		燃料低热值		单位能耗
	单位	数量	单位	数量	MJ/t 原料
热出料	MJ/h	-63081			-66.235
热输出	MJ/h	-7696			-8.081
热输入	MJ/h	183.6			0.193
冷输入	MJ/h	4746			4.983
合计					551.613

上述能耗包含装置内电脱盐、轻烃回收和脱硫部分，能耗折合 13.13kgEO/t。

常减压装置的燃料气消耗主要为常压炉和减压炉，其消耗量如表 6-3 所示。

表 6-3 某 8.0Mt/a 常减压装置燃料消耗量表

使用地点	燃料气/(Nm^3/h)
常压炉	6172
减压炉	3709
合计	9881

常减压装置的蒸汽消耗用处较多，表 6-4 列出了其蒸汽用途及消耗量。

表 6-4 某 8.0Mt/a 常减压装置蒸汽消耗量表

使用部位	蒸汽用量/(t/h)			自产汽/(t/h)	
	0.4MPa	1.0MPa	3.5MPa	0.4MPa	1.0MPa
常轻油汽提塔	3				
常一线汽提塔	0.8				
常二线汽提塔	0.5				
常压塔底	6				
减压抽空器		12.75			
减压炉管注汽		0.8			
减压塔底	0.6				
脱丁烷塔底重沸器			28.7		3.92
容器、管道、仪表伴热				1.4	
吹扫					
合计	10.9	13.55	28.7	1.4	3.92

常减压装置用汽较多的部位在减压抽空器、常压塔底注气和轻烃回收部分的脱丁烷塔底重沸器。

常减压装置的电力消耗主要是各类机泵和风机，表 6-5 列出了某 8.0Mt/a 常减压装置超过100kW的用电设备，合计功率4949.6kW，占装置总耗电量的80.4%。其中原油泵、初底油泵的流量较大，原油经过多路换热的流动压力较高，因此，其功率较高；减三线泵、减压渣油泵温度较高、换热流程较长，同时由于输送物料黏度较大、泵扬程较高，功率也较大。

表6-5 某8.0Mt/a常减压装置电消耗量表

耗电部位	电压/V	轴功率/kW	年用电量/(10^4kW·h/a)
原油泵	6000	865	726.6
初底油泵	6000	692	581.3
减三线及三中油泵	6000	624.4	524.5
常压渣油泵	6000	359	301.6
减压渣油泵	6000	307.9	258.6
引风机	6000	285	239.4
鼓风机	6000	280	235.2
减二线及二中油泵	6000	270.9	227.6
液环增压泵	6000	249	209.2
液环真空泵	6000	217	182.3
常二中油泵	6000	155.2	130.4
常一中油泵	6000	152.7	128.3
一级电脱盐罐	380	141	118.4
二级电脱盐罐	6000	141	118.4
二级脱盐注水泵	380	105.4	88.5
初顶油气空冷器	380	104	87.4
合计		4949.6	4157.6

(三) 用能特点

1. 原油性质的影响

原油性质对常减压装置能耗的影响是比较复杂的。表征原油性质的参数主要有原油的特性因数、密度、轻油收率和总拔出率、硫含量、酸值等指标。

(1) 原油特性因数的影响

不同特性因数的原油所需的热量相差较大，比如$API=20$的原油从37.8℃升到299℃，特性因数是10的原油需热量为570kJ/kg，而特性因数是12.5的原油需热量增加到652kJ/kg，相差14.3%。但是两种原油的产品分布也是不同的，特性因数高的原油，产品的放热量也相应增加，基本可以抵消由于原油特性因数差异而对能耗的影响。

(2) 原油密度的影响

原油的密度对能耗的影响较小，可以忽略不计。

(3) 拔出率的影响

拔出率高，说明装置工艺用能较多，能耗增加。如果仅是轻收高，而总拔不是很高，说明常压单元用能较多，而减压炉的耗能就减少了，总的能耗未有明显的增加。如果减压采用深拔技术，则减压炉的燃料消耗就会增加，使装置能耗升高。

（4）原油硫含量、酸值的影响

原油中的硫含量、酸值的大小并不直接影响装置的能耗，但是加工高硫、高酸原油时，装置的热回收率和装置换热设备的一次投资及其投资回收期密切相关，在考虑投资因素的条件下，换热终温将有所降低，从而能耗也将增加。

2. 产品方案的影响

装置能耗由于产品方案的不同，也存在一定的差异。

（1）轻烃回收

随着轻质进口原油的增多，初馏塔顶、常压塔顶的轻烃量也大幅增加。如果装置设有轻烃回收单元，势必增加电耗、水耗，增加了装置能耗。

（2）产品种类不同的影响

同一装置，相同原油生产喷气燃料时比生产分子筛料需要的分离精确度要高。因此，需要提高塔顶回流量，就不得不降低可回收取热量，使能耗增加。

（3）燃料型减压塔和润滑油减压塔的影响

生产润滑油料对产品分割要求严格，需要较高的分离精度，这就必须有较高的过汽化率，以确保一定的内回流量。此外，还必须增加保证产品质量所需的汽提蒸汽和减顶冷却系统的冷却负荷，所以减压单元的能耗比燃料型减压蒸馏的能耗高。

3. 装置负荷的影响

装置能耗可以划分为两部分：一部分是固定能耗，它基本不随负荷的变化而变化，或者变化甚微；另一部分是可变能耗，它随负荷的变化成正比变化。可变能耗主要包括燃料、变频机泵的电耗等。随负荷率下降，有些设备因效率降低也会引起能耗增加，例如加热炉过剩空气系数在低负荷时需要高一些，换热器因油品流速低结垢速度增加而影响传热效果。固定能耗包括：设备、管线的散热损失，无变频器的机泵和电脱盐的电耗、抽真空蒸汽耗量，以及一些在负荷变化时一般不加调整的耗能设施所耗的水、电、汽等，例如冷却器用水、雾化蒸汽等。如果这部分能耗在整个装置能耗中所占比例大，负荷率降低后，装置能耗仍较高，一般固定能耗约占总能耗的25%。降低固定能耗的措施有：搞好保温以减少散热损失；多采用变频技术；配置与处理量相适应的动力设备等。

4. 装置规模对能耗的影响

规模小的装置加工能耗较高，其原因除了小设备、小机泵的效率较低外，主要是散热损失大。因此规模小的装置，其固定能耗在总能耗中占的比例比大型装置要大，这是小型炼厂在经济上的致命弱点。

5. 运转周期中的不同时期的能耗

一般来说，装置能耗在运转末期由于炉管和换热器结垢、积灰，传热效果差，能耗比开工初期要高一些。

三、蒸馏装置能量优化

开展常减压蒸馏装置能量优化需要遵循其工艺特点，通过结合全厂产品方案优化开展蒸馏装置的多段汽化负荷分配、分馏塔工艺优化、换热流程优化以及工艺流程及设备优化，其开展过程如图6-6所示。

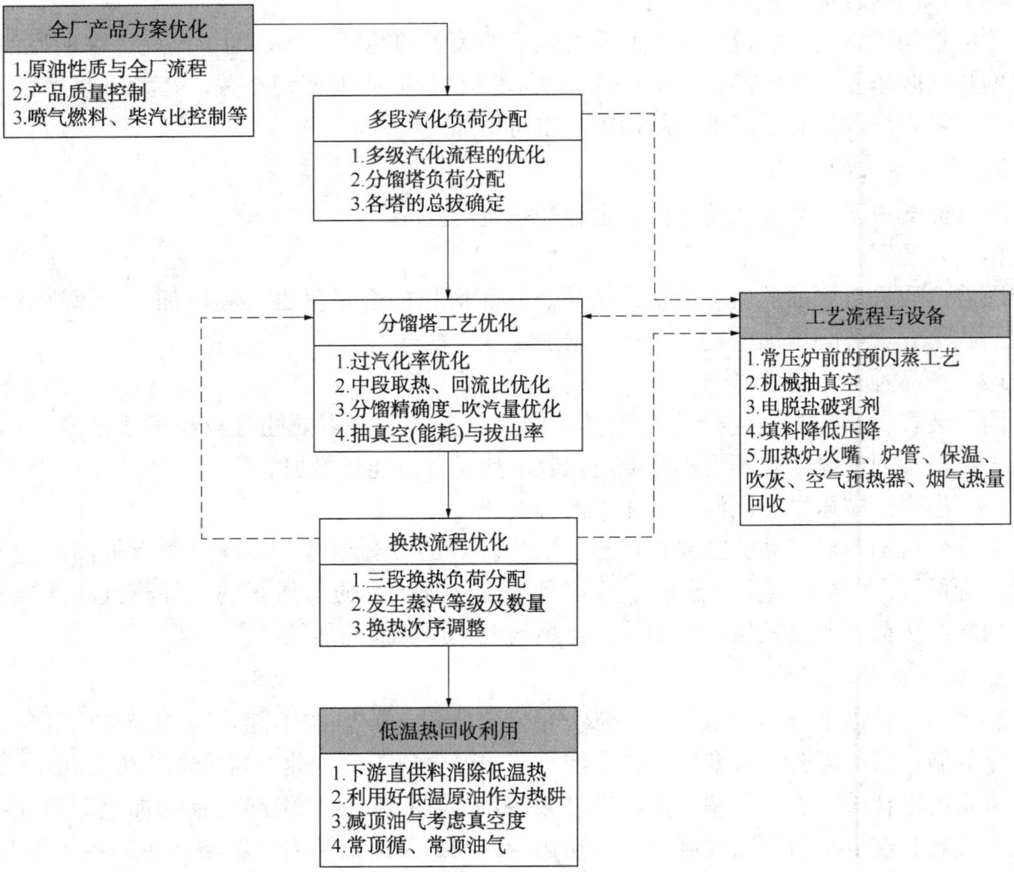

图6-6 常减压蒸馏装置能量优化示意图

（一）基于总流程的物料优化

常减压装置的侧线收率对下游装置乃至全厂的产品方案具有重要约束作用，对常减压装置的能量优化首先优化并确定全厂的物料平衡关系，基于全厂总流程基础上优化产品方案。

1. 加工流程优化

合理分配常压、减压系统加工负荷，进行热量整合，优化换热流程，降低能耗，适应装置大型化和加工原油多样化的要求。蒸馏装置的流程包括以下几类：

① 单系列三级蒸馏流程。典型的流程是初馏、常压、减压三级流程。其特点是：流程简单，对原油适应性强，设备通量大，操作简单灵活。国内大部分原油蒸馏装置采用此流程。

② 两级闪蒸的单系列蒸馏流程。典型的流程是预闪蒸-常压蒸馏-减压蒸馏。预闪蒸可以是一级也可以是两级以上。此类流程的特点是可以减少常压炉负荷并节约能量。

③ 带预闪蒸的单系列三级蒸馏流程。该类流程的特点是在单系列三级蒸馏流程中增加

预闪蒸系统，预闪蒸气体进入常压塔的特定位置。该类流程有后闪蒸(初馏塔底油闪蒸)三级蒸馏和前闪蒸(原油闪蒸)三级蒸馏两种。此类流程可在三级蒸馏的基础上进一步节能。

④ 单系列四级蒸馏。该类流程的特点是在常压蒸馏和减压蒸馏之间增加真空度较低的减压蒸馏系统。该系统分担常压系统和减压系统的部分加工能力，主要用于装置扩能改造。但该流程由于增加一个一级减压系统而增加了操作复杂性。

⑤ 双系列常压、单系列减压蒸馏。该类流程的特点是常压蒸馏为两个系列，减压部分为一个系列。主要用于装置扩能改造，设备改动较少。该类流程中，两个常压系统前可以设置预闪蒸或初馏系统。

2. 原油性质和加工方案

常减压蒸馏装置能耗与原油性质、产品方案、装置处理量及操作等因素有关。原油性质对能耗的影响比较复杂，轻质原油汽化率高，工艺总用能多，但可回收的热量也大。因此，原油密度的大小对能耗有多大影响需要通过具体的、一定约束条件下的理论计算进行比较，约束条件不同，得出的结论可能会不同。

装置的能耗随产品方案不同而变化，减压装置生产润滑油与生产催化裂化原料相比，润滑油方案能耗较大。低负荷运转一般会使装置和炼厂的能耗上升，规模小的装置，其固定能耗所占比例比大装置大，所以国内外趋向大装置生产。

生产润滑油基础油方案时，宜采用石蜡基或环烷基原油。减压系统采取控制馏分油宽度的措施，包括塔内设有精馏段和换热段、洗涤段等，以及减压汽提塔等。对减压炉要求温度低，以降低油品的热裂解和缩合对产品质量的影响。

生产裂化原料时，可加工各类原油的常压重油，对产品质量没有严格要求，装置的主要技术目标是提高拔出率和降低加工能耗。采用“干式”减压蒸馏操作或“微湿式”减压蒸馏操作可降低装置加工能耗。

3. 产品质量指标优化

根据原油的性质以及研究的目的，可以将原油切割成各种馏分。一般把原油中从常压蒸馏开始流出的温度(初馏点)到200℃(或180℃)之间的轻馏分称为石脑油(也称汽油馏分)；常压蒸馏在200~350℃(或180~350℃)之间的轻馏分称为煤油、柴油馏分或常压瓦斯油(简称AGO)。将减压下蒸出的馏分沸点换算成常压下的沸点，一般将相当于常压下的350~500℃高沸点馏分称为减压馏分或润滑油馏分或减压瓦斯油(简称VGO)；减压蒸馏后残留的油称为减压渣油(简称VR)；也将常压蒸馏后大于350℃的油称为常压渣油(简称AR)。

原油蒸馏加工过程是物理分离过程，并不改变物料的性质，因此直馏馏分最大的特点是基本保持其在原油中的性质。由于原油性质和加工方案不同，原油蒸馏装置的加工流程和产品方案也会发生较大变化。

蒸馏装置的直馏馏分油基本不直接生产商品，主要作为炼厂下游加工装置和化工化纤企业的原料。

生产润滑油方案时，对减压馏分油质量要求严格，需重点控制馏分宽度、残炭和比色等。生产裂化原料时，产品质量要求较宽，要根据整体加工流程，合理控制蜡油、渣油性质，降低装置能耗。

4. 产品方案优化

原油蒸馏过程能耗与产品方案密切相关，同一装置及相同原油，要获得分馏精度高的产品，需要提高塔顶回流量，增大分馏塔高温位取热，降低可回收取热量，使得分离过程能耗升高。特别是减压系统，需要更高的过汽化率，以保证塔内的回流量，此外还须增加保证产品质量所需的汽提蒸汽，如塔底吹汽和侧线吹汽，这会加大减顶的冷凝冷却负荷，增加减压系统能耗。

因此，产品方案的优化对减小原油蒸馏装置能耗意义重大。

（二）多段汽化负荷分配优化

多段汽化负荷分配是蒸馏装置能量优化的首要方面，优化多段汽化负荷，才能确定蒸馏装置各塔的操作负荷，进而为后续优化提供初始条件。

1. 多段汽化流程优化

常减压装置的多段汽化流程是指原油馏分在装置内的汽化冷凝次数，对常减压装置能耗有关键影响；包括两段汽化流程、三段汽化流程和四段汽化流程。两段汽化流程包括常压蒸馏和减压蒸馏两部分；三段汽化流程包括原油初馏、常压蒸馏和减压蒸馏三部分。

常压蒸馏是否要采用两段汽化流程应根据具体条件对有关因素进行综合分析而定，对于加工轻馏分含量高的大型炼厂，原油蒸馏装置多采用三段汽化流程。有的常减压装置不设初馏塔，而以闪蒸塔代替初馏塔。与初馏塔流程相比，闪蒸塔流程可以取消塔顶冷凝系统，不存在初馏塔侧线抽出及过汽化油的处理问题，不受换热网络热量调节的影响等，节省设备投资和操作费用。采用闪蒸塔方案，原油的性质越轻，则降低能耗的幅度也就越大。

四级蒸馏是在三级蒸馏基础上增加一级减压炉和一级减压塔，用来分离部分柴油和部分蜡油。多设一座减压塔的目的是让部分原常压蒸馏负荷和部分原减压蒸馏负荷向新设的一级减压塔转移，达到充分利用原来的常压塔和减压塔，以增加原油加工量。

由于在四级蒸馏中部分柴油在温位较低的一级减压塔上部馏出，使高温位的常二中和常三线量减少，造成四级蒸馏高温位的热量偏小、低温位热量相对偏多。

由于四级蒸馏中，柴油不必在常压塔完全拔出，常压塔底的汽提蒸汽用量可减少。

2. 分馏塔负荷分配

负荷转移技术是指平衡蒸馏装置各塔的气、液相负荷。确定合适的常压塔加工负荷是平衡好各塔的气、液负荷的首要条件，在安排加工负荷和油品性质时，负荷转移技术要考虑汽油、轻柴油的收率与原有加工量的匹配问题。另外，常压塔对不同加工量所能承受的最大负荷可通过液泛因子来表征，处理量增大，液泛因子增大，处理量应在计算所得的极限值以下。

加热炉温度直接决定着产品质量与装置能耗，同时也影响着四塔气、液相负荷的平衡。实际加工时为提高常压塔拔出率，减小一级减压塔的负荷，会提高常压炉出口温度。在不影响常压塔拔出率和产品质量的情况下，通过流程模拟软件计算，进一步降低常压炉出口温度，但需要兼顾降低常压塔拔出率后的一级减压塔的冷却负荷。

应用负荷转移技术，适当提高常压炉出口温度，不但不会影响拔出率，反而对四塔的拔出率更为合理，从而有利于降低减压炉出口温度和降低能耗。

3. 优化各塔总拔出率

常压塔拔出率对节能降耗和多产柴油有着重大影响，同时也对提高减压塔真空度以及减压拔出深度有影响。常压塔拔出率不足时，常压渣油中过多的柴油组分会增加减压炉负荷，造成减压系统气相负荷增加，并且会增加减压塔压降，增加减压炉的能源消耗，降低减压塔顶真空度，会影响减压拔出率的提高。但是常压塔拔出率过高时，会使后部重油换热温度下降，增加能源消耗，降低总拔出率。

减压塔进料段的油气分压和温度是影响减压塔拔出率的主要因素。进料温度越高或烃分压越低，进料段的汽化率就越大，总拔出率就越高。可采取的措施有：采用全填料降低全塔压降；采用多级抽真空系统提高减压塔的真空度；在塔底或炉管内吹入蒸汽降低油气分压，提高进料的汽化率；在进料口设置进料分配器；减少雾沫夹带量等。

另外，炉温对原油的汽化率和拔出率的影响较大。增加炉内汽化温度可以使常减压蒸馏系统的拔出率增大；但炉温过高亦会造成原料的结焦和裂解，也会使能耗增加。所以常减压装置中要采用合适的炉温。

（三）分馏工艺优化

分馏塔优化操作是常减压装置能量优化的重要方面。在满足一定分馏精度条件下，合理的理论板数和工艺用能的优化，增加塔板数或提高塔板效率，可减小分馏工艺的用能量。塔的回流比大小直接与工艺总用能有关，在保证产品质量的前提下，减少回流比可减少工艺总用能。

1. 过汽化率优化控制

原油精馏塔进料段的汽化量高出塔顶和各侧线产品总流量的部分称为过汽化量，过汽化量占进料量的百分数即为过汽化率。在实际生产过程中，当加热炉出口温度和进料段压力一定时，原油的总汽化率就相应确定。

过汽化率的大小会影响各侧线产品收率、质量以及装置能耗。过汽化率小，则塔盘上内回流减少，分馏效果差，产品重叠度增大，最下侧线抽出口下方各塔板的液气比太小，会使最下侧线的油品质量变重。过汽化率大，则回流比大，分馏精度高，但需要提高塔的进料温度，增加加热炉负荷。根据塔的物料平衡和热量平衡，优化实际操作中的过汽化率，根据过汽化率及时调整加热炉出口温度，实现节能。

在常减压蒸馏装置，把初馏塔、常压塔的过汽化油直接抽出、绕过加热设备，可避免过汽化油的反复加热汽化和冷凝，减少加热炉的热负荷和初馏塔底油的换热负荷，降低分馏过程工艺总用能。

2. 中段取热及回流比优化

常压塔和减压塔有大量过剩热量靠回流取走，在保证产品收率和质量的前提下，应尽量在高温部分取走塔内过剩热量，使其与原油充分换热来提高原油进炉温度。

分馏塔的温度自下而上逐步降低，越往塔下部取出的热，温位越高。

常压塔和减压塔在运行中为了使塔内气、液相负荷分布更加均匀，提高分馏塔的处理能力、改善热量回收状况，通常设有多个中段循环取热。在保证产品质量和收率的前提下，使回流取热尽可能在高温下取出，可为回流热的回收利用创造条件。

理论上，高温位的中段回流取热比例应尽量增大，以更利于装置的热量回收利用。在实际生产中，中段回流取热必须在保证产品收率和质量的前提下进行。其次，中段回流取热量与各侧线抽出量密切相关，应用模拟软件合理分配分馏塔侧线的抽出量，优化分馏塔操作。再次，中段回流抽出和返塔的温差是重要的参数，中段回流取热分配确定之后，还要优化抽出和返塔温差。作为热源温位较高的中段回流，抽出温度高于夹点温度，返塔温度低于夹点温度时，应设法提高返塔回流的温度，使低于夹点部分的热源转变为高于夹点的热源，从而改善换热条件，减少加热负荷，取得节能效益。

当前加工国内原油的热回收较好的装置，其常压塔取热的分配已达到冷回流：顶循回流：常一中回流：常二中回流＝6%：15%：48%：31%；减压塔取热的分配已达到顶回流：减一中回流：减二中回流＝15%：40%：45%。

3. 分馏精确度与吹汽量优化

（1）分馏精度

分馏精度一般用来表示原油蒸馏装置各侧线产品之间的分离情况。常压系统用馏分油间的脱空度或350℃馏分前含量表示；减压系统用馏分宽度或350℃、500℃馏分含量表示。原油蒸馏装置分馏精度的控制与产品生产方案、产品流向及炼油企业效益最大化目标有关。由于产品去向不同，对产品分馏精度的要求也有所不同。

重整原料、喷气燃料原料的分馏，应根据企业对重整原料、喷气燃料馏分的产量和质量要求等对分馏精度进行调整；常压塔顶汽油作为重整或化工原料时，还应综合考虑原料中的芳烃组成和收率等。

常压塔侧线、减一线生产柴油组分的原油蒸馏装置，应以常压塔和减压塔上部的产品分馏精度能满足产品质量控制要求，尽量减少分馏用能为目标。

以减压蜡油作为催化裂化、加氢裂化、润滑油基础油原料的蒸馏装置，也是以分馏精度能满足产品质量控制要求，尽量减少分馏用能和提高总拔出率为目标。

国内大部分原油蒸馏装置的常二线馏分和常三线馏分的分馏精度，以及减一线生产柴油馏分时减压塔上部的分馏精度均较低，馏分油重叠度均较大，有时不能满足柴油组分质量控制要求。

各原油蒸馏装置由于产品去向不同，对减压侧线产品分馏精度的要求也有所不同。减压侧线的馏分宽度(2%~97%)从30~165℃不等。减压蜡油馏分主要生产润滑油原料时，对减压蜡油的馏分宽度控制要求较高，减二线、减三线的馏分宽度均要求在100℃以内，甚至更窄。当减压蜡油馏分主要作为催化裂化或加氢裂化装置原料时，对蜡油馏分宽度要求不高。但对提供加氢裂化装置原料的减压蒸馏，其蜡油馏分一般要控制残炭、C_7不溶物含量等。

改善分馏精度的措施主要有：①调整全塔取热分配，增加常压塔、减压塔顶部回流取热，提高分馏精度；②降低常压塔顶和进料段的压力，降低油气分压；③减压塔设置柴油精馏段和强制外回流；④改进减压塔内件，尤其是进料段和洗涤段的设计等。

（2）轻油收率

轻油收率一般指原油经过蒸馏装置分离以后，所获得的<350℃油品，即轻油与原油总量的百分比。衡量蒸馏装置轻油收率水平的标准，可以通过比较装置实际轻油收率与原油

实沸点350℃前收率(理论汽油收率)来判定，也可以从常压塔底油或减二线馏分中350℃前含量来判定。

提高轻油收率的措施主要有：①提高常压炉出口温度，提高过汽化率，增加塔底吹汽量，降低油气分压，尽量提高常压塔拔出率；②降低常压塔操作压力；③减压塔设置柴油精馏段和强制外回流；④优化常压塔回流取热比例和塔板数，合理调配分馏精度与轻收关系；⑤提高减压塔真空度，保证减一线、减二线分馏精度。

(3) 总拔出率

总拔出率即原油蒸馏装置总收率。一般指原油经过蒸馏装置蒸馏分离后，所得除减压塔底产品之外的所有产品与原油总量的比例。衡量原油蒸馏装置总拔出率水平可以通过分析比较装置实际减压蜡油(VGO)收率加常压蒸馏系统收率与原油实沸点蒸馏500℃前馏出物比率(理论总拔出率)。

影响总拔出率的主要因素是减压塔进料段的烃分压和温度。烃分压和温度又主要与减压炉出口温度、转油线压降、温降、塔顶真空度、全塔压降及蒸汽注入量等有关。

在保证产品质量的前提下，减少吹汽量是减少蒸汽总用能的主要手段，需要结合工艺操作条件和设备的流体力学状况统筹考虑。

汽提蒸汽的作用主要是降低分馏塔内油气分压，在一定的温度、压力下尽量提高物料的汽化分率。在原油蒸馏装置中，主要包括常压塔和减压塔塔底汽提蒸汽以及侧线产品汽提蒸汽两类。常压塔和减压塔塔底注入汽提蒸汽，可以使石油馏分在较低的温度下汽化，提高进料汽化率，还可以使进料段以下液相中的轻组分汽化，降低塔底重油中轻组分的含量，提高拔出率和轻油收率。侧线产品汽提主要是调节侧线馏分的馏程范围。总之，汽提蒸汽可有效控制侧线馏分的闪点和质量。

汽提蒸汽的用量关系到操作稳定性和装置能耗。汽提蒸汽的变化对塔内物料平衡和气相负荷影响较大，同时影响到塔顶冷却系统的冷却负荷。侧线汽提蒸汽量过大，则会使分馏塔内气相负荷过大，并造成汽提塔压力上升，若压力接近或大于分馏塔侧线抽出口处的压力时，将发生侧线来油不畅的现象，严重时还会影响到分馏塔的操作，使得分馏塔操作出现波动。因此，操作中塔底汽提蒸汽要保持适宜的流量，并保持操作压力和温度的稳定。

4. 减压拔出率优化

采用减压深拔技术，把重质减压蜡油从减压渣油中分离出来，可提高经济效益，同时需要付出能量代价。提高减压拔出率有两种措施：一种是提高减压塔进料段的真空度(降低减压塔顶残压和减压塔的全塔压力降)；另一种是提高减压塔进料段的温度(提高减压炉出口温度、降低减压转油线的温降)。这两个措施都需要消耗能量。提高炉温，在消耗能量的同时还会带来油品裂解和结焦问题；降低压力，将增加汽提蒸汽量和减压塔顶油抽真空系统能量消耗，减压塔顶压力与装置能耗存在优化关系。

影响常减压蒸馏装置减压深拔的关键因素有三个：

① 原料的性质以及减压蜡油和减压渣油的加工方案。这是炼厂是否采用深拔的依据；对于低硫、低金属的石蜡基原油，可以掺入蜡油直接进入催化裂化装置，不需进行深拔。

② 减压装置本身的技术水平。减压系统能否提供深拔所需要的能量，减压蜡油的质量能否满足下游装置对进料的要求。

③ 操作因素。也就是实际生产过程中，是否按减压深拔的要求进行操作。

（四）换热流程优化

1. 三段换热负荷

原油由常温经过换热、加热进入常压塔前，通常需要经过电脱盐、初馏/闪蒸和加热炉加热等过程，电脱盐温度、初馏/闪蒸温度和加热炉后温度是原油换热流程控制的重要指标，这三个温度由相关工艺过程决定，同时会决定原油换热各段的换热流程和换热负荷，优化常减压蒸馏装置的换热网络，首先要根据相关工艺过程优化确定电脱盐温度、初馏/闪蒸温度和加热炉后温度，确定三段换热负荷。

（1）电脱盐温度

电脱盐温度是电脱盐过程的重要操作参数。电脱盐温度升高，原油的黏度下降，有利于水滴在原油中的移动；但也会由于电分散作用降低水滴直径，不利于水滴沉降。究竟哪种因素起主导作用，要看温度升高对油水密度差、原油黏度、界面张力的影响对比。一般来说，在一定的温度范围内，升高温度对水滴沉降有利。同时，原油乳化液电导率随温度升高而增加，且电耗也随着电导率增加而增大，一般来说，在温度低于120℃时，电耗因温度变化的幅度较小，高于120℃时，电耗急剧增加。在一定的温度范围内，选择较高的操作温度对脱盐率的提高是有利的，但对高密度和高电导率原油，过高的操作温度反而导致有害的结果。

（2）初馏/闪蒸温度

初馏塔进料主要是和常压塔、减压塔的侧线产品和中段回流换热。进料温度主要影响进料的汽化率、初馏塔内的气液相分布，造成产品分布的变化。如果调节不及时，会严重影响产品质量。进料温度变化时，通常以调节塔顶温度的方法保证产品质量合格。例如，进料温度升高、汽化率增加，会导致塔顶温度升高，则初馏塔顶产品干点会升高，此时通过增加回流量或降低回流温度来降低塔顶温度；反之则相反处理。然后再调整脱盐罐前后各路原油的流量分配来尽量减小各路温差，以提高换热效果。

与原油换热的热源流量或温度的变化，都会直接影响初馏塔进料的换后温度，造成初馏塔进料温度的波动。因此，在进行换热网络优化设计时应充分考虑这种波动，以尽可能使进料温度稳定。

（3）加热炉前/后温度

初馏塔底油经换热后进入加热炉，由加热炉加热达到工艺要求温度后进入常压塔，加热炉前、后温度是决定加热炉负荷大小的关键因素。

2. 发汽等级及数量优化

炼油装置的工艺热量发生蒸汽要结合装置间热联合和热集成的应用，一般可以通过热联合或热集成利用的热量，原则上不宜产汽。装置的最优产汽问题是影响其经济运行的重要方面，其本质是蒸汽动力系统热电联产所产蒸汽与装置余热和加热炉燃料联合发汽之间的成本优化问题。可以通过装置的温焓分析，优化产汽等级及数量，如图 6-7 所示。

如图 6-7 所示，装置的产汽等级必须满足其对应压力下的饱和温度处于装置夹点之下的条件才是合理的。按照夹点理论，夹点之上为热阱，需要高品质能源；如果作为夹点之上的物流发生蒸汽，那么发汽的热量将会由装置内部的能量转化设备(如加热炉)提供，过多消耗装置供入能量，因此所发生蒸汽热量相应提高了转化设备负荷，而装置内的燃料成本不仅高于蒸汽动力锅炉燃料煤，而且无法充分利用热电联产的优势，因此此时发汽往往是不经济的。利用夹点之下物流发汽，理论上也存在一个最优产汽量问题，如图6-7所示，最大产汽量需满足：

$$最大产汽量\ F=\frac{\Delta Q}{单位蒸汽热焓}$$

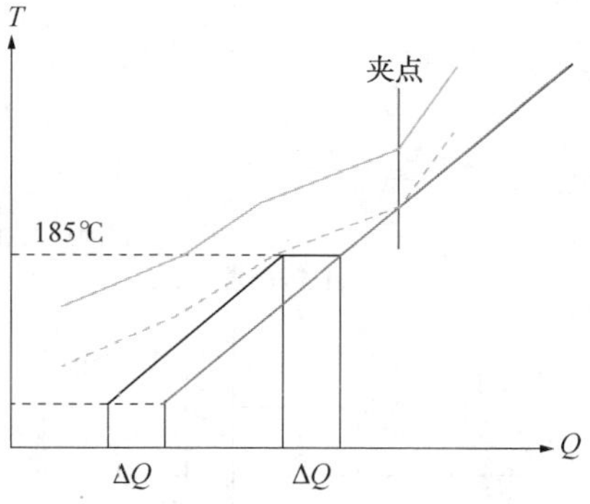

图6-7 装置最优产汽夹点分析示意图

如果产汽量大于上式所确定的最大产汽量，则装置的夹点位置会因过程产汽而改变，这体现为必须增大相关的设备投资或者直接增加装置公用工程消耗才能满足产汽要求。

3. 换热次序调整

提高换热终温是降低加热炉负荷、减少燃料消耗的最直接方式，优化换热网络设计是提高换热终温的前提，

对于原油蒸馏装置，进料原油的流量大、进装置温位相对较低，是炼化企业最大的热阱。因此，优化原油换热网络，最大限度地回收工艺物流热量，不仅可提高原油的换热终温，降低加热炉负荷，直接节约高品位的燃料，还可降低冷却负荷，有效实现装置的节能降耗。

根据常减压装置能量系统优化的策略，换热网络作为能量回收子系统，其优化改进是在完成装置核心工艺的用能优化和装置热联合的基础上进行的。优化常减压装置换热网络，首先应进行生产运行数据的调研和校核；然后采用流程模拟软件进行流程模拟计算，得到换热网络冷热物流的数据；在此基础上，进行温-焓图绘制和夹点分析，确定最小传热温差与热量回收率、冷热公用工程量之间的关系，应用总操作费用最小化确定最优传热温差；然后基于夹点分析技术优化换热网络，依次对物流连接方式、换热顺序和新增换热器进行改进；最后，对改进的换热网络进行分析和评价，得到能耗最低、经济可行的换热网络优化改进方案。

(五) 工艺流程与设备

1. 常压塔预闪蒸流程

加工轻馏分含量较高的原油，可采用二段闪蒸工艺流程，如图6-8所示：原油换热到一定温度进入预闪蒸塔，闪蒸出的气体和轻组分直接进入常压塔的适宜位置，预闪底油经继续换热至一定温度后，再将一部分汽油和柴油组分闪蒸出来，进入常压塔的某层塔盘，经二次闪蒸后的再闪底油经换热及常压炉加热后进入常压塔。

在预闪蒸流程中，大量闪蒸气直接进入常压塔的适宜位置，闪蒸出来的气相不必加热到常压塔的进料温度，因而不必通过常压炉来获取能量，从而降低了常压炉的负荷，降低了装置能耗。闪蒸气直接进入常压炉的适宜位置，使常压塔全塔的气液相分布更加均匀，增加塔的操作弹性，有利于装置处理量的提高。

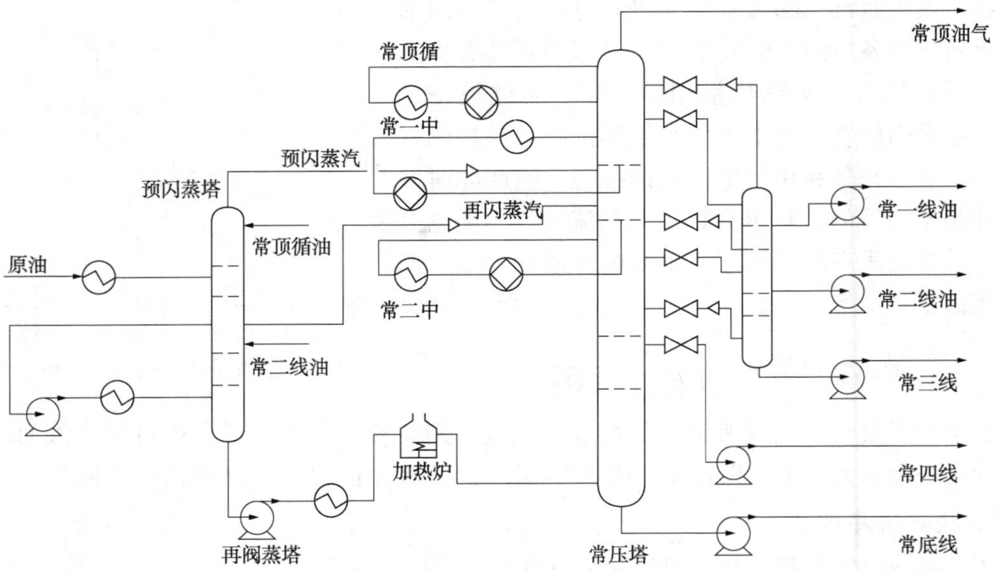

图 6-8　两段闪蒸工艺流程示意图

2. 优化抽真空系统

抽真空系统的作用是将真空系统内的气体，包括可凝油气、不凝气和吹入的水蒸气（加热炉炉管注汽、减压塔底汽提蒸汽）抽走，以保证减压塔的真空度。

减压塔顶抽真空系统包括：抽空器（真空泵）、冷凝器（预冷凝器、中间冷凝器、后置冷凝器）、水封罐和相应的管道、阀门等。原油蒸馏装置减压塔顶的抽真空系统对减压操作起着十分重要的作用，直接关系到减压蒸馏系统的产品收率和装置能耗。蒸馏装置采用蒸汽喷射器的二级抽真空系统的流程如图 6-9 所示。

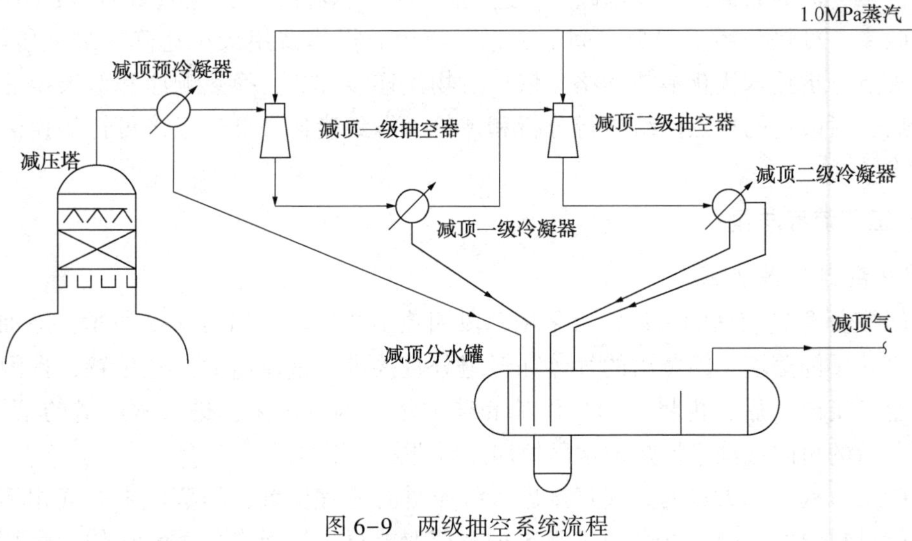

图 6-9　两级抽空系统流程

减压塔顶出来的不凝气、水蒸气和少量的轻质可凝油气等首先进入预冷凝器。大部分水蒸气和可凝油气被冷凝后排入减顶分水罐，不凝气和少量未凝的可凝油气、水蒸气则由一级喷射器抽出，并经过中间冷凝器(减压塔顶一级冷凝器)冷凝冷却，冷凝液排入减顶分水罐，未凝气体(不凝气、少量的水蒸气、少量可凝油气)再由二级喷射器抽出，并经后置冷凝器(减压塔顶二级冷凝器)冷凝冷却后，冷凝液和不凝气体分别排入减顶分水罐。

近年来，由于液环真空泵具有能耗低、排污量少等特点，在抽真空系统的应用越来越多。液环真空泵(简称液环泵)是一种粗真空泵，它所能获得的极限压力与泵的结构形式、工作液的温度有关。液环真空泵替代多级蒸汽喷射器的末级或末两级，组成混合抽真空系统(即由两级或三级蒸汽喷射器和液环真空泵组成)，在混合抽真空系统中，通常把液环真空系统称为机械抽真空系统，如图 6-10 所示。

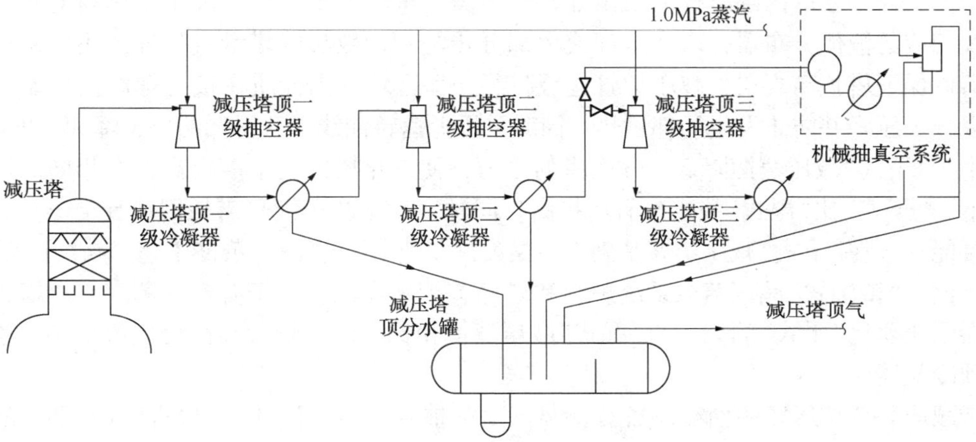

图 6-10　混合抽真空流程

液环真空泵工作时会在泵体内装有适量液体作为工作介质。当偏心安装的叶轮按图 6-11 所示的方向旋转时，液体被叶轮抛向四周，由于离心力的作用，液体形成一个与泵腔形状相似等厚度的封闭液环。液环的上部内表面恰好与叶轮轮毂相切，液环的下部内表面刚好与叶片顶端接触。叶轮叶片与液环之间形成一个月牙形空间，而这一空间又被叶轮分成与叶片数目相等的若干小腔。如果以叶轮的上部 0° 为起点，那么叶轮在旋转前 180° 时，小腔的容积由小变大，且与端面上的吸气口相通，此时气体被吸入，当吸气终了时小腔则与吸气口隔绝；从断面Ⅱ－Ⅱ到断面Ⅲ－Ⅲ，小腔的容积逐渐缩小，既不吸气也不排气，此时，气体被压缩，当小腔与排气口相通时，气体便被排出泵外。

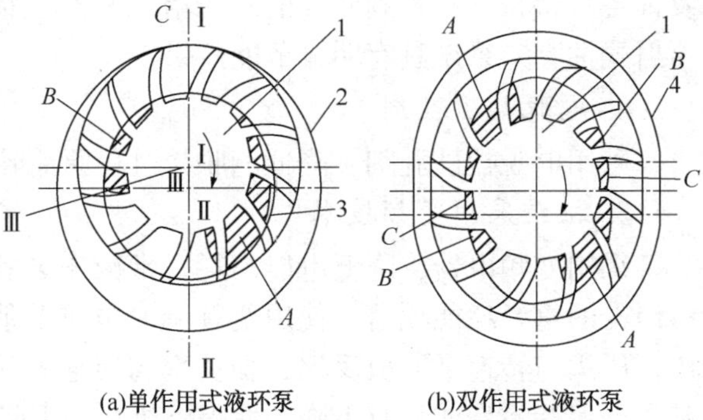

图 6-11　液环真空泵原理图

A—吸气口；*B*—排气口；*C*—间隙；
1—叶轮；2—泵体(单作用)；
3—波环；4—泵体(双作用)

减压塔顶抽真空系统是由多级抽空器和冷凝器组成，抽空器可以采用以水蒸气作动力源的蒸汽喷射泵，也可以采用以电机驱动的液环泵；冷凝冷却器可以采用空冷，也可以采用水冷。抽真空系统的性能、能耗水平不但与抽真空设备、冷凝冷却器的性能有关，也与大气环境条件、公用工程条件有关。减压塔顶抽真空系统的能量优化主要针对流程安排、各级抽空器压比等参数。

优化抽真空系统各级抽空设备的压缩比，可以达到降低设备投资和节能目的。

3. 干式减压蒸馏

传统设计中，原油减压蒸馏大多采用“湿式”减压蒸馏。“湿式”减压蒸馏就是在减压炉入口注入部分蒸汽以提高管内油品的流速，同时在减压塔塔底注入蒸汽以降低塔内油气分压，提高拔出率。相对于“湿式”减压蒸馏，“干式”减压蒸馏就是取消炉管和减压塔内注汽，为此，需要在塔内部结构上采用处理能力高、压力降小、传质传热效率高的新型金属填料及相应的液体分布器，取代全部或大部分传统的低效板式塔盘。另外，还需采用三级抽空器以保证塔顶高真空，减压炉管逐级扩径，保证炉管内介质在接近等温汽化条件下操作，以减少压降并防止发生局部过热；同时采用低速转油线以获得低的压力降和温度降等。

由于“干式”减压蒸馏降低了分馏塔的压力，使汽化段的真空度提高，在相同的汽化段温度下，“干式”比“湿式”拔出率有所提高。同时，“干式”蒸馏只需耗用抽真空蒸汽，降低了装置能耗。在“干式”减压蒸馏基础上，又发展了“微湿式”减压蒸馏工艺。与“干式”减压蒸馏相比，“微湿式”减压蒸馏系统炉管和塔底有少量注汽，由于有汽提蒸汽，故塔顶喷射抽空器系统要比“干式”的大；与“湿式”减压蒸馏相比，由于炉管和汽提蒸汽量小，塔顶可取消预冷凝器。

常减压装置减压塔的抽空设备有：蒸汽喷射抽真空器、液环真空泵抽真空器、液体喷射式抽真空器。

采用液环真空泵与蒸汽抽真空系统组合抽真空工艺，以及液体喷射器抽真空系统，可发挥各自特长，在达到同样的减压塔顶真空度情况下，其组合抽真空工艺较采用全水蒸气喷射式抽真空系统具有明显节能效果。

4. 电脱盐破乳剂

采用电脱盐破乳剂，降低电脱盐过程原油乳化，提高电脱盐效果。

5. 机泵采用变频技术

采用变频电器，降低电能消耗。常减压装置机泵数量多、流量大，其电耗是仅次于燃料消耗的重要耗能项目，使用变频调速电机节能的潜力很大。调速电机的转速与流率成正比，压头与转速平方成反比，轴功率与转速的三次方成正比，当转速下降时，泵的效率可基本上保持不变或稍有下降，使得电机功率下降。

（六）低温热回收利用

1. 下游直供料消除低温热

原油常减压蒸馏装置的冷源主要是原油，与下游装置的热联合可有效地减少装置低温热源的数量，为装置的低温热利用创造条件。实施装置热联合采用多装置间热联合技术，不但可以减少蒸馏装置的冷却负荷，还可以减少下游装置的加热负荷，是装置节能的最佳途径。

2. 利用好低温原油作为热阱

对于原油蒸馏装置低温余热的回收利用，要求配合全厂范围的低温热利用整体规划，将塔顶油气、顶循环、侧线及渣油等物流的低温余热纳入全厂低温热系统整体考虑。具体而言，就是在工艺装置本身用能优化改进的基础上，将尚未利用的工艺低温余热通过以除盐水为热媒的闭路循环系统回收，供相关低温热阱加热。在换热流程优化后，初顶油气、常顶油气、减顶循环、常三线、常四线、减五线等物流进冷却器的温度仍较高，通常在100℃以上，是较好的低温热源，以热媒水为介质建立相应低温热系统，回收这些低温热源热量用于罐区维温、管线伴热、锅炉给水预热、生活热水、冬季采暖等，可节省蒸汽，有效降低装置能耗。

3. 减顶油气低温热回收

对减顶油气低温热回收时，由于减压系统油气体积较大，换热器及管线型号大；同时，增加低温热换热器后，会降低减压塔的真空度，因此需要权衡考虑。

4. 常顶循与常顶油气低温热

常压塔顶回流和水蒸气等带出的低温热占全塔回流取热的很大一部分比例，因此，通过增加顶循环回流，优化各部分回流取热比例，尽量多取蒸馏塔下部的高温位回流热，对于塔顶在保证产品质量的前提下，尽量多取循环回流热，用循环回流控制塔顶温度和产品质量，减少塔顶冷回流，从而大大减少低温热的生成量。

常压塔(初馏塔)顶油气参与原油换热，是低温热利用的重要手段之一。常压塔(初馏塔)顶油气与原油换热，可以提高原油温度。回收常顶油气低温热需要采取双相钢或钛材质的换热设备，用以抵抗常压塔(初馏塔)顶油气中含有的 H_2S、HCl 对设备的腐蚀。较高的热量回收，可带来可观的经济效益。

5. 回收电脱盐注水热量

原油电脱盐注水与排水换热，提高电脱盐注水温度，可有效地减少原油脱盐脱水过程的热量损失。

第二节 催化裂化装置能量优化

催化裂化是重质原料油品在催化剂存在下，在 470~530℃和 0.1~0.3MPa 的条件下，发生以裂解反应为主的一系列化学反应，转化成气体、汽油、柴油、重质油及焦炭的工艺过程。气体可通过气体分馏为烷基化等提供原料。气体中丙烯、丁烯又是合成纤维、合成树脂、合成橡胶的原料。催化裂化汽油辛烷值较高，是车用汽油的理想调和组分；催化裂化的柴油十六烷值较低，但其凝点也低，其中芳烃含量高达 40%~50%，可抽提出来作为化工原料。

一、催化裂化装置工艺流程

催化裂化装置一般由反应-再生系统、分馏系统、吸收稳定系统、烟气能量回收系统等组成；有的企业还将汽油脱硫醇、液化气脱硫等产品精制装置与催化裂化装置构成联合装置。

(一) 反应-再生系统

反应-再生系统是实现原料油裂化和催化剂再生的工艺部分，各产品的产率和催化剂的再生效果由反应-再生部分所决定。

反应-再生系统是催化裂化装置进行原料裂化反应和催化剂烧焦再生的生产过程，其工艺最为复杂，也是整个装置的核心部分。尽管反应-再生系统的工艺形式很多，但其工艺原理都是相同的。图6-12为采用并列式两器布置的催化裂化装置反应-再生系统工艺流程。

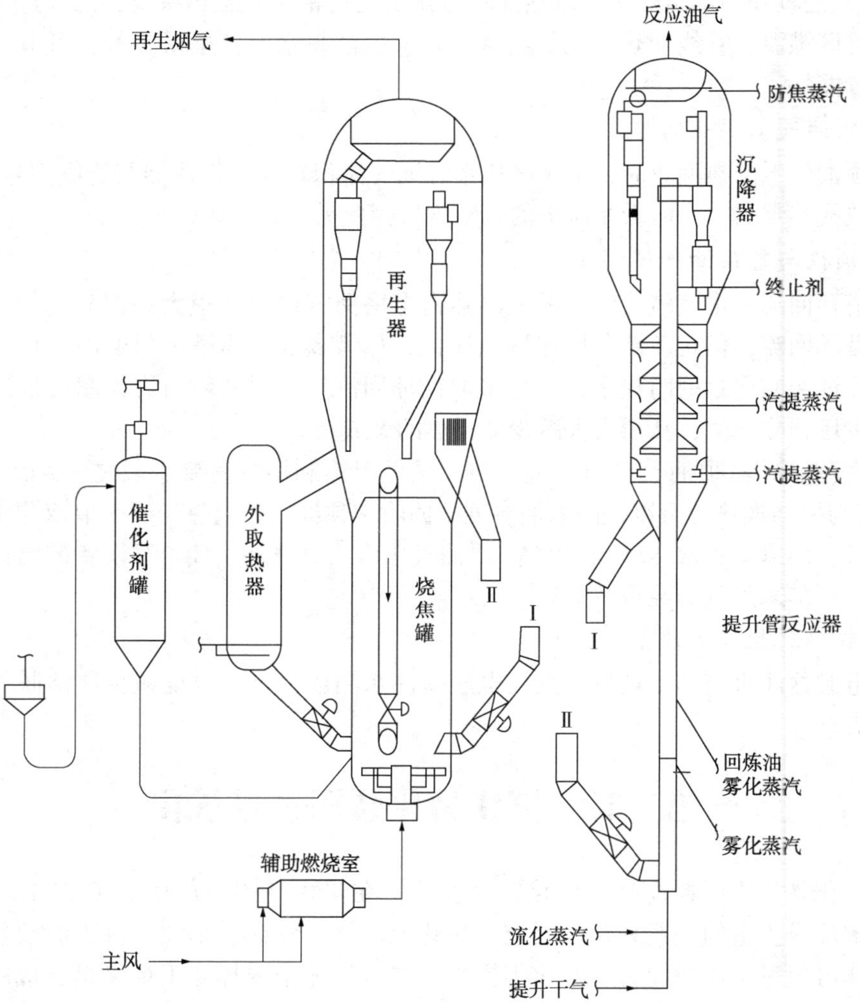

图6-12 催化裂化反应-再生部分工艺流程

新鲜原料油经换热至约200℃后与分馏部分来的回炼油、回炼油浆混合，并分多路由原料油雾化喷嘴进入提升管反应器。提升管反应器的预提升段使用干气/蒸汽对催化剂进行提升、加速，提升至温度680~690℃高温催化剂与原料接触，使原料升温、汽化及反应。反应后的油气约500℃，在提升管出口粗旋作用下，与待生催化剂分离，并通过粗旋升气管进入沉降器单级旋风分离器，再进一步除去携带的催化剂细粉，反应油气离开沉降器，进入分馏塔。

失活后的待生催化剂进入沉降器的汽提段，在此与蒸汽逆流接触，汽提出催化剂所携带的油气，汽提后的催化剂沿待生斜管下流，经待生滑阀进入再生器的烧焦罐下部，与循环管自二密相来的高温再生催化剂混合，达到较高的温度(600～660℃)。自主风机来的主风经主风管道、辅助燃烧室后，再经烧焦罐底部的主风分布管进入烧焦罐。催化剂以快速床向上流动，在较高的再生温度(680～720℃)及CO助燃剂存在的条件下进行富氧再生，烧去大部分焦炭。烧焦罐顶部设有大孔分布板，烟气和催化剂通过大孔分布板进入二密相流化床继续烧焦。大孔分布板起到分布催化剂和烟气、防止催化剂下漏、使二密相流化稳定等作用。二密相在较高气速下操作，以改善流化和烧焦状况，并在680～690℃条件下最终完成焦炭及CO的燃烧过程。再生催化剂经再生斜管及再生滑阀进入提升管反应器底部的预提升段，完成催化剂的循环。

再生过程的剩余热量由外取热器取走。再生烧焦产生的烟气经再生器顶部的多组两级旋风分离器分离催化剂后，离开再生器后进入三旋进一步分离夹带的催化剂，净化的烟气进入烟气能量回收系统。

开工用的催化剂由冷催化剂罐或热催化剂罐用非净化压缩空气输送至再生器，正常补充催化剂可由催化剂小型自动加料器输送至再生器。为保持两器系统的催化剂活性，需从再生器内不定期卸出部分催化剂，由非净化压缩空气输送至废催化剂罐，然后由槽车运出。

(二) 分馏系统

分馏系统的主要任务是将来自反应-再生系统的高温油气分离为富气、粗汽油、轻柴油、重柴油、回炼油和油浆等馏分。富气和粗汽油送至吸收稳定系统；轻柴油和重柴油经冷却后送出装置，作为轻、重柴油产品的调和组分，或作为柴油加氢精制的原料；回炼油和油浆作为反应进料送回提升管反应器，单程转化的装置回炼油和油浆也可送出装置。

分馏系统主要由分馏塔、柴油汽提塔、原料油缓冲罐、回炼油罐以及塔顶油气冷凝冷却系统、各中段循环回流及产品的热量回收系统组成。图6-13是典型的渣油催化裂化分馏系统的工艺流程。

由沉降器来的过热反应油气(约480～530℃)进入分馏塔下部，通过“人”字挡板与循环油浆逆流接触，洗涤反应油气中夹带的催化剂细粉并脱除过饱和热量，使油气呈“饱和状态”进入分馏段。分馏塔顶油气经换热冷凝冷却至40℃，进入分馏塔顶油气分离器进行气、液、水三相分离，分离出的粗汽油经粗汽油泵进入吸收稳定系统，分离的富气进入气压机增压送往吸收稳定系统，含硫酸性水送出装置进行处理。

轻柴油自分馏塔中上部塔板抽出后，自流至轻柴油汽提塔，汽提后的轻柴油由轻柴油泵抽出，经换热器分别与原料油、富吸收油等换热，再经空冷器冷却至60℃后分成两路：一路直接送出装置；另一路作为贫吸收剂进入吸收稳定系统。

重柴油自分馏塔中下部塔板由重柴油泵抽出，经换热冷却至60℃后送出装置。

分馏塔的剩余热量分别由塔顶循环回流、第一中段循环回流(简称一中)、第二中段循环回流及油浆循环回流取走。塔顶循环回流自分馏塔顶部第4层塔板抽出，用塔顶循环油泵升压，经换热器回收热量并冷却至约85℃后返至分馏塔顶第1层塔板。一中循环回流油自分馏塔中部抽出，经换热降温后返回分馏塔一中抽出口下方塔板；二中循环回流及回炼油自分馏塔下部塔板自流至回炼油罐，经泵升压后分为两路：一路换热降温至200℃左右与回炼油浆混合后进入提升管反应器回炼；另一路经换热降温后返回抽出口上方塔板。

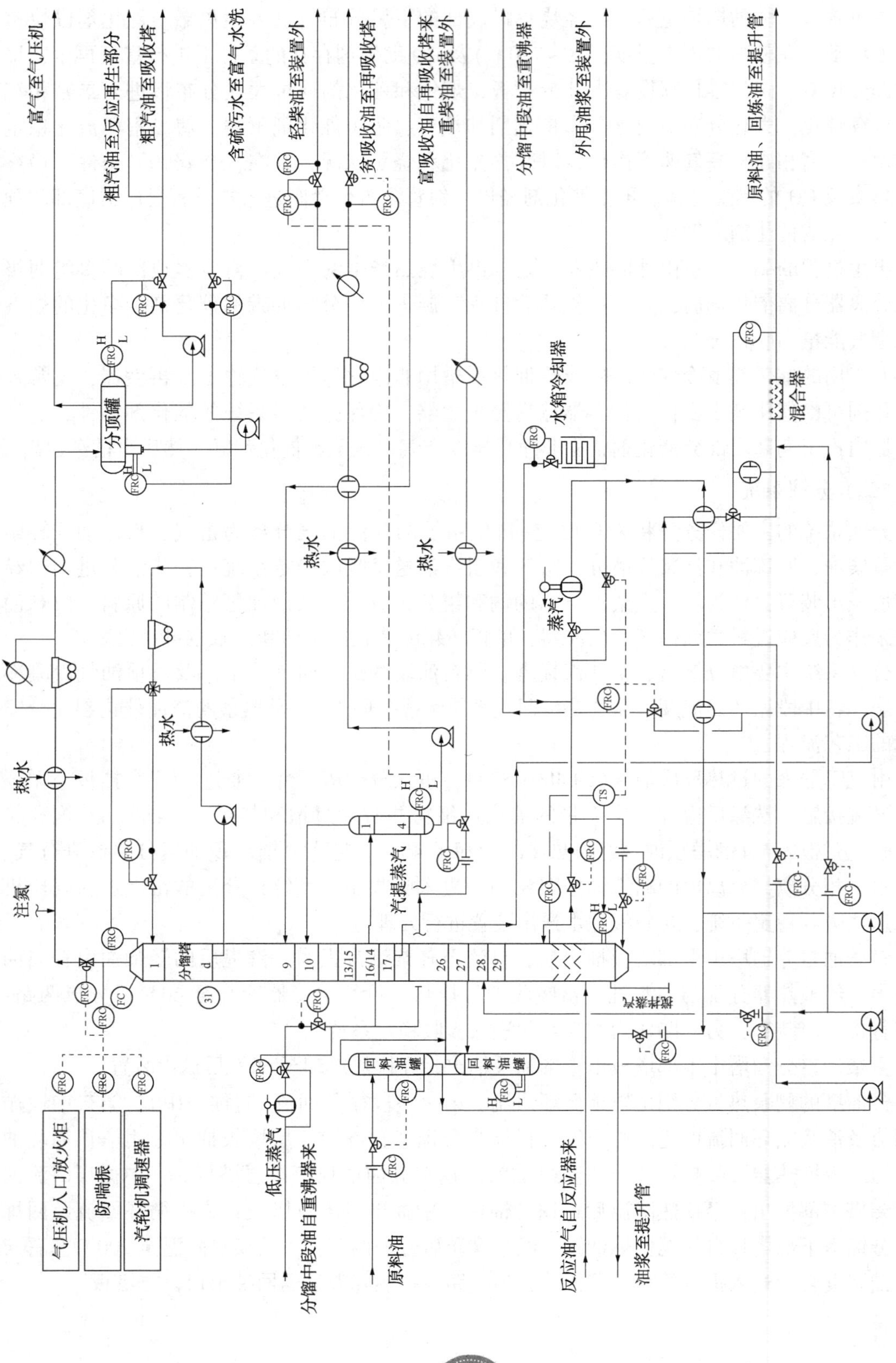

图6-13 催化裂化装置分馏系统流程图

塔底油浆由油浆循环泵抽出后，经换热降温至280℃后分为三路：一路进一步经换热冷却至90℃，作为产品油浆送出装置；一路分别从油浆上返塔口和下返塔口分别返回分馏塔洗涤脱过热段上部和分馏塔底部；另一部分油浆自分馏塔底由回炼油浆泵抽出，直接与回炼油混合后送至提升管反应器回炼。

(三) 吸收稳定系统

分馏系统得到的粗汽油中溶解有 C_3、C_4 甚至 C_2 组分，富气还含有大量 C_3、C_4 组分；吸收稳定系统的作用是将富气和粗汽油分离成干气、液化气和稳定汽油，保证符合商品规格。一般要求干气中 C_3 含量小于3%，液化气中 C_2 含量小于0.5%、C_5 含量小于3%，稳定汽油中 C_3/C_4 含量小于1%。富气压缩机(简称气压机)是连接分馏和吸收稳定两大部分的气体压缩设备，该部分由气压机组和入口分液罐以及控制系统组成。

吸收稳定系统主要包括吸收塔、解吸塔、稳定塔、再吸收塔和凝缩油罐以及相应的冷换设备等。图6-14是典型的双塔吸收-稳定系统流程示意图。

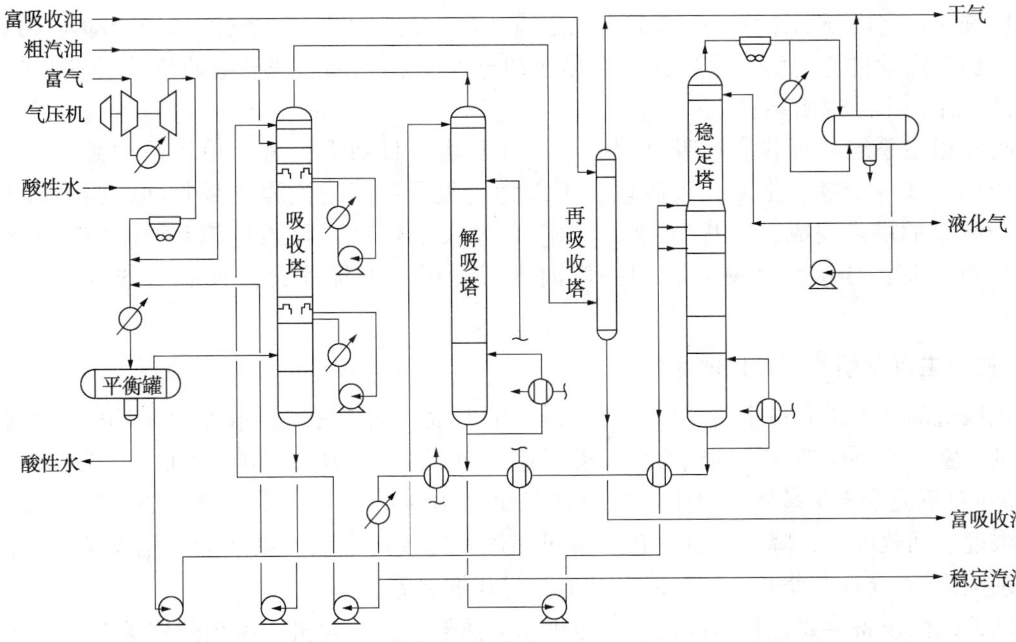

图6-14 催化裂化吸收-稳定系统工艺流程

从分馏部分来的富气经气压机两段压缩到1.2~1.6MPa，在气压机出口管线上注入洗涤水对压缩富气进行洗涤，去除其中的硫化物和氮化物，减轻对冷换设备的腐蚀。洗涤后压缩富气经空冷器冷却后与解吸塔顶气、吸收塔底油混合，再经冷凝冷却器冷到40~45℃进入气压机出口油气分离器(常称为凝缩油罐)进行气液分离，气体去吸收塔，液体(称为凝缩油)去解吸塔，冷凝水经脱水包排出装置。

吸收塔的操作压力为1.0~1.4MPa。经凝缩油罐分离后的气体由塔底进入吸收塔，作为吸收剂的粗汽油和稳定汽油由吸收塔顶部进入吸收塔，两相逆流接触来吸收富气中的 C_3、C_4 组分。吸收是放热过程，为了维持较低的操作温度以利于吸收，吸收塔设有1~2个中段回流来取走吸收过程放出的热量。

自吸收塔顶来的贫气进入再吸收塔，用轻柴油作吸收剂进一步吸收其轻组分，再吸收塔的塔顶为干气，一路至提升管反应器作预提升干气，一路至精制装置脱硫，净化干气作为工厂燃料气；再吸收塔底为吸收轻组分的富吸收油，自压回分馏部分。

解吸塔的作用就是将吸收塔底油及凝缩油中的 C_2 解吸出来，其操作压力为 1.1~1.5MPa。自吸收塔底来的富吸收油经凝缩油罐分离后，凝缩油送入解吸塔上部进行解吸。解吸塔底设重沸器，使用分馏塔的中段油或蒸汽加热，以解吸出凝缩油中的 C_2 组分；塔顶出来的解吸气中除含有 C_2 外，还有相当数量的 C_3、C_4，经冷却后与压缩富气混合进入凝缩油罐。解吸塔底为脱乙烷汽油，其中的 C_2 含量应严格限制，不得带入稳定塔过多，以免恶化稳定塔塔顶冷凝冷却器的效果和由于排出不凝气而损失 C_3、C_4。

吸收塔和解吸塔可并列布置，也可重叠布置。当重叠布置时，由于吸收塔位置较高，吸收油可自流到压缩富气冷却器，但需要设一个液封。

自解吸塔底来的脱乙烷汽油送至稳定塔。稳定塔的操作压力一般为 0.9~1.0MPa。稳定塔塔顶设冷凝器，塔底设重沸器。液化气从稳定塔塔顶流出，经空冷器冷凝冷却至 40~50℃后进入稳定塔顶回流罐，一部分作稳定塔回流，其余作为液化气产品经冷却至 40℃后送出。稳定汽油自稳定塔底抽出，经换热冷却至 40℃，一部分送至吸收塔作补充吸收剂，另一部分作为产品送出装置。

吸收稳定系统的吸收和解吸过程有单塔和双塔两种典型流程。单塔流程是将吸收塔和解吸塔合成一个塔，上部为吸收段，下部为解吸段；双塔流程中吸收和解吸过程分别在两个独立的塔内完成，其优点是 C_3、C_4 的吸收率较高，脱乙烷汽油中的 C_2 含量较低。单塔流程由于吸收和解吸在同一塔内进行，相互干扰较大，目前已基本被双塔流程取代。

（四）主风及烟气能量回收系统

主风机的任务是向再生器提供烧焦所需要的空气；烟气能量回收系统是回收再生器烟气能量，空气经再生器变为烟气后，温度高达约 700℃、压力约 130~170kPa，携带有大量的热能（对不完全再生装置，再生烟气中含有 5%~10%的 CO），设置烟气能量回收系统可最大限度地回收能量，降低装置能耗。余热锅炉是回收再生烟气余热的专用设备，该部分包括余热锅炉、CO 焚烧炉、水封罐、烟道阀门和烟囱等。

该系统的设备主要包括主风机、增压机、取热器、烟气轮机以及余热锅炉等，图 6-15 是烟气能量回收系统的工艺流程示意图。

来自再生器的高温烟气，首先进入高效三级旋风分离器，分出其中的催化剂，使粉尘含量降低到 0.2g/m³ 烟气。三旋顶部有两路出口：一路出口经高温闸阀和高温蝶阀接至烟气轮机，高温闸阀供开停工切断用，高温蝶阀用来控制再生器压力；另一出口接至双动滑阀、孔板降压器，然后与余热锅炉相连。

机组正常运转时，双动滑阀全关，所有烟气经高温闸阀和高温蝶阀进入烟气轮机膨胀做功，使再生烟气的热能和压力能转化为机械能，驱动主风机转动，提供再生所需空气。开工时无高温烟气，主风机由电动机（或汽轮机，又称蒸汽透平）带动。正常操作时，如果烟气轮机功率带动主风机尚有剩余时，电动机可以作为发电机，向配电系统输出电功。烟气经过烟气轮机后，温度、压力都有所降低（温度约降低 100~100℃，烟机出口压力约为

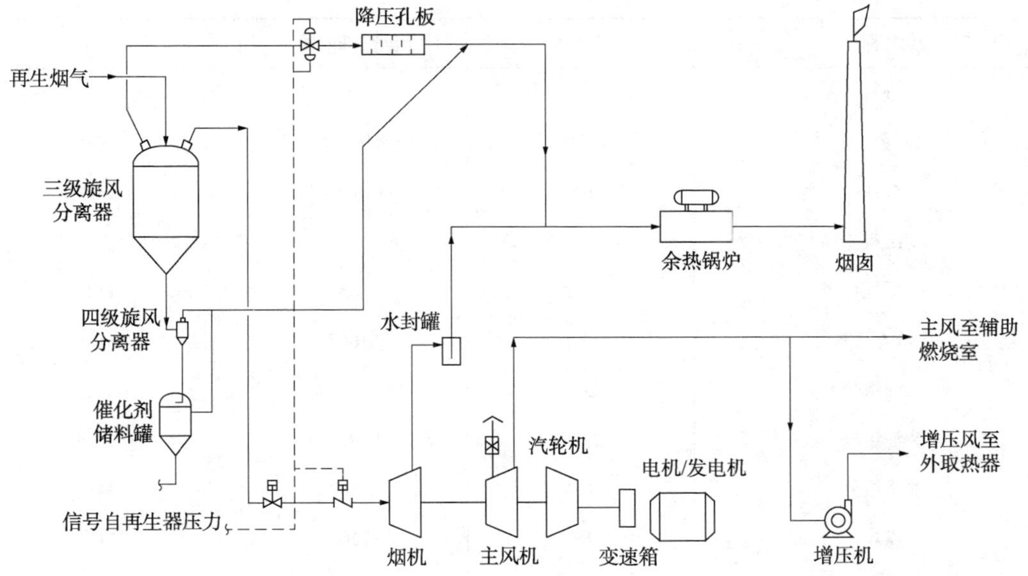

图 6-15 烟气能量回收系统工艺流程示意图

110kPa)，但仍含有大量的显热能，再经手动蝶阀和水封罐进入余热回收设施(或 CO 锅炉)回收能量，产生的高压蒸汽可供汽轮机或装置内外其他部分使用。

当烟气中催化剂含量过高、颗粒度超标或烟气轮机故障时，烟气轮机应从运行系统中切换出来，此时应全关烟机入口高温闸阀及高温蝶阀，烟气通过双动滑阀、孔板降压器后去余热锅炉，最后经烟囱排放。

余热回收设施分为余热锅炉、CO 锅炉及 CO 焚烧炉+余热锅炉三种形式。再生烟气排出温度很高(550~650℃)，有的装置再生烟气中还含有 CO，所以再生烟气蕴藏着很大的能量。余热回收设施可将再生烟气温度降到 110~150℃(视 SO_2 露点温度而异)，大幅度降低装置能耗。对于含有 CO 的再生烟气，余热回收设施不仅回收其物理能量，而且可以回收其化学能，从而大幅度地降低装置能耗。

二、催化裂化装置用能特点

(一) 物料平衡

不同原料在不同操作条件下可以得到不同的产品收率，催化裂化装置的物料平衡可以用来衡量装置的运行水平，相同的原料生产出来的目的产品越多，说明运行水平越高。催化裂化一般要衡量汽油收率、轻质油收率、液化气(气体)收率或轻烯烃收率。

催化裂化反应部分的物料平衡是催化裂化装置众多平衡中最为重要的部分。可靠的反应物料平衡是求得其他平衡(如热平衡等)的依据。表 6-6 列出了某 3.5Mt/a 催化裂化装置的物料平衡情况。

催化裂化的反应热是以化学能的形式转移到反应产物中，由产品和原料的状态决定过程反应热，因此物料平衡是决定过程用能的重要因素。

表 6-6 某 3.5Mt/a 催化裂化装置物料平衡表

名称	占比/%	流量/(kg/h)	流量/(kt/a)
进料			
加氢重油	100	416667	3500
合计	100	416667	3500
出料			
干气	3.2	13333	112
液化气	14.8	61667	518
汽油组分	42.5	177083	1487.5
柴油组分	23.5	97917	822.5
油浆组分	7.0	29167	245
焦炭	9.0	37500	315
合计	100	416667	3500
汽油+轻柴油	66.0		
液化气+汽油+柴油	80.8		

(二) 能耗分析

催化裂化装置是将重质石油馏分裂化为轻质石油产品的炼油装置，为了使大分子烃类在高温下裂化，需要将油品升温、汽化，还要吸收一定数量的反应热。为了将反应产物由宽馏分分离成窄馏分产品，也需要供入热量，以上是过程的主要用能，即工艺过程用能。为了保证工艺过程能够顺利进行，介质的输送压缩也需要用能，即动力月能。此外，还需要输入辅助能量，如提供给冷却介质的能量等。表 6-7 列出某 3.5Mt/a 催化裂化装置的能耗情况。

表 6-7 某 3.5Mt/a 催化裂化装置能耗统计表

项 目	消耗量		能耗/kgEO	单位能耗/(kgEO/t)
	单位	数量		
电	kW·h	4210.15	1094.64	2.63
循环水	t/h	5133.2	513.32	1.23
除盐水	t/h	333	765.9	1.84
净化水	t/h	20	5	0.01
污水	t/h	60.233	66.26	0.16
0.4MPa 蒸汽	t/h	-38.8	-2560.8	-6.15
1.3MPa 蒸汽	t/h	50.251	4020.08	9.65

续表

项　目	消耗量		能耗/kgEO	单位能耗/(kgEO/t)
	单位	数量		
3.8MPa 蒸汽	t/h	-177.5	-15620.0	-37.49
4.5MPa 蒸汽	t/h	-80	-7040	-16.9
燃料气	t/h	0.875	875	2.1
焦炭	t/h	37.5	35625	85.5
氮气	Nm^3/h	80.43	12.06	0.03
净化风	Nm^3/h	5004	190.15	0.46
非净化风	Nm^3/h	1080	30.24	0.07
热输入(原料)	$\times10^4$kcal/h	1448	1448	3.48
热输出(柴油)	$\times10^4$kcal/h	-96.6	-48.3	-0.12
热输出(汽油)	$\times10^4$kcal/h	-100	-50	-0.12
低温热回收	$\times10^4$kcal/h	-3791	1895.5	-4.55
能耗合计				41.83

由表 6-7 可知，该装置能耗为 41.83kgEO/t，其中催化剂烧焦再生能耗 85.5kgEO/t，但同时装置发生蒸汽折能耗 50.89kgEO/t，两者对催化裂化装置能耗影响较大，因此催化裂化装置具有能量大量投入又大量产出的特点。

(三) 影响能耗的因素分析

1. 能耗构成

从能量平衡分析中可以看出，装置能耗由直接损失能E_W、冷却排弃能E_J和热力学焓差E_T等项目构成，如表 6-8 所示。

表 6-8　典型装置的能耗分布　　MJ/t

项目	C1 装置	C2 装置	F2 装置 a	F2 装置 b
总能耗	2140	2558	2210	2098
直接损失能	668	838	729	772
排烟损失	240	361	305	291
散热损失	260	285	268	252
无效动力	168	192	156	229
冷却排弃能	988	1231	1125	1118
热力学焓差	335	408	334	181

① 冷却排弃能。通过冷却介质(水、空气)排入周围环境的能量是装置能耗的主要项目，占总能耗的一半左右，而且其比例随总能耗降低而上升。减少冷却排弃能的途径靠合

理的低温利用。通常用于催化裂化装置邻近的气体分馏装置。

② 排烟损失。指余热锅炉、加热炉或再生烟气直接排入烟囱而损失的能量，其中也包括未燃烧的CO和烟气中水蒸气带出的热量。影响排烟损失的因素有：焦炭产率；排烟温度；烟气未燃烧的CO含量；注入再生器、烟机和烟气管线的水蒸气量。

③ 散热损失。由于设备和管线表面温度高于环境温度而散失到环境中的热量，约占总能耗的11%~13%，它与保温厚度和质量有关，在高温部位尤其重要。

④ 无效动力。包括装置所用电、蒸汽、冷却水、压缩空气在用能过程中能量转换造成的损失，也包括主风机组和富气压缩机组在采用驱动机械运行时实际消耗功率和理论用功的差值，特别当使用凝汽轮机时，输入蒸汽能量和驱动能量的差值。

⑤ 热力学焓差。指提升管内化学反应热与90℃为基准的进装置原料和出装置产品温度之间物理焓差两者之和，各装置间随原料性质和反应深度而异，但占总能耗比例不大。

2. 工艺因素

(1) 反应-再生部分

影响反应-再生系统能耗的工艺因素较多，包括：

① CO燃烧程度，即排入大气中再生烟气中CO含量，在无CO完全燃烧技术和CO锅炉时，这部分能耗非常可观。CO完全燃烧与常规再生相比，对每个百分点的烧焦率而言，单位能耗可相差70MJ，若生焦率为5%，二者能耗相差约350MJ/t。

② 烟气压力能利用。烟气压力能利用决定于烟气参数和机组效率。若以主风机和烟气轮机效率均为85%计，操作参数与主风机动力回收率关系见表6-9。选择合理时，主风机动力回收率可大于100%。

表6-9 操作参数与主风机动力回收率的关系 %

烟气温度	烟气压力				
	240kPa	200kPa	160kPa	120kPa	80kPa
700℃	129.8	127.6	123.2	114.7	98.0
670℃	125.8	123.7	119.4	111.1	95.0
640℃	121.8	119.8	115.6	107.6	91.9
610℃	117.8	115.8	111.8	104.1	88.9

③ 烟气显热利用。主要决定于余热锅炉排烟温度。若无余热锅炉时，单位排烟带走的热量可使能耗增加68~85MJ；若以生焦5%计，无余热锅炉能耗高340~425MJ/t。

④ 回炼比。回炼时需要向反应器供入大量高温热源使回炼油升温汽化。当由加热炉或靠燃烧油补充热量时，回炼比每增加0.1，大约增加能耗12.5MJ/t，这还不包括泵的动力消耗。

⑤ 焦炭能量利用率。焦炭燃烧热供给反应器、取热器发生蒸汽、烟气轮机做功和余热锅炉发汽的能量之和折合为一次能源的量与焦炭燃烧热的比就是焦炭的能量利用率。上述条件均影响焦炭能量利用率，更重要的是焦炭能量利用方案。表6-10列出五种方案的数据。

反应-再生系统的能耗决定于焦炭的能量利用率。

表 6-10 不同方案的烟气能量利用率

项目		方案Ⅰ	方案Ⅱ	方案Ⅲ	方案Ⅳ	方案Ⅴ
方案条件	再生压力/MPa	0.3	0.18	0.18	0.18	0.18
	再生温度/℃	700	610	610	610	610
	CO 燃烧	完全	完全	不完全	完全	不完全
	余热锅炉	有	有	CO 锅炉	无	无
	烟气轮机	有	无	无	无	无
焦炭能量利用率/%		93.68	79.68	82.33	60.67	44.42

(2) 分馏系统

分馏部分的能耗主要由冷凝冷却所需要的热量构成，还包括散热、蒸汽、冷却介质及泵的动力消耗。分馏塔上部的热量温度较低，塔顶油气一般小于 130℃，其热量在 335~460MJ/t；顶循环回流温度大致为 80~165℃，其热量约 210~250MJ/t。轻柴油抽出温度为 200~230℃，其带出热量决定于轻柴油收率和再吸收油量。上述三部分热量中有一部分的回收经济性较差，如塔顶油气和轻柴油低温段热量，这是构成分馏部分能耗的主要部分。一般分馏部分能耗为 540~760MJ/t。

(3) 气体压缩与吸收稳定部分

该部分能耗主要有气体压缩机的动力消耗及压缩富气的冷凝冷却、稳定塔顶产物的冷凝冷却及稳定汽油的冷却能耗。影响气压机能耗的主要因素是气体产率、压缩比和气压机驱动形式，其中以采用背压汽轮机能耗最低，采用凝汽轮机能耗最高。采用凝汽汽轮机、电动机和背压汽轮机的耗能比大约为 0.62：0.33：0.12。压缩富气的冷凝冷却能耗主要决定于气体的产率，尤其是液化气产率。稳定塔的能耗主要决定于液化气产率及稳定塔的回流比。稳定汽油换热后温度、汽油产率及吸收塔补充吸收剂用量也对能耗有一定影响。各种因素对该部分的影响关系见表 6-11[100]。

表 6-11 气压机不同驱动方式对吸收稳定能耗的影响

驱动方式	补充吸收剂占汽油分率	能耗/(MJ/t)					
		产品收率/%					
		气体，15 汽油，55			气体，13 汽油，44		
		回流比					
		1	2	3	1	2	3
凝汽汽轮机	0	751.1	798.8	846.2	691.2	734.8	778.3
	0.2	776.7	824.4	871.7	714.7	758.4	818.5
	0.4	802.6	850.3	897.6	738.1	781.7	825.2

续表

驱动方式	补充吸收剂占汽油分率	能耗/(MJ/t)					
		产品收率/%					
		气体，15 汽油，55			气体，13 汽油，44		
		回流比					
		1	2	3	1	2	3
电机	0	567.3	615.0	662.4	521.3	564.8	608.3
	0.2	592.9	640.6	687.9	544.7	587.8	631.8
	0.4	618.8	666.5	713.8	568.1	611.7	655.2
背压汽轮机	0	381.0	428.7	476.0	348.3	391.9	435.4
	0.2	406.5	454.3	501.6	371.8	415.3	458.9
	0.4	432.5	480.2	527.5	395.2	438.8	482.3

可以看出，最大的影响因素是气压机的驱动动力，产品收率、回流比的影响次之，补充吸收剂用量也有一定影响。

(4) 工艺用汽能耗

工艺用汽主要有进料雾化、汽提蒸汽、轻柴油汽提蒸汽、防焦蒸汽、预提升蒸汽及各种吹汽等。不包括动力、保温伴热、催化剂松动、抽空及生活用汽。

工艺用汽的热能在工艺过程中几乎没有被利用，全部排入大气或被冷凝。采用高效设备以降低工艺用汽对节能有特殊意义。

(5) 泵的动力消耗

泵的动力消耗在能耗中所占比例不大，一般约 80~120MJ/t。主要影响因素是回炼比，回炼比每增加 0.1，其装置能耗增加 2.5~3.3MJ/t。但泵消耗的是高能级的电能，过大的消耗往往是无谓地消耗在调节阀及阀门的节流上，精心设计可使泵的动力消耗降到 80MJ/t 左右。

(6) 散热损失

散热损失是不可避免的，主要受保温厚度设计、装置规模及保温工程质量的影响。大型装置的散热能耗一般为 250~420MJ/t 左右，小型装置则大得多。重油催化裂化的高温设备和管线散热表面比馏分油装置大，散热损失也大。

(四) 催化装置能量利用

催化裂化装置的工艺特点决定了其用能的特点。从催化裂化的能量供入来看，以催化剂为载体的催化烧焦能量在反应器和再生器之间的传递构成了装置用能的一大特点，这也决定了提高催化裂化装置能效的优化策略。

催化裂化反应-再生系统的热量由焦炭燃烧所放出的热量提供，如图 6-16 所示。在再生器一方，焦炭燃烧热的 60%~70%被催化剂带走，其余的热量转移到燃烧产生的烟气当中。通过催化剂在再生器与反应器之间的循环，热量也随之完成转移传递。在反应器中，进料与热再生催化剂混合接触，催化剂携带的热量提供进料升温所需的显热、进料汽化热、反应热和其他用能及反应器的热损失，其热量分配大概如下：进料的加热和汽化 60%~85%，反应热 10%~35%，热损失 5%。反应产物在提升管末端与催化剂分离，同时以过热的气相状态进入分馏系统，随之带入了大量由烧焦提供的能量。因此，分馏塔需要设置多个中段回收以取出过剩热量。

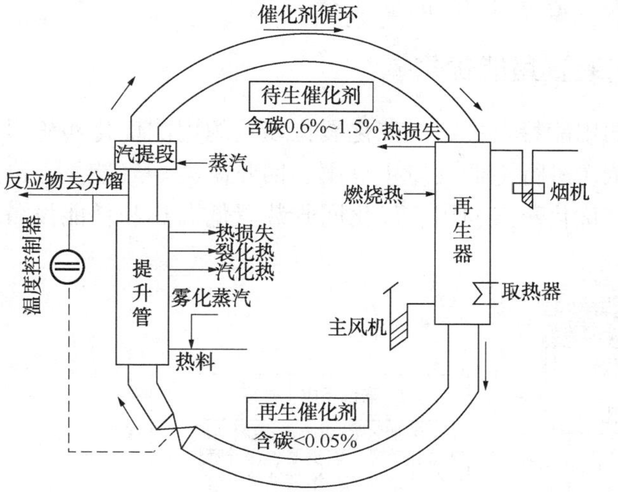

图 6-16 催化裂化装置反应-再生系统热平衡示意图

催化裂化装置的工艺过程特点，决定了其用能有如下特点：

① 催化烧焦供入大量高品位能量。催化裂化反应一般在 470~535℃的气相下进行，原料升温、汽化和反应所需的能量除通过换热外，绝大部分是由催化剂携带的再生器烧焦能量提供，反应所需的能量是通过催化剂为载体的两器热量传递提供。催化剂带入反应器的能量一部分用于推动反应进行，一部分由反应油气带入分馏系统，通过分馏塔中段循环回流取热的手段进行回收利用。因此，催化裂化装置催化剂烧焦再生释放的能量在推动工艺生产中具有重要作用，是完成反应、分馏过程所需能量的重要来源。

② 能量自给率高。催化裂化过程虽然用能的数量多、质量高，但反应过程生成的焦炭、烧焦产生的高温高压烟气、余热发生的蒸汽，都可作为自用能量。其能量自给率平均可达 80%左右。对重油催化裂化装置，其自给率可达 100%以上，甚至焦炭燃烧能量大于装置能耗。这同时表明，催化裂化，尤其是重油催化裂化，是能量大量输出的装置，其能耗往往与环境接受能量的能力有关。

③ 可回收利用能量的数量大、品质高。催化裂化有高温高压烟气压力能、高达 600℃以上的再生器余热和再生烟气显热、高于 300℃的油浆显热。充分而合理地回收这些能量，对降低装置能耗有极大意义和效果。

④ 低温热多。高能级的能量输入装置后，通过催化裂化反应产物进入分馏系统，分馏系统温位在 90~350℃之间，由于分馏塔进料是过热状态，因此分馏系统有大量低温位热量通过中段循环回流取出，大量地转化为 120℃的低温热，是构成能耗的主要原因之一。

⑤ 蒸汽用量多而分散。工艺用汽主要包括进料雾化、汽提蒸汽、轻柴油汽提蒸汽、防

焦蒸汽、预提升蒸汽及各种吹汽等。一般吹扫用汽量约为 25~35kg/t 原料；雾化蒸汽对馏分油裂化为 0.5%~1%（对原料），对重油裂化为 5%~10%；汽提蒸汽为 3~5kg/t 循环催化剂；轻柴油汽提蒸汽约为 3kg/t（轻柴油+再吸收油）。有烟气轮机的装置，烟气轮机用汽量约为 10~25kg/t 原料。重油催化裂化装置总用汽量可以高达 200kg/t，其能耗达 300~600MJ/t。蒸汽能耗在装置能耗中占有较大比重，而且用汽点多达上百个。蒸汽用量既涉及技术，也与管理有关，是合理用能的重点之一。

三、催化裂化装置用能优化

催化裂化装置的用能特点决定了催化裂化装置的用能优化实施思路，通过结合基于总流程的物料优化，依次进行降低反应生焦率、回收高温烟气能量、高品位烧焦热量、高温反应油气热量利用、优化蒸汽利用、优化回收装置低温热和耗能设备优化等方面，其开展过程如图 6-17 所示。

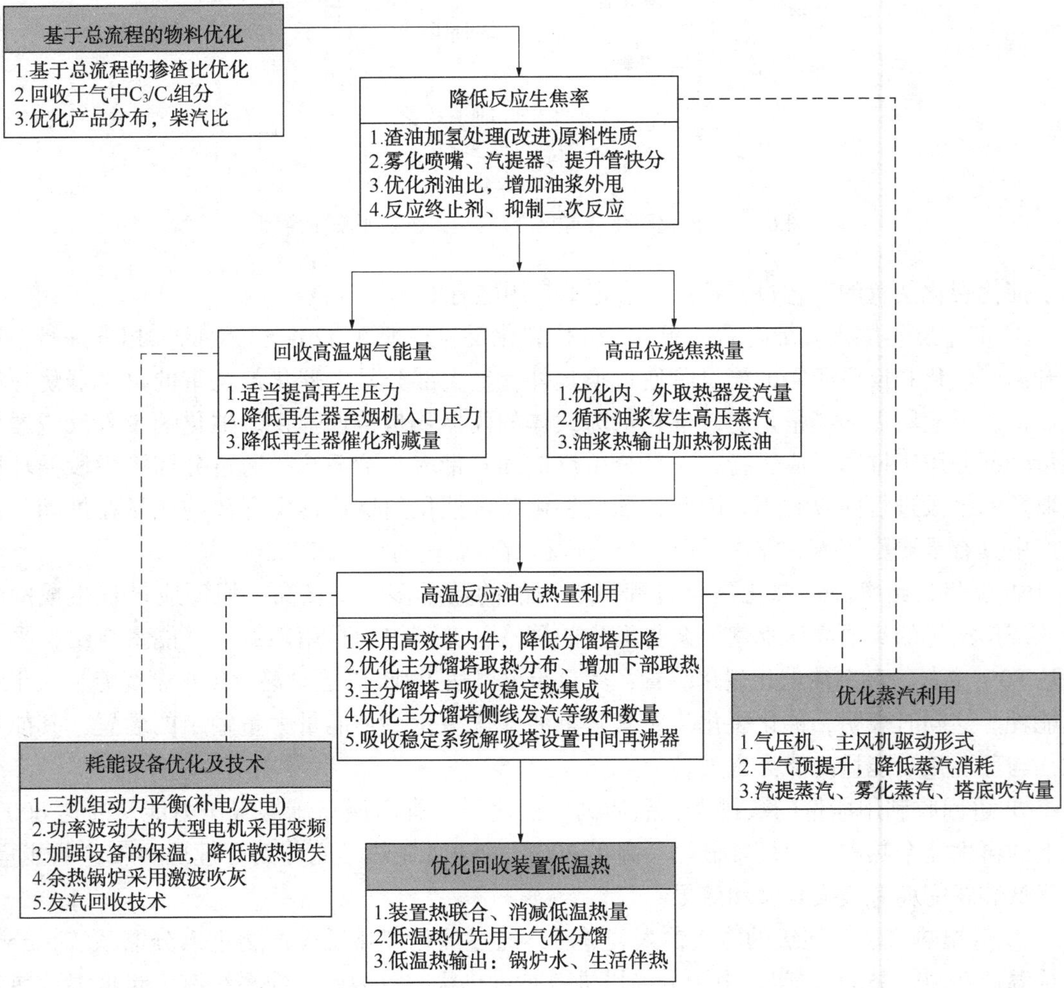

图 6-17 催化裂化装置能量系统优化示意图

（一）基于总流程的物料优化

根据装置在全厂生产加工中的任务，优化原料性质、产品分布，物料优化既是能量优化的重要方面，同时又会对后续的优化产生约束作用。

1. 基于总流程的掺渣比优化

总流程优化中，为避免重复分离混合，常减压装置的拔出率可能会有所改变，进而会改变减压渣油的性质(残炭、重金属含量等)。因此，催化裂化装置的原料要结合总流程变动，优化掺渣比。

2. 回收催化干气的 C_3/C_4 组分

改进吸收稳定系统操作，优化补充吸收剂用量，降低干气中的 C_3/C_4，必要时通过低温热制冷，降低补充吸收剂温度，强化吸收塔效果。

3. 优化产品分布和柴汽比

结合全厂的总流程和产品市场，优化产品方案，适时调整催化裂化装置的柴/汽比，提高装置的运行效益。

（二）降低反应生焦率

根据催化裂化装置的用能特点，催化裂化装置的能量绝大部分由催化烧焦提供，同时催化烧焦产生的能量远大于装置所需要的能量，催化剂烧焦再生过程回收其释放能量，通常采用动力和蒸汽回收的方法加以利用，其流程较长，效率会有损失。因此降低催化裂化装置能耗首先要减少焦炭的产生，其次要加强焦炭能的回收利用。

1. 优化和改进原料性质

从企业加工流程优化催化裂化原料，尽量用生焦率低的原料；通过加氢处理催化裂化原料，降低催化装置的生焦率。参见第五章“三、渣油、蜡油加工路线优化”部分。

2. 采用新型雾化喷嘴、汽提器、提升管快分等设备

① 高效原料雾化喷嘴，改善原料油雾化效果和剂油接触效果，使原料油雾滴与催化剂均匀接触，原料油汽化速度快、死区少，减少提升管内一次反应生焦。

② 先进的提升管出口快速分离设备，控制反应时间，减少二次裂化引起的生焦。

③ 高效的汽提技术，减少可汽提焦的生成。

④ 采用催化剂磁分离技术，从再生器中连续不断地改善催化剂活性、选择性，以达到降低催化剂损失、减少生焦，解决装置的重金属污染问题，降低装置焦炭和干气产率。

3. 优化操作、增加油浆外甩

通过优化操作，对原料预热温度、反应温度、回炼比、剂油比等参数进行优化调整，适当增加油浆外甩量，降低反应生焦率。

4. 采用反应终止剂、抑制二次反应

使用反应终止剂优化反应条件，有效地抑制二次反应，改善产品分布，提高轻烃收率，减少结焦。同时，设备结焦也会降低，沉降器顶部焦炭层、油气大管线结焦段长度会减小。

5. 采用干气雾化技术

用干气取代蒸汽作为原料油喷嘴的雾化介质，一方面可以提高反应油气分压，抑制干

气和焦炭的生成反应，提高目的产品的产率，从而提高装置经济效益；另一方面又可降低装置蒸汽消耗量，从而降低装置能耗。

干气预提升工艺，可减少高温再生催化剂与蒸汽的接触，在一定程度上减少催化剂的老化和热崩，保持催化剂活性和选择性；同时，干气先与高温催化剂接触，使活泼金属表面覆盖少量炭，可抑制 Ni 的污染，减少干气和焦炭产率，注入干气使反应器内的干气分压增加，有利于反应向抑制干气生成方向进行，进一步降低焦炭产率，提高目的产品收率。

（三）高品位烧焦热量利用

催化裂化装置高品位热回收包括以下三部分：

1. 优化内、外取热器发汽量

催化裂化装置的反应-再生两器热量是过剩的，需要设置取热器取出过剩热量，保持反应-再生之间的热平衡，使装置平稳运行。取热器有内取热器和外取热器两大类。

反应-再生系统热量平衡多余部分的取出和利用，催化裂化装置的催化剂烧焦时，焦炭在再生器中燃烧放出的热量，除提供裂化反应热外，还有大量剩余；这部分热量通过内、外取热器产生蒸汽，效率较高。

2. 优化装置蒸汽发生量

主分馏塔的循环油浆和第一中段循环等热量的温位较高。利用装置的高温位余热发生蒸汽，以蒸汽为介质回收热量、提高装置热能利用能力是降低装置能耗的有效手段。装置蒸汽输出量对装置能耗影响较大，因此提高蒸汽发生装置，对降低装置能耗指标有重要意义。

3. 油浆热输出加热常减压初底油

循环油浆温位较高，用来发蒸汽㶲损失较大；可考虑用来加热常减压装置初底油，这样可以增加装置热输出，降低催化裂化装置能耗。

（四）回收高温烟气能

主风机承担着向再生器提供烧焦用风的重要任务，是催化裂化装置关键设备之一。主风机的机型主要取决于装置规模和主风用量的大小。设置烟气轮机回收利用再生烟气的压力能，可大幅度降低装置能耗并增加经济效益。烟气轮机与主风机相结合，派生出了多种机组配置方式。目前按照轴系的结合方式，主风机与烟气轮机机组有同轴机组和分轴机组两大类。

同轴机组的优点是烟气轮机直接驱动主风机，能量转换效率高；机组配置简单，当机组有超速趋势时，主风机可以起到制动作用。同轴机组的缺点是当任一单机故障时，整个机组需停机处理，对装置生产影响较大。具体配置方式又细分为：①异步电动/发电机与烟气轮机共同驱动主风机的三机组；②蒸汽轮机与烟气轮机共同驱动主风机的三机组；③蒸汽轮机、烟气轮机和异步电动/发电机共同驱动主风机的四机组。

分轴机组的配置方式是烟气轮机直接驱动发电机的单独发电机组。此时，主风机可由汽轮机驱动或直接由电动机驱动。分轴机组的优点在于烟气轮机直接驱动发电机，与再生器的供风系统分开，对装置操作的影响小。缺点是机组对转速控制的要求更为严格，需要在烟机入口和旁路系统设置切断设备。

再生器与烟气轮机的联合相当于一个燃气轮机组，其目的主要是回收再生烟气中高价值的压力能和热能，如图 6-18 所示。再生烟气能量的有效可收利用对于降低整个装置的能耗有重要作用。烟气轮机的膨胀做功量是烟气温度、压力和烟气流量的函数。改变这三个参数，对烟气轮机输出功量有很大影响。

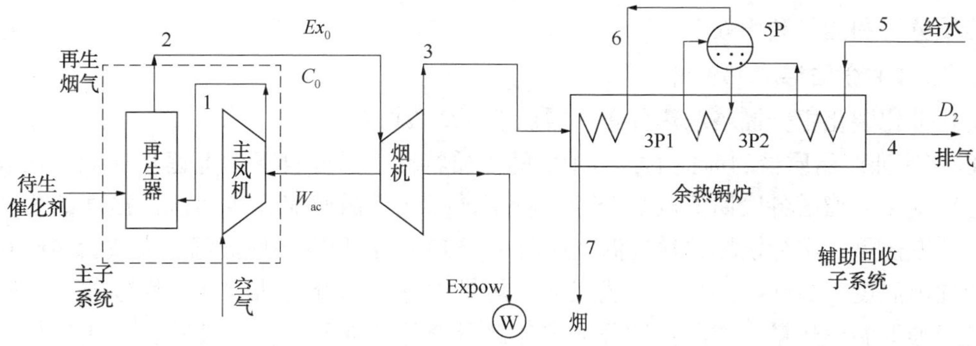

图 6-18 再生器-烟气轮机能量回收系统

1. 适当提高再生压力

从能量角度看，提高再生压力，有利于烟气轮机做功量的提高，分馏塔的压力也相应增加，可减少气压机压比，从而减少气压机耗功量，因而有利于节能。

再生压力的提高受反应-再生系统乃至分馏系统操作条件的制约，主要是反应系统油气分压增高，焦炭产率增加，馏分油催化裂化装置可通过注入干气或增加蒸汽量办法加以弥补。

2. 降低再生器至烟机入口压力差

在空气-烟气路线中，压力降主要体现在两个方面：一是主风机的主风入口管道蝶阀的存在，压力降正常在 6kPa 左右，会影响压缩比；二是床层压力降，因待生分配器位置较高，决定了床层压力降正常时达到 25kPa。

3. 降低再生器催化剂藏量

对于催化裂化装置而言，再生器催化剂藏量是一个重要参数。降低再生器催化剂藏量可以减少主风机出口至再生器顶部压降，提高烟机入口压力，增加烟机的做功能力；同时，可以缩短催化剂在高温区的停留时间，减少老化失活；其次，可以提高新鲜催化剂在系统内的浓度，提高活性和选择性，减少催化剂的单耗。

降低反应-再生系统催化剂藏量必须满足：沉降器汽提、再生器烧焦和必要的热容量（提高抗热波动干扰能力）。系统催化剂藏量降低应满足上述三个条件的最低限。

4. 采用富氧再生技术

催化裂化富氧再生技术是通过向主风中掺入部分纯氧以提高主风氧浓度（可从 21%提高到 26%~30%），在满足催化剂流化等正常操作所需主风量的前提下，可较大幅度地提高装置处理能力和掺渣比，优化产品结构，改善装置操作灵活性，降低能耗。采用富氧再生技术后，再生器的主风量减少，在相同加工量下，烟气带走的能量减少，从而降低能耗；同时富氧再生可提高烧焦强度，再生剂碳含量降低，催化剂平衡活性和选择性上升，有利于降低焦炭和气体产率，增加轻油收率。

（五）优化利用反应油气热量

高温反应油气热量是由催化剂烧焦带入反应系统进而进入分馏系统的热量。

1. 降低分馏塔压降

采用高效塔内件，降低分馏塔压降，通过精馏塔分离精度、理论板数、回流比优化，提高传质分离和能量利用效率。

2. 优化主分馏塔取热分布

优化催化裂化主分馏塔取热分布，增加下部塔段取热。

① 在保证产品质量的前提下，由于塔的传质特性，温度自下而上逐步降低，在取热量一定时，优化分馏塔各段回流取热分配，特别是降低顶循回流和冷回流，提高油浆、二中等高温位取热量。主分馏塔顶油气温度一般小于130℃；顶循环回流温度大致为80～165℃；轻柴油抽出温度为200～230℃。上述三部分热量中有一部分的回收经济性较差，如塔顶油气和轻柴油低温段热量。中段及循环油浆的热量全部可以回收，中段回流取热量与产品收率关系较小，基本上是回炼比的函数。油浆循环取热量主要受反应温度、回炼比和油浆产率的影响。使回流取热尽可能在高温下取出，为回流热的回收利用创造条件。

② 提高回流取热返塔温度。在回流取热一定的条件下，提高回流量，会缩小离返塔温差，使得返塔温度提高，增加回流的换热温差。但流量增大后，回流泵的功耗略有增力，更会受塔的水力学操作限制，必须考虑塔在弹性操作范围内调整。

3. 主分馏塔与吸收稳定热集成

主分馏塔与吸收稳定系统、气分装置的集成优化。

① 可通过优化分馏塔取热和改进换热网络。

② 顶循与气体分馏的热联合，塔顶油气和柴油等热量的回收利用等。

4. 优化发汽等级和数量

结合全厂蒸汽平衡、优化物流发汽等级和数量。提高油浆蒸汽发生器所产蒸汽的品质，增加热输出，如油浆蒸汽发生器所产低压蒸汽改为中压蒸汽。装置最优发汽数量问题可参见第六章第一节相关部分。

5. 优化吸收稳定系统操作

在保证干气、液化气质量合格的前提下，适当减少吸收剂量，防止过度脱吸，减少能量需求；吸收稳定系统的解吸塔设置中间再沸器。

（六）优化装置的蒸汽利用

1. 优化主风机、气压机驱动形式

主风机、富气压缩机的驱动形式，要结合全厂的蒸汽平衡情况，合理优化机组的背压参数。

2. 采用干气预提升降低蒸汽消耗

采用干气预提升可减少向反应器注入的蒸汽量，同时降低分馏塔顶冷却器的冷却负荷，减少装置的酸水排放量。同时，可改善产品分布，增加轻质油品的收率。但是，干气预提升会增加分馏塔顶油气分离器内不凝气量，富气机入口压力降低，导致富气压缩机的功耗略有增加。

干气预提升的前提条件是富气压缩机的运行能力具有充足的余量，企业应结合实际情况权衡考虑。

3. 优化汽提蒸汽、雾化蒸汽和塔底吹气量

优化汽提蒸汽、雾化蒸汽和吹汽用量。增加汽提蒸汽用量会导致装置能耗上升，另一方面也会降低待生剂的可汽提焦含量，因此需要权衡优化。

（七）催化裂化装置设备节能

1. 优化能量回收机组运行

催化裂化装置的能量回收机组实质上是将压力能和热能转化为电能或机械能的机械，以具有一定压力的高温烟气推动烟机旋转，进而带动主风机和发电机做功，实现能量回收。在烟机能量回收机组中，烟机是关键设备，它直接影响着能量回收的经济效益。烟气轮机动力回收机组的合理选择和配置，对确保催化裂化装置长周期平稳操作以及取得较好的节能及经济效果有关。

结合烧焦率评价主风机、烟机、汽轮机、发电机组的运行，优化能量回收机组发/补电量。

2. 大型机泵采用变频

电动机采用变频调速。机泵使用变频调速电动机后，显著减少用电量。

3. 加强设备保温、降低散热损失

加强设备保温，降低散热损失。

4. 优化余热锅炉吹灰

余热锅炉采用激波吹灰器。将蒸汽吹灰系统改造为激波吹灰器，提高除灰效果，降低排烟温度，减少排烟能量损失。

5. 采用乏汽回收技术

对装置内有单独的锅炉水除氧器时，采用乏汽回收技术回收除氧器乏汽用于加热除盐水，提高除盐水进入除氧器温度，降低除氧蒸汽消耗量。

（八）回收装置低温热

催化裂化装置存在大量低温热，低温热的利用程度对装置能耗影响较大。但催化裂化装置本身对低温热的吸收能力很低，需要借助于外部热阱消化。

1. 消减低温热产生

催化裂化的热联合主要包括上游原料热联合和产品（催化汽油、柴油）的下游热联合。由于受反应系统剂油比限制，催化裂化装置原料进提升管的温度一般是固定的，上游蜡油和渣油可以通过装置内物流加热，上游来料温度高会增加装置的热量。催化汽、柴油直供下游装置可以显著降低装置低温热，应重点考虑。

催化裂化装置与上下游装置之间的中间物料进行热供或者直供措施，能够避免这些中间物料先冷却而后又被加热的过程，也可减少经中间罐区中转物料输送的机泵电耗。例如，催化裂化装置的蜡油和渣油进料可以由上游装置直接热供料。催化裂化柴油或者汽油也可

以直接供下游的加氢处理装置。催化裂化液化气可以直接供给下游的气体分馏装置。

2. 低温热用于气体分馏

在炼厂内，许多装置需要低温热源，如气体分馏装置各塔底重沸器等。以循环脱盐水作为热载体，分别与分馏塔顶油气、顶循环回流和轻柴油换热，可把脱盐水由60℃加热到100℃，作为气体分馏装置丙烯塔底重沸器热源，可降低使用低压蒸汽的能耗。

由于催化裂化装置一般与下游气体分馏装置同步性较好，平面布置较近，因此，催化裂化装置的低温热优先用于气体分馏装置，其次再考虑用于其他方向。

3. 低温热用于锅炉给水、生活伴热

① 催化裂化装置低温热与锅炉或电站热联合，利用产品的余热与电站脱盐水换热，减轻真空脱氧水的供热，与锅炉脱氧水的换热提高其进入锅炉的温度。这种利用油品低温热的热联合方案，运行周期长，使有效的低温热得到回收。

② 利用产品低温热用于采暖伴热。炼厂冬季的采暖和伴热要消耗大量蒸汽，特别是位于北方的炼厂，冬季气温低，持续时间长，采暖伴热在能耗中占有相当的比例。为了节约能耗，采用软化水与催化裂化装置分馏系统、吸收稳定系统产品余热换热后作为采暖伴热的热源，取代了原来用蒸汽采暖伴热的方法。多余的热源还可供生活区采暖，起到了既满足生产要求又充分利用低温热源的作用。

第三节 延迟焦化装置能量优化

一、延迟焦化概述

延迟焦化是将渣油以高流速流过加热炉管，加热到反应所需的温度500～505℃，然后进入焦炭塔，在焦炭塔内靠自身带入的热量进行裂化、缩合反应，使渣油深度反应转化为气体、汽油、柴油、蜡油和固体产品焦炭的过程。热渣油在炉管里虽然已达到反应温度，但由于焦油的流速很快，停留时间很短，裂化和缩合反应来不及发生就离开加热炉，而把反应推迟到焦炭塔内进行，所以称为延迟焦化。

减压渣油是各族烃类的复杂混合物，在裂化温度下主要发生两类反应：一类是裂解反应，为吸热反应；另一类是缩合反应，为放热反应。裂解产生较小的分子，而缩合则生成较大的分子。但总的来说，裂解反应是主要的，因此由渣油可转化为气体、汽油、柴油、蜡油和石油焦等产品。

（一）工艺介绍

延迟焦化的工艺流程如图6-19所示。

重质原料油经冷凝回流换热后，被泵入加热炉对流室内加热到350℃左右，进入焦化分馏塔下部，与来自焦炭塔顶部的高温油气（430～435℃）直接换热。一方面把原料油中的轻质油蒸发出去，同时又加热了原料油（390～395℃）。经换热后的塔底原料油和循环油一起，用泵打进加热炉辐射室，迅速加热升温到500℃左右后进入焦炭塔底部。高温渣油在焦炭塔内停留足够时间进行裂化、缩合反应，最后生成的焦炭逐渐集结在焦炭塔内。而反应生成

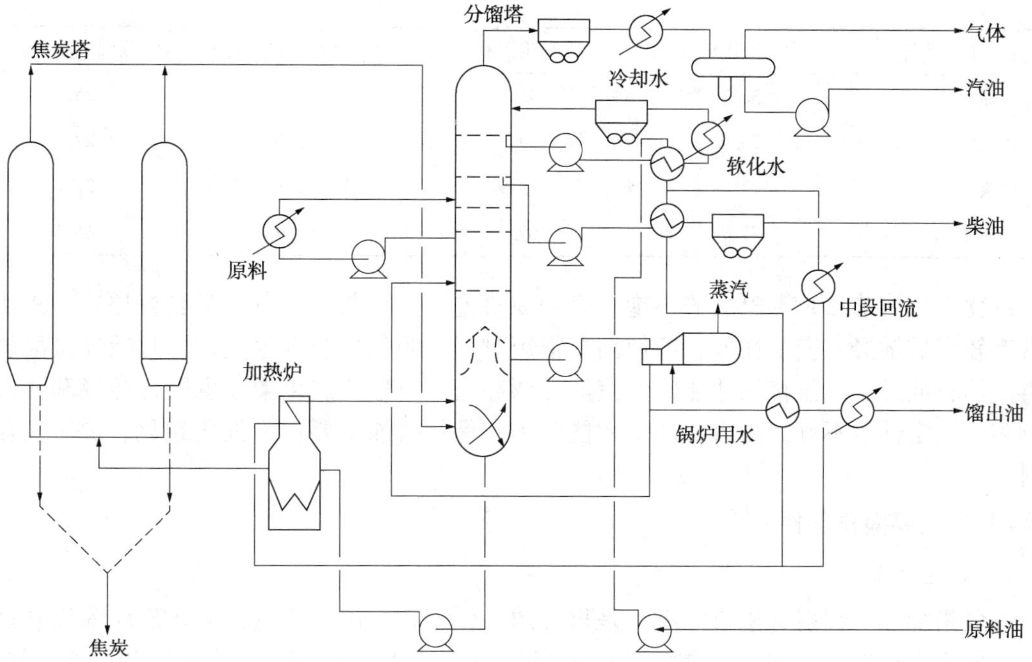

图 6-19 延迟焦化工艺流程图

的高温油气自塔顶进入分馏塔下部，与原料换热后，经分馏得到焦化干气、汽油、柴油和蜡油，余下的重质油作为循环油和原料一起重新再去焦炭塔。

加热炉是延迟焦化的关键设备，一是要为整个装置提供热量，将渣油加热到 500℃的高温，并且热量要均匀，消除局部过热以防止炉管结焦。同时为了加快流速、缩短油在炉管中的停留时间，需向炉管注入 1%左右的水。

焦炭塔轮换使用，至少需要两个。当一个塔中焦炭达到 2/3 左右高度时，便进行切换。切换周期一般为 48h，其中结焦 24h，除焦等其他操作 24h。切换下来的焦炭塔必须立即用水蒸气汽提出残油气，接着再用水冷，最后进行水力出焦，即用 10MPa 以上的高压水通过切焦器，经钻孔、扩孔后，沿塔自下而上将焦炭切割下来。

（二）产品分布

几种主要减压渣油延迟焦化的工艺条件和产品分布列于表 6-12。

表 6-12 几种减压渣油延迟焦化产品分布

主要工艺条件	大庆减压渣油	胜利减压渣油	鲁宁管输减压渣油	辽河减压渣油
炉出口温度/℃	500	500	500	500
联合循环比	1. 30	1. 45	1. 43	1. 43
产品分布/%				
气体	8. 3	6. 8	8. 3	9. 9
石脑油	15. 7	14. 7	15. 9	15. 0

续表

主要工艺条件	大庆减压渣油	胜利减压渣油	鲁宁管输减压渣油	辽河减压渣油
柴油	36.3	35.6	32.3	25.3
馏出油	25.7	19.0	20.7	27.2
焦炭	14.0	23.9	22.8	24.6
液体收率	77.7	69.3	68.9	65.5

焦化干气含有20%~35%的不饱和烃和30%左右的甲烷，是制氢的良好原料。焦化汽油含有较多的烯烃，安定性差，即使储存很短时间，颜色也会发生变化，必须经过酸碱洗涤再蒸馏，或经过加氢精制才能作为汽油的调和组分出厂。焦化柴油也因含烯烃和非烃化合物多，安定性也不好，需再次加工才能应用。焦化蜡油主要作为催化裂化、加氢裂化的原料。

（三）主要操作条件

1. 反应温度

一般指加热炉辐射管出口温度，是重要的操作条件。温度太低，焦化反应深度和速度降低，焦炭中挥发分增加，质量变坏；温度过高，焦化反应过深，使汽油、柴油继续裂解，降低了汽柴油产率，而且使焦炭变硬，使除焦困难。加热炉出口温度一般控制在495~505℃。

2. 系统压力

压力高，反应深度大，气体和焦炭收率高，液体收率低，焦炭的挥发成分也会增加。原则上是在克服系统阻力损失的前提下，采用较低压力，以得到较多的蜡油。一般低压焦化控制分馏塔顶油气分离器压力为0.15~0.17MPa(表)。

3. 分馏塔操作温度

分馏塔操作温度不宜高于400℃，温度过高容易结焦。通常操作温度范围为：分馏塔塔底380~400℃，分馏塔塔顶110~120℃，柴油抽出线275~285℃。

4. 循环比

循环比是指焦化分馏塔塔底循环油量与原料油量之比；若用加热炉进料量与原料油量之比表示，则称为联合循环比。循环比加大，焦化汽油、柴油的收率提高，焦化蜡油收率减少，焦炭和焦化干气收率增加。虽然轻油产量增加，但装置加工能力下降。因此，目前有采用较小循环比，提高焦化馏出油的产量以增加催化裂化或加氢裂化原料的趋向。

二、延迟焦化用能特点

（一）物料平衡

延迟焦化装置的产品包括干气、液化气、汽油、柴油、蜡油和焦炭，产品收率的范围分布如下：干气+液化气为7%~10%；汽油为8%~15%；柴油为20%~35%；蜡油为15%~25%。焦炭：国内原油减压渣为16%~23%，中东原油减压渣油为25%~36%。

表6-13列出了某2.3Mt/a延迟焦化装置物料平衡。

表 6-13　某 2.3Mt/a 延迟焦化装置物料平衡

物料名称	收率/%	流率	
		t/h	kt/a
原料			
减压渣油	100	273.8	2300
合计	100	273.8	2300
产品			
干气	5.62	15.39	129
液化石油气	3.85	10.54	89
汽油	15	41.07	345
柴油	21.68	59.36	429
蜡油	17.35	47.51	390
焦炭	36.5	99.94	840
合计	100	273.81	2300

（二）能耗分析

延迟焦化装置能耗介质包括燃料气、电、蒸汽、新鲜水、循环水等，表 6-14 列出了某 2.3Mt/a 延迟焦化装置能耗数据。

表 6-14　天津石化 2.3Mt/a 延迟焦化装置能耗

项目	消耗量		能耗折标量	单位能耗
	单位	数量	MJ/h	MJ/t
燃料气	Nm^3/h	5919	262923.3	960.24
电	kW·h/h	4605	50148.3	183.15
3.5MPa 蒸汽	t/h	45.88	169022.9	617.30
1.0MPa 蒸汽	t/h	4.4	13999.9	51.13
0.55MPa 蒸汽	t/h	-46.98	-141598.1	-517.14
新鲜水	t/h	2.0	13.7	0.05
循环水	t/h	1733.5	7264.2	26.53
除氧水	t/h	4.7	1809.9	6.61
凝结水	t/h	2	306.7	1.12
软化水	t/h	4	41.1	0.15
净化风	Nm^3/h	600	952.9	3.48
氮气	Nm^3/h	65	408.0	1.49
污水	t/h	27	1243.1	4.54
热进料	MJ/h		14558.5	53.17
热输出	MJ/h		-41564.36	-151.8
合计			339540.83	1240.06

由表 6-14 可知，该装置的单位综合能耗为 29.52kgEO/t。

延迟焦化装置的用电量较大的设备如表 6-15 所示。

表 6-15 延迟焦化装置用电量消耗

使用点	电压/V	设备容量/kW		轴功率/kW	备注
		操作	备用		
高压水泵	6000	3800	3850	2985	年运行 3000h
加热炉进料泵	6000	750	750	583.5	
放空塔顶空冷器	380	37×12		30×12	
抓斗起重机	380	221×3		176.8×2	
冷焦水提升泵	6000	200×2	200	144×2	
冷焦水空冷器	380	37×8		30×8	
分馏塔顶空冷器	380	22×12		17.6×12	
循环油及回流泵	6000	280	280	210	
柴油及回流泵	6000	220	220	165	
过滤提升泵	380	90×2	90	74.5×2	
引烟机	380	110×2		72×2	
引风机	380	90×2		68×2	
原料油泵	6000	185	185	133.9	
冷焦水泵	6000	160	160	130	
顶循环回流泵	6000	160	160	112.4	
顶循空冷器	380	22×6		17.6×6	
钻机绞车	380	22×4		88	
蜡油泵	380	110	110	76.2	
解吸塔进料泵	380	110	110	74.4	
柴油空冷器	380	22×4		17.6×4	
富气空冷器	380	22×4		17.6×4	
稳定汽油空冷器	380	22×4		17.6×4	
稳定塔进料泵	380	110	110	66.5	
稳定汽油泵	380	90	90	57.6	
中段回流泵	380	90	90	55.5	
蜡油回流泵	380	90	90	52.1	
吸收塔一中段泵	380	75	75	47.8	
粗汽油泵	380	90	90	44.9	
放空塔顶污水泵	380	55		42.5	
吸收塔二中段泵	380	75		42.1	
吸收塔底泵	380	55	55	38.6	
合计				7265.1	

由表 6-15 可以看出，延迟焦化装置用电负荷高达 7265kW，其中高压水泵、加热炉进料泵、循环油及回流泵、柴油泵耗电量较高。

延迟焦化装置的蒸汽消耗情况如表 6-16 所示。

表 6-16 延迟焦化装置蒸汽消耗量统计表

使用点	蒸汽用量/(t/h)			自产汽/(t/h)	备注
	0.5MPa	1.0MPa	3.5MPa	0.5MPa	
焦炭塔吹汽		29.2			间断
特阀汽封		0.2			连续
压缩机透平			40.68	40.68	连续
润滑油站小汽轮机			2	2	
蜡油汽提塔	0.8				连续
炉管注汽			3.2		连续
往复泵		5			间断
吹扫、伴热		2~5			间断
发生蒸汽				4.3	连续
合计	0.8	39.4	45.88	46.98	

由表 6-16 可知，延迟焦化装置主要消耗三种压力等级蒸汽，其中 3.5MPa 蒸汽主要用于富气压缩机透平的动力消耗，同时副产 0.5MPa 低压蒸汽；1.0MPa 蒸汽主要用于焦炭塔吹汽，同时动力消耗和伴热也会少量使用 1.0MPa 蒸汽；0.5MPa 蒸汽主要用于汽提塔工艺使用。其中，富气压缩机透平和焦炭塔吹汽是装置主要的蒸汽消耗用处。

（三）用能特点

延迟焦化装置的耗能主要是燃料气的消耗，其次是蒸汽和电力的消耗，三者分别占总能耗的 66.58%、17.08%和 13.94%，三者总计为 97.60%。燃料气主要是加热炉消耗，生产中需要使用热量将原料渣油加热到 500℃以发生热裂化反应，燃料气的消耗占装置总能耗的比例最高。在消耗的蒸汽中，加热炉注汽占装置总能耗的 4.35%，焦炭塔吹汽占装置总能耗的 5.35%。工艺泵用电占装置总能耗的 8.085%，介质冷却用电占装置总能耗的 0.976%，除焦用电占装置总能耗的 3.485%。

焦化装置的能耗和原料性质、装置构成及操作条件有很大的关系。原料渣油比较重，在加热炉出口的汽化率较低，加热炉热负荷低，燃料气的消耗少，装置总能耗低。采用低焦炭塔顶压力、大循环比和较高的炉出口温度操作，可提高液收和装置的效益，但装置的能耗较高。

三、延迟焦化装置能量优化

延迟焦化装置具有工艺成熟、原料灵活、操作费用低和投资低等特点，对炼厂劣质油加工来说，延迟焦化装置可以起到如下作用：①处理炼厂过剩而无出路的减压渣油；②减少重油催化裂化的掺渣比例，提高催化汽油、柴油的质量；③提高作为优质乙烯裂解原料——焦化石脑油的产量；④增产高十六烷值柴油，提高炼厂的柴汽比；⑤增加中间馏分焦化蜡油，为催化裂化及加氢裂化提供原料；⑥利用焦化干气或石油焦作为制氢装置的原料；⑦提供冶金行业使用的石油焦。

延迟焦化的流程有不同类型，就生产规模而言，有一炉两塔（焦炭塔）流程、两炉四塔流程等。

原料进入焦化主分馏塔底部的缓冲段，在塔底与循环油混合，由加热炉进料泵送入加热炉，经加热后进入处于生焦过程的焦炭塔中。焦炭塔内的油气发生热裂化反应，重质液体则连续发生裂化和缩合反应，最终转化为轻烃和焦炭。焦炭塔内的全部油气从焦炭塔顶逸出后，进入焦化主分馏塔底部的缓冲段，与从上部洗涤段流下的重蜡油接触，进行冲洗和冷却，使焦炭塔顶油气中的循环油冷凝下来，并在塔底循环与新鲜原料油混合，之后用泵送入加热炉。

焦化主分馏塔下部设重蜡油循环回流段，从循环回流段的塔盘抽出重蜡油，取出的回流热量用于预热原料油。主分馏塔上部为轻蜡油精馏段，从此抽出轻蜡油，经过在汽提塔内用蒸汽汽提后作为产品。塔顶产品为石脑油和焦化富气，经过冷凝冷却和油水分离后，富气经过富气压缩机升压后送入气体回收部分，分离为液化石油气及燃料气；石脑油除了用作塔顶回流外，其余部分作为焦化石脑油产品送出装置。为了有效回收热量，也可用上部循环回流代替塔顶冷回流。分离出的含硫污水送至污水处理场进行处理。

在延迟焦化装置的生产中，热渣油在焦炭塔内发生裂解、缩合等反应，并聚集形成焦炭，反应产生的油气自焦炭塔顶进入分馏塔，经分馏得到富气、粗汽油、柴油、蜡油和循环油；气体经压缩后与粗汽油一起进入吸收稳定部分，经分离得干气、液化气和稳定汽油。

焦化反应中的热裂化反应是强吸热反应。为满足反应温度要求，原料油先与分馏塔的侧线换热后进入分馏塔，在分馏塔的换热段，直接与高温反应油气接触取热；经换热后再与循环油一同经加热炉升温后进入焦炭塔。由此可知，原料油反应过程所需的全部热量均由焦化加热炉提供，从而导致燃料气消耗占装置总能耗的2/3左右。因此，减少燃料气消耗对装置节能具有决定性作用。

延迟焦化装置作为炼油生产的重要组成部分，在进行全厂的热联合、蒸汽动力系统、低温热系统、凝结水回收系统、燃料气系统等的整体优化中，应考虑工艺装置与全厂系统的相互关系。如在热联合中应考虑柴油、蜡油的直接热出料，避免重复冷却升温、低温热系统中应该充分考虑回收塔顶油气、顶循、柴油、轻蜡油、重蜡油、稳定汽油等物流的低温热。

（一）基于总流程的物料优化

根据延迟焦化在全厂渣油、蜡油平衡中的生产任务，确定装置的产品方案，优化循环比，确定装置物料平衡。物料优化既是能量优化的重要方面，同时又会对后续的优化产生约束作用，延迟焦化装置能量系统优化实施框架图如图6-20所示。

1. 优化原料及产品走向

(1) 扩大延迟焦化原料来源

延迟焦化是一种热加工过程，对于含碳、氢元素的有机化合物，只要能够采用适当的手段可以加热到焦化所需要的温度，并输送到焦炭塔，原则上都可以作为延迟焦化的原料。

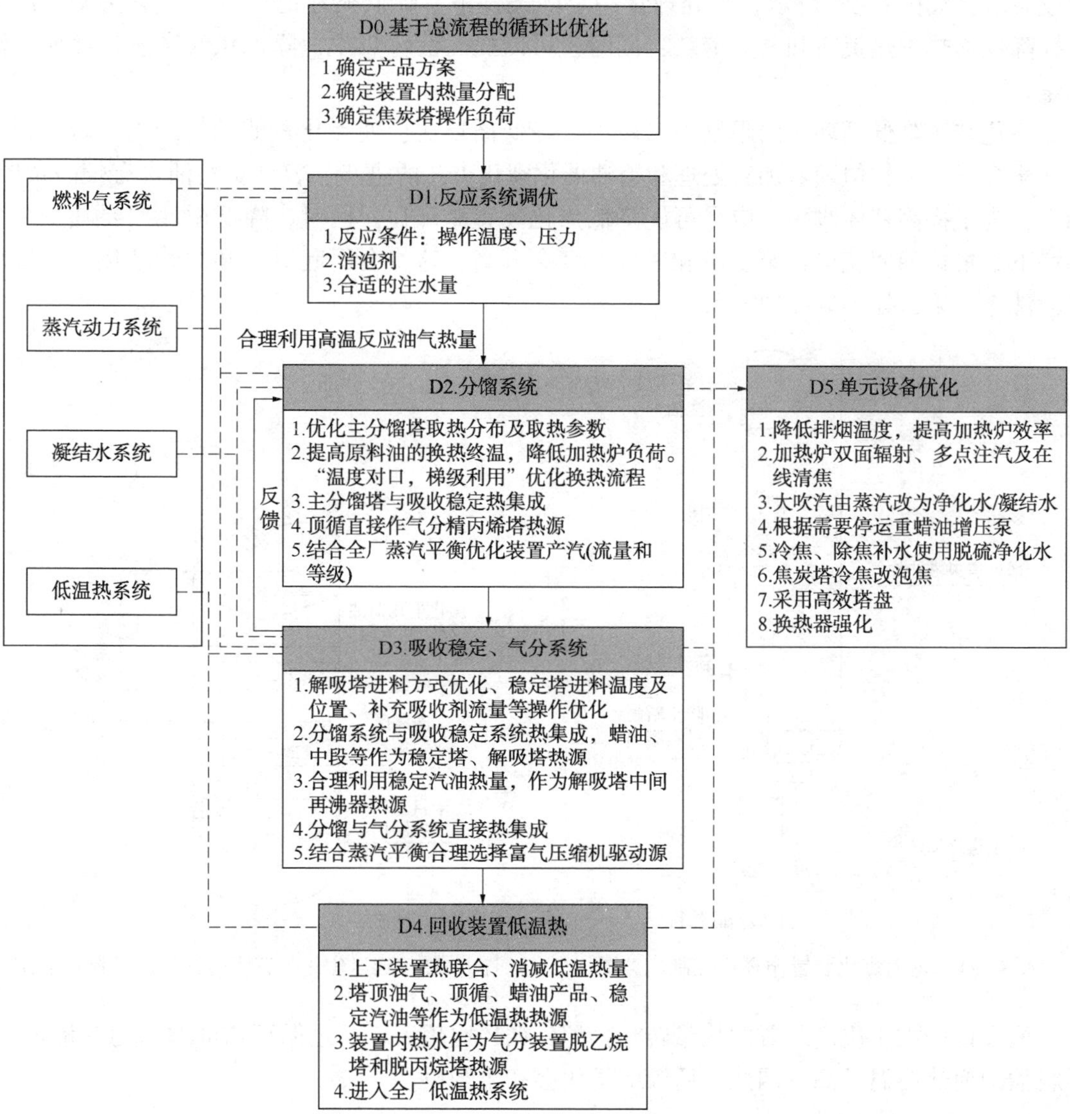

图 6-20 延迟焦化装置能量系统优化实施框架图

因此焦化装置的原料适应性强，除常规焦化原料外，其他如炼厂污油、炼厂酸碱精制产生的淤渣、生物质液化油、煤液化渣油、废润滑油、废弃聚合物等都可以作为延迟焦化的进料。

（2）结合全厂的整体物料走向，通过工艺联合实现节能增效。

① 采用催化裂化-延迟焦化组合工艺改善产品分布，提高轻质油收率；

② 延迟焦化与溶剂精制、催化裂化等装置组合，将焦化蜡油经拔头后的轻馏分作为柴油调和组分，拔头油经溶剂精制后作为催化裂化装置的掺兑原料。

2. 优化装置循环比

焦化装置的循环比是重要的操作参数，对装置加工能力、产品质量及分布、能耗都有重要影响，如图 6-21 所示。在处理量一定的条件下，降低循环比可以减少焦化循环油流量，降低加热炉热负荷和装置能耗；同时，可以提高液体收率，降低焦炭产量，增加蜡油产量。

焦化装置降低循环比的限制因素较多。降低循环比会使焦化重蜡油的干点、硫、金属及残炭含量增大，但随着加氢处理和重油催化裂化工艺的进步，容许重蜡油含有较高杂质，因此，为了提高液体收率，应尽可能降低焦化装置循环比。同时，降低循环比要减少主分馏塔下部重蜡油回流量，蒸发段和塔底温度会升高，这将会引起塔底和炉管结焦、降低洗涤段洗涤效果，如图 6-22 所示。

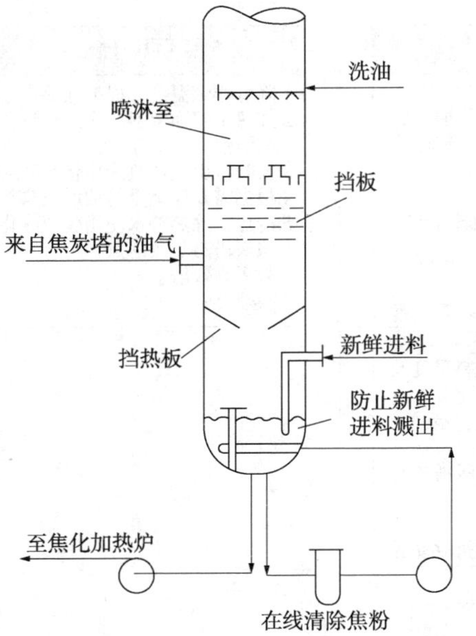

图 6-21 延迟焦化装置循环比控制示意图

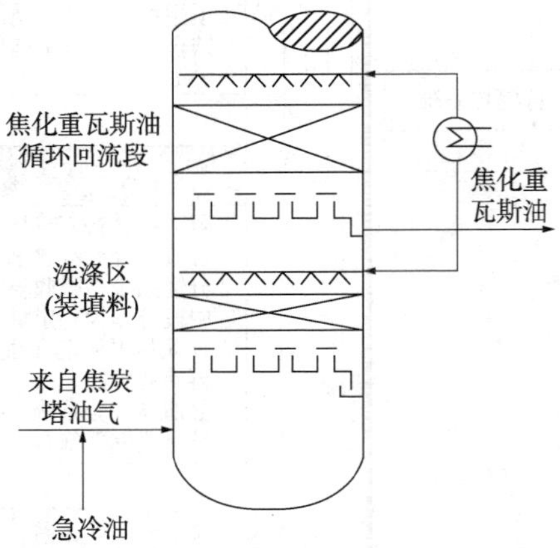

图 6-22 延迟焦化装置主分馏塔底控制示意图

循环比的大小决定装置的热量转移分配，循环比越大，通过循环蜡油取出的热量越多，原料油的换热终温越高，因此对后续的优化会产生约束。

3. 缩短生焦周期

在加热炉和分馏塔负荷有余量的前提下，通过调整焦炭塔操作程序，缩短生焦周期从而提高焦炭塔的能力，最大限度地发挥装置设备的空余能力，达到扩大焦化装置处理量的目的。一般来说，生焦周期从 24h 下降至 20h，处理量可提高 10%~15%。

（二）优化反应系统

1. 优化反应条件

反应温度是指加热炉辐射炉管的出口温度，反应温度的变化直接影响焦炭塔内的反应温度和反应深度，从而影响产品分布和产品质量。反应温度低，焦化反应深度不足，产品收率低，焦炭挥发分高；反应温度太高，焦化反应过深，使汽油和柴油继续裂化，降低汽油和柴油的收率，增加气体收率，焦炭变硬，使除焦困难。

反应温度的确定一般和原料性质有关。提高焦化反应温度可增产液体产品收率，但基于焦化反应的特点，反应温度(炉出口温度控制)调整的幅度很窄，温度过高会导致提前结焦，堵塞炉管、转油线结焦，影响开工周期，同时易生成硬质石油焦，使除焦困难；温度过低导致热量不足、反应深度不够，轻油收率降低，焦炭挥发分增大或产生焦油。一般情况下，是根据原料性质确定最佳的操作温度，通常焦化炉出口温度为495~505℃，为防止炉管结焦，芳烃含量和沥青质含量的比值较大时宜采用较高的炉出口温度，反之，宜采用较高的炉出口温度。

反应压力是指焦炭塔顶的压力，其对焦化产品分布有一定影响。压力升高，反应深度增加，气体和焦炭的收率增加，液体收率减少，焦炭的挥发分提高；反之压力降低，反应深度减少，气体和焦炭的收率减少，液体收率增加，焦炭的挥发分降低。为了提高装置的经济效益，通常采用低压设计和操作。

采用低压操作可改善焦化产品分布，在国内外已普遍认可，国内焦炭塔顶操作压力一般为0.15~0.20MPa，国外最低压力达到0.1~0.15MPa。压力降低可提高蜡油的收率，但是压力太低，焦炭塔内的泡沫层升高，焦粉易携带并易产生弹丸焦，还增大了焦炭塔的气体体积流量，势必要增加焦炭塔的塔径，同时也使分馏塔的塔径加大，使压缩机和塔顶冷凝系统的负荷增加、装置的投资增加，因此应综合考虑设备投资、操作费用和产品分布等因素来确定适宜的操作压力。当焦炭塔操作压力降低，虽然石油焦收率下降，蜡油收率增加，但是蜡油变重，蜡油残炭和重金属含量均增加。因此，降压操作时还应考虑蜡油质量。

提高操作温度，气体和汽油收率增加，馏分油产率降低，总液体收率增加，焦炭产率降低且变硬，造成除焦困难，加热炉能耗也会随之增加。

焦炭塔操作压力对产品分布会有影响，压力升高，反应深度增加，导致气体和焦炭产率增加，液体收率减少，焦炭的挥发分提高。为了提高装置的经济效益，通常采用低压设计和操作。但压力太低焦炭塔内泡沫层升高，焦粉易携带并易产生弹丸焦；同时，会使富气压缩机和塔顶冷凝系统的负荷增加，增加装置能耗。

2. 焦炭塔采用消泡剂

在延迟焦化过程中，由于原料渣油中含有一些表面活性物质，焦炭塔内高温裂解的油气从部分裂化的焦化原料中逸出，在焦炭塔上部形成泡沫，这对分馏塔的正常运转、焦炭塔的处理能力以及后续装置运行都会带来不利影响。

为抑制生焦过程中油气发泡，降低泡沫层的高度，提高焦炭塔的处理能力，应结合原料性质和操作条件对消泡剂进行优化。应用消泡剂可以提高焦炭性能，减慢过热结垢现象，延长装置连续生产周期，提高焦炭塔的处理能力，提高焦化塔容积的利用率。

3. 优化加热炉注汽

焦化加热炉是易发生结焦的部位，应结合操作负荷、循环比等条件优化加热炉注汽量。

① 负荷高、循环比大，可以适当降低注汽量。

② 考虑原料性质对注汽量的要求，对于沥青质高、初期结焦温度低的原料应加大注汽量。

③ 采用多点注汽比仅在炉入口单点注汽好且注汽量小，同等注汽量下，多点注汽的介质流经炉管的压降小，且可以降低油膜厚度和温度，强化管内传热，有利于减缓油膜层生焦速率。

④ 注汽点位置选择及注汽量大小须优化核算后确定。

（三）优化分馏系统

循环比及反应条件优化后，焦化装置的分馏部分操作条件就可确定。

1. 优化主分馏塔取热

主分馏塔的塔板温度随塔板变化较大，下部塔段的取热温位较高，因此，在保证主分馏塔各塔段具有足够回流的条件下，增加塔下部高温位中段回流的取热比例可以增加高品质能量的输出，对降低主分馏塔的操作能耗有重要意义。

优化主分馏塔的取热参数，包含顶循、柴油循环、中段循环及蜡油循环等的抽出流量及返塔温度。尽可能多地取高温段的热量，提高返塔温度。此措施的实现方法同第六章第二节相关部分。

2. 分馏塔富余热量利用

分馏系统的中段循环及产品物流是延迟焦化装置换热网络的主要热源。在分馏塔取热优化的基础上，应通过回收分馏塔的富余热量提高进料的换热终温，减少加热炉负荷。

3. 主分馏塔与吸收稳定热集成

结合吸收稳定系统解吸塔及稳定塔的能量需求，集成优化装置内的换热流程。分馏塔中段作为吸收稳定系统再沸器热源，该措施实现方法同第六章第二节相关部分。

将主分馏塔的热源[蜡油(蜡油循环含产品)、中段]与吸收稳定系统的热阱(解析塔再沸器、稳定塔再沸器)进行匹配，同时避免吸收稳定系统蒸汽消耗。

4. 优化装置产汽等级和数量

应结合全厂的蒸汽平衡情况，优化装置内的产汽等级和参数。充分考虑到原料预热、吸收稳定系统、发生蒸汽的权衡。可参见第六章第二节相关部分。

（四）吸收稳定及气分系统

1. 吸收稳定系统

包括解吸塔进料方式优化、稳定塔进料温度及位置、补充吸收剂流量等操作优化。

借助流程模拟软件，准确模拟吸收稳定系统。利用灵敏度分析功能优化解吸塔进料方式优化、稳定塔进料温度及位置、补充吸收剂流量等操作参数。

2. 分馏系统与吸收稳定系统热集成

充分利用蜡油(蜡油循环含产品)、中段等较高温位的热量，在部分提高原料换热终温外，为吸收稳定系统的稳定塔和解吸塔再沸器提供热量。

3. 合理利用稳定汽油热量，作为解吸塔中间再沸器热源

充分利用稳定汽油(产品含补充吸收剂)的热量，按照“温度对口，梯级利用”的原则，先与脱乙烷汽油换热，再作为解吸塔中间再沸器热源，之后与凝缩油换热。

增加解吸塔中间再沸器，不但可以降低解析塔底再沸器的负荷，而且可以减少解吸气量和补充吸收剂量，降低装置的运行负荷。

4. 结合蒸汽平衡优化富气压缩机驱动源

吸收稳定系统中富气压缩机可使用电和蒸汽背压两种驱动方式，应结合全厂的蒸汽平

衡情况合理选择压缩机的驱动源，作为系统的柔性调节。

（五）优化装置低温热利用

在一般的焦化装置中，焦炭塔高温焦炭冷却后的油气和热水普遍采用空冷和水冷的方式冷却。另外，分馏吸收系统的侧线流程也基本沿用“换热–空冷–水冷”的模式，导致大量的低温热未能回收利用。

1. 通过热供料消减低温热

结合全厂物料走向，考虑焦化柴油、蜡油等物流直接热出料，实现上下游装置的热供料，消减低温热量。

对出装置的中间产品（稳定汽油、柴油和蜡油）以热输出方式与下游装置实现热联合不仅可以避免重复的冷却、加热过程，而且有利于消减低温热量，减少中间产品在传输、存储过程中的能量消耗。

2. 低温热的热源

焦化低温位热源主要有：分馏塔顶油气冷凝热、分馏塔顶循回流热、入冷却器前柴油冷却热量、入冷却器前蜡油冷却热量、冷焦时大吹汽与小给水初期的焦炭塔顶油气等。

对不连续和不稳定的低温热源（放空油气和冷焦热水）以及分馏塔顶循环油则加热热媒水以维温罐区原油，替代原油罐区维温的热源。

实施低温热回收后，对装置节能有一定作用，其效益大小应视具体装置规模不同而定。

3. 进入全厂低温热系统

剩余的低温热进入全厂的低温热系统。

（六）单元设备优化

1. 优化加热炉操作

采用双面辐射加热炉，强化过程效率。优化焦化加热炉的运行，多点注汽及在线清焦等手段提高加热炉的热效率。通过设置空气预热器、蒸汽过热器等回收烟气热量，降低排烟温度，提高加热炉效率。

提高加热炉的热效率可通过以下途径实现：采用国内先进的双面辐射多火嘴卧管立式炉；更换火嘴孔径：根据蒸汽供应情况、燃烧器选型与燃料气组成，匹配合理的火嘴孔径，改善燃烧状况；看火窗和防爆门增加保温：为了保证安全和观察火焰方便，同时兼顾加热炉热效率，加热炉的防爆门和看火窗都应进行衬里隔热处理，改善散热情况，降低炉散热损失；除此之外还有一些针对提高加热炉热效率的方法，如漏风处理、保持完全燃烧、日常维护的精细化管理等。

2. 大吹汽改用饱和水

以污水汽提后的净化水或凝结水代替大吹汽，有效降低蒸汽消耗，从而有效降低装置能耗。另外，大吹汽属于间歇操作，对全厂蒸汽管网负荷影响较大，以净化水代替大吹汽后，可以降低稳定蒸汽负荷。

3. 根据需要停运重蜡油增压泵

蜡油靠系统自压完全可以满足需要，根据实际情况停运重蜡油增压泵，降低电耗。

4. 冷焦、除焦补水使用脱硫净化水

使用焦化脱硫净化水作为补充焦化冷焦、除焦水。冷焦除焦水全部使用净化水补充，降低装置新水耗量。

5. 焦炭塔冷焦改泡焦

焦炭塔冷焦改泡焦后，降低了冷焦水泵、转水泵、冷焦水空冷器等的运行时间，节约电耗。由于泵及风机运行时间缩短，可降低设备的故障维修频次，延长使用寿命，减少设备的维护工作量。

此外，冷焦冷水罐焦粉沉积速度减缓，有利于装置的长周期运行。冷焦改泡焦后，减少了焦池水的蒸发，有利于减少新水消耗。由于冷焦后期的有毒有害气体继续进放空塔，不排大气，装置现场气味明显减小，改善了工作环境。

泡焦方案的缺点是只适合装置中低负荷生产，大负荷生产时，焦炭塔生焦高度较高，泡焦可能无法满足冷焦速度及生焦周期的要求。

6. 采用高效塔盘

开发及应用适合延迟焦化的塔内件，减少焦化分馏塔下部塔段结焦和上部塔段结盐，避免焦粉沉积和结盐引起的停工检修，提高塔设备的传质传热效率，保证焦化分馏塔长周期运行，提高塔盘的分离效率和装置的处理能力。

7. 换热器强化

开发及应用适合延迟焦化装置要求的强化传热结构及高效换热设备。

8. 降低电能消耗

焦化装置用电主要是工艺机泵、空冷器和除焦机械。

工艺油品的提升和输送需要克服设备、管道和管件的阻力，通过准确计算确定设备、管道和管件的阻力以及流体的流量是选好机泵的基础。

应选择高效率的泵，泵的效率提高5%，装置节电约5%以上，装置能耗节省约0.7%。

在正常操作中，泵的流量或扬程变化较大时，采用变频驱动，通过变供电的频率调节电机转速，再通过泵的转速调节流量或压力及温度，如塔顶循环泵、柴油泵、中段回流泵和蜡油泵采用变频驱动，节能效果比较明显。分馏塔顶空冷器和放空塔顶空冷器的电机应采用变频驱动。

加热炉进料泵和原料泵是焦化装置的大功率机泵，目前选的泵普遍扬程高。

除焦部分用电主要是高压水泵，根据焦炭塔直径和焦炭性质确定合理的高压水泵的流量和扬程。流量太大和扬程太高不但浪费电能，而且还会导致焦炭灰分太多。加大高压水泵至焦炭塔顶水管直径，可减少阻力，降低电耗。

第四节　加氢裂化装置能量优化

一、加氢裂化装置工艺概述

加氢裂化是在催化剂存在下从外界补入氢气以提高油品的氢碳比。加氢裂化实质上是加氢和催化裂化过程的有机结合，一方面能使重质油品通过裂化反应转化为汽油、煤油和柴油等轻质油品，另一方面又可防止像催化裂化那样生成大量焦炭，而且还可将原料中的硫、氮、氧化合物杂质通过加氢除去，使烯烃饱和。因此，加氢裂化具有轻质油收率高、产品质量好等突出优点。

加氢裂化的工业装置有多种类型，按反应器中催化剂所处的状态不同，可分为固定床、沸腾床和悬浮床等形式。根据原料和产品目的不同，还可细分出很多种形式，诸如：馏分油加氢裂化、渣油加氢裂化以及单段流程、一段串联流程和两段流程加氢裂化等。

加氢裂化工艺流程一般分为反应部分、新氢压缩机部分、常减压分馏部分、液化气回收部分、气体分馏部分、气体和液化气脱硫部分、溶剂再生部分、酸性水处理部分、循环氢提浓部分、低分气 FSA 部分。根据需要及实际情况，每个装置的组成不尽相同。

（一）反应部分

反应部分一般由 1 个或 2 个独立的或 2 个共用一些设备(高压分离器、循环氢压缩机)的反应段组成。反应部分的工艺流程如图 6-23 所示。

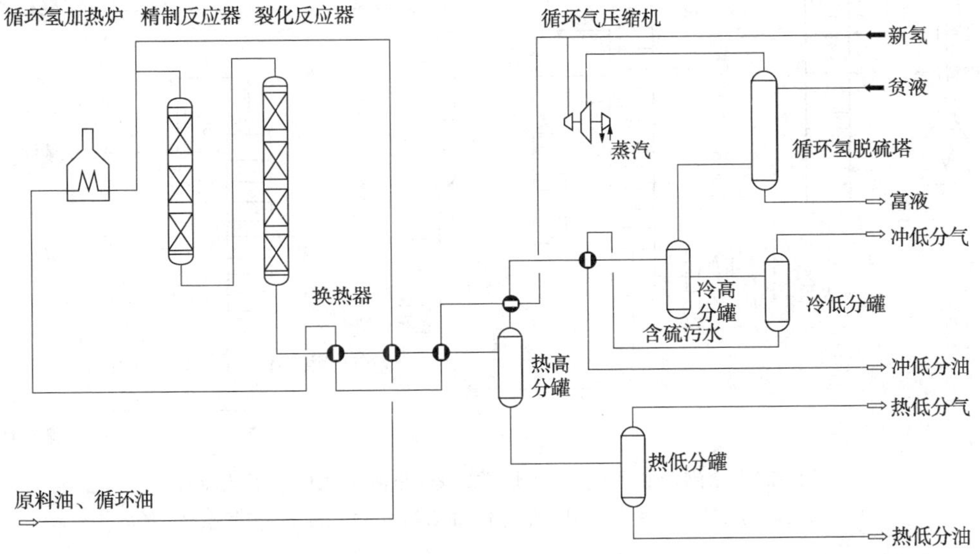

图 6-23 反应部分采用炉后混氢-热高压分离-循环氢脱硫反应流程示意图

（二）新氢压缩机部分

氢气进入多段往复式压缩机前，一般先进入分离罐除去气中液滴。以三段往复式压缩机为例，每段压缩后的氢气均须冷却降温。对于尚需进一步压缩的气体，应在本压缩段出口冷却降温后、进入下一段压缩前，进行气液分离。工艺流程如图 6-24 所示。

（三）常减压分馏部分

常减压分馏部分是由汽提塔或稳定塔(脱丁烷塔)、常压分馏塔组成的塔组，根据产品品种要求，可以有汽提塔或稳定塔、常压分馏塔和减压分馏塔。典型的产品包括轻石脑油、重石脑油、煤油和柴油。常压分馏塔顶为石脑油，侧线为煤油，当需要柴油产品时，塔底油去减压分馏塔进一步分馏。工艺流程图如图 6-25 所示。

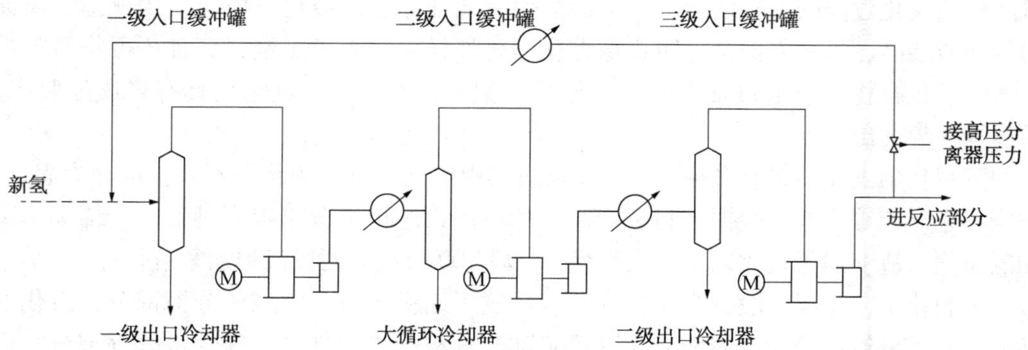

图 6-24 采用大返回的新氢压缩机部分工艺流程图

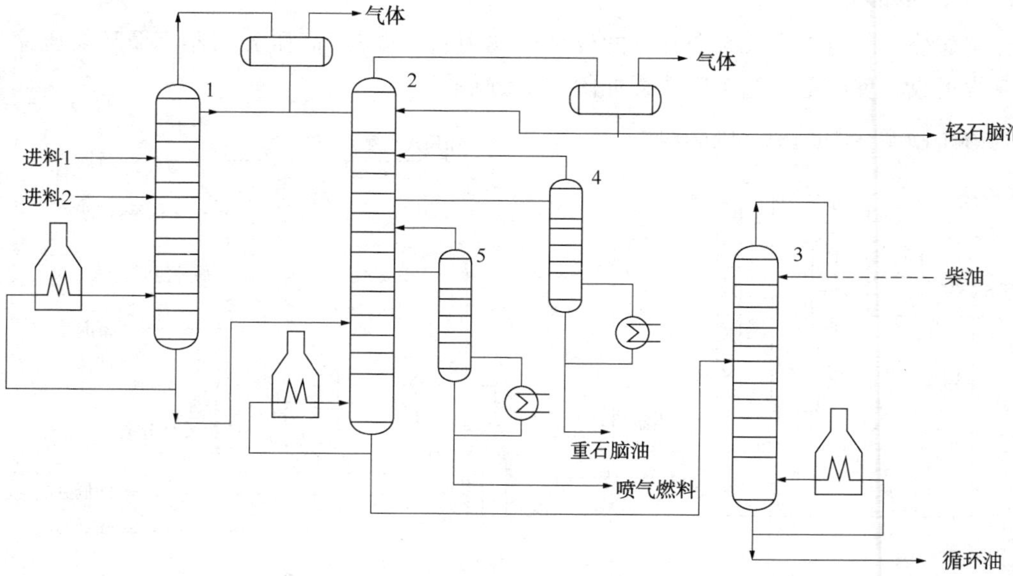

图 6-25 重沸炉脱丁烷-重沸炉常压塔-重沸炉减压塔工艺流程图

1—主汽提塔；2—常压塔；3—减压塔；4—重石脑油汽提塔；5—喷气燃料汽提塔

减压塔侧线出柴油，塔底油在催化裂化、蒸汽裂解或润滑油需要供应原料油时，可全部或部分排出装置。塔底油部分排出装置时，剩余部分可循环到反应器进一步转化。也可全部循环回反应器完全转化。

（四）液化气回收流程

重石脑油吸收-脱丁烷塔-脱乙烷塔回收流程图，如图 6-26 所示。

（五）气体分离流程

脱丙烷塔-脱丁烷塔-脱异丁烷塔工艺流程图，如图 6-27 所示。

（六）流程示例

某固定床单段单程加氢异构裂化装置，反应器有 5 个催化剂床层，原料油进入反应器后，在一定温度和氢分压下进行裂化反应。工艺流程如图 6-28 所示。

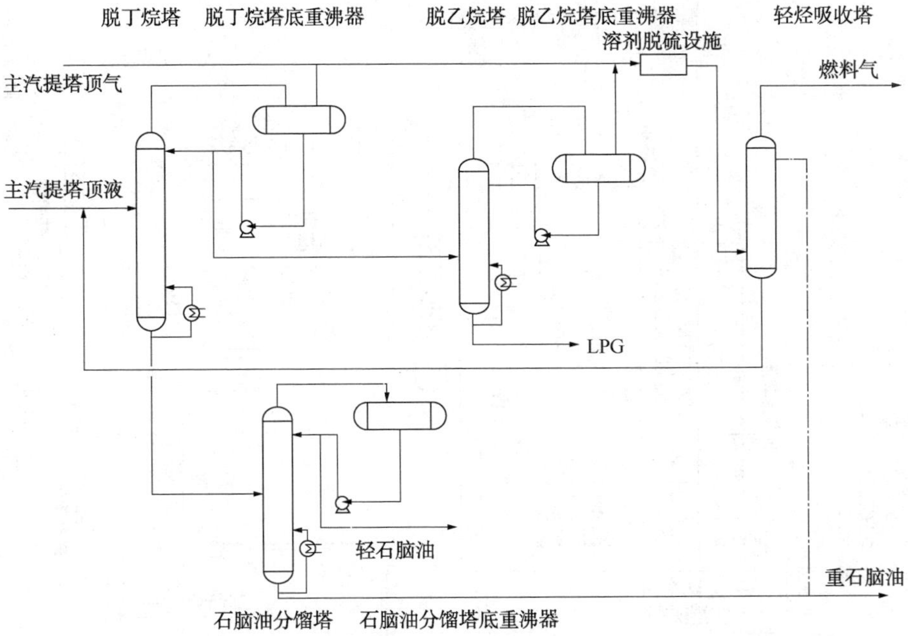

图 6-26 重石脑油吸收-脱丁烷塔-脱乙烷塔回收流程图

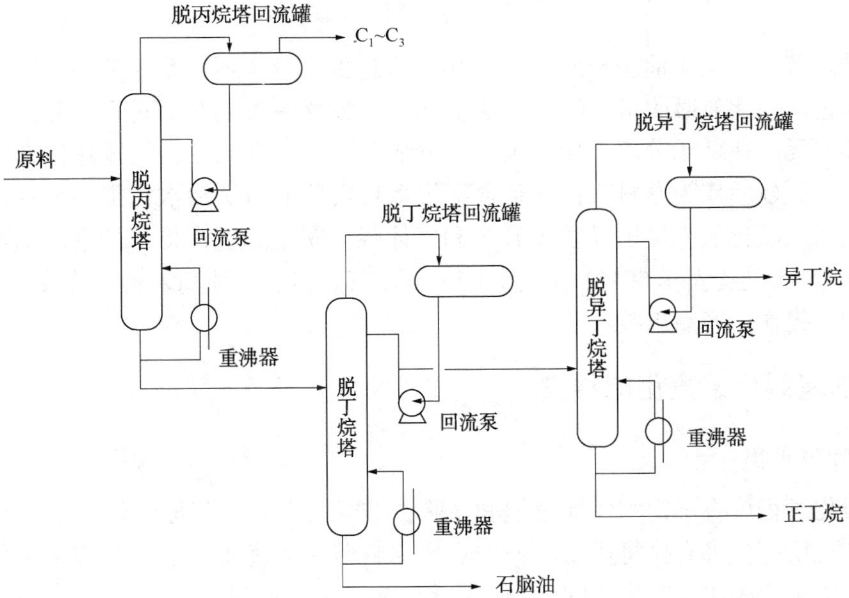

图 6-27 脱丙烷塔-脱丁烷塔-脱异丁烷塔工艺流程图

为了控制反应床层温升和调节反应速率，向两段催化剂床层中间注入适量的冷氢。反应物和急冷氢在床层间的分配器上充分混合，均匀流到下一床层。随着运转时间的延长，由于固体杂质的积累和反应器中焦炭的生成，床层压降会不断增加。

反应流出物经换热、冷却到约 40℃，进入高压分离器，分成油、水和气体，酸性水送

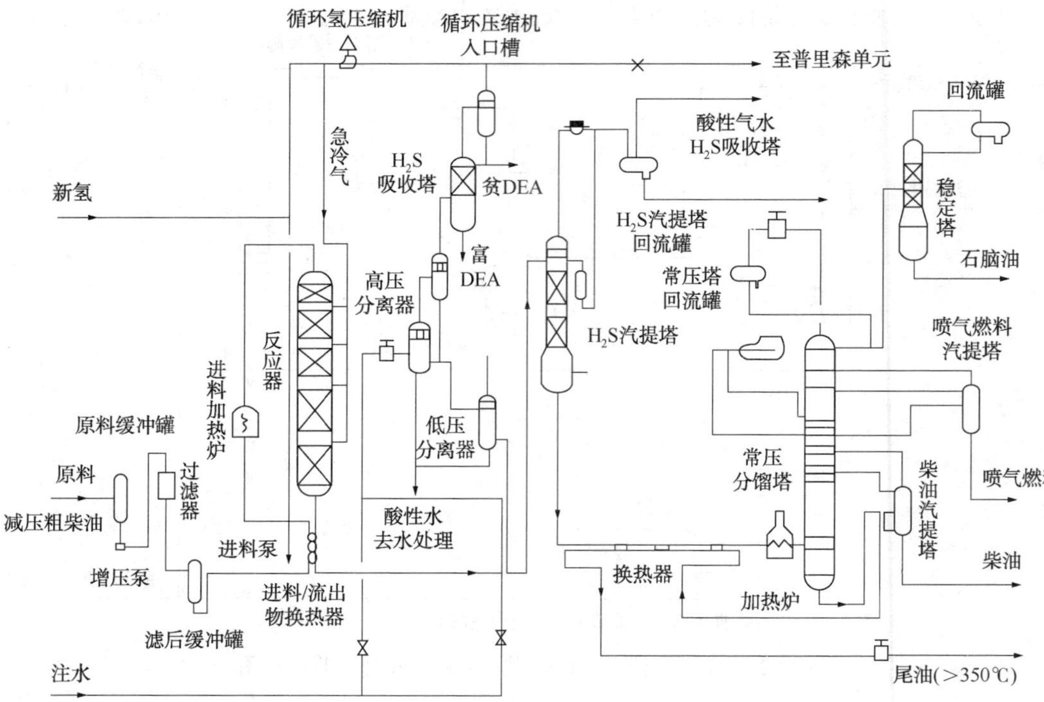

图 6-28 加氢裂化工艺流程

酸性污水处理装置，反应油经降压到 1.41MPa 后进低压分离器。富氢气体从高压分离器顶部流出后，进入硫化氢吸收塔，经二乙醇胺(DEA)吸收除去 H_2S 后进循环氢压缩机，部分去氢气提纯单元。在低压分离器中，经闪蒸分成气、油、水三相，气体从顶部流出后进入低压脱硫塔，脱硫后作为燃料气；含硫含氨污水自底部抽出送污水汽提单元；低压分离器流出的油品送入硫化氢汽提塔以脱除 H_2S 和气体烃。脱硫化氢汽提塔的塔底油经换热和加热炉加热至 352℃进产品分馏塔，分为石脑油、喷气燃料、柴油和未转化的减压粗柴油，分别经稳定和汽提作为产品出装置。

二、加氢裂化装置用能特点

(一) 物料平衡

加氢裂化过程可将不饱和烃加氢饱和，除去非烃化合物，将原料烃裂解成较小的分子并发生异构化反应，可直接将质量较差的重质原料转化成优质产品，与催化裂化、延迟焦化等二次加工工艺相比，其生产的产品品种多、生产灵活性强。

加氢裂化的气体产物包括三部分：①原料中烃类裂解产生的低分子烃类；②原料中非烃类化合物在加氢裂化时形成的 H_2S、NH_3 和 H_2O 等；③原料氢中带入的其他组分，如 N_2、CO 等。加氢裂化的液体产品依馏分范围的不同也可分为三部分：①轻馏分油，可作为石脑油、溶剂油和汽油组分；②中间馏分油，包括喷气燃料、灯用煤油、轻柴油等；③重馏分油，可作为润滑油料、蒸汽裂解原料、催化裂化原料等。表 6-17 列出了某 1.8Mt/a 加氢裂化装置物料平衡。

表 6-17 某 1.8Mt/a 加氢裂化装置物料平衡表

项目	产量/(t/a)	产率/%
原料		
VGO	1792420	94.06
H_2	86656.01	4.55
膜分离尾气	26596.5	1.40
合计	1905672.51	100.00
产品		
低分气	35420	1.86
干气	60914	3.20
液态烃	57050	2.99
轻石脑油	88200	4.63
重石脑油	368900	19.36
航空煤油	425600	22.33
柴油	231000	12.12
尾油	634900	33.32
损失	3688.51	0.19
合计	1905672.51	100.00

由表 6-17 可知，加氢裂化装置的液体产率高，C_5 以上液体产率可达 94%~95%以上。同时加氢裂化产品的饱和度高、烯烃极少、产品安定性好；通过催化剂和工艺的改变可大幅调整加氢裂化产品的产品分布，汽油或石脑油馏分为 20%~60%，航煤为 20%~60%。

（二）能耗分析

加氢裂化装置消耗的能源介质包括燃料气、电、蒸汽、循环水、新鲜水等，表 6-18 列出了某 1.8Mt/a 加氢裂化装置能耗数据。

表 6-18 某 1.8Mt/a 加氢裂化装置能耗表

能源介质	能源消耗量		折单耗量/(MJ/t)
	单位	数量	
循环水	t/h	1296.43	25.5
净化污水	t/h	11.60	1.8
脱氧水	t/h	6.00	10.8
凝结水	t/h	6.00	-9.0
电	kW·h/h	10917.86	606.7
3.5MPa 蒸汽	t/h	42.60	735.4

续表

能源介质	能源消耗量		折单耗量/(MJ/t)
	单位	数量	
1.0MPa 蒸汽	t/h	1.00	-14.9
0.5MPa 蒸汽	t/h	38.00	-492.0
净化风	Nm^3/h	479.76	3.6
氮气	Nm^3/h	180.00	1.8
燃料气	t/h	1.29	282.6
燃料油	t/h	2.24	430.8
输出低温热	MJ/h	-18789.1	-88.1
合计			1494.9

由表 6-18 可知，该加氢裂化装置单位能耗为 35.59kgEO/t。

加氢裂化装置蒸汽消耗如表 6-19 所示。

表 6-19 某 1.8Mt/a 加氢裂化蒸汽消耗量

使用地点及用途	蒸汽用量/(t/h)		
	1.0MPa	3.5MPa	0.5MPa
分馏塔汽提	3.0		
柴油汽提塔气提	0.5		
循环氢压缩机透平		38	-38
稳定塔底重沸器	-0.5	4.6	
蒸汽发生器	-6		
伴热、加热、吹扫	2		
合计	-1	42.6	-38

由表 6-19 可知，加氢裂化装置蒸汽的最大消耗处为循环氢压缩机透平使用的 3.5MPa 蒸汽，同时分馏塔汽提和再沸器也使用部分蒸汽作为汽提介质或热源，其他伴热蒸汽用量相对较小。加氢裂化装置的燃料消耗如表 6-20 所示。

表 6-20 某 1.8Mt/a 加氢裂化装置燃料用量

使用地点或用途	燃料用量/(kg/h)	备注
反应进料加热炉	1120	
脱丁烷塔底重沸炉	1068	
分馏塔进料加热炉	1167	
其他	170	包括原料缓冲罐、塔顶回流罐等
合计	3525	

由表6-20可知，加氢裂化装置燃料消耗主要在于反应进料加热炉、分馏塔进料加热炉和脱丁烷塔底重沸炉。

加氢裂化装置重要用电设备如表6-21所示。

表6-21 某1.8Mt/a加氢裂化装置用电量

使用地点或用途	电压/V	设备台数/台		轴功率/kW	备注
		操作	备用		
新氢压缩机主机	6000	1	1	6600	
原料升压泵	380	1	1	94	
反应进料泵主机	6000 380 220	1	1	1800 7 3	
注水泵主机	6000 380 220	1	1	220 3 2.5	
反应贫胺液泵	6000 380 220	1	1	1054 7 2	
分馏塔进料泵	6000	1	1	129	
脱丁烷塔底循环泵	380	1	1	129	
分馏塔顶回流泵	380	1	1	53	
重石脑油汽提塔底泵	380	1	1	45	
煤油泵	380	1	1	31.3	
分馏塔底泵	380	1	1	51	
分馏塔一中回流泵	380	1	1	66	
分馏塔二中回流泵	380	1	1	42	
稳定塔顶回流泵	380	1	1	38	
低压放空罐污油泵	380	1		25	间断
热高分气空冷器	380	8		19×8	
脱丁烷塔顶空冷器	380	4		12.5×4	
分馏塔顶空冷器	380	8		15.5×8	
稳定塔顶空冷器	380	4		12×4	
重石脑油空冷器	380	4		8×4	
煤油空冷器	380	3		3.5×3	
柴油空冷器	380	3		3.3×3	
仪表用电	380			40	

续表

使用地点或用途	电压/V	设备台数/台		轴功率/kW	备注
		操作	备用		
照明用电	220			35	
加热炉用电	380			216	
液力透平	6000	1		-506	
合计	6000			9297	
	380			1179.7	
	220			42.5	

由表 6-21 可知，加氢裂化装置合计用电负荷 10934kW，其中新氢压缩机、反应进料泵、反应贫胺液泵、注水泵等用电量较大，这主要是由于加氢裂化反应压力较高，氢气和液体物料的升压过程需要消耗较大动力。

（三）用能特点

由加氢裂化装置的能耗构成可看出，燃料消耗在能耗中所占比例最高，一般在 40%～70%；其次为电耗，一般在 25%～40%；蒸汽消耗差异较大，一般为 2%～20%；水所占比例较低，一般为 1%～5%。影响加氢裂化装置能耗的因素包括以下几个方面。

① 装置界区构成。加氢裂化装置的界区构成差异较大，通常包括反应部分、压缩部分（也可合到反应部分）、分馏部分、气体分馏部分、气体脱硫部分、溶剂再生部分、酸性水处理部分、氢气回收部分和公用工程部分等。不同界区组成的加氢裂化装置能耗绝对值、能耗组成会有较大差异。

② 转化率。加氢裂化装置不同转化率条件下的能耗组成不同，图 6-29 为某加氢裂化装置转化率与能耗的关系，加氢裂化的转化率越高，放热量越大，燃料消耗越低。

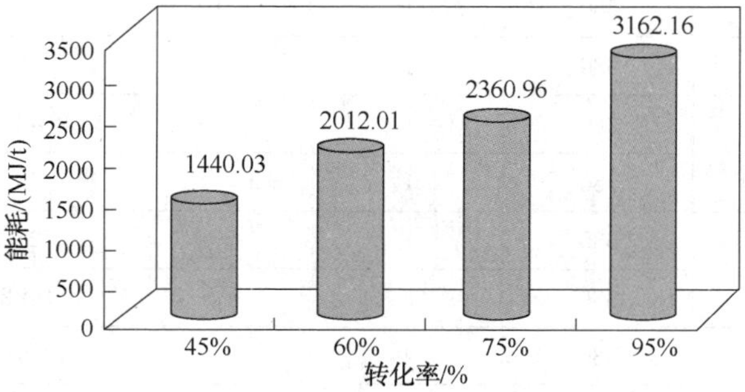

图 6-29 某加氢裂化装置不同转化率下能耗与组成的关系

③ 反应压力。不同压力下的加氢裂化装置能耗差别较大，压力越高，循环氢、原料油的增压能耗升高，导致装置能耗增加。

④ 流程设置。同一套加氢裂化装置改造为不同流程的装置能耗不同，表 6-22 列出了某加氢裂化装置由冷高分流程改造为热高分流程前后的能耗对比。

表 6-22 某加氢裂化装置高分流程改造前后能耗对比

项目	2002 年冷高分流程		2003 年改为热高分流程	
	kgEO/t	MJ/t	kgEO/t	MJ/t
燃料气	19.029	796.706	16.625	696.056
新鲜水	0.001	0.060	0.002	0.079
循环水	1.24	51.916	1.66	69.5
电	10.083	421.563	11.21	469.34
蒸汽	9.48	396.291	4.45	186.313
能耗	39.833	1665.311	33.947	1421.288

三、加氢裂化装置用能优化

各类加氢裂化装置虽然具体流程差别较大，但其能量利用的规律却具有相似性，同时具有相同的关键耗能过程，如加热/分馏炉、压缩机、高压泵、大流量泵等。

加氢装置的能量系统优化实施框架如图 6-30 所示。主要过程包括：

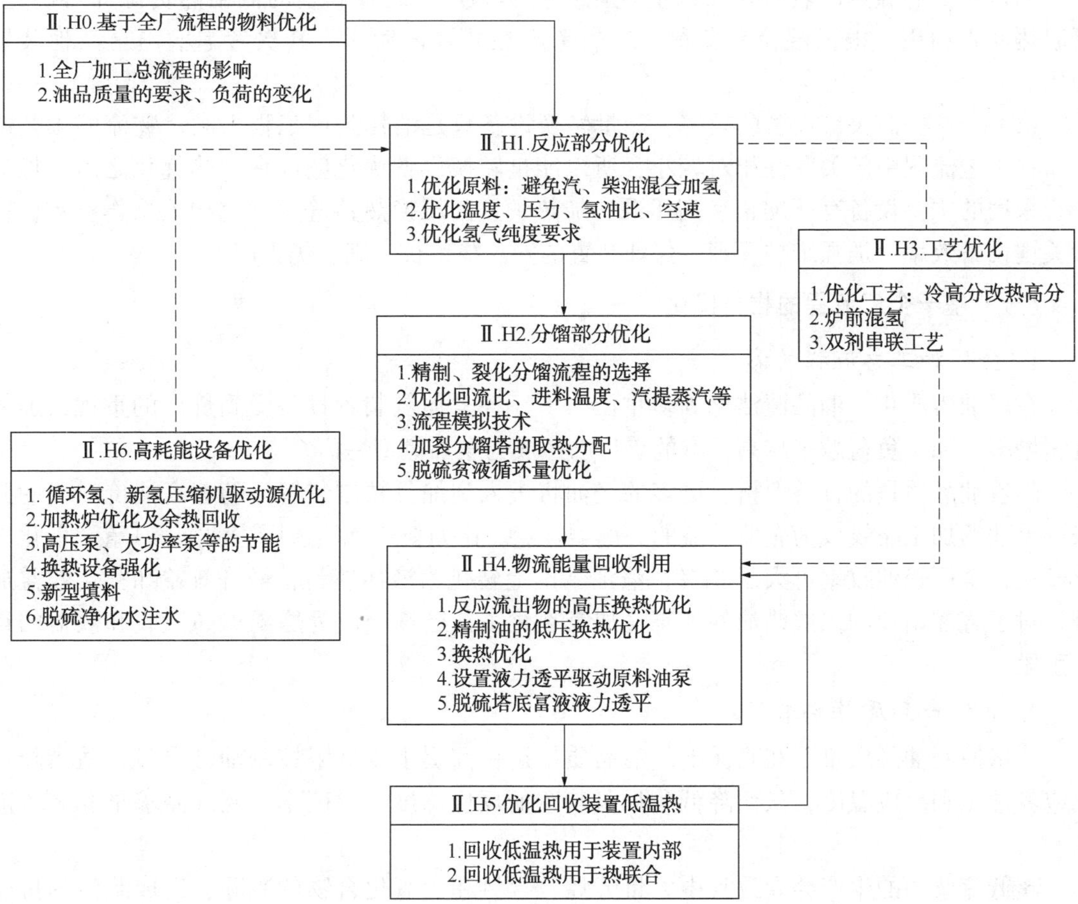

图 6-30 加氢装置能量优化框架图

第一步，基于全厂流程的物料优化。原料劣质化客观要求加氢精制和裂化的加工负荷日益提高，产品清洁化则客观要求反应深度逐渐升级，全厂总流程的变化将为加氢装置确定进料和出料的边界条件，从而影响装置能耗。

第二步，反应部分优化。反应部分作为加氢装置的源头，直接影响着后续的所有操作。其优化工作应从原料油、氢气质与量、氢油混合方式、操作条件、催化剂、反应设备等方面开展，降低加热炉负荷、压缩机负荷等。

第三步，工艺流程优化。循环氢分离是回收氢气、保证后续分馏操作稳定的重要操作，冷高分改为热高分可实现装置较大的节能；优化加氢裂化尾油的循环方案，实现优化装置的加工负荷、产品和能耗等，积极发展新工艺。

第四步，产物分馏优化。分馏作为能量工艺利用的末端环节，承担着分离产品的任务，其优化方向主要是分馏流程的选择、塔的操作条件、取热分配等，主要优化工具是流程模拟软件。

第五步，物流能量的回收利用。能量工艺利用之后，相关高温高压物流的能量回收利用便成为了装置节能的重要方向。通过优化高低压独立换热、换热流程、采用高效换热器、回收压力能等，节省投资、降低能耗。

第六步，低温热回收利用。以上优化步骤实施后，装置剩余的低温热资源即可确定。低温热回收利用，根据温位和负荷，首先考虑在装置内使用，其次考虑输出至其他装置使用。

第七步，提高关键设备的效率。能量转换设备只是消耗公用工程来满足物流的工艺要求，在工艺流程中的关联性相对较小，所以能量转换设备优化应放在换热优化之后。加氢装置采用的主要设备有压缩机、高压泵、加热炉、高压换热器等，优化相关操作参数，提高关键设备效率，加强维护管理，保证装置的安、稳、长、满、优生产。

（一）基于全厂流程的物料优化

1. 全厂加工总流程的影响

在原油劣质化、油品清洁化等多重压力下，各类加氢装置日益受到炼厂的重视，加氢装置增多，加工负荷越来越高，有的炼厂已经成为全加氢型炼厂。

随着油品质量的日益严格，更多的轻油将进入到加氢精制装置。随着高油价时代的到来，重油的加工路线成为企业效益的关键增长点。比如新建炼厂选用渣油加氢+重油催化裂化模式，全厂轻油收率可大于81%，渣油基本上转化为液体燃料，经济效益和社会效益显著。对于直馏蜡油和二次蜡油的加工，加氢裂化工艺已逐渐成为炼厂提高液收和效益的重要手段。

2. 优化产品质量要求

严格控制油品质量。在确保出厂油品质量达标前提下，低限控制油品质量，适当降低反应氢油比和反应温度，从而降低各加氢装置的反应深度、脱硫率、氢气需求量和装置能耗等。

超低硫柴油的生产会导致其中大量芳烃、含氮和含氧化合物的脱除，造成柴油的抗磨物质减少、润滑性能下降。为了使柴油满足磨痕直径的技术要求，可增设润滑性改进剂加药设施。

（二）反应部分优化

反应压力、反应温度、空速、氢油比等操作条件和催化剂都与能耗有着直接的关系，其中不同的催化剂又会决定其他操作。反应空速的控制主要根据生产任务和催化剂藏量调节，操作中一般不作为调节手段。在压缩机有余量时，主要调节氢油比；在氢油比没有调节余地时，可提高反应温度。这些手段在保证产品质量时牺牲了能耗，因此尽量实行产品质量卡边操作，保持低反应温度、低氢油比操作。

1. 优化原料，避免汽、柴油混合加氢

汽、柴油分类加氢精制，避免上游装置分离、本装置再混合的重复高耗能过程，从源头降低装置工艺总用能和产品分馏塔负荷。

物料直供能提高周转效率，减少反复冷却加热。直馏柴油和二次加工柴油直供柴油加氢；原料渣油按热进料方式直供渣油加氢，产品渣油直供下游催化装置；蜡油原料直供加氢裂化或蜡油加氢，产品尾油直供催化或乙烯裂解、重石脑油直供重整装置等。

适当提高热进料的比例，充分发挥冷进料的低温热阱利用，避免直供原料与罐区冷进料的大温差混合。但要注意保证反冲洗过滤器连续正常运行，比如将过滤器控制器由全气动改造为可编程控制 PLC，同时关闭反冲洗过滤器副线阀，加强脱水操作，降低反应器压差。

柴油加氢原料掺炼减一线油，不仅可增产柴油，而且能降低精制柴油的凝点。但减一线油馏分重，多环芳烃含量高，增加了加氢脱硫难度。因此，可适当降低柴油馏分切割点，控制减一线油及催化裂化柴油的 95%馏出温度不大于 365℃，降低较难脱除的硫化物的含量。

2. 优化反应条件

（1）反应温度

温度提高能增加脱硫、脱氮速率，对芳烃饱和速率的影响有限。对于裂化反应，温度提高能增加裂化转化率，但是温度过高会引起石脑油、煤油收率提高，柴油收率下降，并可能导致二次裂解加剧、燃料消耗增加、产品颜色变差等。合理的反应温度应根据原料性质、催化剂活性、产品要求等灵活确定。

（2）氢分压

氢分压提高能促进精制反应的加氢脱硫、脱氮、烯烃与芳烃饱和，也能促进裂化反应的转化深度，提高产品质量，并降低催化剂失活速度，但氢耗、压缩机功耗、反应热和催化剂床层温升均增加。合理的氢分压需充分考虑原料性质、过程氢耗、系统压力以及催化剂的使用寿命等确定。

（3）空速

降低空速有利于加氢脱硫、脱氮、烯烃与芳烃饱和，对裂化转化率、产品分布和质量的影响类似温度，因此温度与空速在一定范围内可相互补偿。合理的空速应根据原料性质、催化剂活性和藏量、反应器体积、产品要求等确定。

（4）氢油比

氢油比低，脱硫率、脱氮率会有所下降，催化剂寿命降低；氢油比过高，操作能耗增加，原料的停留时间减少，脱硫率、脱氮率也会下降。氢油比的变化实质上是影响过程的氢分压，其对裂化深度、产品分布及质量的影响类似氢分压。合理的氢油比需综合考虑原料性质、催化剂寿命、操作费用等确定。

（5）其他因素

装置负荷、设备特性、新氢压力及纯度、反应转化率、节能技术的应用程度等也将对能耗产生一定的影响。

3. 优化氢气纯度要求

不同加氢装置对氢气纯度的要求不同，一般加氢裂化、渣油加氢的氢气纯度需求在99%以上，汽、煤、柴油加氢的氢气纯度需求在85%以上。新氢纯度下降将产生循环氢纯度降低、干气增加、氢气利用率及液体收率下降等不利影响。为保证装置正常运行，并节省氢气成本，有必要优化用氢的等级与数量。

按纯度梯级利用氢气，合理控制纯度指标。对氢气纯度要求较高的装置采用高纯氢，对氢气纯度要求不高的装置适当降低氢气纯度要求，采用低浓度氢气，如重整氢不必经PSA装置提纯，可直接作为柴油加氢精制的新氢。

提高循环氢纯度，有利于提高氢分压、保护催化剂、改善反应条件和产品质量，降低循环氢量、压缩机负荷和设备管线腐蚀。为此，可增设循环氢脱硫塔，加强循环氢脱硫操作，并尽量回收利用酸性气体。对加氢裂化循环氢混合气，可采用脱烃旋流分离器高效脱除烃类、硫化物。没有循环氢脱硫塔的装置，可采取适当排放废氢，降低冷高压分离器温度。

（三）分馏部分优化

塔的优化包括分离精度、操作压力、进料温度和位置、回流比和再沸炉负荷等。①根据模拟或经验优化分离精度，消除质量过剩；②塔压适度降低，塔底温度、分馏炉负荷均相应降低；③比较实际温度、设计温度与国内其他企业同类装置温度之间的大小，根据实际确定最优的进料温度和位置，降低再沸炉供热量；④为保证油品质量，分馏塔常采用重沸炉方案，但在实际操作中易出现由于塔底供热量大而使塔顶回流也相应增大的现象，导致一边大量供热、一边大量冷却，因此应平衡好分流塔顶回流量和塔底供热的关系，低限控制回流比，同时降低加热负荷和冷却负荷。

分馏塔设置顶循，回收过汽化段冷凝潜热预热冷物料，降低塔顶冷却负荷。渣油加氢产物中的NH_3含量较多，最好在高低压分离罐部位进行脱除，若塔盘出现结盐，可通过蒸汽吹塔解决。更换高效塔板。

加氢裂化分馏流程种类较多，如脱丁烷塔+脱乙烷塔+常压塔和脱硫化氢汽提塔+常压塔+吸收稳定，后者具有操作压力低、能耗低、液化石油气损失小的优点，采用重石脑油作为吸收剂比用轻石脑油或混合石脑油效果更优。

1. 分馏流程的选择

（1）加氢精制分馏流程

柴油加氢精制分馏流程有单塔汽提、双塔汽提的不同，双塔汽提又分为先汽提后分馏、先分馏后汽提两类。双塔流程中，H_2S在汽提塔中排出，设备和管线的投资较小，石脑油质量好，操作稳定、灵活；而单塔汽提对材质要求高、操作条件苛刻，建议采用双塔汽提。若热低分油温度较高，宜采用先分馏后汽提流程。为解决柴油带水的问题，产品分馏塔采用重沸炉方案。

(2) 裂化分馏流程比较

加氢裂化分馏流程一般有两种：一种为传统分馏流程，特点是脱丁烷、常压分馏出柴油；另一种为硫化氢汽提塔、常压塔出柴油。液化气的回收流程，可采用脱乙烷塔，也可采用吸收稳定的方法。

如果采用脱丁烷塔+脱乙烷塔+常压塔流程，由于加氢裂化产气量较少，脱乙烷塔操作很难平衡，操作压力较高、液化气损失多。如果希望脱丁烷塔顶酸性气中带走的液化气组分少，则要加大回流比，能耗增加。

如果采用脱硫化氢汽提塔+常压塔+吸收稳定流程，不仅液化气回收率较高，而且可以降低塔的操作压力，装置能耗低。采用重石脑油作吸收剂比用轻石脑油或混合石脑油作吸收剂，具有吸收效果好、吸收剂损失少、流程简单的优点。

2. 优化分馏塔操作

在保证产品质量的前提下，低限控制回流比，降低分离精度，消除质量过剩，降低重沸炉负荷和装置能耗。实际操作中，应平衡好分馏塔顶回流量和塔底供热的关系，合理控制塔底供热量，避免塔底大量供热、塔顶大量冷却的现象发生。

降低塔压可增加分离组分间的相对挥发度，塔底温度、分馏炉负荷相应降低；但组分沸点降低，气相负荷增加，塔顶冷后温度较高，降压幅度受到一定的限制。因此，可根据产品质量以及塔顶冷却能力，适度降低塔压，并对塔顶和塔底温度做相应调整。对于塔顶压力小于系统瓦斯管网压力的分馏塔，可在保证产品质量的前提下，适度提高塔顶回流罐压力，避免含硫燃料气排放火炬造成的浪费，并尽可能实现塔底产品自压输送至下游设备。

在保证产品质量的前提下，摸索吹汽用量下限，减少蒸汽消耗、含硫污水排量。降低塔压，汽提蒸汽的等级和用量均可降低。对于采用蒸汽汽提的分馏塔，可考虑将汽提介质改为氢气，并检测塔底物流的闪点是否合格。

溶剂再生塔的再沸温度一般控制在122℃左右，温位较低，完全可以利用相关物流的余热为溶剂再生塔提供热量，节省冷却负荷和1.0MPa蒸汽。

3. 流程模拟技术

在分馏塔出料量不变的情况下，模拟研究塔压、回流比、进料温度等因素对塔顶的温度、重关键组分含量、冷却量和塔底温度、轻关键组分含量、热负荷以及油品质量的影响，综合权衡利弊后确定塔的适宜操作条件。

对于产品收率需要调整的情况，可采用软件模拟塔的操作条件对各产品收率、质量的影响综合权衡后确定适宜的措施。

4. 加氢裂化分馏塔的取热分配

渣油加氢分馏塔热量富余时设置一个或多个中段循环，遵循“小温差、大流量”的原则，回收过汽化段冷凝潜热，用于预热冷物料或者发生蒸汽。

加氢裂化分馏塔侧线抽出较多，在满足产品收率下尽量提高高温位的物流取热量；设置顶循，回收过汽化段冷凝潜热预热冷物料，降低塔顶冷却负荷。

5. 脱硫贫液循环量优化

溶剂再生塔的重沸温度一般控制在122℃左右，温位均较低，完全可以利用相关物流的余热为溶剂再生塔提供热量，节省空冷器、水冷器负荷和1.0MPa蒸汽。对于控制燃料油温度的情况亦是如此。

根据要求的循环氢纯度，合理确定脱硫溶剂的循环量，降低吸收塔操作温度和压差，提高吸收效果，降低循环氢压缩机功耗。

（四）工艺流程优化

工艺流程上的差别包括：炉前混氢与炉后混氢的不同，冷高压分离与热高压分离的不同，一次通过、部分循环和全循环的不同，单塔汽提和双塔汽提的不同，先汽提后分馏和先分馏后汽提的不同等，不同流程之间的能耗会有较大差别。

1. 热高分流程分离循环氢

与冷高分流程相比，同样条件下，热高分流程最大限度地保留了低分油的热量，产物空冷器负荷远小于冷高分的空冷负荷，可避免夏季高压空冷器冷后温度偏高而影响加工负荷、后续高分温度提高、循环氢带液、纯度下降和压缩机耗汽量增大等问题，而且可以有效降低产物黏度，避免产物在管道和空冷器管束中沉积和堵塞。同一套加氢裂化装置，热高分流程比冷高分流程节能168.3MJ/t原料。但是热高分流程的投资增加，流程变得复杂。加氢装置具体采用何种流程，取决于装置规模、反应产物的组成、热高压分离器的操作温度和溶解损失的氢气等。

由于热低油要进入下游分馏塔，因此热高压分离器的温度选择应尽量满足下游分离设备所需要的过汽化温度要求。对同一装置，降低热高压分离器的进口温度，原料与反应产物的换热负荷增加，进料加热炉的负荷降低，但会增加分馏炉的负荷，且温度过低会造成铵盐析出，直接影响到设备管道的腐蚀、系统压降和循环氢压缩机的能耗。热高压分离器的入口温度可作为加热炉与重沸炉之间负荷的一种调节手段。

柴油加氢装置的热高分进口温度可定在215℃左右。对重油型的加氢裂化装置，若设置硫化氢汽提塔，建议热高分的温度为220~250℃；若设置脱丁烷塔，建议热高分的温度为240~270℃。

冷高分流程能量浪费严重，且夏季高压空冷器冷后温度往往偏高，影响装置加工负荷，导致后续高分温度提高、循环氢带液和纯度下降、压缩机耗汽量增大等。

2. 炉前混氢工艺

氢油混合方式有炉前混氢、炉前部分混氢、炉后混氢等。与单相流程相比，两相换热简化了流程，传热系数高，换热面积小，加热炉负荷小，投资低，降低了炉管结焦的概率，充分体现了炉前混氢的优越性。因此设计或改造中反应部分氢油混合方式推荐采用炉前混氢或炉前部分混氢。

采用炉前混氢技术，可提高换热器的传热效率，减少换热设备，降低系统压降。目前，有些大型装置已采用炉前-炉后混氢的流程，较好地解决了装置大型化后系统压降的问题；还有部分装置采用了高压缠绕管换热器，换热效率高，压降损失小。

3. 双剂串联工艺

加氢裂化装置双剂串联流程中，在精制反应器与裂化反应器之间设立反应进料加热炉的进料换热器，可回收部分热量，降低加热炉负荷，减少燃料消耗量。

（五）物流能量回收利用

1. 高、低换热流程优化

反应部分压力高、投资大，分馏部分的压力低、投资小，二者之间关联较小，因此可分别独立优化加氢装置换热网络的高压和低压部分。

加氢装置高压换热流程的特点是单热流、多冷流。热流只有一股高温高压反应流出物，由于包含着进料炉的大量供能和反应不同程度的放热，其热量温位均较大；冷流则有循环氢、原料油或低分油等。各股冷流与热流换热次序的不同将导致热量分配的不同，并最终影响装置能耗。由于高压换热器投资较高，需保持较大的换热温差。对于炉后混氢的情况，应注意合理分配循环氢和原料油的热量分配比例，避免温差过大引起的混合㶲损，提高能量回收率，但应注意原料油温度提高导致的结垢速率增加。

分馏部分的换热器投资较低，可通过减小换热温差、增加换热面积或采用新型换热器，实现最大程度的热量回收，降低公用工程消耗量。

2. 强化换热回收

新型换热器是增加热量回收的重要手段，企业应积极采用。

加氢裂化采用的高温高压逆流传热缠绕管换热器，具有占地面积小、换热效率高、换热面积大、制造成本低等特点，配上在线防垢除垢技术，可使正常操作时停运反应炉成为可能。某企业实践证明：2 台缠绕管换热器可替代 4~8 台螺纹锁紧环 U 型管式高压换热器。企业应积极研究是否可将缠绕管换热器推广到柴油、渣油等加氢装置中。

板式换热器具有传热效率高、体积小、重量轻、污垢系数低、拆卸方便、板片品种多、适用范围广等特点，在供热行业得到了广泛应用。扭曲管换热器具有传热效率高、结构紧凑、壳程流动阻力小、抗结垢以及能够克服诱导振动等优点，非常适用于小温差工况及冷热流温度交叉的工况。

3. 回收物流压力能

为充分回收从高压到低压工艺物流的压能，可在热高压分离器和热低压分离器之间、循环氢脱硫塔至富氨液罐之间设置液力透平，驱动相关进料泵。

循环氢分离的高、低压分离器之间以及循环氢脱硫塔富液管线上可以根据需要设置能量回收设备，如液力透平，回收工艺物流压能，驱动原料油泵或贫胺液泵。

从经济效益看，使用液力透平是否合算取决于装置的规模、系统操作压力(即冷、高压分离器压力)、介质性质以及电价等因素。

（六）优化回收装置低温热

首先，低温热的利用应考虑最大程度加热工艺物流，节省燃料气消耗。其次，梯级回收利用物流余热，根据温位发生不同等级的蒸汽。

分馏塔热量富余时设置中段循环，可回收蒸汽热量。

1. 回收低温热用于装置内部

在换热匹配之后，各类加氢装置尚存在大量余热未能有效回收利用，如进高压空冷器前的反应流出物、塔顶油气、石脑油、喷气燃料、柴油、尾油、烟气等，其中反应流出物是加氢装置低温余热比较集中的部位。

首先，余热的利用应考虑最大程度地加热装置内的工艺物流，如加热原料、低分油、再生塔底回流、燃料油等低温热阱，节省燃料气消耗；其次，梯级回收利用余热，根据温位发生不同等级的蒸汽，比如高温的烟气余热、尾油、裂化循环油发 3.5MPa 的蒸汽，温位稍低的尾油、柴油发 1.0MPa 的蒸汽，剩下的低温余热发 0.35MPa 的蒸汽或加热热媒水。

2. 回收低温热用于热联合

直馏柴油和二次加工柴油直供柴油加氢；原料渣油按热进料方式直供渣油加氢，产品渣油直供下游催化装置；蜡油原料直供加氢裂化或蜡油加氢，产品尾油直供催化、重石脑油直供重整装置等。

适当提高热进料的比例，不足的原料仍由原料罐提供冷进料。避免直供原料与罐区冷进料的大温差混合，降低过程㶲损，同时充分发挥冷进料的低温热阱利用。

（七）高耗能设备优化

1. 压缩机驱动源优化

首先，保证循环氢压缩机自身的工作状况达到最佳。对于很多压缩机出现的实际流量和设计流量不匹配问题，可在保证氢油比的条件下，降低循环机转速或增上无级气量调节系统，全关各旁路阀，避免出口气体重新返回入口，可获得很好的节能效益。在同等条件下，凝汽式汽轮机操作复杂且能耗较高，受气温影响较大，对于 3.5MPa 蒸汽富余的企业，循环氢压缩机尽量选择背压式汽轮机，可同时降低能耗、循环水。

在加氢装置中，氢油比对反应器、加热炉、压缩机以及空冷器的用能影响较大，因此，需要在节能降耗与安全生产之间寻找一个最佳的氢油比契合值。以蜡油加氢装置为例，设计氢油比为不大于 400：1，实际氢油比一直保持在(600～700)：1 之间，在保证循环氢压缩机安全运行的前提下，可将氢油比降至 450：1，降低压缩机转速，节省汽轮机 3.5MPa 蒸汽消耗量 5t/h。

其次，优化压缩机之外的反应系统，应遵循压缩机的优化原则：在入口压力不变的情况下降低出口压力，即降低系统压降；在出口压力不变的情况下提高入口压力，即降低压缩比。按此原则，优化措施有：降低换热器、反应器、炉管、管道等的压降；研究现有操作条件下反应压力是否有降低的余地；选用高活性、低氢油比的催化剂。

2. 脱硫净化水注水

酸性水进入脱气罐进行降压脱气后送至酸性水汽提系统进行处理，闪蒸出的气相经脱硫处理后送至燃料气系统，将酸性水汽提后的净化水作为液力透平的喷淋冷却水，也可将净化水用于空冷前的注水，降低循环水使用量。

3. 容器氮封改瓦斯封

容器采用氮封，会造成氮气浪费严重，且影响瓦斯回收质量。若改为瓦斯封，净化瓦斯排放到火炬系统后，可通过气柜对其进行回收利用。但冬季需对原有管线加伴热。

第五节 催化重整装置能量优化

一、催化重整工艺概述

催化重整作为石油加工过程中重要的二次加工方法，“重整”指在一定反应条件和催化剂的作用下，对烃类分子结构的重新排列，进行环烷烃脱氢和烷烃脱氢环化及异构化等反应，使之变为另外一种分子结构的烃类。其目的是生产高辛烷值汽油或化工原料——芳烃，同时副产大量氢气，可作为加氢工艺的氢气来源。

重整过程是化学变化过程，原料油中的正构烷烃和环烷烃在催化剂存在条件下，经“重整”转化为异构烷烃和芳烃，从而提高汽油的辛烷值或生产芳烃产品 BITX(苯、甲苯和二甲苯等)。

催化重整装置大都包括原料油预处理、重整反应、产品稳定处理等几个部分。生产芳烃为目的的重整装置还包括芳烃抽提和芳烃分离部分。

（一）原料预处理

为了满足对重整原料的要求，必须对重整原料油进行预处理，预处理过程包括：

① 预分馏。其目的是根据目的产品要求对原料进行精馏，切取适宜的馏分。例如，生产芳烃时，切除<60℃的馏分；生产高辛烷值汽油时，切除<80℃的馏分。原料油的干点一般由上游装置控制，也有的通过预分馏切除过重的组分。预分馏过程中也同时脱除原料油中的部分水分。

② 预脱砷。砷能使重整催化剂严重中毒失活，因此要求进入重整反应器的原料油中砷含量不得高于 1ng/g，常减压蒸馏装置常压塔顶产出的重整原料油需要脱砷后才能进入重整装置加工。

③ 预加氢。在催化剂和氢作用下，使原料油中的硫、氮和氧等杂质分解，分别生成 H_2S、NH_3 和 H_2O，烯烃加氢可生成饱和烃。砷、铅等重金属化合物在预加氢条件下进行分解，并被催化剂吸附除去。

原料预处理过程的典型流程如图 6-31 所示。

原料油由进料泵加压，先经换热器与预分馏塔底物料换热，随后进入预分馏塔进行预分馏。预分馏塔一般在 0.3MPa 左右的压力下操作，塔顶温度 60～70℃，塔底温度 140～180℃。

预分馏塔顶产物经冷凝冷却后进入回流罐。回流罐顶部不凝气体送往燃料气管网；冷凝液体(拔头油)一部分作为塔顶回流，一部分送出装置作为汽油调和组分或化工原料。

预分馏塔底设有重沸器(或重沸炉)，塔底物料一部分在重沸器内用蒸汽或热载体加热后汽化，并返回分馏塔底；一部分用泵从塔底抽出，经换热后，与氢气混合，再经加热炉加热后进入预加氢反应器。有的装置设有循环氢气压缩机，氢气循环使用，大多数装置采取重整反应的副产氢气一次通过方式。

预加氢的反应产物从反应器流出与预加氢进料换热，再经冷却后进入油气分离器。从油气分离器分出的含氢气体送出装置供其他加氢装置使用。

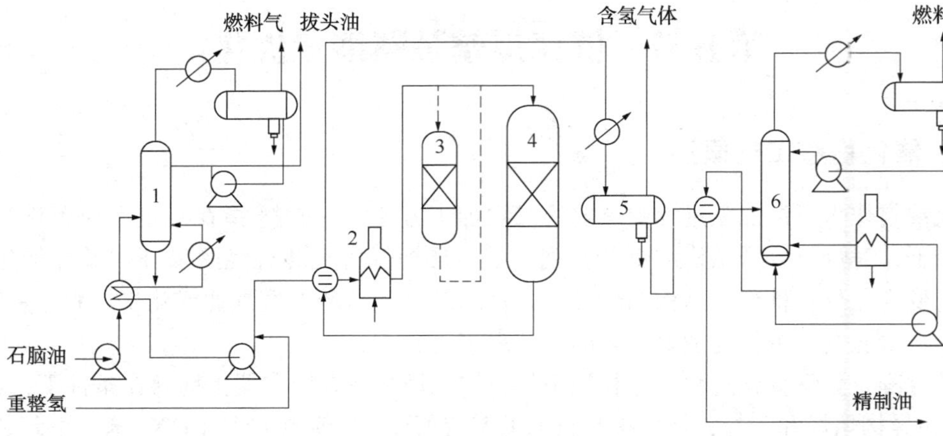

图 6-31 原料预处理工艺流程

1—预分馏塔；2—加热炉；3—脱砷反应器；4—预加氢反应器；5—油气分离罐；6—汽提塔

脱水塔一般在 0.8～0.9MPa 压力下操作，塔顶温度 85～90℃，塔底温度 185～190℃，塔顶物料经冷凝冷却后进入回流罐，冷凝液体从回流罐抽出打回塔顶作为回流，含 H_2S 的气体从回流罐分出后，送入燃料气管网。水从回流罐底部分水斗排出。

脱水塔底设重沸器作为脱水塔的热源，塔底物料(即精制油)与该塔进料换热后作为重整反应部分的进料。

(二) 重整反应工艺流程

催化重整反应部分按催化剂的再生形式分可分为半再生式、循环再生式和连续再生式等工艺类型。

固定床半再生式催化重整，催化剂被固定在反应器内，经运转一个周期(一般为一年左右)后，装置停工，进行催化剂再生，然后再开工进行下一周期的生产。

连续再生就是重整反应和催化剂再生过程连续地进行。和半再生式装置相比，连续重整增加了一套连续再生系统。催化剂在反应器——移动床内移动，同时在反应器和再生器之间循环流动，连续地进行反应和再生过程。由于重整反应始终在接近新鲜催化剂的最佳条件下进行，可使装置在更低的压力和氢油比下操作，提高操作苛刻度。因此，连续重整对原料有较大的适应性，重整油和氢气产率较高，氢纯度高，产品质量稳定，运转周期长。

图 6-32 是 UOP 公司的第三代 Cyclemax 移动床连续重整工艺流程示意图。这种工艺方法可以将重整反应器内失活的催化剂连续排出，在另外单独的再生器中连续进行再生，再生后可重新回到轴向重叠放置的顶部的第一反应器中。

连续重整的第一、二、三、四反应器自上而下叠置排列，催化剂在再生器进行连续再生，反应器和再生器靠输送催化剂管线连接。第四反应器底部失活的催化剂借氮气输送到再生部分，进入再生器的催化剂自上而下借重力移动，在再生器中进行烧焦、氯化更新和干燥，使催化剂再生，再生后的催化剂用氢气提升至反应器上部，使之加热和还原，还原后的催化剂借重力从第一反应器下移至第四反应器，排出后去再生系统，如此就完成了催化剂的循环移动。

来自预处理部分的重整原料，经和重整反应产物换热并加热后，依次通过四个反应器，

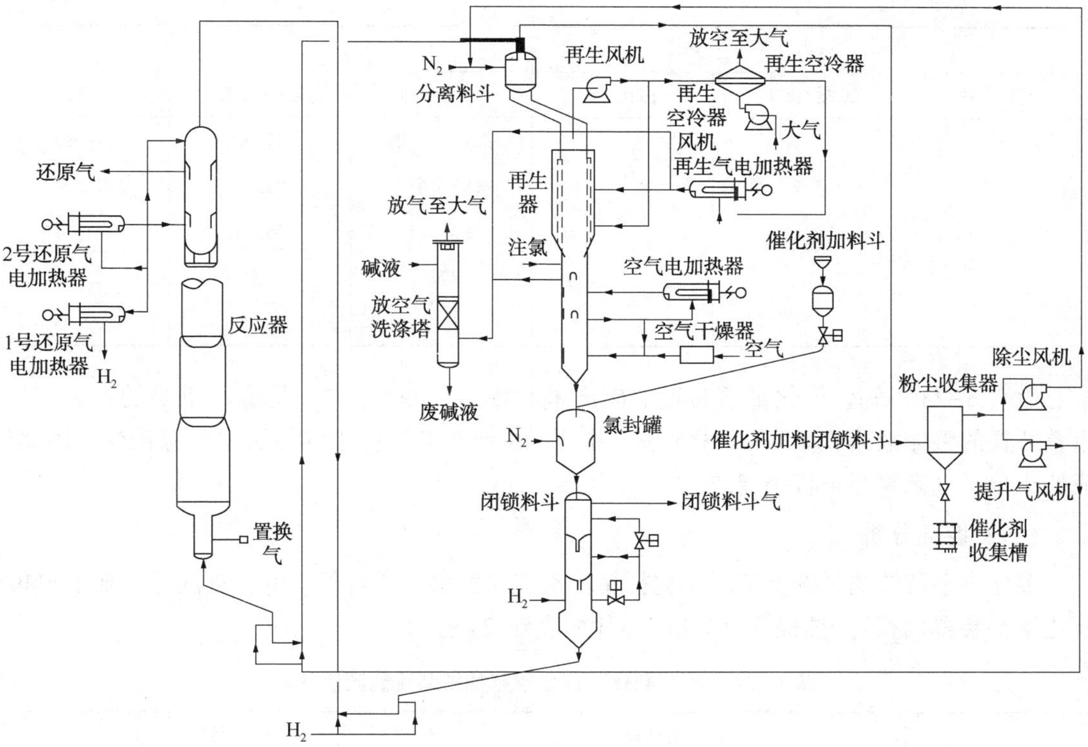

图 6-32　UOP 公司 Cyclemax 连续重整工艺流程示意图

各反应器间用加热炉供热，反应产物经与原料换热、油气分离和冷却后去后处理部分。

二、催化重整装置用能特点

(一) 物料平衡

催化重整装置的产品包括重整氢、燃料气、液化石油气、石脑油、重整油等，如果包括芳烃抽提装置可以将重整油进一步分离为苯、甲苯、混合二甲苯和抽余油，某 1.4Mt/a 催化重整装置(含芳烃抽提部分)物料平衡如表 6-23 所示。

表 6-23　某 1.4Mt/a 催化重整抽提装置物料平衡表

入方			出方		
物料名称	流量/(t/h)	占比/%	物料名称	流量/(t/h)	收率/%
直馏重石脑油	77.93	47.40	重整氢	10.21	6.21
加裂重石脑油	34.97	21.27	燃料气	0.334	0.20
乙烯裂解油	51.5	31.33	液化石油气	4.28	2.60
合计	164.4	100.00	石脑油	3.46	2.10
			苯	31.53	19.18
			甲苯	30.54	18.58

续表

入方			出方		
物料名称	流量/(t/h)	占比/%	物料名称	流量/(t/h)	收率/%
			混合二甲苯	24.62	14.98
			重整抽余油	20.12	12.24
			重整汽油	35.42	21.55
			C_{10}	3.85	2.34
			合计	164.36	99.98

由表6-23可知，催化重整装置的副产氢收率达到6%左右，是炼厂重要的产氢装置，重整装置的整体液体收率高达93.57%，主要是由于重整反应过程的裂化反应较少，因此生成的小分子气态物料量较小导致。

（二）能耗分析

催化重整装置消耗的能源介质包括循环水、新鲜水、燃料气、电、蒸汽等，某1.4Mt/a催化重整装置(含芳烃抽提部分)能源消耗如表6-24所示。

表6-24 某1.4Mt/a催化重整抽提装置能源消耗表

能耗介质	消耗量		能耗	
	单位	数量	MJ/h	MJ/t
电力	kW	3749.5	40832.1	238.19
新鲜水	t/h	3	21.4	0.12
循环水	t/h	6201.8	25985.5	151.58
除盐水	t/h	36	3466.8	20.22
汽机凝结水	t/h	-49.47	-7559.0	-44.09
加热凝结水	t/h	-44.56	-14272.6	-83.26
燃料气	Nm^3/h	14648	456461	2662.68
3.5MPa蒸汽	t/h	10.04	36987.4	215.76
1.0MPa蒸汽	t/h	46.44	147772.1	862.00
净化风	Nm^3/h	1260	2003.4	11.69
氮气	Nm^3/h	760	4772.8	27.84
合计			696470.9	4062.74

由表6-24可知该重整装置单位综合能耗为116.4kgEO/t，其主要用电设备如表6-25所示。

表6-25中用电设备负荷达1915.3kW，全装置用电负荷合计3749.5kW，其中氢压缩机负荷最大，达到786kW，重整装置的用电负荷相比其他装置要小，这主要是由于重整反应压力较低，同时物料较轻、黏度较小，输送过程动力需求并不高所致。该装置的主要蒸汽

消耗如表6-26所示。

表6-25 某1.4Mt/a催化重整抽提装置部分用电统计表

使用点	电压/V	设备容量/kW		轴功率/kW
		操作	备用	
预加氢进料泵	6000	280	280	203.1
蒸发塔重沸炉泵	6000	160	160	117.2
预加氢循环氢压缩机	6000	400	400	323
重整液分离罐底泵	6000	185	185	153
重整氢增压机	380	55	55	44
氨压缩机	6000	3×315	0	3×262
再生风机	380	132	0	80
还原气电加热器	380	272	0	219
再生电加热器	380	422	0	422
锅炉热水循环泵	6000	160	160	140
锅炉给水泵	6000	185	185	126
加热炉引风机	380	110	0	88
合计				1915.3

表6-26 某1.4Mt/a催化重整抽提装置蒸汽消耗表

项目	蒸汽用量/(t/h)		装置自产/(t/h)	凝结水/(t/h)		备注
	1.0MPa	3.5MPa	3.8MPa	1.0MPa	0.65MPa	
重整循环氢压缩机透平	17.68				-17.3	
重整氢增压机透平	0.45	33.2			-33.2	
重整及再生抽空器	(1.5)					间歇
拔头油汽提塔重沸器	2.25			-2.25		
脱丁烷塔底重沸器	6.06			-6.06		
脱 C_6 塔底重沸器	19.8			-19.8		
抽提蒸馏塔底重沸器		7.38		-8.64		
溶剂回收塔重沸器		5.85		-6.89		
重整余热锅炉			-37	-0.92		
其他	0.2	0.61			2.03	
合计	46.44	47.04	-37	-44.56	-48.47	

由表6-26可以看出，该重整装置3.5MPa蒸汽的主要用途是重整氢增压机透平，1.0MPa蒸汽的主要用途是重整循环氢压缩机透平以及脱 C_6 塔底重沸器，同时装置可以自

产 37t/h 的 3.5MPa 蒸汽。该装置的主要燃料气消耗如表 6-27 所示。

表 6-27 某 1.4Mt/a 催化重整抽提装置燃料气消耗表

使用点	热负荷/MW	燃料气用量/(Nm^3/h)
预加氢加热炉	5.04	684
蒸发塔重沸炉	11.27	1452
重整“四合一”炉	60.70	11576
脱戊烷塔重沸器	7.33	936
合计	84.38	14648

由表 6-27 可知，重整装置的燃料气消耗达 14648Nm^3/h，其主要消耗用户是重整“四合一”炉，这主要是由于重整反应为强吸热反应，需要通过加热炉为反应体系补充大量热量导致。

(三) 用能特点

催化重整装置消耗能量最多的是加热炉、循环氢压缩机和重整氢增压机。加热炉消耗大量燃料，重整循环氢压缩机、氢增压机消耗大量的电或蒸汽。催化重整装置的能耗主要是燃料，约占 76%；其次是电，约占 23%；蒸汽用量虽然也较高，但由于自产蒸汽量大，因此正常操作时还要外送。

1. 燃料消耗

重整反应是强吸热反应，需要使用多台加热炉为重整反应及产品分离提供热量。一套重整装置有 7~8 台加热炉，包括重整反应加热炉、预加氢进料加热炉和各分馏塔的重沸炉。加热炉多，燃料消耗成为重整装置最大的能耗，约占装置总能耗的 76%，因此减小加热炉的热负荷并提高其热效率以降低燃料消耗量，对降低能耗具有重要的意义。

(1) 重整反应加热炉

重整反应加热炉消耗燃料最多，约占整个装置能耗的 59%；重整反应加热炉不但热负荷大，而且入炉加热物料的温度也比较高，物料不进对流室而直接进辐射室加热，而辐射室热效率只有 60%左右，因此必须考虑利用对流室的热量来提高加热炉的热效率。目前普遍采用的方法是将对流室的热量用于发生蒸汽，600kt/a 的连续重整装置的反应加热炉烟气余热回收可发生 3.5MPa 蒸汽约 20t/h，可使加热炉的总热效率达到 90%以上。

(2) 预加氢进料加热炉

预加氢进料加热炉消耗装置总燃料的 4%，约占整个装置能耗的 3%。预加氢反应热很小，可以忽略不计，加热炉热负荷的大小取决于进料换热器换热的程度。进料与产品换热量越多，加热炉入口温度就越高，加热炉的热负荷就越低，燃料用量就越少。

(3) 分馏塔的重沸炉

分馏塔的重沸炉消耗装置总燃料的 18%，约占整个装置能耗的 14.0%。重整装置的汽提塔、稳定塔(或脱戊烷塔)等的塔底温度为 200~250℃，一般采用重沸炉加热，稳定塔(或脱戊烷塔)有时也采用蒸汽重沸器加热。

2. 电耗

重整装置用电消耗主要是大机组、泵及空气冷却器的电机，电的耗能量约占装置总能耗的23%，仅次于燃料，居第二位。电耗主要包括：①重整氢气增压机用电量约占装置总用电量的62%；②预加氢循环氢压缩机在预加氢部分的耗电中是主要用户，其功率与循环氢流量成正比，占总能耗的1%以下；③泵的用电量占装置总用电量的10%~30%；④催化重整装置中存在大量的100~150℃低温余热，要用空气冷却器冷却，这也要消耗部分电能；⑤催化剂再生的能耗主要是在电耗上，主要消耗在再生气循环压缩机、空气压缩机、提升氮气压缩机和几台电加热器上。

3. 蒸汽消耗

催化重整是一个产汽和用汽大户。产汽是利用重整反应加热炉对流室中烟气的余热发生蒸汽。蒸汽的主要用户是重整循环氢压缩机的透平，一般用3.5MPa蒸汽作动力，用汽量由循环氢量和临氢系统的压降决定。预分馏塔、C_4和C_5分离塔、重整油塔底重沸炉一般也用3.5MPa蒸汽作为热源。

三、催化重整用能优化

催化重整是炼厂重要的二次加工装置，主要以生产高辛烷值汽油或芳烃为目的。它是在一定温度、压力、临氢和催化剂存在的条件下，使石脑油转变成富含芳烃的重整生成油，并副产氢气的过程。重整生成油可直接用作车用汽油的调和组分，也可经芳烃抽提制取苯、甲苯和二甲苯，副产的氢气是炼厂加氢装置（如加氢精制、加氢裂化等）用氢的主要来源之一。一般催化重整装置加工能力约占原油一次加工能力的10%~20%（质量分数，下同）。

催化重整装置的原料包括直馏石脑油、加氢裂化石脑油和加氢改质后的石脑油，也可加工热加工石脑油（经加氢处理后的焦化石脑油和减黏裂化石脑油）、乙烯裂解汽油的抽余油和加氢后的催化裂化汽油馏分等。绝大部分炼厂的催化重整装置主要是用于加工常减压装置得到的低辛烷值直馏石脑油和加氢裂化装置得到的重石脑油；还有些炼厂为了提高全厂汽油的辛烷值，将低辛烷值焦化石脑油、减黏石脑油经加氢精制后也送到催化重整装置处理，甚至把催化裂化石脑油中辛烷值较低的馏分经加氢后送到重整装置进行加工。

① 直馏石脑油是指原油经常压蒸馏后得到的石脑油沸程范围内的烃类化合物。直馏石脑油按其沸程可分为两部分，即轻直馏石脑油和重直馏石脑油，重直馏石脑油作为重整原料。炼厂直馏石脑油的数量和性质主要取决于原油的性质，不同的原油所含直馏石脑油的量和性质有着很大的差别。直馏石脑油含有硫、氮、金属杂质（As、Cu、Pb等）以及烯烃和水，这些对催化剂均有毒害作用，因此，直馏石脑油必须经过预处理才能作为重整装置的合格原料。

② 加氢裂化重石脑油是加氢裂化装置的目的产物之一。加氢裂化原料油的种类、加氢裂化反应条件对加氢裂化重石脑油的产量和质量有较大影响。

加氢裂化重石脑油中的杂质含量与原料、操作条件、催化剂和工艺流程有关。一般来说，由于经过了加氢过程，加氢裂化重石脑油中大部分烯烃被饱和，许多无机杂质和有机杂质大部分被除去。因此，加氢裂化石脑油的突出特点是不饱和烃含量低和有害杂质含量少，是理想的重整原料。经过加氢裂化后，加氢裂化重石脑油的硫含量和氮含量均在

0.5μg/g以下，其他杂质含量也能够满足重整进料的要求，因此，可不用经过预加氢，直接作为催化重整进料。

催化重整装置所生产的重整汽油因具有辛烷值高(一般RON为95~100)、烯烃含量低(一般为0.1%~1.0%)、基本不含硫的特点，可直接作为车用汽油的调和组分，它是炼厂主要的汽油调和组分之一，也可作为芳烃抽提原料，加工流程如图6-33所示。

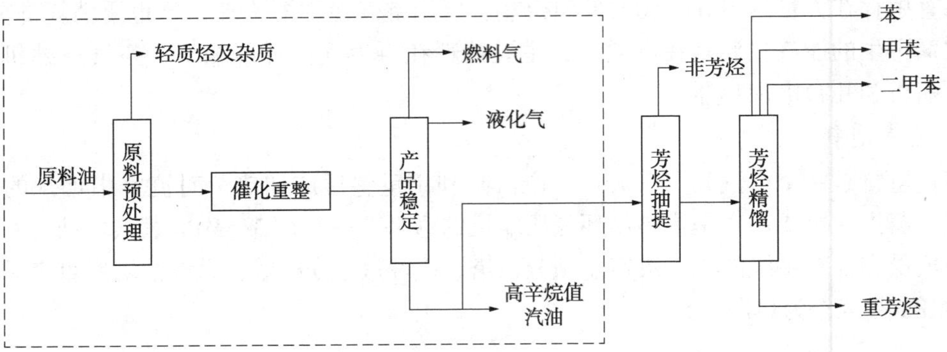

图6-33 催化重整产品加工流程

由于目的产品不同，催化重整装置的构成也不相同，用于生产高辛烷值汽油调和组分的催化重整装置包括原料预处理、催化重整反应和产品稳定等部分；用于生产芳烃(BTX)的催化重整装置除上述以外，一般也将芳烃抽提和芳烃精馏等部分作为装置构成部分。

催化重整用能特点：

① 重整反应温度高，且为强吸热反应，因此需要的高品位热量多；同时预加氢反应和产物分馏的温位也较高，因此，重整装置加热炉较多，高温热负荷大。燃料消耗一般占总能耗的60%以上。

② 催化重整装置的氢气压缩过程多。重整反应和预加氢反应均需在临氢条件下进行、需要大量氢气循环，同时重整反应副产氢需要增压，因此装置有多台压缩设备运行。

③ 重整装置流程较长，一般包括原料预分馏、预加氢、重整反应、产品处理(氢气增压、油品分馏)、催化剂再生等工艺过程，因此重整装置的设备较多，需要加热的工艺过程也较多，物料需要在单元设备之间反复加热-冷却、汽化-冷凝。

④ 催化重整装置的能耗主要是燃料(占75%左右)，其次是电(占24%)，蒸汽用量也不少，但由于自产蒸汽量大，因此正常操作时还要外送。

催化重整的生产任务受全厂总流程的制约。上游接收常减压和加氢裂化原料，通过重整生产高辛烷值汽油或芳烃。而生产流程决定了重整反应的目标。同时重整反应产物组成则会影响稳定塔的操作条件、重整汽油产量等。因此优化反应部分是催化重整装置能量系统优化的首要方面。

重整产物从反应部分流出进入再接触部分。再接触部分完成了绝大部分的氢气和重整产物的分离任务，从而为稳定塔提供进料，并尽量降低进入稳定塔的氢气量。而且，不同再接触流程的温度、压力差别较大，又直接影响着进入稳定塔的进料条件。

热量回收深度影响着冷物流的进炉温度、汽提塔和分馏塔的进料温度，进而决定加热炉负荷和燃料消耗量；而能量转换设备只是消耗公用工程来满足物流的工艺要求，在工艺流程中的关联性相对较小，所以能量转换设备优化应放在换热优化之后。

以上所有优化实施后，装置剩余低温热即可确定。低温热利用，首先考虑在装置内使用，其次考虑通过热联合使用。

（一）基于总流程的物料优化

催化重整装置既可以生产高辛烷值汽油组分，提高汽油产品质量；也可以生产芳烃，提供化工基础原料；同时其副产氢气也是炼厂廉价氢的重要来源。结合全厂总加工流程确定催化重整装置物料效益和生产任务。

1. 优化原料来源

催化重整装置主要是通过脱氢芳构化或异构化反应，将低辛烷值的组分转化成高辛烷值组分或芳烃。以生产高辛烷值汽油时，进料馏分可较宽，沸点范围一般采用 80~180℃馏分；以生产芳烃为主时，进料馏分宜窄，沸点范围一般采用 60~145℃馏分。

优化重整原料：①选用芳烃潜含量高的原料油，如加氢石脑油、乙烯裂解汽油的抽余油。原料芳潜含量高，重整反应条件相对缓和，生成油的辛烷值和芳烃含量较高，收率也较高。②严格控制原料的馏程和杂质含量，简化预处理的流程和操作条件。③扩大重整原料来源，保证装置满负荷生产。④降低重整原料中的轻石脑油含量，降低预处理部分和重整部分的反应负荷和分离能耗。若预分馏塔初馏点较高，可通过降低塔的操作温度，减少拔头油量，增加重整反应进料。

2. 增加副产氢气量

重整副产氢气是炼厂加氢装置用氢的重要来源之一。目前炼化企业氢气的来源有重整氢气、乙烯裂解氢气、化肥氢气、制氢氢气等，其中重整副产氢气已成为炼油用氢的主要来源。催化重整的纯氢产率为 2.5%~4%，典型的催化重整的产氢量为 100~270Nm^3/m^3 原料，氢产品的纯度一般为 80%~90%（体），可直接用于炼厂中的各种加氢装置。世界炼厂加氢装置用氢量约一半是由催化重整装置提供。

结合重整装置在全厂加工流程的作用，通过优化操作条件、提高装置负荷和反应苛刻度等措施，增加重整装置副产氢量，这对降低炼厂用氢成本和能耗、提高企业效益有重要意义。

（二）反应优化

催化重整过程的主要化学反应包括：环烷烃脱氢、环烷烃异构脱氢、链烷烃脱氢环化、直链烷烃异构化、烃类的氢解和加氢裂化、脱甲基、芳烃脱烷基和积炭反应等。

1. 优化反应操作条件

重整生成油的辛烷值是确定反应条件的一个重要指标，对能耗有重要影响，应当根据需要及时加以调整。辛烷值太低不能满足产品的需要，太高则提高了反应苛刻度，增加了能耗，同时影响产品收率和催化剂的寿命。

① 优化调整反应温度，降低加热炉负荷。降低反应温度可以减少加热炉负荷，但会抑制重整反应发生，导致产物芳烃总量减少。当催化剂活性降低、反应苛刻度高时，则必须要提高反应温度。

② 优化反应压力。催化重整反应压力是反映重整技术水平的一个重要标志。降低反应

压力，芳烃转化率和氢气产率均提高，裂化反应的转化率降低，重整油和副产氢气的收率提高；但压力过低，催化剂因积炭而失活的问题也越严重，操作周期会相应缩短。

③ 优化调整氢油比。重整反应需要大量循环氢维持一定氢分压，降低了催化剂的积炭速度，同时在反应过程中发挥热载体的作用。循环氢流量增加对反应有好处，但循环氢量过大带来的边际作用很小，导致临氢系统压降增加，循环氢压缩机功率增加更多。循环氢压缩机功率一般都比较大，是对能耗有重要影响的设备，因此氢油比过大是不经济的。降低反应氢油比可降低循环氢量，节省压缩机负荷。但氢油比降低会导致催化剂积炭增加，超出催化剂连续再生能力。因此应结合实际处理量与设计加工量的对比，根据装置的再生烧焦能力和国际先进水平的氢油比，确定最佳氢油比。

④ 优化反应空速。低空速操作有利于链烷烃的异构化和环化，可以提高产物的辛烷值，但是也会加剧裂化反应，降低液收。

2. 降低系统压降

降低系统压降可以降低循环氢运行能耗，可采取如下措施：①加强原料过滤；②在预加氢反应器后增加脱氯罐；③加热炉辐射室炉管采用并联结构；④采用板式换热器；⑤调整注水量，充分溶解铵盐；⑥催化剂“撇头”处理。当催化剂失活较慢、剩余活性很大时，可适度降低操作压力，提高液收。

3. 优化催化剂

催化剂活性高低直接影响着重整反应温度等操作条件及产品质量。优化催化剂可采取的措施主要有：①在重整原料中加入抑制积炭的助剂；②加强汽提塔稳定操作，降低重整进料中水含量，密切关注水氯平衡；③采用两段装填和两段混氢；④扩能改造时，预加氢反应选用高空速加氢脱硫催化剂；⑤连续重整装置低负荷运行时可间断性地停止催化剂再生；⑥提高还原氢纯度，优化催化剂再生环境，保证再生系统平稳长周期运行。

催化重整催化剂含 0.2%~0.4%铂，铼/铂 = 1.5%~3.5%。开展重整废催化剂的回收，不仅可减少废催化剂排放对环境的污染，而且可提高废催化剂资源的再利用，尤其是催化剂中贵金属的回收，能显著提高经济效益。

（三）再接触部分优化

重整装置的产物分离器压力在 1.0~1.2MPa（表），而副产的重整氢是直接由产物分离器送出装置，它将携带较多的轻烃，降低了重整氢的纯度。一般采用再接触方式提纯重整氢气，提纯后氢纯度可达 92%~99%。

1. 优化再接触流程

催化重整再接触系统是通过氢气与重整油接触，吸收氢气中的轻烃，达到提纯的目的。再接触系统根据稳定塔顶燃料气有无返回和液相产物的顺逆流可分为四种流程。图 6-34 为稳定塔顶燃料气有返回的逆流再接触流程。

燃料气有返回流程中，燃料气重新分配回含氢气体和液化气中，所以含氢气体总量增加，氢气纯度降低，总液收增加，但部分氢气和轻烃在流程中连续循环，会增加操作能耗。逆流再接触和燃料气返回都会增大增压机入口流量、冷却负荷、分馏塔重沸炉负荷；有返回顺流流程由于返回燃料气最多，因此能耗增加明显。

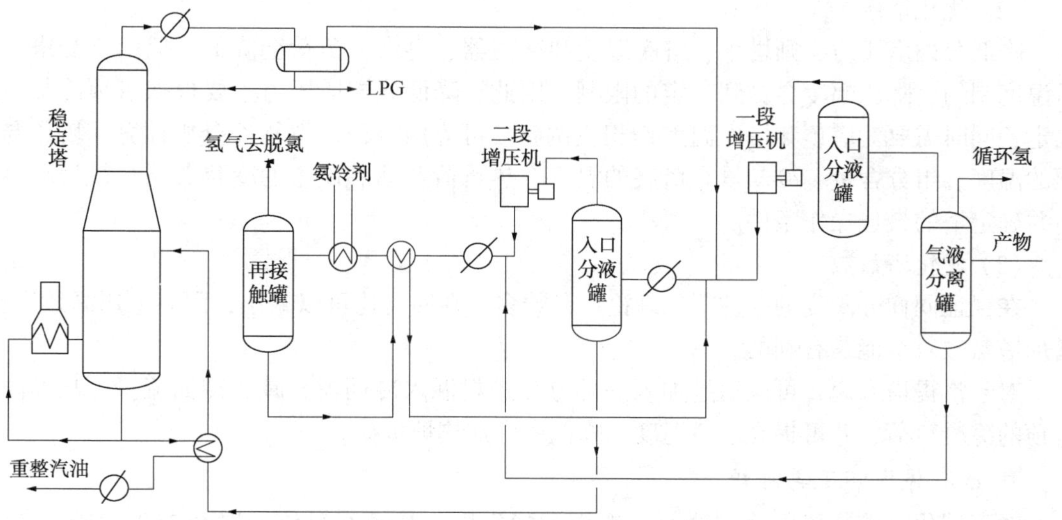

图 6-34　塔顶燃料气有返回的逆流再接触流程

2. 优化再接触系统操作参数

通过流程模拟技术优化再接触系统条件：①再接触温度越低、氢气纯度越高，但会增加再接触系统的制冷能耗。②再接触压力越高，氢纯度提高、液收增加，但增压机的能耗也会增加。

从吸收效果看，再接触的压力比温度影响小，且压缩机投资与能耗随压力提高显著增加。从氢气纯度和液收效益考虑，降低温度比提压更经济。

3. 再接触冷能利用

再接触系统中，要求再接触罐的温位较低，一般可通过氨冷、水冷冷却。罐顶氢气经接触吸收后温度仍然较低，可通过与稳定塔顶气体换冷回收冷量，降低塔顶气体的温度，增加液化气收率；罐底液体可通过与再接触罐进料换冷回收冷量。

同时可以考虑采用溴化锂制冷代替氨冷，同时可为其他装置提供冷水。

（四）分馏部分优化

1. 优化预加氢分馏流程

预加氢分馏有“汽提塔+分馏塔”“二塔合一”流程。通常对于拔头油含量少的原料，“二塔合一”流程的投资和能耗均小于两塔流程；随拔头油量增加，“二塔合一”流程的节能优势逐渐减小，并且重整进料的分离完全由一个塔完成，会增加操作波动性。

2. 优化分馏操作参数

(1) 优化回流比

对于分馏塔，再沸炉提供热量在完成产品分离后，会通过塔顶回流降低品质，回流比大，则塔底重沸炉热负荷要大，塔顶冷却器热负荷也要大，能耗就大。优化回流比可以改变分馏塔内的气液相负荷，进而降低塔底加热炉负荷，对降低分馏塔能耗作用关键。回流比的变化会影响产品质量，可采用流程模拟优化操作，在保证产品质量的前提下，实现分馏塔回流比“卡边”操作。

(2) 优化塔压

降低分馏塔压力，则塔顶、塔底温度和冷凝器、再沸器负荷会降低。但由于受塔顶冷后温度制约，降压幅度会受到一定的限制。因此，降低分馏塔压力主要根据塔顶冷却能力确定，同时需要对塔顶和塔底温度作相应调整。可应用流程模拟软件分析计算：塔压与塔顶的温度、组分含量、冷却量和塔底的温度、热负荷及油品质量的变化关系，最后综合权衡并确定塔的最佳操作条件。

(3) 优化塔盘数

在保证同样分割度的条件下，理论塔盘数多，则回流比可以减小，因此采用高效塔盘，增加塔盘数对节能是有利的。

对于汽提塔来说，可以通过加入一部分冷进料混入冷回流，减少冷回流量，从而降低塔顶的冷凝负荷，并可提高进料温度、降低塔底加热炉负荷。

3. 蒸汽替代塔底再沸炉

对于催化重整装置的汽提塔、分馏塔和稳定塔，其塔底温位一般在160~210℃之间，采用加热炉再沸的方式传热温差较大、加热炉负荷小，同时燃料成本较高。可结合全厂蒸汽平衡，采用3.5MPa、1.0MPa蒸汽再沸器替代塔底重沸炉，便于装置操作，可提高企业整体效益。

4. 提高分馏塔设备效率

① 增加塔盘；②降低塔顶温度；③采用复合孔微型、导向斜孔型等新型高效塔盘、多折边倾斜降液管，提高分离效率。

（五）物流能量利用

1. 预加氢反应产物热高压分离

在预加氢反应流程中，产物由反应器出来的温度为280~300℃，经过和进料换热后温度仍高达90~130℃，压力在2.2~2.8MPa，此时的汽油处于气液两相状态，为了分离出产物中的氢气以循环使用或外送，目前大多数装置在生产或设计中采用产物空冷、水冷，将产物温度降低到40℃以下后进行分离。上述流程得到的低分油温度降低到了40℃以下，而后续的加工过程(汽提或分馏)又需要将低分油温度升高到其泡点140~180℃，如此地重复冷却-加热过程不仅消耗了大量的冷却负荷，也加大了下游流程的能耗。

如图6-35所示，重整预加氢反应压力在2.2MPa左右，在空冷器前设置热高压气液分离罐，将预加氢产物分离流程由冷高分流程改为热高分流程。

在热高分流程中，气相进空冷器，而液相直接进入后续部分，如此可将原来被空冷器带走的热量通过分离罐底部的液相带入后续的塔器，减少塔再沸器的负荷。

2. 换热网络优化

由于重整反应温度较高，因此，反应产物的高温热量有效利用对优化用能意义重大，一般用于加热重整反应进料，尽可能地提高进料温度。但是，预加氢分馏塔底油作为重整进料存在重复冷却-加热现象，换热终温低，而重整产物的部分热量需要空冷冷却。

为此，将分馏塔底出料直接进入板式换热器与重整产物换热，提高进炉温度；汽提塔底出料和分馏塔底回流之间的温差较大，可进行换热，分馏塔重沸炉保留备用；新增一板

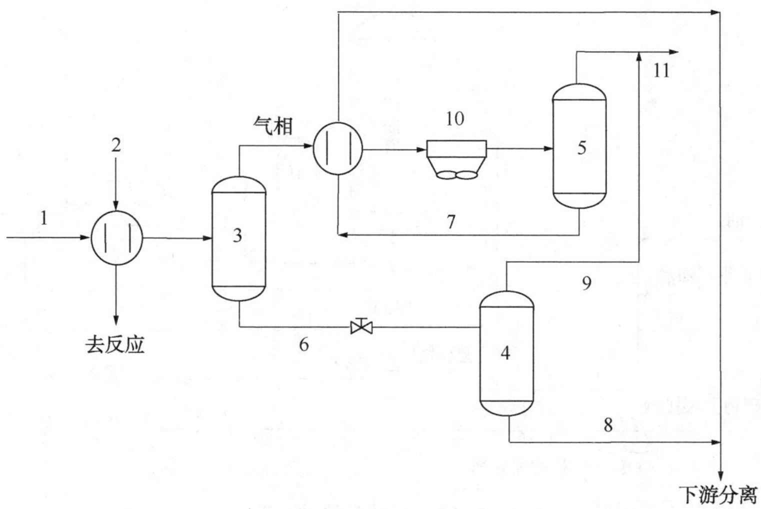

图 6-35　预加氢产物热高分流程

1—预加氢产物；2—预加氢进料；3—热高分罐；4—热低分罐；5—冷高分罐；6—热高分油；7—冷高分油；8—热低分油；9—热高分气；10—空冷；11—氢气

式换热器，用重整产物继续加热低分油。

该换热方案中，重整进料温度可进一步提高，而且由于低分油温度只有 40℃左右，产物温度进一步降低，空冷器负荷减小，产物流经空冷器的压降也会减小。调整前后流程见图 6-36、图 6-37。

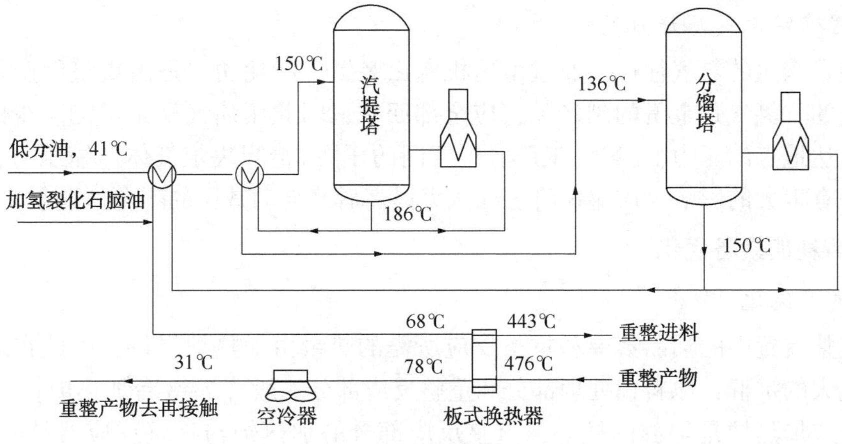

图 6-36　调整前换热流程

预加氢反应产物的热量主要用于加热预加氢反应的进料，减小温差，增大换热面积，可提高进料温度、降低燃料消耗。

3. 换热设备强化

重整装置中使用较多的有浮头式换热器、浮头式冷凝器和 U 型管式换热器，此外还有一些比较特殊的单管程纯逆流列管式换热器和板式换热器。

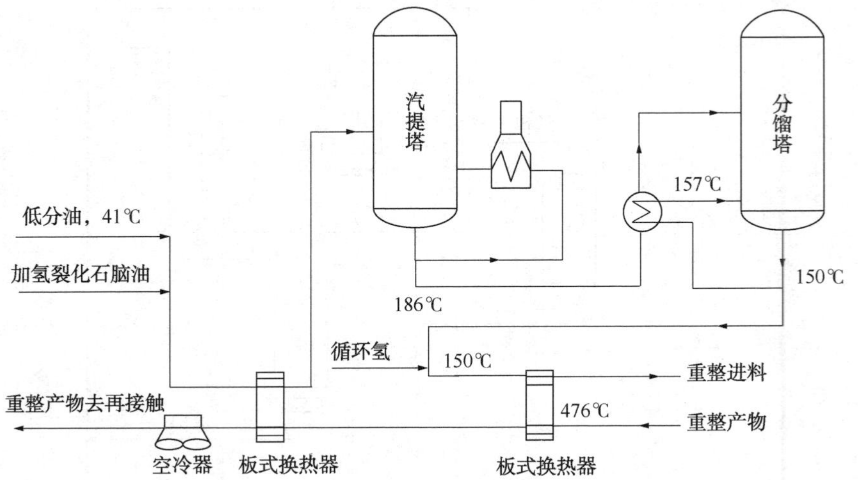

图 6-37 调整后换热流程

重整反应的整个反应系统操作压力较低，为降低循环氢压缩机的负荷，节省动力，要求反应系统的压力降要小，即反应器、换热器和管线的压力降要小；要回收反应产物的热量，就必然要提高换热器的传热效率和增大传热面积。大中型重整装置普遍选用大型列管式立式换热器或板式换热器。

板式换热器具有可增加热量回收、提高进料温度、减小压降等诸多优点，因此，重整进料换热器由立管式换热器改为板式换热器具有很大的节能潜力。但需增设过滤器，调优注水或碱洗操作，保护板式换热器。

4. 合理确定氢气压送压力

重整装置产生的氢气往往要通过增压机送出装置，所耗功率是由重整所产氢气的气量和压差决定的。氢气是宝贵的副产品，应全部回收，因此压缩气量是不能减少的。应根据氢气所需送达地点的压力(一般为工厂氢气管网的压力)恰当决定气体压缩压力，这对重整装置的能耗有很大的影响。应避免将氢气压力提高后又自动减压的不合理现象。

(六) 高耗能设备优化

1. 加热炉优化

催化重整装置中的油品蒸馏和重整反应所需的热量由加热炉提供，因此在装置中常常可以见到庞大的炉群，原料预处理部分和重整反应部分一般有 7~8 台加热炉。

重整反应加热炉是炉群的核心，重整反应部分的加热炉与重整反应器是一一对应的，一般为 3~4 台。大型重整装置则采用炉管压降较小、辐射室联合在一起的箱式加热炉。

重整反应加热炉负荷大、消耗燃料多，优化加热炉对降低能耗意义显著。对于一重整加热炉(进料加热炉)，其负荷的大小主要取决于进料换热器换热的程度。如果进料与产品能够多换一些热量，加热炉入口温度比较高，加热炉的热负荷就会降低，燃料用量就会减少。进料换热器换热量的多少与所采用换热器的结构和传热面积有关，采用单管程立式换热器代替常规换热器，大大提高了换热效率，焊接板式换热器又可进一步减小热端温差，增加换热量。

对二、三、四重整加热炉，其主要作用是补偿重整反应吸收的热量，这是工艺需要，是必须保证供给的。反应苛刻度越高，反应热越大，加热炉有效热负荷越大。因此这几台加热炉节能的主要手段，不是降低加热炉的热负荷，而是烟气余热回收，提高加热炉的热效率。

采用新型高效燃烧器，提高燃料燃烧效果；控制空气过剩系数在1.05~1.2之间；对于铵盐含量较高的瓦斯，增加水洗塔或过滤器；增上声波或激波吹灰器；炉内壁更换衬里、喷涂新型保温材料，炉外壁铺设隔热、保温材料等。

蒸汽的产生、使用过程中，能量损失较多，可研究采用部分烟气余热加热塔底回流的可行性；分馏塔底重沸炉的热负荷较小，装置设计或改造时，可研究温度相近的塔底炉可否合并一台炉；研究“脱硫+前置燃气轮机+工艺加热炉”方案可否实施，提高瓦斯使用效率；加热炉扩能改造时，可研究将塔底重沸炉进料先进对流室，获得部分热量后再进重沸炉的方案。

2. 四合一炉对流段发蒸汽

重整反应加热炉不但热负荷大，而且入炉加热物料的温度比较高，物料不进对流室而直接进辐射室加热，辐射室热效率只有60%左右，因此对流室热量必须考虑利用，以提高加热炉的热效率。目前最普遍采用的方法是用于发生蒸汽，600kt/a的连续重整的反应加热炉烟气余热回收可发生3.5MPa蒸汽约20t/h。

重整四合一炉对流段的烟气温位高、流量大。首先应合理选用过热段、炉管等的规格和材质，并合理排列下蒸发段、过热段、上蒸发段和省煤段的结构，防止蒸汽过热温度超温。其次选择合适的余热锅炉操作周期和灵活度，保证良好的操作条件，如采用循环泵强制循环，建立可靠的水循环；蒸发段给水从对流室最下一排管进入，从蒸发段最上一排管引出；采用省煤器出口水部分循环的方法确保省煤器入口温度在露点温度以上。再次，加强锅炉的维保，避免腐蚀、漏气、炉墙脱落等现象，保证锅炉的良好运行。最后，针对发汽后排烟温度仍在200℃左右的情况，可增加两排炉管或新增余热回收系统，充分吸收烟气余热，增产3.5MPa蒸汽。

半再生重整装置开停工过程持续时间较长，四合一炉烟气温度较低而不能产生中压蒸汽，为此可新增生产低压蒸汽流程，所产蒸汽并入低压蒸汽管网。在装置操作基本正常后，余热锅炉改发中压蒸汽。

四合一重整炉的热负荷很大，为了减少压降又不能在对流室设置炉管，只能将对流室作为烟气余热锅炉使用。由于存在低温腐蚀、高温腐蚀、管内结垢等原因，省煤器、发生器、过热器管束腐蚀泄漏严重，存在爆管危险及炉墙漏气、脱落等，热效率较低。为此，可采取对燃料气脱硫、更换高质量管束、喷涂新型炉内保温材料、更换内外炉墙等措施，同时对相关附属设备、管线、仪表进行全面检修，降低排烟温度，增产中压蒸汽。

3. 加热炉烟气预热空气

各塔的塔底再沸炉、预加氢反应加热炉的烟气余热总量不大，可通过集中的方式用于预热空气。但要根据余热温位选择合适的回收方式，如扰流子管+搪瓷管式、水热媒技术、热管式、板式等。

4. 循环氢压缩机、副产氢增压机

重整装置的基本控制点在于稳定反应器压力，压缩机和增压机的控制都必须围绕稳定反应器压力进行调节。首先，根据装置运行情况，选择合适的往复式或离心式压缩机、增压机组，尽量采用背压透平驱动。采用新型低积炭催化剂，可在高空速和低氢油比条件下操作，降低压缩机能耗。控制压缩机入口分液罐液位，严防气体带液、阀片结焦或积垢等。负荷变化较大时，机组增上无级气量调节系统或防喘振控制系统。

中压凝液是装置的良好热源和水源，可先对其进行闪蒸，低压蒸汽并入管网，凝液作为溴化锂制冷热源或加热空气、除盐/氧水等，再送至纯水站回收利用。

5. 泵、冷却器

对存在“大马拉小车”的泵进行三元流改造、叶轮切割或叶轮抽级；根据工况变化，停用不必要的机泵；对负荷变化较大的机泵增上变频器。

选用新型高效蒸发空冷器，适当增加空冷面积，调整百叶窗开度，尽量取消后水冷。针对冷后温度小于设计值的情况，增上变频，根据出口温度自动调整风机的叶片角度、风量和循环水量。采用板式空冷器等新式空冷器，喷淋水由除盐水改为循环水，增强冷却效果。定期清洗，防止结垢和腐蚀。

（七）优化回收装置低温热

1. 回收低温热用于装置内部

重整装置低温热主要集中在汽提塔顶油气、分馏塔顶油气、预加氢产物和重整产物通过空冷器冷却的热量。

① 利用汽提塔顶热量。在原预加氢汽提塔顶增上塔顶气相与塔进料换热器，汽提塔进料分别与汽提塔顶油气、汽提塔底出料换热后进入汽提塔，回收利用汽提塔顶热量，同时降低塔顶冷却和塔底加热负荷，极大改善了汽提塔进料和产品温度控制调节的灵活性。

② 分馏塔顶油气的低温热可用于加热预加氢进料。

2. 回收低温热用于热联合

新建低温热取热系统，将各分馏塔顶冷却器、反应产物冷却的热量改用热媒水取热，并将热媒水送至其他装置的低温热阱或生活区。

第七章　装置间热集成优化

炼油生产过程流程较长，工艺装置内热源、热阱温位分布很不均衡，如果热量匹配局限于工艺装置内部，很难做到合理优化匹配，影响企业整体能量利用效果。

当本装置的热量过剩、内部换热温差较大，同时邻近装置又有温位适宜的热阱时，可考虑实施热集成——即装置间的物流热交换，将上下游两套或多套装置作为一个整体进行能量集成优化，在宏观系统内进行“高热高用，低热低用”匹配，提高整体热量利用效率。

炼油企业中多数装置的原料与产品都需要经过中间储罐缓冲，还有一些物料在输送过程中需要反复加压输送，形成输送过程中的能量浪费。为降低输送能耗，可以实施上下游装置之间甚至企业之间的物料直接供应，以降低物料的输送能耗。

装置间热集成，不仅可以减少炼油过程上游装置的物料冷却负荷，降低物料送往罐区的伴热保温蒸汽消耗，减少罐区的输转机泵电耗，而且也可以减少下游装置的加热负荷，节能效果明显。

装置热集成的实质是在几套装置内全局考虑而不是孤立地在一套装置内考虑能量的优化利用。采用装置间热集成可以打破用能自成体系的局面，做到相互协调。跨装置换热和热出料是应用较为广泛的热联合途径。

随着炼油节能工作的深入，以热出料为契机，在全厂大系统范围内进行换热网络的重新匹配，促进装置间的热联合，是炼厂节能的新突破。

一、全厂物料流程

热集成必须结合总体加工流程及装置进料构成等，进行上下游装置流程优化调整，如常减压、催化、加氢、焦化等装置之间物料流程改进等。装置的热集成要基于全厂的物料流程而定，因此热集成实施前需要确定关键的物料流程走向。

1. 常减压与轻质化装置的流程

常减压装置的蜡油、渣油输出与主要轻质化的二次加工装置（催化裂化、加氢裂化、焦化）的流程连接关系，以及与储运罐区的调转关系等。

2. 轻质化装置与精制装置流程

二次加工装置的汽油、喷气燃料、柴油与下游的加氢精制装置的物流连接关系，以及常减压装置的石脑油与下游重整装置的连接关系等。

3. 炼油装置与储运系统流程

炼油装置与产品储运系统实施热联合也有显著的节能效果。炼油装置产品不经过过度冷却，在工艺许可的温度范围内，适当提高进入储运系统的温度，可以节省装置冷却能耗和储运系统的加热能耗。

二、热集成机会识别

热集成机会识别，首先要考虑热供料的机会，主要存在于以下过程寻找：装置间的物料互供在炼油企业中广泛存在，如常减压蒸馏装置的蜡油、重油输送到催化裂化装置；延迟焦化和催化裂化装置的汽、柴油送到加氢装置等。

1. 优先在联合装置内

热集成要首先优化参与热集成装置内部的换热流程，热量优先在装置内部进行利用，可以在装置内完成的热匹配要优先在本装置内完成，优先预热本装置原料，减少加热炉的燃料消耗。

同时要考虑装置内传热温差的合理性，如催化裂化装置用柴油及中段与原料换热较合适，若采用循环油浆加热原料，传热温差过大，违反热量利用原则；因此可以考虑本装置热量输出。优化装置内换热流程可以确定热集成的边界条件。

其次，热集成要考虑在联合装置、联合车间等的开停同步性的组织管理内实施，之后再考虑不同组织单位之间的热集成。

2. 热供料的情况

① 渣油加氢实施热进料。包括减渣、直馏蜡油、焦化蜡油等，减渣不经过冷却，换热后直接进渣油加氢装置，蜡油直接进渣油加氢装置。

② 延迟焦化实施热进料。来自常减压的渣油不经过冷却，换热后直接进延迟焦化装置。

③ 催化裂化实施热进料。包括：来自常减压的减渣，换热后直接进催化装置；来自渣油加氢的常渣，直接进催化装置，以及直馏蜡油直接进催化装置。

④ 柴油加氢实施热进料。蒸馏柴油、催化柴油和焦化柴油换热后直接进柴油加氢装置。

⑤ 加氢裂化实施热进料。直馏蜡油直接进加氢裂化装置。

三、热集成方式选择

1. 直接热供料

装置间直接热供料是指上游装置的产品经过换热后，不经空冷器、水冷器等公用工程的冷却，直接进入下游装置，降低上、下游装置的冷却和加热负荷。直接热供料的实质是利用物料的流程连接，以物料为能量载体将热量由上游装置转移到下游装置，物料既是物质连接的途径，同时也是能量连接的途径。因此，直接热供料只能在具有物料流程连接的装置间进行。装置间直供料流程示意如图 7-1 所示。

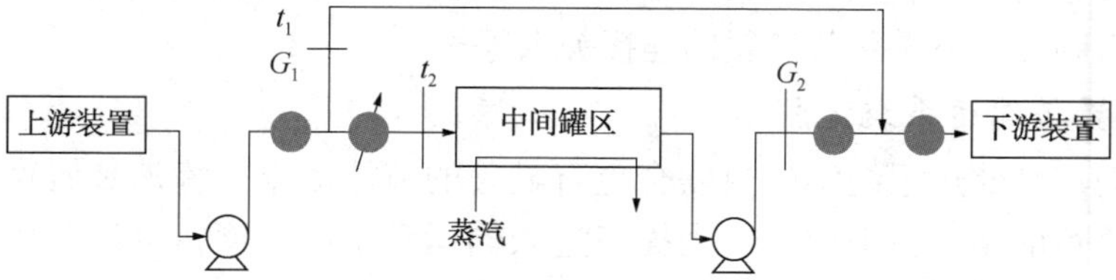

图 7-1　装置间直供料流程示意

直接热供料的最大优点是避免了两次换热，即产品的降温冷却和进料的升温加热。直接热供料的限制条件是要求上下游装置同步操作、开停工和操作的波动干扰。同时，如果两个装置间距离较远，则要计算增加的散热损失或增加保温的费用（非热进料的输送管线也有散热，但因输送温度低，散热量相对较小）。

直接热供料要以相关装置的整体用能优化为目标，确定最佳的直供料条件，其中关键的影响因素是直供料温度，同时要采用适宜和经济的保证措施。直接热供料可能会对原有装置热平衡产生影响，必要时应进行原有装置换热流程的调整、分馏系统取热等重新优化，以使热供料达到最理想状态。

2. 直接热联合

直接热联合是指不同工艺装置间的物流换热。例如，催化裂化装置的催化循环油浆用于加热常减压装置的初底原油；催化主分馏塔顶循作为气分脱丙烷塔再沸器热源；焦化柴油作污水汽提塔、溶剂再生塔再沸器热源。

直接热联合的特点是只有一次换热，热量利用率较高。例如催化油浆与原油换热，可把原油加热到300℃以上，传热过程能量降级损失小。用催化顶循环回流直接加热气体分馏各塔底再沸物，用二中回流作烷基化稳定塔底热源，也有应用。

对于直接换热方案，所担心的主要是同步开停及操作干扰问题，同时泄漏时造成的影响可要有所考虑。因此在换热灵活性、安全性和可靠性方面有所欠缺。

3. 间接热联合

间接热联合是以载能工质为媒介，将某区域的过剩热量取出后输送到另一区域利用，实现装置间的热集成。间接热联合的优点是：距离可以比较长；热源、热阱可以有多个；由于不直接换热，换热器发生内漏时不会产生太大的危险或质量损失；同时，流程灵活，可并联、可串联，配上辅助加热和冷却措施，总热平衡容易保证。其缺点是：装置间存在两级换热，设备投资大，传热㶲损高。目前，以除氧软水为介质的闭路循环热联合在低温热利用方面用得很广泛，以导热油作媒介用在较高温位的闭路循环热联合的情况也有。

四、热集成能量分析

热集成的实质是装置间热量的相互转移和传递，对于工艺装置的热量优化应首先完成本装置内的热匹配，在此基础上再考虑热集成。装置间的热量利用效率，可以通过对装置进行热量与温度的平衡分布分析，该分析结论是实施热集成的基本前提条件。装置的温-焓分析包括如下。

1. 绘制装置复合曲线图

炼油企业全厂范围的热源、热阱温位分布较广，从500℃到接近常温。装置之间的热集成需要结合装置的温-焓图优化热集成条件。装置间的热集成优化需要对选取的热源装置与热阱装置进行能量和温度的匹配。根据各自的能量平衡，可得到热源、热阱装置的换热网络负荷曲线。

2. 热集成效果分析

由于各个装置的工艺不同，其自身的热量平衡存在差异。具体表现为部分装置热量不足，如常减压蒸馏、气分等，此类装置为热集成中的热阱；而另外一些装置表现为热量过剩，如催化裂化、延迟焦化等，此种装置为热集成中的热源。装置间的热集成就是通过热量合理转移，降低上下游装置的公用工程负荷。如图 7-2 所示，上游装置热输出前冷却负荷为 Q_c，通过热输出，降低了夹点以下换热网络的热量，相应冷却负荷降为 Q_c'。

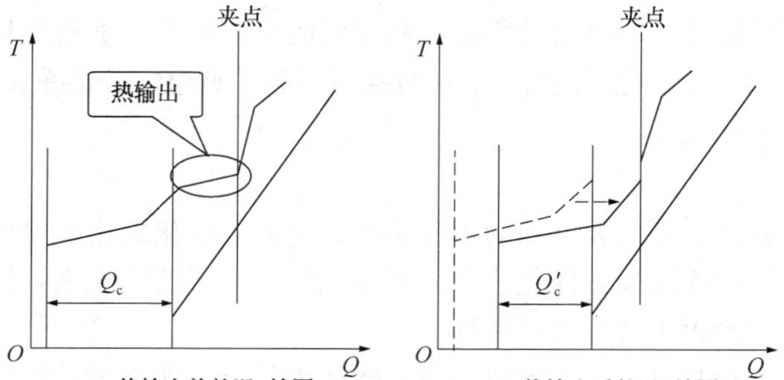

(a)热输出前的温-焓图　(b)热输出后的温-焓图

图 7-2　热集成对上游装置负荷曲线的影响图

同理，对于下游装置而言，热集成后会降低其热公用工程负荷，如图 7-3 所示。

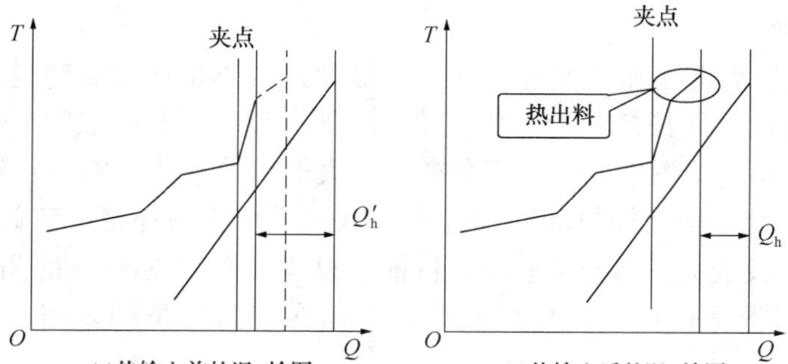

(a)热输入前的温-焓图　(b)热输入后的温-焓图

图 7-3　热集成对下游装置负荷曲线的影响图

下游装置热输入前热公用工程负荷为 Q_h'，通过热输入，降低了夹点以上换热网络的热量，相应热公用工程降为 Q_h。

因此，有效的热集成方式是将上游装置夹点之下的热量，转移到下游装置夹点之上，既可以降低上游装置冷却负荷，又可以减小下游装置加热负荷。

五、热集成能量判断

装置间进行热量交换可以减少热量富余装置的冷却负荷；同时可以降低热量不足装置的加热负荷，实现新的全局或局部的能量平衡和优化利用。

热集成的实施会使得热量在装置之间转移，如果实施不当会造成热量在装置间无效转移，最终被排弃或转为低温热，因此热集成要判断能量利用的合理性。

1. 最佳热集成形式

装置间热集成的热量输出温度是热集成优化的重要内容，也是直接影响上、下游工艺装置冷、热公用工程负荷的重要因素。

① 热输出温度高于上游装置的夹点温度，则不仅减少上游装置的冷公用工程，而且会增加上游装置的热公用工程。

② 热输出温度高于下游装置的夹点温度，可以降低下游装置的热公用工程，同时还会增加下游装置的冷公用工程。

③ 热输出温度低于下游装置的夹点温度，则仅仅只是热量在装置间的转移，不会降低冷公用工程总量。因此，热出料温度同时受上下游装置换热网络的制约。

最佳热集成的实践需要满足：热输出温度小于上游装置夹点温度和大于下游装置夹点温度，此时既可以减小上游装置冷公用工程，又可降低下游装置热公用工程。

最优的装置热集成的输出温度要符合上述判断条件，当不符合该条件时，也可以通过对装置内部能量再调优，使得热输出温度满足最佳热集成形式的要求。

如图 7-4 所示，在工艺装置能量优化基础上，要满足热集成的温位优化匹配，同时，对上下游装置的热源、热阱的负荷大小要基本平衡。

2. 阈值问题的热集成

进行工艺装置的温-焓分析中，存在只需热公用工程或只需冷公用工程的情形，即阈值问题。阈值问题的温-焓曲线图见图 7-5。

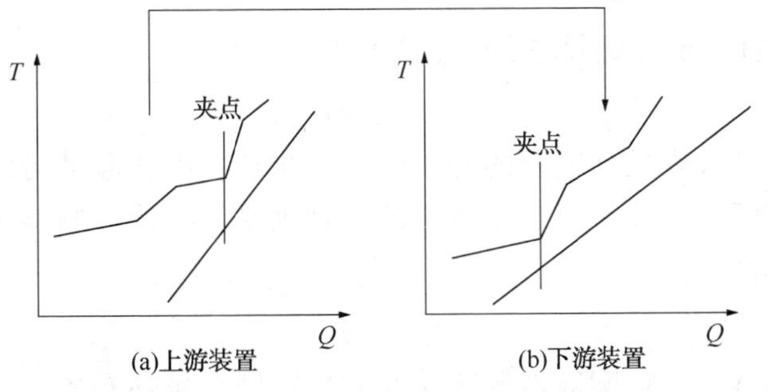

图 7-4 最佳热集成负荷曲线图

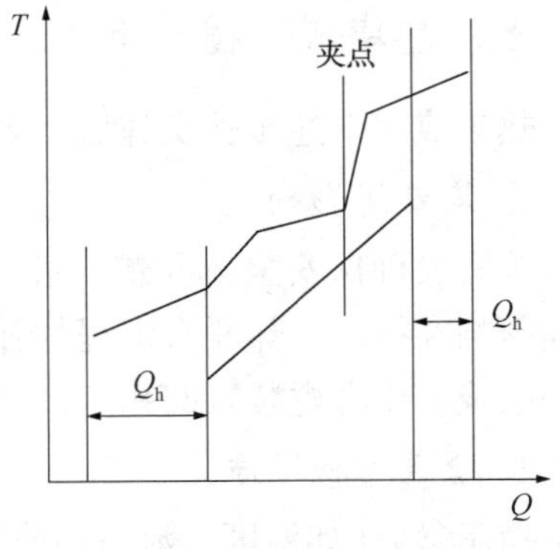

图 7-5 阈值问题的温-焓曲线图

阈值问题的热集成存在以下情形：①上、下游装置均为热量富余的阈值；②上、下游装置均为热量亏欠的阈值；③上游装置为热量亏欠的阈值，下游装置为热量富余的阈值；④上游装置为热量富裕的阈值，下游装置为热量亏欠的阈值。

有效的热集成形式是将上游富余的热量转移到下游，因此对于“上游装置为热量富余的阈值，下游装置为热量亏欠的阈值”实施热集成的效果最优。典型实例就是催化裂化与气体分馏之间的热集成。

六、装置内部再调优

“装置能量优化”会确定热集成的初始条件，如果基于该条件下的热集成能量分析结果不是最佳的热集成形式，可以考虑工艺装置内部再调优使得热集成变为最优形式。同时热输出也会对原有装置内部的热平衡产生影响，也可以借此机会对装置内部进行再调优。

1. 装置内部换热网络调优

热输出后上游装置会减少部分热源，换热网络的组合曲线将发生变化往上扬，使总传热温差变大。可以利用此机会优化装置换热网络，减小网络的传热温差。

下游装置实现热输入后，热源变得相对富余，如果不改进换热网络，则装置的冷公用工程消耗会增加。通过缩小网络传热温差，适当增加网络传热面积来对换热网络进行重新优化改进，达到降低冷公用工程目的。

2. 调整装置内发汽数量

炼油装置内热量发生蒸汽的实质是利用蒸汽作为媒介进行装置间的间接热集成。装置发生的蒸汽只是蒸汽动力系统的辅助手段。上游装置热出料之后，若原有热阱找不到热源，可以考虑停止或少发生蒸汽，利用发生蒸汽流股的热量加热需要加热的物流。同时可以通过调整发汽数量，优化热输出温度达到最佳热集成形式。

3. 低温热转移

通过装置间的直接热出料，可以使热量在装置之间得到转移。对于下游装置是热量富余的阈值问题时，可以通过增加低温热输出的方式，使得热供料提供的高温热量趋于合理。

七、热集成工程分析

热集成在上述步骤实施后，最终能否实现还要考虑实际生产的工程因素。

1. 装置间影响

首先要确保安全、可靠；充分考虑参与热联合装置的开、停工同步性；生产波动时的相互影响和控制，热联合流程的弹性和可操作性；协调考虑自动控制水平，操作控制要在同一系统；要考虑装置间相互作用的影响。

2. 输送物料性质

物流参数（如温度、流量和质量指标）；物料腐蚀性、输送经济性；结合场地布置、安装检修的方便权衡换热器设置在热源侧与热阱侧；考虑输送管线的材质、现有输送泵的裕量等。

热联合换热器设置在热源方还是热阱方，要根据场地布置、安装检修需要、输送管线的材质、现有输送泵的裕量等参数综合考虑。如催化裂化油浆与常减压蒸馏初馏塔底油换热，从管线材质来看，宜将换热器设置在催化裂化装置内，因为油浆管线的材质要求高，投资较大。

3. 与其他系统协同考虑

装置热集成同全厂低温热利用和蒸汽动力系统优化密切关联，热集成与其他系统的优化综合考虑，也会产生显著节能效果。装置能量综合优化和热联合可以减少低温热的产生，同时储运、伴热、采暖等又是很好的低温热阱，集中在系统全局范围内统筹考虑、规划，优化全局范围的热量。

4. 投资和运行费用

综合考虑投资(如管道、保温、控制措施等)和运行费用(如散热、压降等)；事故应急状态下的处理手段，装置出现突发情况的应对措施，应考虑必要的辅助管线、设备(如充足的缓冲罐)、切换手段等；根据装置平面布置，合理确定热量匹配范围，匹配范围过大会带来距离较远等问题，导致管线投资、泵功和散热增加，因此最大限度利旧、热集成流程不宜太复杂。

八、热集成案例分析

【案例一】：

某炼油企业第四套常减压和第三套催化都属于联合一车间，但是两个装置之间并没有真正的热联合。将常减压初底油与第三套催化油浆进行热联合，催化裂化装置循环油浆357t/h，较原油流量小，将催化装置循环油浆送至第四套常减压与初底油换热，尽可能提高原油换热终温。改造后油浆将少发汽，同时降低催化装置蒸汽过热负荷，催化装置相应的流程调整。在不考虑装置自产蒸汽及考虑装置自产蒸汽的情况下，集成考虑油浆热量的常减压换热网络夹点分析分别如图7-6、图7-7所示。通过夹点分析可知，将油浆纳入第四套常减压装置的换热网络，原油理论换热终温可以达到318℃。

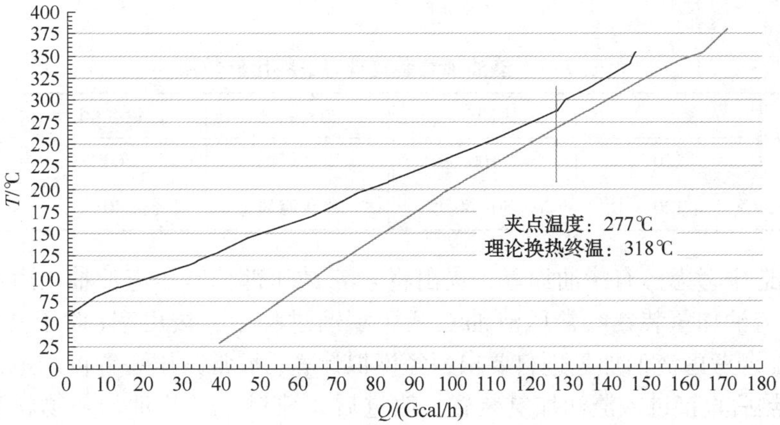

图7-6 考虑油浆的常减压换热网络夹点分析(不考虑自产汽)

常减压装置自身换热网络优化改造后初底油换热终温可达288℃，将288℃的原油与342℃的油浆换热，原油可换至约313℃返回进常压炉，利用油浆的热量约1.049×10^7kcal/h。本次用能改造建议初底油与油浆换热采用高效换热管，强化油浆与初底油的换热，循环油浆357t/h，从342℃开始与288℃的初底油换热，可将原油加热到约313℃，循环油浆降至约300℃，同时因输送循环油浆至常减压装置增加泵功耗约150kW。

原油与油浆采用两路换热，原油走管程，油浆走壳程。新增四台换热器，型号为：BES1400-2.5-540-6/25-2I(设备净重22t/台)。

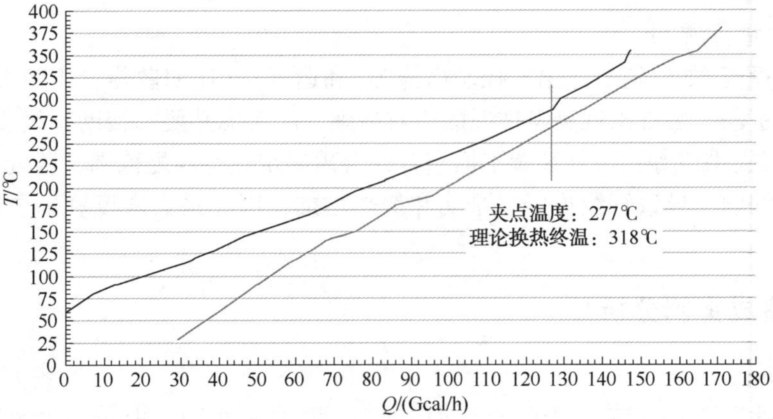

图 7-7 考虑油浆的常减压换热网络夹点分析(考虑自产汽)

【案例二】：4#常减压-渣油加氢物料流程优化

某企业现有渣油加氢处理量约 220t/h，原料油来源及比例见表 7-1。常压蒸馏后的常压渣油继续经过减压蒸馏，得到的部分馏分油和渣油再混合，与焦化蜡油一起进入渣油加氢装置。由于常减压装置的常压渣油经过减压蒸馏分离出馏分油，然后又混合进入渣油加氢，物料的重复分离和混合过程增加过程能耗，减压炉负荷大，无谓耗用燃料。

表 7-1 渣油加氢装置现有进料比例数据

物料名称	流量/(t/h)	比例/%	物料名称	流量/(t/h)	比例/%
总进料量	220	100	直馏蜡油	60	20~30
减压渣油	120	50~60	焦化蜡油	40	15~25

热联合改造中考虑已有蜡油加氢，提出将 4#常减压部分常压渣油抽出后不经过减压蒸馏，直接进入渣油加氢装置。常压渣油在减压蒸馏过程中，拔出率(对于常压渣油量)约 45%~50%。综合考虑渣油加氢进料要求，经模拟计算，4#常减压装置可以甩出常压渣油约 120t/h，经换热后直接进入渣油加氢装置。改进后 4#常减压和渣油加氢物料流程示意图如图 7-8 所示。

本次改进只需增加相应的管线、阀门和泵等。改进后渣油加氢装置各种进料比例见表 7-2。改进后减压炉热负荷可降低 450×10^4kcal/h，加热炉热效率按 90%计，则可以节约燃料 500kg/h。

表 7-2 渣油加氢装置改进后进料比例数据

物料名称	流量/(t/h)	比例/%	物料名称	流量/(t/h)	比例/%
总进料量	220	100	常压渣油	120	50~60
减压渣油	60	20~30	焦化蜡油	40	15~25

常压渣油甩出 120t/h 后，进减压蒸馏部分的常渣只有 190t/h，加热炉负荷降低的同时，

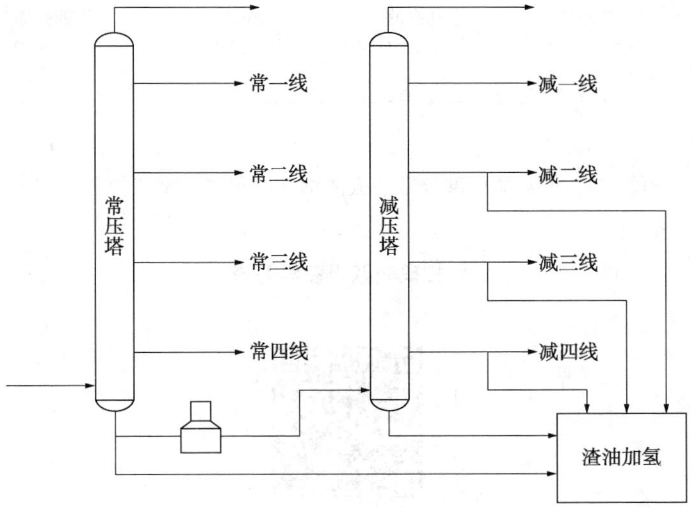

图 7-8　渣油加氢原料来源结构优化示意图

进入减压蒸馏塔的热量也降低，相应的各侧线流量降低，中段取热减少。因此，部分常渣甩出后，4[#]常减压装置的换热网络发生变化，为充分利用常压渣油的热量，本次考虑将甩出的常渣替代一路减压渣油进入换热网络，调整前后的换热网络分别如图 7-9～图 7-11 所示。

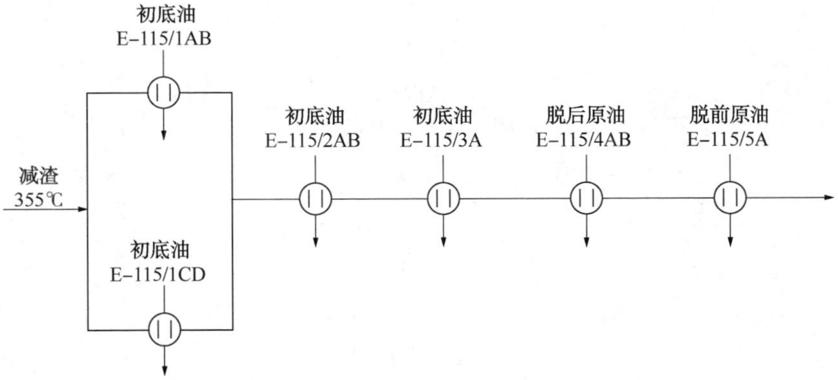

图 7-9　4[#]常减压减渣现有换热流程

考虑常渣甩出后减压塔负荷低，在实际操作中可在保证减压塔操作稳定的条件下按上述优化措施优化常渣甩出量。此外，可以考虑减压塔的浅拔操作，只需拔出减一线作为重柴油，减二线、减三线和减四线可浅拔，与减渣一起直供渣油加氢装置。

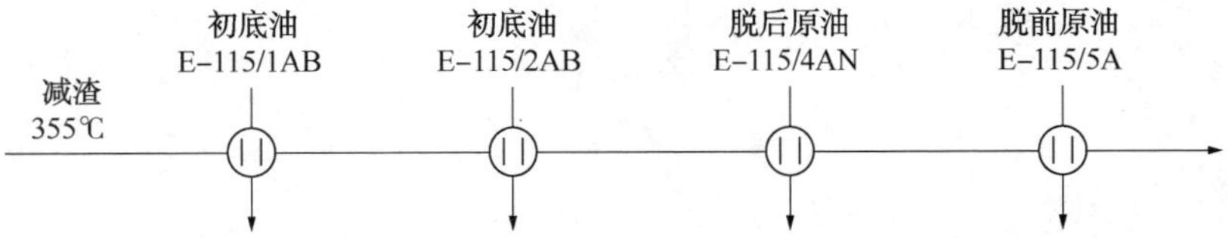

图 7-10　4[#]常减压部分常渣去渣油加氢装置后减渣改进换热流程

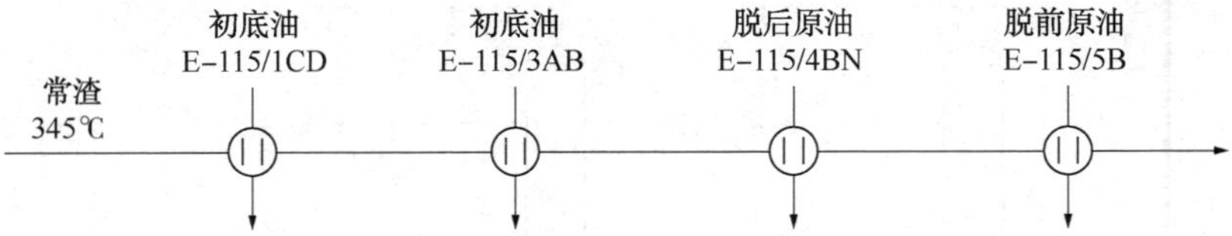

图 7-11　4#常减压部分常渣去渣油加氢装置后常渣换热流程

扫码获取更多学习资料

第八章　低温热综合利用优化

通过图1-1中Ⅰ、Ⅱ和Ⅲ步的实施炼油企业全厂范围内还会存在剩余的低温热量，需要在全厂范围内实施大系统的低温热综合利用。低温热综合利用虽然是回收的低品位热能，节省的却是高品位燃料，同时可减少全厂冷却负荷。

炼厂的低温热因温度和能量的品质较低，有效能量小，如温度为130℃的低温热，其能级低于0.2，理论上最多20%的热量可以转化成其他能量。低温热回收宜采用直接换热替代高温位热量的途径，通过在全厂建立配套的回收系统，以载能工质(通常为水)为媒介将低温热从装置取出，将热量转移到热阱装置中使用。低温热综合利用的实施过程如图8-1所示。

低温热是工艺装置优化后剩余的低品位热量，需要纳入全厂大系统范围综合利用，以期实现整体效益提高。

① 首先是采用装置能量综合优化和热集成方式减少低温热的产生，对能量优化后工艺装置的低温热进行统计评价。

② 其次是充分挖掘低温热阱并优化热阱能量利用，包括储运单元、气分装置、管线伴热、厂内外生活和采暖用热等。

③ 低温热源/热阱的优化匹配必须在全厂范围内统筹考虑和规划。要在全系统(全厂)或距离较近的、相对集中的装置群内对已明确的低温热源和热阱实施优化匹配。

④ 依据热源、热阱匹配关系优化低温热媒水系统，包括热媒水量、进/回水温升、换热器串/并连接方式等。

⑤ 以上措施回收利用后若仍有余，则需在匹配的同时一并考虑升级利用措施。

因此，低温热的利用应首先考虑在装置内进行合理利用，通过对低温热富余的装置进行换热网络优化、强化传热，以及装置热联合、热出料改造，消减装置富余的低温热。

一、低温热资源条件确定

低温热利用必须以全厂工艺装置优化为基础，在优化工艺装置能量利用、减少低温热基础上进行剩余低温热资源的利用。同时，工艺装置优化可以确定低温热利用的边界条件。

(一) 低温热资源量统计

低温热源包括需冷却的工艺物流、凝结水、排放乏汽、加热炉和锅炉排放的烟气等。全厂范围内具有富余低温热包括：①低温热工艺物流的参数，包括物流的初始温度、冷却温度、流量、热容流率、压力等；②工艺物流进出冷公用工程系统(如空冷、水冷等)的温度；③工艺物流在冷公用工程系统中释放的热量；④装置的工艺条件以及工艺物流的特殊性质对工艺物流的换热、输送的限制条件。

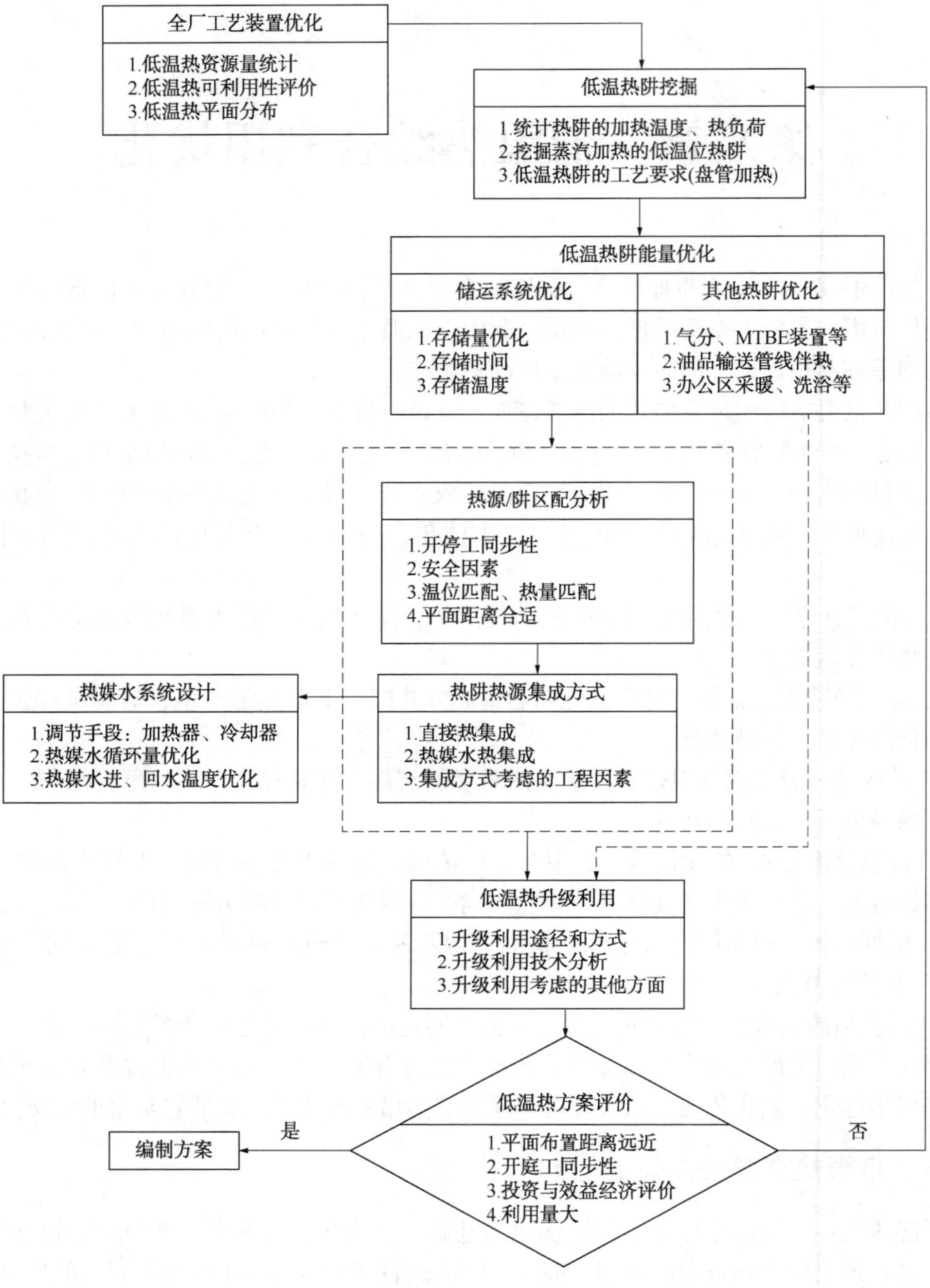

图 8-1 低温热实施框架图

（二）低温热可利用性评价

工艺装置的低温热受生产负荷、外界环境温度、工艺生产方案、设备类型等因素的制约，工艺条件的变化对低温热量会产生影响，甚至会消失。因此，低温热资源的回收利用改造首先必须在工艺条件相对稳定、生产操作处于优化的状态下进行。

其次，低温热阱也会受季节变化(如采暖、伴热等)、工艺参数、总图布置、保温工艺等因素的影响。热源、热阱始终波动变化，造成低温热能回收难以遵循“热源与热阱温度逐级匹配”的原则，导致低温热能回收系统偏离最优状态。

同时有的低温热物料带有腐蚀性、体积流量大、减压环境、低温热数量小等特点，例如 H_2S 汽提塔顶气相冷凝热。

对上文统计的低温热资源进行可利用性评价，为后续低温热利用提供依据。

(三) 低温热平面分布

炼油过程低温热源、热阱点多面广分布散，在全厂范围内的平面布局、地理位置上，低温热源多为工艺余热，集中于主要生产装置；热阱包括生产、生活和辅助三类，优质热阱则集中在气体分离、原油罐等少数装置；企业的原油罐(低温热阱)多远离装置区；部分企业气体分离装置远离催化裂化装置，使得热阱总量虽然较大，但由于热源与热阱间的距离过长，使低温热能难以充分回收。因此，评价低温热的平面布置对运行后的低温热回收存在较大的影响。

二、低温热阱挖掘

(一) 调查统计热阱

在炼油企业全厂范围内寻找低温位加热的物流，统计调研热阱，包括：装置中需要低温热的工艺物流参数，包括初始温度、换热终温、流量、热容流率、压力等；工艺物流进/出热公用工程系统(如加热炉、导热油系统等)的温度；装置的工艺条件以及工艺物流的特殊性质对工艺物流的换热、输送的限制条件。

常见炼油企业的热阱有：工业炉用空气的预热、工艺管线的伴热、厂房和生活用建筑物的采暖和空调等低温热阱，可利用工艺物流适宜温位的热量代替生活办公所消耗的燃料、蒸汽和电能。

(二) 挖掘蒸汽加热低温热阱

最常见的情况是使用低压蒸汽加热的物流。炼油能量系统优化中回收的低温热能用于温位为 90~120℃的热阱，可替代大量 0.3~1.0MPa 蒸汽，减少低压蒸汽用量。根据低温热回收的温位，选择适宜的用户，降低用户原使用高、中温热源所造成的能量传递损失；同时，把高、中温热源顶替下来。

挖掘企业内采用蒸汽加热的低温位热阱，评价低温热阱采用热媒水加热的可能性。包括：气体分馏系统再沸器热源、MTBE、化工装置低温热，锅炉给水采用低压加热蒸汽、罐区维温和管线伴热采用低压蒸汽。

(三) 低温热阱的工艺要求

对低温热阱(包括企业内需加热的低温位工艺物流、伴热、维温、锅炉给水、采暖、制冷、储运维温等)进行评价，掌握热阱使用低温热后的工艺要求，以及向企业生产、生活设施供冷和供热等方面。

三、低温热阱能量优化

（一）储运系统优化

油品储运是炼油企业保障企业安全、稳定生产的重要辅助系统，要求满足原料接收、装置开工、成品外输及事故处理的要求，其能耗占炼油总能耗的2%~8%左右。储运系统在确保工艺装置能量综合优化的同时，优化自身用能可以节省大量的罐容、维温热量和泵送功耗，并且降低维温热负荷的品位，可为工艺装置的低温热提供大量的热阱，因此储运系统优化是低温热阱优化的重要内容。

储运系统优化包括储量最小化、储运参数最优化、罐区维温新方式改进等。如结合原油加工计划，改善调度手段，提高物料调度效率，合理提高进罐油品温度、降低允许储存温度，用热媒水代替蒸汽进行罐区维温等。

1. 储量最小化

储量最小化包括原油、中间油品和成品油罐的储量最小化。在保障生产的情况下尽可能减少储量，不仅可以降低罐内维温和管线伴热的能耗，而且也为企业节省储运设施投资、储油占用流动资金需付出的利息，同时可节省大量储罐占地，为新装置、扩建装置的优化布置创造条件。

（1）原油储量最小化

随着大量原油中转库基地建成投用，主要依赖车船运油改为主要依靠管道输送，原油按计划供应和含水量均能得到保障。管道运输具有良好的供应保障能力，能够满足企业的需求计划，并且输送更加安全稳定，为降低企业原油储量提供了有力支撑。企业除了利用国际原油市场价格波动低价存油之外，宜把原油储量保持在防备管输意外的最小限度，其优点在于节省流动资金，节省维温能耗。

（2）中间油品储量最小化

通过热供料将上游产品在较高温位下直接供给下游装置，保持较少部分的上游产品经过中间罐，仅用中间罐液位作平衡两个装置加工量的波动。减少中间罐需要的罐容，全面节省泵送功耗、重油维温热负荷和轻油罐的呼吸损失。

（3）成品油储量最小化

采用在线调和技术和质量仪表，减少分罐储存各种半成品油和倒罐操作进行离线调和的工艺，缩短调和生产过程和功耗，降低半成品油罐和调和罐的数量以及油品占用流动资金的时间。

2. 储存工艺参数最优化

储存工艺参数优化是指合理提高进罐油品温度，降低允许储存温度，同时优化储罐的保温设施，使得在最小储量对应的最短必要储存时间内，油品由进罐温度 t_i 降温到出罐温度所释放出的显热，能够平衡油罐在此期间的大部分散热损失，使必须由外部补充的维温热负荷减到最小。

（1）储存时间

在收付流量不变时，降低储量可缩短物料的存储时间、温度变化和热损失，减少维温热负荷，提高物料的出罐温度。同时，原料油尽量不要在罐区脱水，以缩短原料油在罐区的停留时间，避免产生水沉降分层。

（2）适当降低允许储存温度

允许储存温度越高，油品可利用的显热越少，散热推动力(即允许储存温度与环境温度差值)越大，会增加储罐的维温热耗；但是输送泵的功耗会有所降低。

（3）适当提高进罐温度

提高油品进罐温度，可减少用于维温的热负荷，降低油品出装置后的冷负荷。利用重质油品出装置的显热，采用“热罐”，提高进罐温度。

（4）合理良好的保温

保温设施的优化目标是通过保温材料品种优选和厚度的优化，达到保温投资与散热损失总费用之和为最小。建立投资费用与年散热损失费用之和关于绝热材料厚度的目标函数，求得使目标函数取最小值的厚度，即为最优厚度。特别是进罐温度高的重质油品罐，罐内温度较高，应选择合适的保温材料对罐壁和罐顶保温，以减少散热。

3. 优化加热方式

（1）热媒水作热源

传统蒸汽盘管加热维温是依靠1.0MPa蒸汽与油品之间的大温差维持传热强度，但是高能低用。采用90℃左右的低温热媒水替代蒸汽后，总传热温差会大幅度降低。因此要结合储运参数优化后确定的维温热负荷，研究以热媒水替代蒸汽，通过盘管维温，降低蒸汽使用量。

（2）管壳式换热器

在盘管传热面积不足时，宜采用其他加热方式。例如，在进(出)罐油品管线上，采用高传热系数的管壳式换热器，便可以用80~90℃的热媒水，在传热温差20℃条件下使油品升温；并且在物料流量波动时，便于调整操作参数以适应变化。

（3）储罐及管线保温

储罐及管线绝热符合GB 50264《工业设备及管道绝热工程设计规范》要求；优化维温温度和维温介质；罐型选择应符合现行设计规范。

（二）其他低温热阱优化

1. 生产热阱

由于生产用热大多为连续用热，热负荷相对稳定，因此使用低温热的节能幅度更大，在安排低温热方案时应优先考虑。主要有：

① 气体分馏装置、烷基化、溶剂回收等低温加工装置的原料和塔底再沸器加热；

② 加热炉用空气及燃料、动力系统生水、补充化学水、新鲜水加热；

③ 生产辅助系统，用于油品储运系统、罐区加热维温和管线伴热等。

2. 生活用热

炼油企业的生活、办公系统也会消耗大量能源，而且温位不高，宜采用低温热取代其能源消耗，降低全厂综合能耗。

① 厂区办公和生活采暖。用低温热水代替蒸汽为办公楼宇生活取暖，其利用方式是季

节性的，采暖负荷随季节变化较大。

② 加热生活用水。用热水器加热的洗澡、洗菜等热水，回收排弃能量。在制定方案时，应考虑用热量减少时，如何保持系统平衡，取出热量。

四、热源/热阱匹配优化

由于炼油装置的低温热具有分布分散、波动性较大的特点，在统计并挖掘热源、热阱基础上需要对低温热利用做出匹配优化。

（一）能量匹配因素

首先，要基于温位匹配，按照“温度对口、梯级利用”的原则，对热源和热阱进行合理搭配，选择适宜的低温热源和低温热阱。结合平面布置分区的原则，可将低温热源、热阱按照温位从低到高依次排列，注明温度区间、流量、热容流率和热量，并统计总的需热负荷；选择高温位热源尽量与高温位热阱匹配，低温位的余热用于低温位的热用户。

其次，设计热源和热阱换热网络，热源、热阱部分的物流要保证合理的温度梯度，最大限度提升出水温度和降低回水温度；在技术经济可行条件下充分利用低温热，确定低温余热在各装置间的流向。可参见下文热媒水系统设计原则。

同时，每个独立运行的低温热子系统内热阱、热源负荷尽量平衡，在减少低温热浪费的同时，可以降低加热器和冷却器调节能耗。

（二）工程匹配因素

① 顺序利用，优先考虑长期利用、稳定利用、就近利用，先联合后回收，先工业后生活，先厂内后厂外。

② 保证工艺装置操作安全、平稳，在热阱变化及生产方案切换时不受影响。

③ 装置平面布置距离合适。

④ 开停工同步性。

五、热媒水系统设计

通过循环热媒水系统，以载能工质为媒介将热量从热源装置取出，输送到热阱装置或辅助系统使用。其供热方式为：在装置回流或产品冷却器前增加换热器，用冷水将热量取出，换热后形成的热水汇集后直接送至热阱，换热后的冷水统一送至冷水储罐中，再抽出循环使用。这种方式遵循“低热低用”的原则，将装置内的零星热量取出，统一使用，从而达到能量最大化利用的目的。低温热媒水系统设计如图 8-2 所示。

根据各装置的热负荷，合理设置低温热媒水系统，计算热媒水在各装置进出口的温度，确定热媒水的流量。

（一）热媒水系统参数确定

利用热源、热阱的温-焓图确定热媒水进、回水温度。在温-焓图上热源、热阱两条复合曲线之间，以最优传热温差为尺度画出一条代表循环热媒水的直线，使其斜率介于热源复合曲线的平均斜率与热阱复合曲线的平均斜率之间，如图 8-3 所示。

可先固定热源曲线，通过左右移动热阱曲线，实现符合最优传热温差尺度的三条曲线

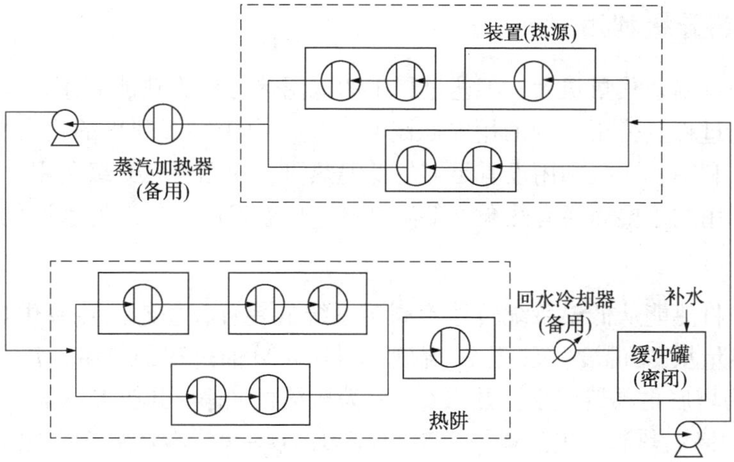

图 8-2 低温热媒水回收利用系统

的配合。此时，热媒水直线与热源、热阱两条复合曲线在轴投影的重合部分，即为可回收利用的低温热；直线两端点的温差就是热媒水的温升。

由可回收利用的低温热量和热媒水温升可以计算热媒水的流量。

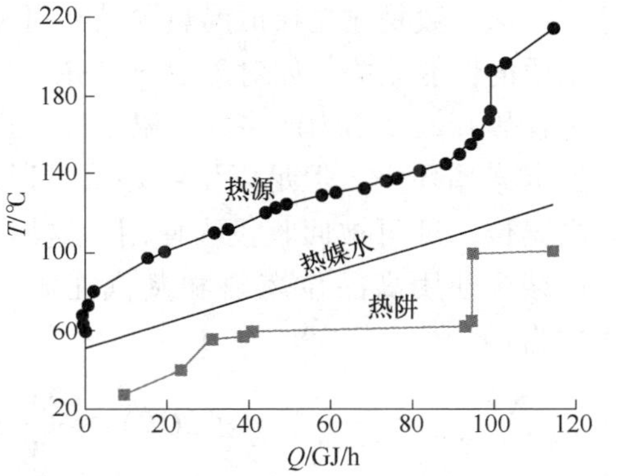

图 8-3 热源热阱及热媒水系统温焓图

（二）热源、热阱换热设计

在确定热媒水参数后，综合热源、热阱负荷、热媒水供水和回水温度，优化取热与利用换热流程。根据总平面布置，按照“温度对口、梯级利用”和热媒水管线尽可能短，不在装置之间来回反复的原则，运用分流-合流手段，合成初始的“热源-热媒水”。通过调整分流各支路水量以使合流点各支路的水温尽量一致，也须避免偏离最优传热温差。

不同热媒水子系统之间宜配备必要的连接，同时依据季节和生产方案变化实施大系统弹性分析，制定具体的调节、控制方案。

（三）热媒水系统调节措施

为保证低温余热系统的正常运行和装置操作的安全可靠，热媒水回收系统要设置调节温度和负荷波动的自适应性措施，用以控制整个系统的温度。包括：

① 总热水管线的管径选择，使之既能满足冬、夏热水的流速要求，又具有可扩容性。

② 同一个厂区内各路采暖热水的分配，做到尽量不偏流。

③ 热水回水温度和热水换热终温的保证，要有蒸汽补热措施和回水冷却措施。

④ 几个热水站之间的协调和平衡，即让每个热水站有相对的独立性又有相互协调的能力。

六、低温热升级利用

炼油企业的低温余热量很大，工艺过程中的低温热是作为热能利用还是作为电力回收，要结合主要工艺过程及公用工程的用能状况来决定。由于同级利用的投资费用较低，因此应优先考虑同级利用，同级利用没有足够的低温热阱，应当考虑升级利用。

目前升级利用的主要途径有热泵、低温制冷、低温发电、低温海水淡化等。

(一) 热泵

热泵是一种将热能从低温系统转移到高温系统的装置，理想的热泵供热循环为逆向卡诺循环，如把热量从 T_1 温度“泵”至 T_2 温度，对用于分馏过程的热泵，T_1 代表塔顶冷凝器蒸发温度，T_2 为塔底再沸器温度，热泵(一般为压缩机)消耗电功 W(kW)，从低温热源吸收热量为 Q_1，向高温热源放出热量 Q_2。显然有 $Q_2=Q_1+W$，热泵循环的性能系数：

$$COP=\frac{Q_2}{W}=\frac{Q_2}{Q_2-Q_1}=\frac{T_2}{T_2-T_1}$$

该系数是建立在恒温热源且在可逆条件下的理想供热系数，只与两热源温度有关，与工质的性能无关。如对于 $T_1=313$K，$T_2=333$K 的情况，性能系数为 $COP=16.65$。实际上，过程热源大多不为严格的恒温条件，且实际过程是不可逆的，热泵供热性能系数远比理想逆卡诺循环小。但足以说明热泵可以用少量的高质量电能把大量的炼厂剩余的低温热提高温位，即可被回收投入使用。这对于用热品位不太高的装置来说，采用热泵技术显然可减少使用高品位燃料和蒸汽能源，获得显著的节能效益。实际热泵过程供热性能系数为：

$$(COP)_{实}=\frac{Q_2}{W}\eta_C(1-\eta_D)=\frac{T_{m2}}{T_{m2}-T_{m1}}\eta_c(1-\eta_D)$$

式中 T_{m1}，T_{m2}——分别为两热源平均温度，K；

η_C——压缩机械效率，%；

η_D——热泵系统散热损失率，%。

热泵是一种通过消耗一定能量、借助热力循环将低位热源的热能转移到高位热源的装置。一般用于需用热量温度与低温热物流温度差别不大的场合；温差过大可能影响经济性，制订方案时要慎重。作为最主要的低温余热升级利用技术，热泵广泛应用于蒸发、蒸馏、干燥和浓缩等工艺过程，高效、节能、经济。

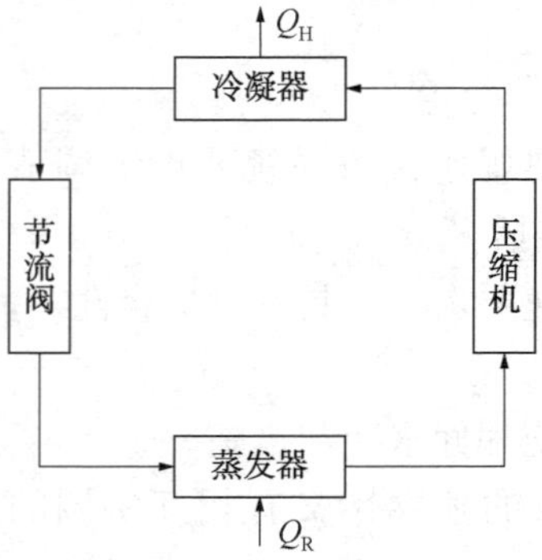

图 8-4 压缩式热泵循环流程图

热泵按工作原理不同可分为：压缩式热泵、吸收式热泵、蒸汽喷射式热泵等。

1. 压缩式热泵

压缩式热泵依靠消耗电能实现热量的逆向传递，通常由压缩机、冷凝器、蒸发器、节流部件四个主要部分组成如图 8-4 所示。

热泵工质在蒸发器中吸收低温余热的热量，蒸发后的过热蒸汽或者饱和蒸汽在压缩机中压缩为高温高压的气体，然后在冷凝器中冷凝下来，同时把热量传给需要加热的用户，最后通过节流部件减压到起始状态再进蒸发器，从而完成一个循环。

压缩式热泵一般分为闭式和开式两种形式，开式热泵又分塔顶产物为工质和塔底产物为工质两种，闭式热泵采用外部工质循环(如图 8-5 所示)。

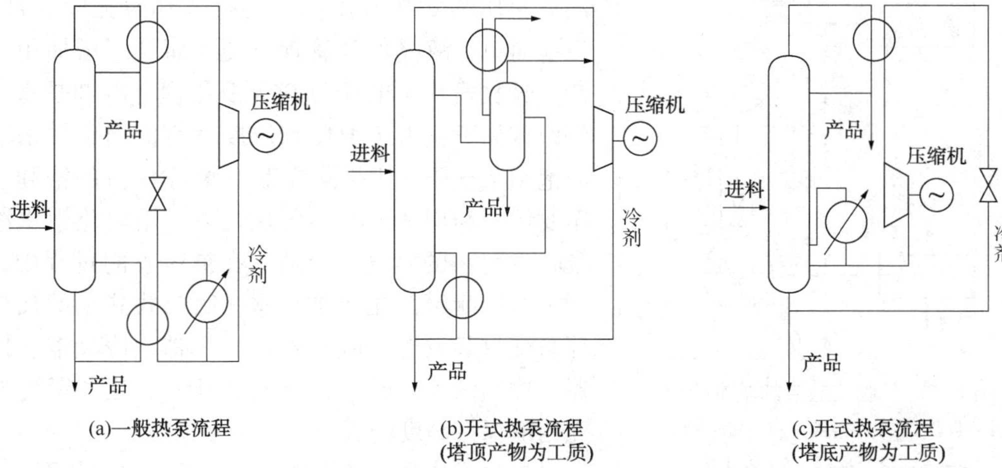

图 8-5 开式闭式热泵流程图

热泵在石化企业已有不少成功案例，例如气体分馏装置的丙烯-丙烷分馏塔。由于丙烷、丙烯都是热泵循环过程中的良好工质，故丙烯-丙烷分离热泵一般都采用开式循环。如图 8-6 所示，开式热泵分为塔顶循环的丙烯热泵和塔底循环的丙烷热泵两种。其塔顶丙烯气体直接进入热泵压缩机，提高压力、温度后作为塔底重沸器热源，丙烯冷凝后，一部分作为塔顶回流液，另一部分作为产品输出。塔底丙烷液体，一部分作为产品输出，另一部分作为热泵循环工质。丙烷经减压进塔顶冷凝/蒸发器，闪蒸、汽化(降温)后，吸收塔顶丙烯产品的低温余热，再进入压缩机升压、升温，直接进塔底作塔底热源。

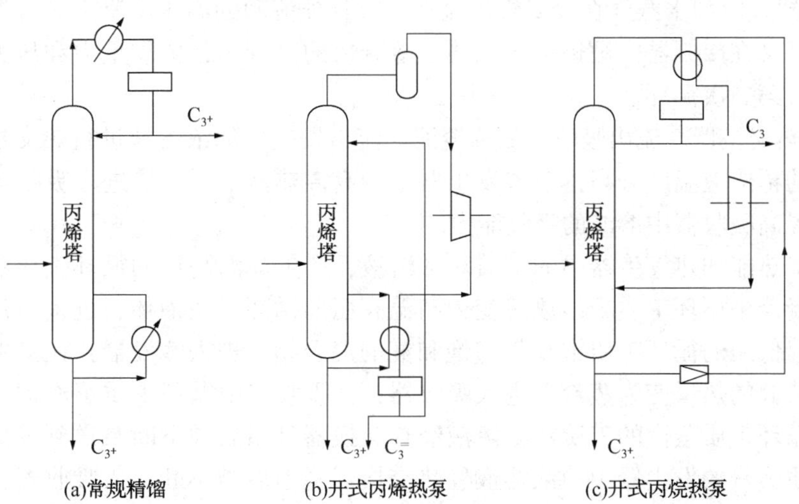

图 8-6 丙烷-丙烯分馏塔热泵流程

2. 吸收式热泵

吸收式热泵利用工质和吸收液的蒸发和吸收循环进行工作，消耗部分高位热能，从低温热源吸收热量并供给热用户。

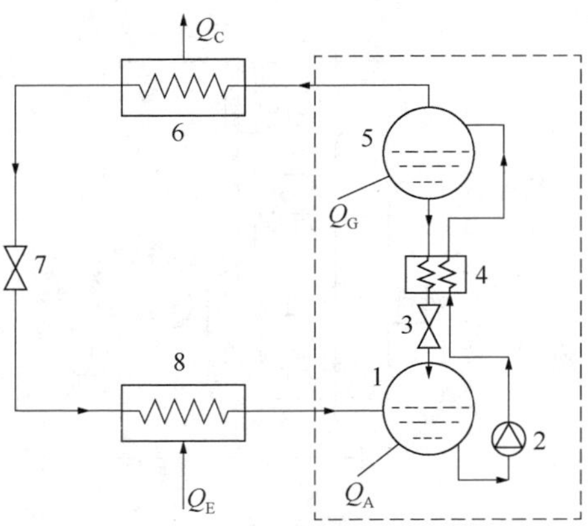

图 8-7 吸收式热泵的基本构成
1—吸收器；2—溶液泵；3—溶液阀；
4—溶液热交换器；5—发生器；
6—冷凝器；7—节流阀；8—蒸发器

用蒸汽或低温热作动力的吸收式热泵与用电作动力的压缩式热泵不同，吸收式热泵无驱动部件，设备简单，故操作和管理方便，而且不增加用电负荷。吸收式热泵的吸收剂为溴化锂，冷剂是水，工作原理如下：由于温度和浓度适宜的溴化锂水溶液的饱和蒸气压，比相同温度下水(冷剂)的饱和蒸气压要低，利用两者的蒸气压之差，用溴化锂水溶液吸收冷剂水的蒸气，冷剂水在被吸收的过程中，所产生的冷凝潜热用来加热水。吸收式热泵的加热循环系统由蒸发器、吸收器、再生器、冷凝器、换热器、冷剂泵等构成，如图 8-7 所示，这些部件的管壳内部保持高度的真空。

吸收式热泵中各组成部分的基本情况如下。

① 蒸发器。在管外喷射的冷剂(水)，从管内的低温热源水中摄取热量，然后蒸发。

② 吸收器。汽化的冷剂水蒸气进入吸收器，被浓度较高的溴化锂溶液吸收，这时产生冷凝潜热，用来加热在吸收管内流动的温水。稀释后的溴化锂溶液，用泵打入换热器，被浓度较高的溴化锂溶液加热，然后送入再生器。

③ 再生器。加热稀释后的溴化锂溶液，并把水分蒸发出去，同时形成浓度较高的溴化锂溶液。将这种较高浓度的溴化锂溶液送入吸收器，而分离出来的冷剂水蒸气送入冷凝器。

④ 冷凝器。冷剂水蒸气在冷凝管内流动，被管外流动的温水冷凝下来。温水在吸收管内被加热后，又在冷凝器内被进一步加热。冷凝后的冷剂水，依靠重力和压力差，再进入蒸发器，进行第二次循环。

⑤ 溶液热交换器。流出吸收器的稀溶液与流出发生器的浓溶液进行热交换的部件，使进入发生器的稀溶液温度升高，节省发生器中的高温热能消耗；使进入吸收器中的稀溶液温度降低，提高吸收器中溶液的吸收能力。

利用高温热能加热发生器中的工质对浓溶液，产生高温高压的循环工质蒸汽，进入冷凝器；在冷凝器中循环工质凝结放热变为高温高压的循环工质液体，进入节流阀；经节流阀后变为低温低压的循环工质饱和气与饱和液的混合物，进入蒸发器；在蒸发器中循环工质吸收低温热源的热量变为蒸汽，进入吸收器；在吸收器中循环工质蒸汽被工质对溶液吸收，吸收了循环工质蒸汽的工质对稀溶液经热交换器升温后被不断泵送到发生器，同时产生了循环工质蒸汽的发生器中的浓溶液经热交换器降温后被不断放入吸收器，维持发生器和吸收器中液位、浓度和温度的稳定，实现吸收式热泵的连续制热。

3. 蒸汽喷射泵

蒸汽喷射泵是利用压力较高的蒸汽作为工作介质，经过高速喷射、抽吸低压蒸汽、两股蒸汽经动量交换和动量与冲量的转换过程后，与低压蒸汽一起变成某一中等压力混合蒸汽，如图 8-8 所示。低压蒸汽被压缩，提高了压力和温度，即提高了能级。把难以利用的低能级的蒸汽热量提升为有用的较高能级的蒸汽热量，回收利用低温热。

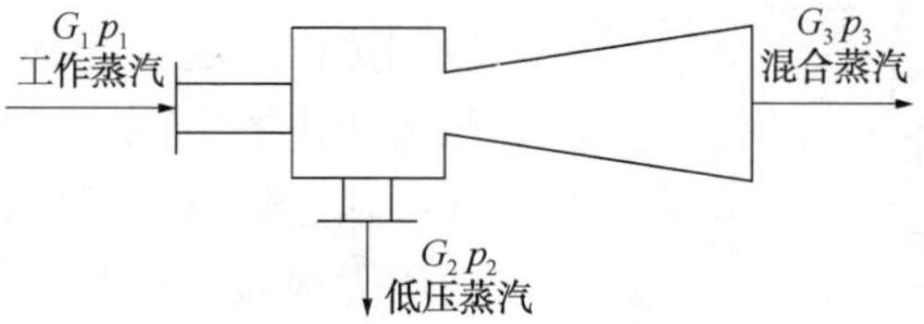

图 8-8 蒸汽喷射泵流程

蒸汽喷射泵，不同于简单的二种等级蒸汽混合。蒸汽混合的压力等级取决于最低的压力等级。而蒸汽喷射泵是用高压蒸汽把低压乏汽压缩到合适的操作参数供使用。该参数介于乏汽和高压汽之间，喷射技术也有㶲损失，但对于体系已排出废弃乏汽，采用喷射技术提高可用性使其变废为利，增加了可使用能量的数量，对于需要大量能量，而能级要求并不太高的场合来说，无疑是一项简便的节能技术。

蒸汽喷射泵的特性是随着压缩比(排出蒸汽压力/吸入蒸汽压力)增大吸入比(吸入蒸汽量/驱动蒸汽量)变小。蒸汽喷射泵技术的经济效益，主要取决于乏汽的可用程度，一般适用于有富余低压蒸汽并且对中压蒸汽有需求的场合，例如原系统乏汽直接排弃，则节能量大约为回收乏汽的量，效益按压缩后价格计算；如果原系统乏汽也可用于其他用途，这种情形稍复杂些应视具体情况而定。

【蒸汽喷射泵案例】

某石油化工厂在凝结水回收后，二次闪蒸产汽为 0. 12MPa，蒸汽为 2t/h，用 3. 5MPa，435℃，5t/h 的蒸汽压缩成 0. 4MPa 蒸汽送至装置和系统使用。节能量约 85kg/h 燃料油。

(二) 低温热制冷

低温热制冷一般有两种技术，一种是溴化锂制冷技术，用于浅度制冷，一般制取 5~10℃冷水。第二种是氨吸收制冷技术，用于工业过程较深程度的制冷，蒸发温度一般为 -10~35℃；工作热源有系统低压蒸汽(乏汽)，也有用低温热的情况。

1. 溴化锂制冷

溴化锂吸收式制冷机是以蒸汽或低温热为热源，以溴化锂溶液为吸收剂，以水为制冷剂，利用水在高真空下蒸发吸热达到制冷的目的。在一定温度和浓度下溴化锂水溶液的饱和压力比同一温度下的水的饱和蒸气压要低得多，因此可以凭借压力差，利用溴化锂溶液吸收水的蒸汽，使水的蒸汽压力降低，压力愈低则蒸发温度也愈低，这样就可以获取低温水。

溴化锂制冷机主要由高压发生器、冷凝器、低压发生器、蒸发器、吸收器组成，如图 8-9所示。

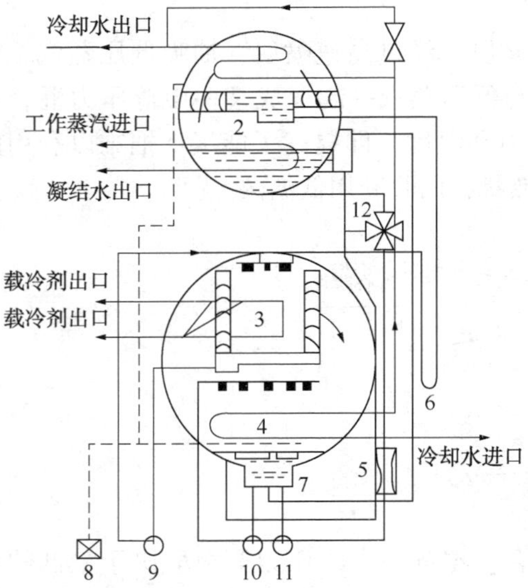

图 8-9 溴化锂制冷机流程

1—冷凝器；2—发生器；3—蒸发器；4—吸收器；5—换热器；6—U 型管；7—防结晶和("丁"形管)；8—抽气装置；9—蒸发器泵；10—吸收器回汉泵；11—发生器泵；12—溶液三通阀

从吸收器出来的部分溴化锂稀溶液，由发生器泵输送进高压发生器(简称高发)，被工作蒸汽加热而沸腾，产生冷剂蒸汽。同时溶液的温度和浓度升高。高发生产的蒸汽，加热低压发生器(简称低发)内的溴化锂滓液后，凝结成冷剂水，经节流后进入冷凝器，与低发产生的冷剂蒸汽一起被冷却水冷却。冷凝成为与冷凝压力相应的冷剂水，然后进入蒸发器，由冷剂水泵输送喷淋在蒸发器内管壁上。由于蒸发器内压力很低，冷剂水便吸收管内流动的高温水的热量而蒸发为冷剂蒸汽，高温水则被冷却，即制冷。同时，由高发和低发来的浓溴化锂溶液，经溶液泵输送，喷淋在吸收器管壁上，被管内冷却水冷却降温后，利用压差来吸收蒸发器中的冷剂水蒸汽，以维持蒸发器中的负压状态。由于吸收冷剂水蒸汽而变稀的溴化锂溶液，再送往高发、低发中沸腾浓缩。这样便完成一个制冷循环过程，如此反复循环，机组不断制备出低温冷水供给用户。

【溴化锂制冷案例一】

某炼油厂在催化裂化工艺操作中发现催化干气带有大量液化气组分，C_3 以上组分占 5.4%，解决“干气不干”有许多种方法，提高操作压力，增加塔盘，加大吸收剂流量等。但催化裂化装置受气压机等客观因素影响，上述方法受到限制。

采用低温热制冷方案，一台 150 万 kcal/h，制冷机组，通过降低补充吸收剂温度，来达到提高吸收率的目的；干气中 C_3 以上组分浓度降为 2.7%以下，回收液化气 3500t/a。

【溴化锂制冷案例二】

某延迟焦化装置经过核算可利用的低温位热量合计为 10000~11000kW，可产生 130℃的热水 150t/h，为回收这部分热量，将这部分热水作为溴化锂吸收式制冷机组的热源，同时进行焦化稳定吸收系统循环水冷却器的冷媒水改造。热水闭路循环，回水温度为 70℃，产生 7~10℃的冷媒水供吸收稳定系统冷却器使用，冷媒水回水温度为 17~20℃，同时取代循环水。改造后干气 C_3 收率降低 3%左右，实际年增产液化气约 2.5~3.0kt。

2. 吸收式氨制冷

氨制冷包括压缩、冷凝、节流和蒸发四个循环过程，因压缩方式不同可分为压缩制冷和吸收制冷两种。压缩制冷的压缩过程是在压缩机中完成的；而吸收制冷的“压缩过程”是在吸收器和发生器中完成的。

氨吸收制冷是以氨作为制冷剂，以水为吸收剂，构成溶液循环系统的制冷的装置。由于采用氨为制冷剂，因此氨吸收制冷适用于蒸发温度为 5~60℃的制冷工况。氨吸收制冷的加热热源，通常为蒸汽，最好利用生产过程中散发的各种余热，如高温水、高温气体，有时可采用直接燃烧气体燃料加热发生器。

吸收式氨制冷装置由发生器、冷凝器、蒸发器、吸收器、循环泵、节流阀等部件组成，工作介质包括制取冷量的制冷剂和吸收、解吸制冷剂的吸收剂，二者组成工质对。浓氨水溶液在发生器中被加热，分离出一定流量的冷剂蒸气进入冷凝器中，冷剂蒸气在冷凝器中被冷却，并凝结成液态。液态冷剂经过节流降压，进入蒸发器，在蒸发器内吸热蒸发，产生冷效应，冷剂由液态变为气态，再进入吸收器中。另外，从发生器流出的稀溶液经换热器和节流降压后进入吸收器，吸收来自蒸发器的冷剂蒸气，吸收过程产生的浓溶液由循环泵加压，经换热器吸热升温后，重新进入发生器，如此循环制冷如图 8-10 所示。

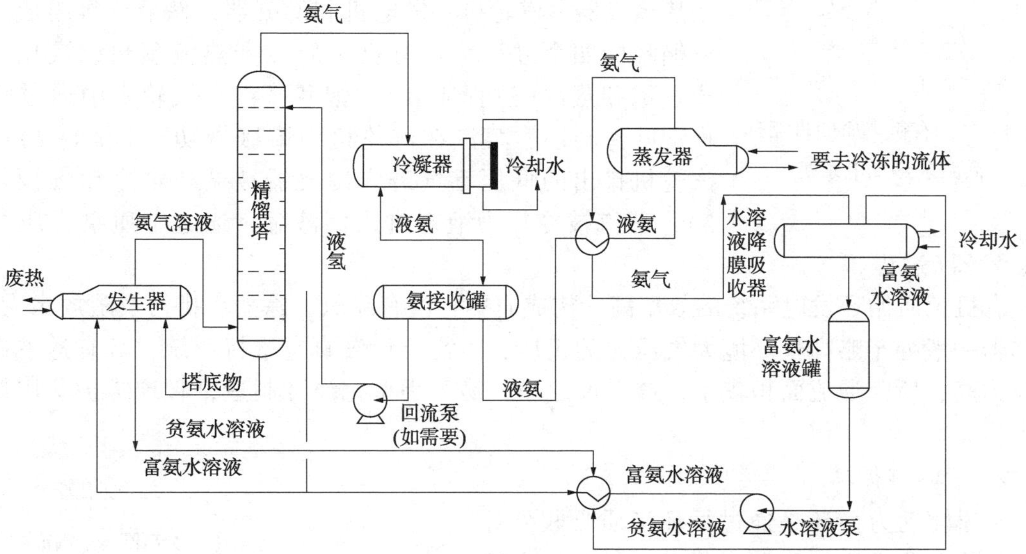

图 8-10　氨吸收制冷流程

低温热制冷的用途有两种：

① 产品冷却。降低产品的冷却温度提高产品收率。例如，催化裂化吸收稳定“干气不干”的状况，可利用低温热制取 5～10℃冷冻水进一步冷却，解决干气不干和产品不达标问题。

② 装置制冷。用低温热制冷代替空调机制冷可以减少电的消耗。氨吸收制冷与溴化锂吸收制冷原理相同。氨吸收制冷温度可达-20～-40℃，可用于酮苯脱蜡装置的冷冻系统，降低生产电耗。

（三）低温热发电

低温热发电是一种高效的节能技术，其原理是利用装置余热加热水，使之成为高压高温水蒸气带动汽轮机或膨胀机做功，驱动发电机发电。

作为一种重要的能量回收形式，低温热发电可以将低温热能直接转化成高品质的电能。在大量过剩的低温热难以找到适宜的同级利用方案时，采用低温热发电是一种有效的低温热利用途径。该技术高效、环保，能最大程度地实现企业低温余热的回收利用。

低温余热发电常见的有汽轮机式和螺杆膨胀机式，主要涉及两种动力转换方式：有机朗肯循环和卡琳娜循环。

1. 有机朗肯循环

有机朗肯循环是采用有机工质(如R123、R245fa、R152a、氯乙烷、丙烷、正丁烷、异丁烷等)作为循环工质的发电系统，由于有机工质在较低的温度下就能汽化产生较高的压力，推动涡轮机(透平机)做功，故有机工质循环发电系统可以在烟气温度200℃左右，水温80℃左右实现有利用价值的发电，其过程如图8-11所示。

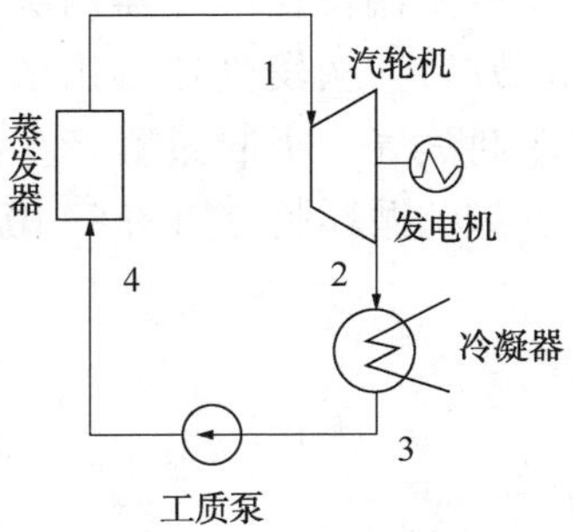

图8-11 有机工质朗肯循环低温余热发电系统

有机工质朗肯循环低温余热发电系统主要是由工质泵、余热蒸发器、汽轮机、发电机和冷凝器，储液罐等组成。朗肯循环的四个过程为：有机工质被余热流预热、汽化，变成过饱和蒸汽(过程4-1)；饱和蒸汽在汽轮机中通过喷嘴推动叶片转动，蒸汽在汽轮机中膨胀做功(过程1-2)；由汽轮机排出的低压乏气进入冷凝器被循环水冷却(过程2-3)；蒸汽被冷却为液态进入储液罐，通过工质泵升压并送至蒸发器(过程3-4)。

有机工质循环发电系统的效率高，构成简单，没有除氧、除盐、排污及疏放水设施。凝结器一般处于略高于环境大气压力的正压，不需要设置真空维持系统，具有透平进排气压力高，所需通流面积较小，透平尺寸小，易于小型化设计制造，管理维护费用低等优点。

2. 卡琳娜循环

卡琳娜动力循环是通过循环工质吸收外界提供的热源蒸发进入膨胀机做功，带动发电机发电，膨胀机出口的循环工质冷却后，经循环泵增压返回至系统的循环过程。卡琳娜循环工艺流程图，如图8-12所示。

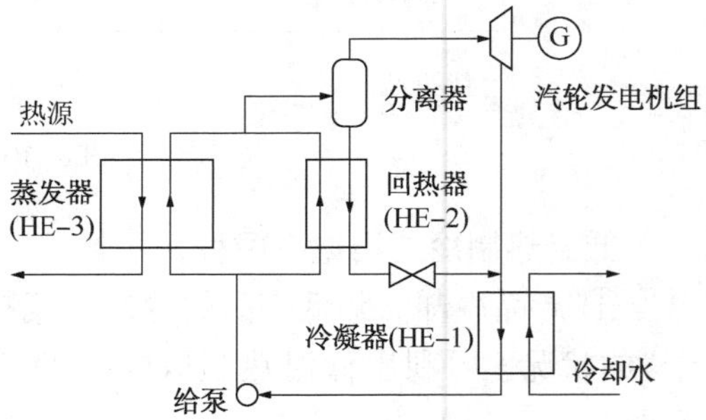

图8-12 卡琳娜循环工艺流程图

低温余热进入卡琳娜循环系统的蒸发器(HE-3)，将热量传递给循环工质——氨-水混合物，氨水的气水混合物进入分离器进行气液分离；分离出来的饱和氨蒸气进入氨气汽轮机膨胀做功，驱动发电机发电；分离出来的稀氨水进入回热器(HE-2)，加热部分氨水混合物回收热量。氨蒸气做功后的乏汽以及来自分离器的稀氨水进入冷凝器(HE-1)，经冷却水冷却凝结成氨水，再经过氨水泵送到蒸发器(HE-3)和回热器(HE-2)的冷端进口，在蒸发器(HE-3)和回热器(HE-2)中分别吸收低温余热和分离器分离下来的稀氨水的热量。

与传统朗肯循环和有机朗肯循环不同的是：卡琳娜动力循环系统是一种采用氨和水的混合物为工作介质的安全、高效的动力循环系统。氨-水混合物其物理特性既不同于纯氨，也不同于纯水，这两种工质混合物的物理特性可以归：

① 氨-水混合物的沸点和凝结点温度是不固定的，这就使得“变温”蒸发或凝结成为可能。

② 氨-水混合物的蒸发温度和凝结温度随混合物中氨浓度的变化而不同。

③ 氨-水混合物的热容量不随混合物温度的变化而变化。

④ 纯水的冰点温度为0℃，而纯氨的结晶点温度为-78℃，二者混合物溶液的冰点温度非常低。

在氨-水混合物中，氨较水更容易挥发，当氨-水混合物吸热后，大部分的氨会先沸腾并挥发出来；而当氨-水混合物蒸汽被冷却时，大部分的水分会首先凝结出来。

卡琳娜动力循环在低温热回收发电领域突出的优越性，主要表现在整个系统具有很高的热电转换效率，其数量级与低温热源的品位、所选用的换热设备类型等密切相关，一般来说，其热电转换效率不会低于8%。这主要因为氨-水混合物的沸点和凝点，随混合物两者浓度的改变而变化，可以“变温”蒸发或凝结；在相对较低的温度下，就能完成蒸发-膨胀-冷凝的循环做功，这对于温度较低的热源回收利用意义十分重大。

【卡林娜低温热发电案例】

某炼化企业600kt/a芳烃联合装置，脱庚烷塔顶物料、成品塔顶物料、邻二甲苯塔塔顶物料的低温余热负荷共计37.525MW，通过串联加热可产生70~120℃热水645t/h；歧化反应产物物料、歧化汽提塔塔顶物料的低温余热负荷共计7.90MW，通过串联加热可产生70~110℃热水170t/h，送至卡琳娜动力循环热水发电机组发电。

卡琳娜循环发电单元选用KCS34(适用热源温度在90~350℃)系统。氨气轮机由美国ENERGENT设计制造，额定(装机)功率为4.0MW，工质额定流量为32kg/s，主汽门前压力为3.0MPa(绝)，主汽门前温度为114℃。

冬夏季平均发电负荷3868kW，热电转换效率约8.52%。

(四) 多效蒸馏海水淡化

对地处沿海的大型炼化企业，利用临海优势，结合企业用水量大、低温余热富余量大、海水取用便利等特点，进行低温多效蒸发海水淡化技术(LT-MED)的开发和应用，在解决海水淡化成本和企业节能节水效果方面具有可观的经济效益。

低温余热利用海水淡化装置的工艺流程，如图8-13所示，主要由石油产品冷却系统、闪蒸器、低温多效海水淡化主体设备等组成。

淡化装置采用7效低温海水淡化系统，原料海水经过滤后，被引入表面式冷凝器，流出冷凝器的海水，一部分作为冷却水被排放掉，剩余(海水补给水)部分在添加阻垢剂与消泡剂后，以平行进料的方式喷淋到各效蒸发器的换热管束上。各效蒸发器设置中间预热器，利用第4效蒸发器的部分二次蒸汽，对前4效蒸发器的物料水预热。

闪蒸器的闪蒸蒸汽进入第1效蒸发器，在换热管内冷凝，释放出的热能喷淋到换热管上的海水蒸发。海水蒸发的二次蒸汽在后一效蒸发器的管束冷凝，后一效蒸发器比前一效蒸发器的温度更低。在每一效蒸发器中都会有一部分海水被蒸发，所产生的蒸汽流入后一效的管束中，并继续发生冷凝，蒸发器剩余的部分(浓水)流向底部。

浓海水则在各效间的自然压差推动下，由前一效蒸发器排向下一效蒸发器流动。由于

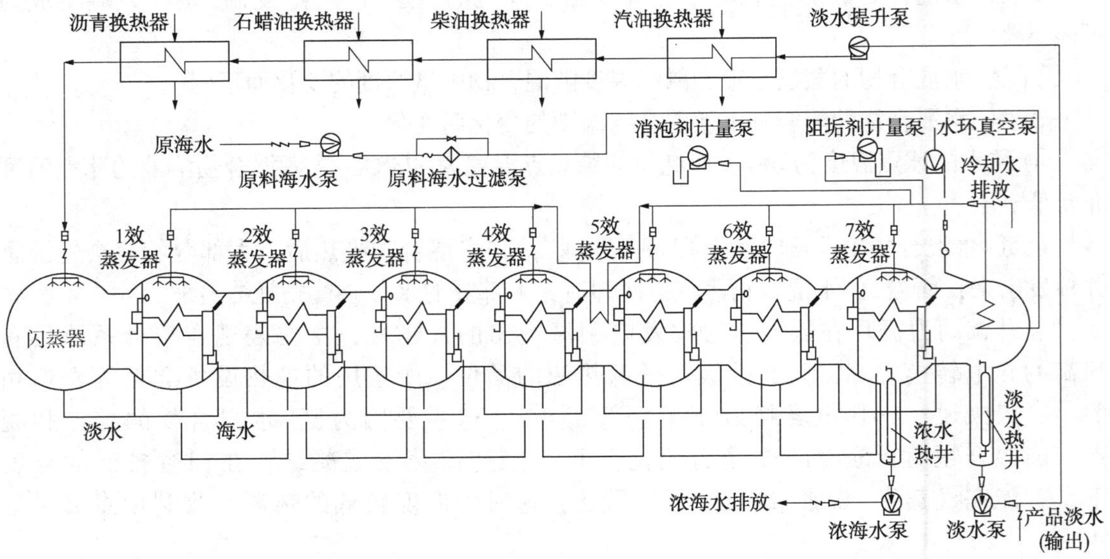

图 8-13　低温热多效蒸发海水淡化系统

下一效蒸发器的压力下降，浓海水成为过热水而闪蒸出部分蒸汽。以此类推，各效浓海水最终流向第 7 效蒸发器，经浓海水泵升压后排放。

同样，淡水系统也采用逐级回流排放方式。闪蒸器剩余的淡水和第 1 效蒸发器的蒸汽凝结水混合后排向下一效蒸发器淡水侧。各效淡水最终汇集至第 7 效热阱。冷凝器凝结水也自流至第 7 效，第 7 效淡水经淡水泵升压排放作为产品水。

七、低温热综合利用优化案例

某炼厂在低温热利用方面，已有重整、环保装置的部分低温热回收供润滑油罐区加热和维温等，此外还有大量的工艺装置低温热因被水冷、空冷带走而浪费；同时又有大量的低温热阱采用蒸汽加热，如原油和馏分油罐区维温、新建的 CFB 锅炉给水、管线伴热等。

因此，需要将该炼厂低温热利用纳入包括工艺装置、储运系统、蒸汽动力系统和其他辅助系统在内的全局优化之中，通过能量系统综合优化，制订切实可行的低温余热优化利用改造方案。

针对该炼厂当前的低温热阱，如储运系统罐区维温、管线伴热、新鲜水预热等，仍耗用 1.0MPa 蒸汽，同时大量工艺余热被空冷、水冷冷却排弃的现状，低温热综合利用优化需充分结合新建的 CFB 锅炉和大型发电机组，在工艺装置本身用能以及储运工艺优化改进的基础上，将工艺余热通过以除盐水/除氧水为热媒的闭路循环系统回收用于上述低温热阱，其原则包括：①低温热源与热阱优化匹配，高热高用；②根据热阱分布，低温热逐级利用，降低取热温位，尽量多回收 75～120℃的低温余热；③采用强化换热技术，提高传热系数，降低传热温差，减少㶲损耗。

（一）全厂低温热源分析

结合该炼厂20.0Mt/a炼油能力的发展规划，通过对各工艺装置能量优化后仍无法回收的低温余热分析，并充分考虑各装置在余热回收中平面布置、框架承重等现状，对可回收利用的75℃以上的工艺低温热资源进行统计和核算。

1. 新建10.0Mt/a常减压装置

新建10.0Mt/a常减压装置是该炼厂20.0Mt/a加工能力的新建装置，基础设计中已经考虑回收该装置低温热，总回收低温热约为450×10^{4}kcal/h。考虑该炼厂的平面布置，新建常减压距离原油罐区和润滑油罐区较近，本次核算将新建常减压装置、4$^{\#}$常减压装置和润滑油装置集成取热，供原油、润滑油和馏分油罐区使用。

2. 2$^{\#}$常减压装置

由于2$^{\#}$常减压装置实现了热出料，其可回收利用的低温热主要由常二线、减二线和常顶油气组成，可回收低温热总量为300×10^4 kcal/h，见表8-1。

表8-1　2$^{\#}$常减压装置低温热一览表

物流名称	流量/(t/h)	冷前温度/℃	热回收温度/℃	热量/(10^{4}kcal/h)	空冷或水冷器位号
常顶油气	18	112	75	200	冷-2/1、2AB
常二线	44	120	95	50	冷-5
减二线	36	140	100	50	冷-9
合 计				300	

3. 4$^{\#}$常减压装置

4$^{\#}$常减压装置的低温热主要由常顶油气组成，低温热总量为250×10^{4}kcal/h，见表8-2。

表8-2　4$^{\#}$常减压装置低温热一览表

物流名称	流量/(t/h)	冷前温度/℃	热回收温度/℃	热量/(10^{4}kcal/h)	空冷或水冷器位号
常顶油气	42	115	75	250	冷-102/A-H
合　计				250	

4. 新建催化裂化联合装置

新建催化裂化联合装置包括催化裂化、气分等装置，设计方案中优化了装置内冷-热物流的匹配，如脱丙烷塔再沸器以催化分馏塔顶循为热源，回收顶循热量。同时，装置设置了以循环热媒水为介质的低温热回收系统，回收的低温热全部送往气分装置作为加热介质，如脱丙烷塔进料加热器、脱乙烷塔再沸器、精丙烯塔再沸器均以循环热水为热源。因此，鉴于新建催化裂化联合装置已实施低温热回收利用，在本次低温热系统优化中暂不考虑。

5. 2$^{\#}$催化裂化装置

2$^{\#}$催化裂化装置经能量优化后剩下可以回收利用的低温热主要包括塔顶油气和顶循等，低温热总量为600×10^{4}kcal/h，见表8-3。

表 8-3 2#催化裂化装置低温热一览表

物流名称	流量/(t/h)	冷前温度/℃	热回收温度/℃	热量/(10^4kcal/h)	空冷或水冷器位号
塔顶油气	83	120	80	450	空冷 201/1-10 冷 201/1-6
顶循	130	142	120	150	
合计				600	

6. 3#催化裂化装置

3#催化裂化装置现存一套低温热媒水回收系统，用于回收塔顶油气、顶循、轻柴油、稳定汽油等工艺物流的低温余热，总计回收热量约 1400×10^4kcal/h，其中装置内使用约 265×10^4kcal/h，对外供热媒水热量约 1125×10^4kcal/h。装置循环热水换热流程如图 8-14 所示。

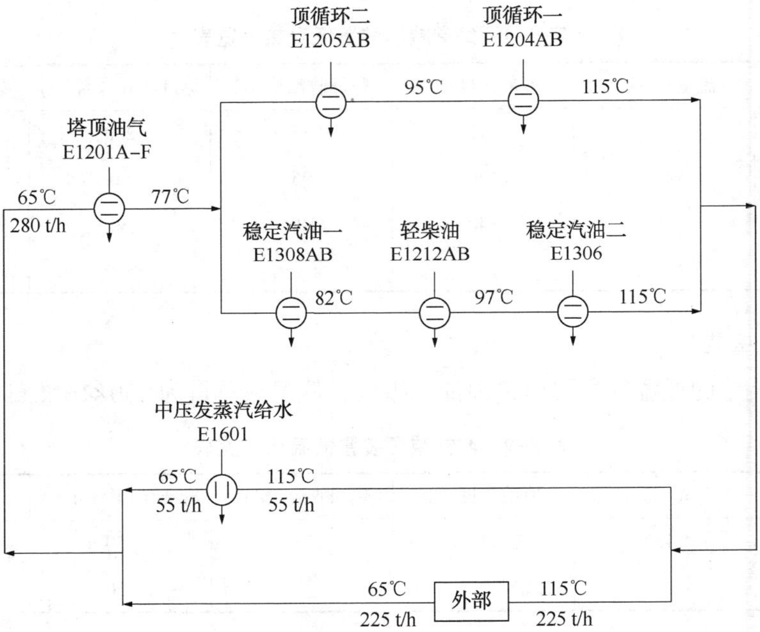

图 8-14 改进后循环热水换热流程图

7. 1#延迟焦化装置

1#延迟焦化装置中塔顶油气、顶循、柴油、轻蜡油等物流换热后均存在低温余热未回收利用，约 600×10^4kcal/h，见表 8-4。

表 8-4 1#延迟焦化装置低温热一览表

物流名称	流量/(t/h)	冷前温度/℃	热回收温度/℃	热量/(10^4kcal/h)	空冷或水冷器位号	备注
塔顶油气	38.7	110	75	250	E7101/1-4	已有
顶循	44	110	85	50	E7103/1-2	已有

续表

物流名称	流量/(t/h)	冷前温度/℃	热回收温度/℃	热量/(10^4kcal/h)	空冷或水冷器位号	备注
柴油+吸收剂	70	145	85	230	新增 EA1	新增
轻蜡油	23	150	90	70	E7110	已有
合　计				600		

8. 2#延迟焦化装置

2#延迟焦化装置中塔顶油气、顶循、柴油、轻蜡油等物流换热后均存在低温余热未回收利用，约600×10^4kcal/h，见表8-5。

表8-5　2#延迟焦化装置低温热一览表

物流名称	流量/(t/h)	冷前温度/℃	热回收温度/℃	热量/(10^4kcal/h)	空冷或水冷器位号	备注
塔顶油气	38.7	115	75	250	E101/1-4	已有
顶循	44	110	85	50	E103/1	已有
柴油+吸收剂	70	145	85	230	EA2	新增
蜡油	23	150	90	70	E113	已有
合　计	/			600		

9. 润滑油装置(酮苯脱蜡)

润滑油装置的低温热主要有酮苯脱蜡溶剂油等，低温热总量为300×10^4 kcal/h，见表8-6。

表8-6　润滑油装置低温热一览表

装置名称	物料名称	流量/(t/h)	起始温度/℃	换热温度/℃	热负荷/(10^4kcal/h)
轻质酮苯脱蜡	溶剂油	190	110	80	220
重质酮苯脱蜡	溶剂油	70	110	80	80
合计					300

10. 加氢精制车间(3#柴油加氢)装置

加氢车间主要考虑3#柴油加氢装置的低温热回收，暂不考虑高压工艺物流低温热回收。3#柴油加氢装置的精制柴油可回收热量为1050×10^4kcal/h，低温热数据，见表8-7。

表8-7　加氢精制可利用低温热一览表

物流名称	流量/(t/h)	冷前温度/℃	热回收温度/℃	热量/(10^4kcal/h)	空冷或水冷器位号	备注
精制柴油	320	130	75	1050	A103	3#柴油加氢装置
合计				1050		

相关工艺装置的低温热源数据汇总详见表8-8。

表 8-8 工艺装置可回收低温热量一览表(75℃以上热量)

装置名称	低温热量/(10^4kcal/h)	备注
10. 0Mt/a 常减压装置	450	新建装置
1#、3#常减压装置	—	
2#常减压装置	300	
4#常减压装置	250	
新建催化裂化装置	—	与新建气分热联合
2#催化裂化装置	600	
3#催化裂化装置	—	向外部供热水
1#延迟焦化装置	600	
2#延迟焦化装置	600	
润滑油装置	300	
3#柴油加氢装置	1050	
合 计	4150	

该炼厂的原油加工能力为 20. 0Mt/a，全厂 75℃以上的可回收低温热达到 4150×10^4kcal/h，该低温热量未计入工艺装置能量优化中实际热进料物流包含的低温热量。

(二) 全厂低温热阱分析

根据该炼厂储运系统、新建两台 CFB 锅炉及两台 50MW 凝汽发电机组数据，通过深入调查分析，并充分考虑扩产后蒸汽平衡，对低温热阱进行统计和核算。

1. CFB 锅炉给水

两台 CFB 锅炉正常运行后，需要锅炉给水约 600t/h。锅炉给水从 35℃升至 85℃的热量可以利用工艺余热供给，这部分热量约 3000×10^4 kcal/h，可节约 1. 0MPa 蒸汽 40t/h，见表 8-9。

表 8-9 CFB 锅炉给水工艺热阱一览表

热阱点	初始温度/℃	目标温度/℃	热负荷/(10^4kcal/h)	备注
CFB 锅炉给水	35	85	3000	加热锅炉给水现耗蒸汽约 40t/h
合计			3000	

2. 原油罐区

现有原油罐区维温需要 1. 0MPa 蒸汽 2t/h，改用热媒水维温后，预计需要热负荷为 150×10^4kcal/h，见表 8-10。

表 8-10 原油罐区工艺热阱一览表

热阱点	初始温度/℃	目标温度/℃	热负荷/(10^4kcal/h)	备注
原油罐区	—	35	150	1. 0MPa 蒸汽 3t/h
合计			150	

3. 润滑油罐区

现有润滑油罐区维温需要 1.0MPa 蒸汽约 4t/h，改用热媒水维温后，预计需要热负荷为 300×10^4kcal/h，见表 8-11。

表 8-11　润滑油罐区工艺热阱一览表

热阱点	初始温度/℃	目标温度/℃	热负荷/(10^4kcal/h)	备注
润滑油罐区	—	70	300	1.0MPa 蒸汽 4t/h
合计			300	

4. 馏分油罐区

现有馏分油罐区维温需要 1.0MPa 蒸汽 2t/h，改用热媒水维温后，预计需要热负荷为 150×10^4kcal/h，见表 8-12。

表 8-12　馏分油罐区工艺热阱一览表

热阱点	初始温度/℃	目标温度/℃	热负荷/(10^4kcal/h)	备注
馏分油罐区	—	60	150	1.0MPa 蒸汽 4t/h
合计			150	

5. 管线伴热

现有管线伴热需要耗用 1.0MPa 蒸汽 10t/h，考虑改用热媒水维温伴热后，预计热负荷为 500×10^4kcal/h，见表 8-13。

表 8-13　管线伴热工艺热阱一览表

热阱点	初始温度/℃	目标温度/℃	热负荷/(10^4kcal/h)	备注
管线伴热	—	—	500	1.0MPa 蒸汽 10t/h
合计			500	

汇总上述低温热阱见表 8-14。

表 8-14　炼厂低温热阱总体情况

低温热阱	热负荷/(10^4kcal/h)	备注
CFB 锅炉给水	3000	补水按 600t/h 计
润滑油罐区	300	
原油罐区	150	
馏分油罐区	150	
管线伴热	500	
合计	4100	

全厂总低温热阱最小负荷为 4100×10^4kcal/h。由于渣油维温所需温位较高，本次低温热方案暂不考虑渣油储罐采用循环热媒水维温加热。

（三）低温热优化利用方案

目前，该炼厂在低温热回收利用方面存在的主要问题是大量低温余热未考虑回收利用，如2#催化，1#和2#延迟焦化，3#柴油加氢，润滑油等装置均存在低温热未回收情况，直接空冷水冷排弃，能量浪费严重。因此，低温热综合利用潜力大，对企业节能降耗和经济效益提高具有重大意义。鉴于此，提出了本次低温余综合利用，通过能量系统优化，制订切实可行的低温热优化利用方案。

根据低温余热优化利用的途径，如作工艺装置热源、CFB锅炉给水预热、罐区维温、管线伴热、低温热制冷等，充分考虑该炼厂全局范围内热源、热阱的数量、温位等具体情况，低温热利用改造将主要遵循以下原则：

① 按照热力学第二定律基本原理，高热高用，实现热量的梯级利用。

② 低温热长期利用、稳定利用、就近利用，先联合后回收，先厂内后厂外。

③ 保证工艺装置操作安全、平稳，在热阱变化及切换时不受影响。

④ 装置平面布置允许。

基于热源、热阱分布以及全厂总平面布置情况，根据低温热用户分布设计不同的供热循环，采用除盐水或除氧水作中间密闭循环介质间接供热，以保证循环热媒水的水质要求。优化后低温热回收利用主要分为以下两个系统。

1. CFB锅炉给水预热系统

回收2#常减压、3#柴油加氢、1#和2#延迟焦化、2#催化裂化等装置的低温余热供CFB锅炉给水预热，预计回收热量3150×10^4kcal/h，如热量有富余，建议设置低温热制冷系统。

采用除盐水或除氧水作中间密闭循环介质，将65℃左右的循环热媒水分别送往2#常减压、3#柴油加氢、1#和2#延迟焦化、2#催化裂化装置相关低温热源换热，加热至95℃左右后送至CFB锅炉给水换热系统，换热后温度降至65℃左右后再送往热源装置取热。

流程设计中设置压控补水和卸压设备以平衡用水量，可考虑设置备用蒸汽加热器以备在装置停工时使用，同时设置备用水冷却器以保证循环热媒水进热源装置换热器时温度平稳，CFB锅炉给水预热系统的循环热媒水换热流程如图8-15所示，各装置内低温热回收流程如图8-16~图8-20所示。

2. 罐区维温与管线伴热系统

回收润滑油装置、4#常减压、新建常减压等装置的低温余热供罐区维温与管线伴热，预计回收热量990×10^4kcal/h。

采用除盐水或除氧水作中间密闭循环介质，将65℃左右的循环热媒水分别送往润滑油装置、4#常减压装置、新建常减压装置相关低温热源换热，加热至95℃左右后供罐区维温与管线伴热，温度降至约65℃后再送往热源装置取热。

流程设计中设置压控补水和卸压设备以平衡用水量，可考虑设置备用蒸汽加热器以备在装置停工时使用，同时设置备用水冷却器以保证循环热媒水进热源装置换热器时温度平稳，罐区及管线伴热循环热媒水换热流程如图8-21所示，各装置内低温热回收流程如图8-22所示。

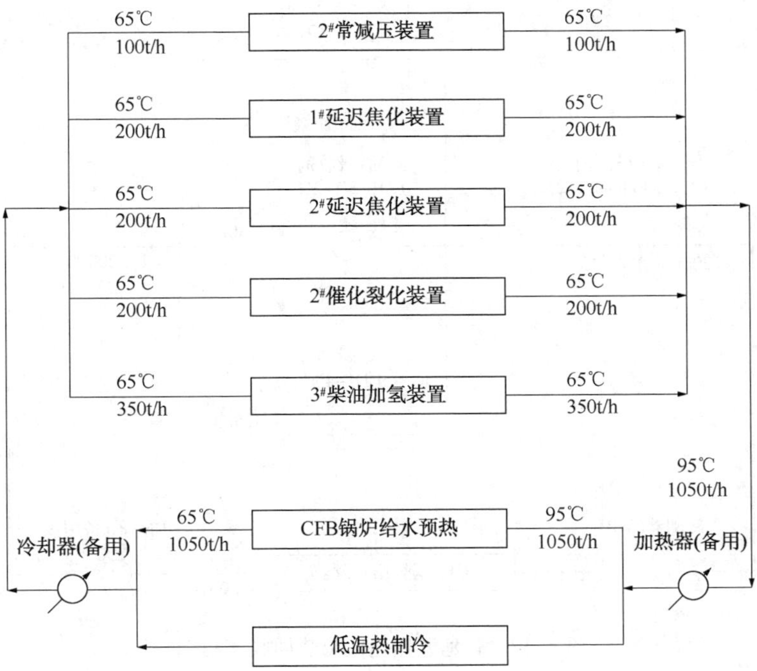

图 8-15　CFB 锅炉给水预热系统循环热媒水换热流程图

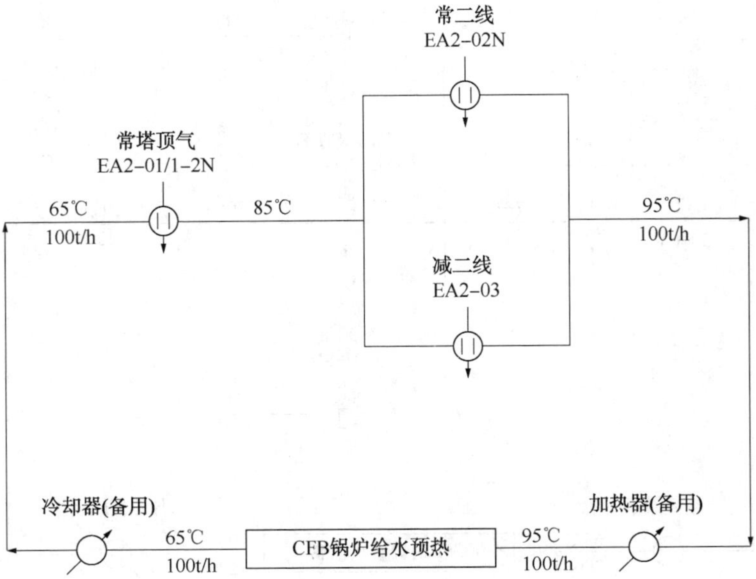

图 8-16　2#常减压装置循环热媒水换热流程图

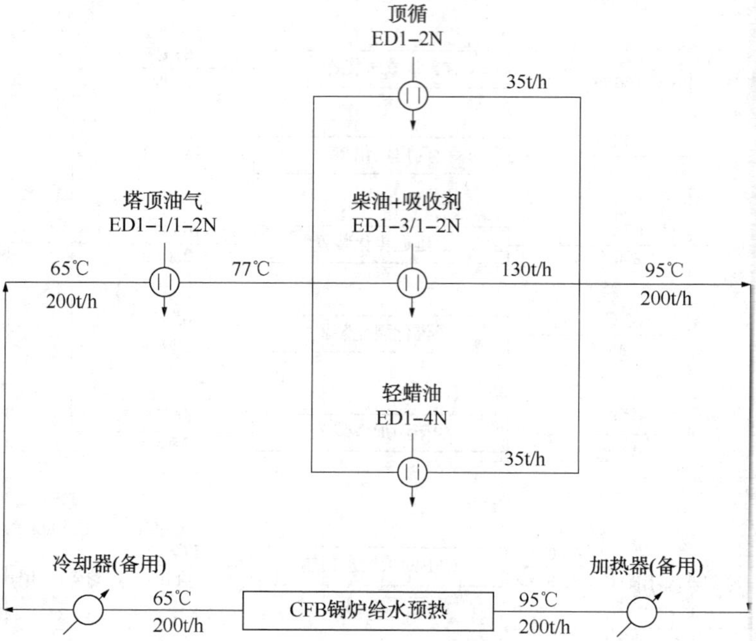

图 8-17 1#延迟焦化低温热回收流程图

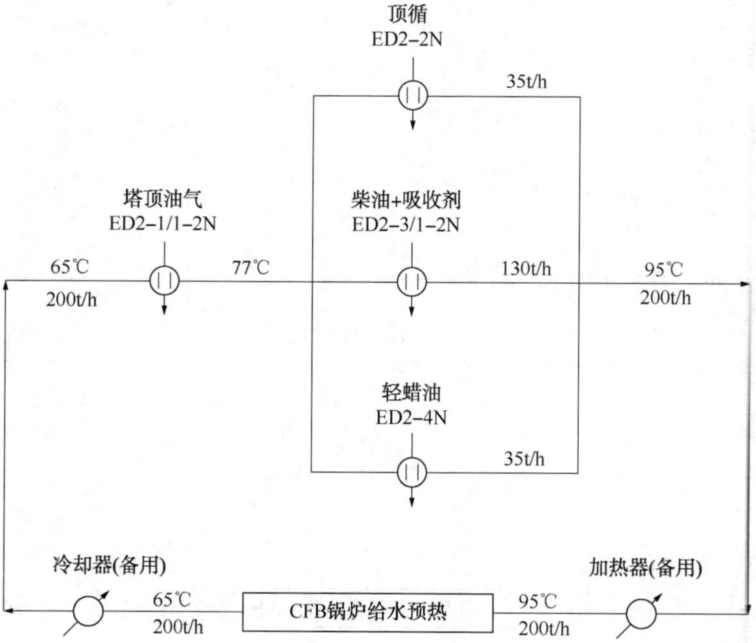

图 8-18 2#延迟焦化装置低温热回收流程图

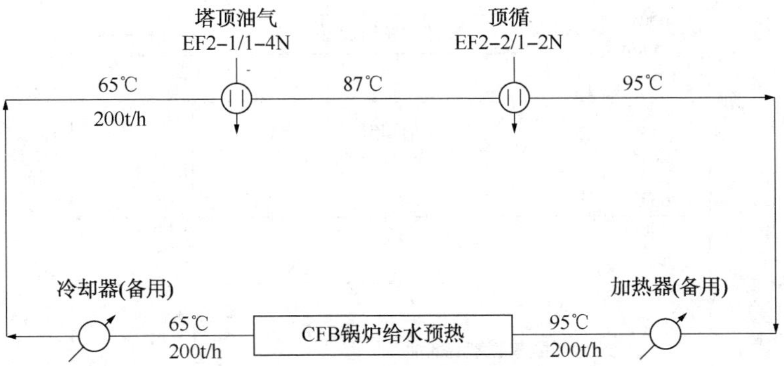

图 8-19　2#催化裂化装置循环热媒水换热流程图

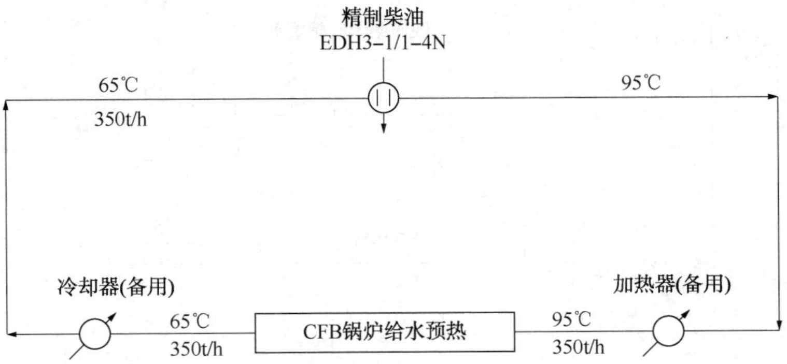

图 8-20　3#柴油加氢装置循环热媒水换热流程图

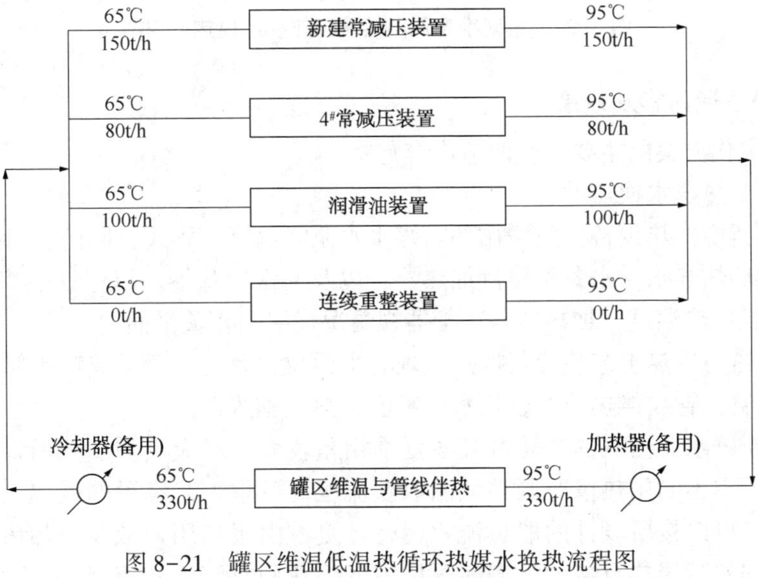

图 8-21　罐区维温低温热循环热媒水换热流程图

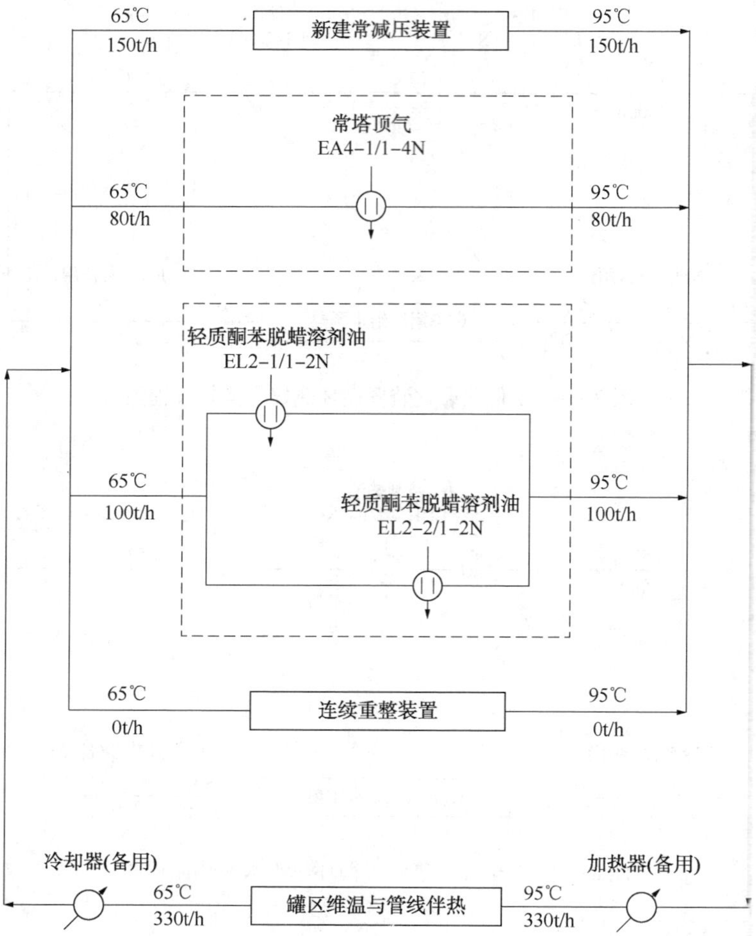

图 8-22 罐区维温低温热循环热媒水换热流程图

（四）工程改造内容及效果

本次用能优化方案的主要工程改造内容包括：

① 新增两个热媒水换热站；

② 更换或新增换热设备，新增循环热媒水水泵、储罐、管线、阀门、自控设备等；

③ 新增循环热媒水供水备用蒸汽加热器，以及回水冷却器，以保证热媒水供水温度与回水进工艺装置取热温度，加热器与冷却器视情况设置在相关平面内；

④ 相关取热与用热工艺装置及换热站现有平面位置改造，新建或扩建部分框架；

⑤ 罐区维温、管线伴热蒸汽改热水的维温伴热设施改造。

由于全厂新鲜水、蒸汽的产耗量等冬夏季相差较大，对应热阱加热所需热量相差也较大，应根据冬夏季不同用热情况调整低温取热流程。冬季工艺装置的低温余热能更多被低温热阱所消耗，可以按所设计的取热流程运行；夏季由于热用户减少，热阱所需热量相应减少，可以根据实际用热及装置生产情况调整低温热回收流程，停开部分取热设备，恢复保留的原有空冷、水冷流程。为维持工艺装置的安全平稳生产，应充分保证循环热媒水进入工艺装置的温度，在热媒水循环取热流程中增设循环热媒水回水冷却器对工艺装置平稳操作较为重要。

由于工艺装置处理量、原料以及加工方案调整、开停工等变化，造成装置操作及低温余热量波动，在本次低温热综合利用流程中通过增设蒸汽加热器，以保证热媒水进入各热用户的温度。

各工艺装置现有空冷、水冷取热流程、换热设备，各换热站原有蒸汽加热流程、设备予以保留，非正常工况下投用，以保证装置正常生产及换热系统正常供热。

低温热回收需要新建相关热水站，新增相应的换热器、管线、阀门和控制系统等，低温热系统的换热设备投资估算见表8-15。

表8-15 新增/更换主要冷换设备表

设备名称	换热器名称	台数	规格型号	单台质量/t	估算投资/万元
EA2-1/1-2N	热媒水-常顶油气换热器	2	BJS1100-1.6-340-6/25-2	12	60
EA2-2N	热媒水-常二线换热器	1	BES800-1.6-170-6/25-2	7	16
EA2-3N	热媒水-减二线换热器	1	BES800-1.6-170-6/25-2	7	16
EA4-1/1-4N	热媒水-常顶油气换热器	4	BJS1100-1.6-350-6/25-2	12	120
EF2-1/1-4N	热媒水-塔顶油气换热器	4	BJS1100-1.6-350-6/25-2	12	120
EF2-2/1-2N	热媒水-顶循换热器	2	FB700-125-25-2	/	利旧
ED1-1/1-2N	热媒水-塔顶油气换热器	2	BJS1100-1.6-340-6/25-2	12	60
ED1-2N	热媒水-顶循换热器	1	BES900-1.6-215-6/25-2	9	23
ED1-3/1-2N	热媒水-柴油换热器	2	BES900-1.6-215-6/25-2	9	45
ED1-4N	热媒水-轻蜡油换热器	1	BES900-1.6-215-6/25-2	9	27
ED2-1/1-2N	热媒水-塔顶油气换热器	2	BJS1100-1.6-340-6/25-2	12	60
ED2-2N	热媒水-顶循换热器	1	BES900-1.6-215-6/25-2	9	23
ED2-3/1-2N	热媒水-柴油换热器	2	BES900-1.6-215-6/25-2	9	45
ED2-4N	热媒水-轻蜡油换热器	1	BES900-1.6-215-6/25-2	9	27
EL2-1/1-2N	热媒水-重质溶剂油换热器	2	BES800-1.6-170-6/25-2	7	32
EL2-2/1-2N	热媒水-轻质溶剂油换热器	2	BES900-1.6-215-6/25-2	9	45
EDH3-1N	热媒水-精制柴油换热器	4	BES1200-1.6-405-6/25-2	12	120
合计					839

改造前后能耗数据对比见表8-16，假定新增循环热媒水泵的耗电量与其替代的冷却水泵或空冷电机耗电量持平，不考虑增减情况，低温热利用优化改造后全厂能耗下降2.58kgEO/t。

表 8-16　低温热优化利用后节能数据

项目	单位	数据
循环冷却水	t/h	3000
1.0MPa 蒸汽	t/h	61

第九章　蒸汽动力系统优化

炼厂蒸汽动力系统主要包括：蒸汽、电的产生，蒸汽输送与分配，用汽设备及凝结水回收等三个部分。蒸汽主要由蒸汽锅炉、余热锅炉或其他蒸汽发生设备产生；蒸汽的输送与分配则是由连接全厂各用汽点的、各压力等级的蒸汽管网构成，各等级蒸汽通过管网送至各个生产装置或用汽设备，用以加热工艺介质、驱动各类压缩机、离心泵透平，或作为工艺原料参与化学反应、吹扫、抽真空和采暖等。在蒸汽使用过程中，部分蒸汽凝结水经检测和适当的处理后，会与补充软水或脱盐水一起回到除氧器，重新循环使用。

电的产生一般由炼厂的自备电站(或动力站)完成。自备电站通常采用热电联产的动力发生系统，采用背压式、抽凝式汽轮机生产所需的动力，同时将汽轮机排汽作为热源利用，提高系统的整体能量利用效率。在这种系统中，动力和蒸汽的需要量之间保持良好平衡，能量的有效利用达到最佳。

炼油企业的蒸汽动力系统消耗大量原煤、石油焦等一次能源，通过锅炉、汽轮机和发电机，向工艺系统提供蒸汽、电力、热等能耗介质，其用能在整个石化企业中占有相当大的比例。炼厂蒸汽动力系统的优化运行对石化企业的安全生产和成本控制具有重要的影响，是炼油能量系统优化的重要方面。蒸汽动力系统优化的最终结果应体现在满足工艺生产用能要求的前提下，外购原煤、天然气、电、蒸汽等能源的减少或者输出蒸汽、电的增加，是整个能量系统优化效益的最终体现者。

第一节　蒸汽动力系统概述

炼厂自备电站的热电联产机组是炼厂蒸汽动力系统稳定运行的重要保障。炼厂自备电站是以外部煤炭、天然气等一次能源，通过热力循环将其转化为蒸汽、电力并供给工艺装置使用的用能系统。热电联产机组通过锅炉产生高压蒸汽，蒸汽进入汽轮机并带动发电机发电，同时从汽轮机中抽出不同等级的蒸汽并入炼厂的蒸汽管网，实现蒸汽和电的联合生产，其循环过程如图 9-1 所示。

在上述循环过程中，工质经历了四个热力过程，如图 9-2 所示。

图 9-2 中，流程 4—5—6—1 是工质在锅炉中定压加热、汽化、过热的过程；1—2 是蒸汽在汽轮机中等熵膨胀做功过程；2—3 是排汽在凝汽器中定压放热的过程；3—4 是凝结水在水泵中等熵压缩的过程。

在热电联产的循环中，锅炉、汽轮机和电机是三大主机，对循环效率有重要影响。

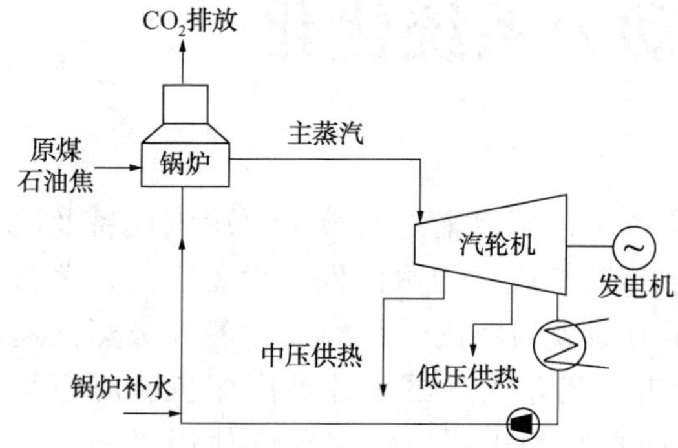

图 9-1　热电联产过程示意图

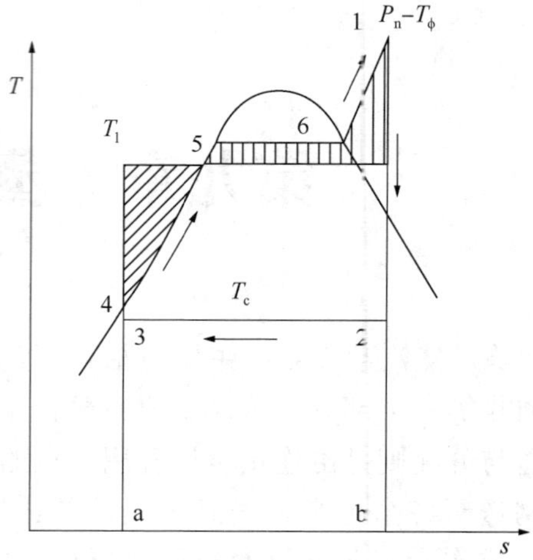

图 9-2　热力系统循环 T-S 图

一、锅炉

锅炉设备由锅炉本体和辅助设备两大部分组成。图 9-2 为典型燃煤锅炉的简图。

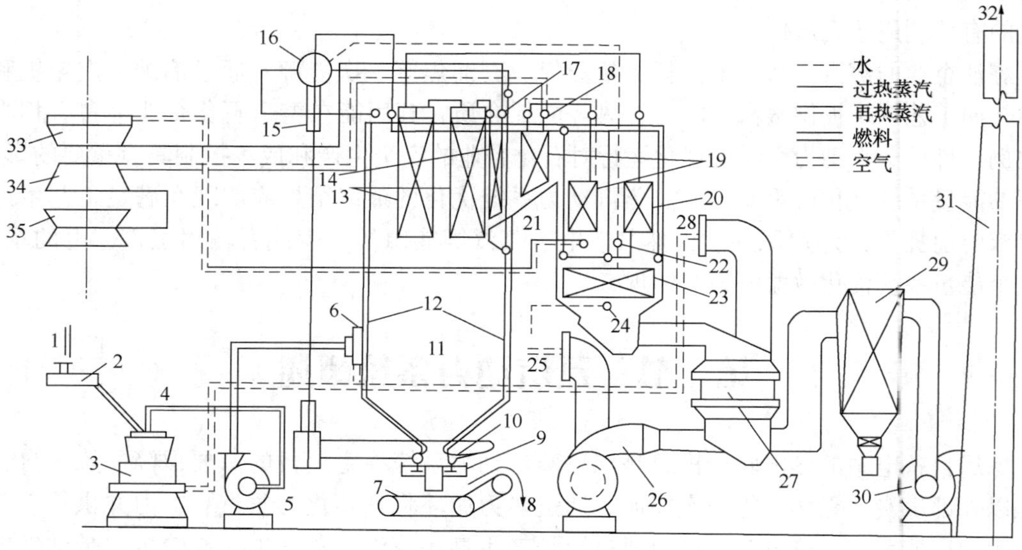

图 9-3　煤粉锅炉及其辅助系统示意图

1—原煤进口；2—给煤机；3—磨煤机；4—风粉混合物出口；5—排粉风机；6—燃烧器；7—排渣装置；8—排渣；9—水封装置；10—下联箱；11—炉膛；12—水冷壁；13—屏式过热器；14—高温过热器；15—下降管；16—汽包；17—过热器出口联箱；18—再热器出口联箱；19—再热器；20—低温过热器；21—再热器进口联箱；22—省煤器出口联箱；23—省煤器；24—省煤器进口联箱；25—冷风进口；26—送风机；27—空气预热器；28—热风出口；29—除尘器；30—引风机；31—烟囱；32—排烟；33—汽轮机高压缸；34—汽轮机中压缸；35—汽轮机低压缸

锅炉本体是锅炉设备的主体，包括“锅”本体和“炉”本体。“锅”即汽水系统，它的主要任务是吸收燃料燃烧放出的热量，使水蒸发并最后变成具有一定参数的过热蒸汽。“炉”本体即燃烧系统，它的任务是使燃料在炉内良好地燃烧，放出热量。

1.“锅”本体

“锅”本体的设备包括省煤器、汽包、下降管、联箱、水冷壁、过热器等。

（1）省煤器

位于锅炉尾部烟道中，利用排烟余热加热给水，降低了排烟温度，提高效率，节约燃料。

（2）汽包

位于锅炉顶部，是一个圆筒形的承压容器，其下部是水，上部是汽，它接受省煤器的来水。同时汽包与下降管、联箱、水冷壁共同组成水循环回路。水在水冷壁中吸热生成的饱和蒸汽也汇集于汽包再供给过热器。

（3）下降管

水冷壁的供水管，其作用是把汽包中的水引入下联箱再分配到各水冷壁管中。通常大型电厂锅炉的下降管在炉外集中布置。

（4）联箱

是一根直径较粗的管子，其作用是把下降管与水冷壁管连接在一起，以便起到汇集、混合、再分配工质的作用。

（5）水冷壁

布置在锅炉炉膛四周炉墙上的蒸发受热面。饱和水在水冷壁管内吸收炉内高温火焰的辐射热量转变为汽、水两相混合物。

（6）过热器。其作用是将汽包来的饱和蒸汽加热为合格温度和压力的过热蒸汽。

2.“炉”本体

“炉”本体由炉膛、烟道、燃烧器及空气预热器等组成。

（1）炉膛

是一个由炉墙和四周水冷壁围成供燃料燃烧的空间。

（2）燃烧器

是主要的燃烧设备，其作用是把燃料和燃烧所需空气以一定速度喷入炉内，使其在炉内良好地混合，以保证燃料着火和完全燃烧。

（3）空气预热器

利用排烟余热加热入炉空气的设备，其整个结构为数量众多的钢管制成的管箱组合体，也可采用蓄热式的回转式空气预热器。燃烧所需的空气受到烟气加热，可改善燃烧条件。

3. 锅炉辅助系统

锅炉的辅助系统包括：燃料供应系统、煤粉制备系统、给水系统、通风系统、除灰除尘系统、水处理系统、测量和控制系统等。各个辅助系统都配备有相应的附属设备和仪器仪表。

（一）锅炉整体外型布置

锅炉的整体外型布置与锅炉的参数、容量有关，也和锅炉所用的燃料性质等因素有关。

锅炉整体外型布置方式应符合如下要求：工作可靠；锅炉本身以及厂房建筑和连接风道、管道等金属材料用量少，成本低；检修及运行操作方便。因此，锅炉的外型不仅与锅炉各部件的构造布置有关，也涉及整个机组的布置，特别是与汽轮机的配合问题。由于具体条件的不同，会产生很多不同的整体外型布置方式。

对于中参数、中等容量以上的锅炉，大多包含过热器、省煤器、空气预热器等部件，并形成一个整体，此时锅炉布置的外型型式，如图 9-4 所示。

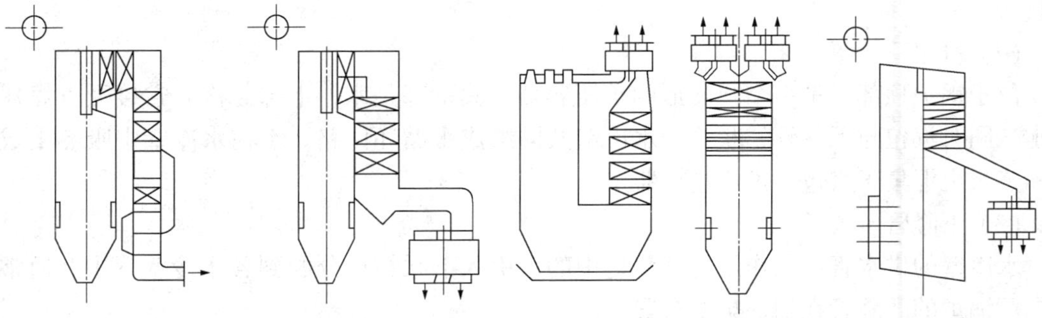

(a)Π型布置　(b)Γ型布置　(c)U型布置　(d)塔型布置　(e)箱型布置

图 9-4　锅炉的外型布置

图 9-4(a)Π 型布置是中大容量锅炉应用最广泛的一种布置方式。该方案虽然占地面积稍大，但锅炉排烟口在底层，因此送风机、引风机等动力设备以及防尘设施等即可安置在地面，锅炉构架及厂房建筑可较低，检修方便。尾部的对流烟道气流向下，易于吹灰，并有自生吹灰作用；各受热面部件易于布置成逆流形(因受热面内工质作向上流动)，布置受热面比较方便，锅炉本身及与汽轮机的连接管道系统消耗的金属材料适中。

图 9-4(b)Γ 型方案与 Π 型方案很相近，只是取消了水平烟道，尾部受热面和前面炉膛一样，采用完全悬吊的结构，节省材料。不过它的尾部受热面的检修困难，当采用管式空气预热器时，因为不好悬吊，不宜采用这种方案。

图 9-4(c)U 型布置最大优点是过热器可布置在下部过渡烟道，蒸汽管道可缩短；此外可使炉膛火焰充满程度较好，便于多炉膛时布置燃烧器，进入对流烟道前除灰也可较多一些。但是缺点是排烟出口在顶部，通风及除尘等装置都要装在厂房上部，增加荷重和振动，使锅炉及厂房建筑构架更加复杂；燃烧器在顶部，煤粉管道、空气管道也都要一直连到这样的高度。因此，这种形式虽有应用但不普遍。

图 9-4(d)塔型布置的优点是：占地少，烟道短；风道布置也不复杂；煤粉管道及燃烧器布置方便。但是锅炉及厂房都较高，送风机、引风机、除尘器等很多辅助装置也都在顶部，加重了锅炉构架的负荷，设备的安装与检修也较复杂。同时恶化了运行条件，锅炉本身各个部件的固定都较困难。由于过热器、再热器等布置在炉膛以上，造成蒸汽管道的长度与成本增加。

大、中容量燃油锅护，广泛采用图 9-4(e)的箱型布置，其主要优点是：锅炉各部件除空气预热器外都布置在一个炉体中，呈箱型，外形尺寸小，结构紧凑，密封性好；锅炉与汽机连接的主蒸汽和再热蒸汽管道较短；对流受热面全部水平布置，上排燃烧器到出口烟囱的距离较大，因此火焰长度足够，对油的燃尽有利；水平迂回上升管屏的水力偏差较小，辐射吸热份额也较少，使金属壁温低，工作可靠。这种布置型式的缺点是水平式对流受热面的支承或悬吊结构复杂，工艺要求较高。

（二）蒸发设备

蒸发设备是锅炉的重要组成部分，其作用是吸收炉内燃料燃烧放出的热量，把锅水转变成饱和蒸汽。图 9-5 是自然循环蒸发设备示意图。

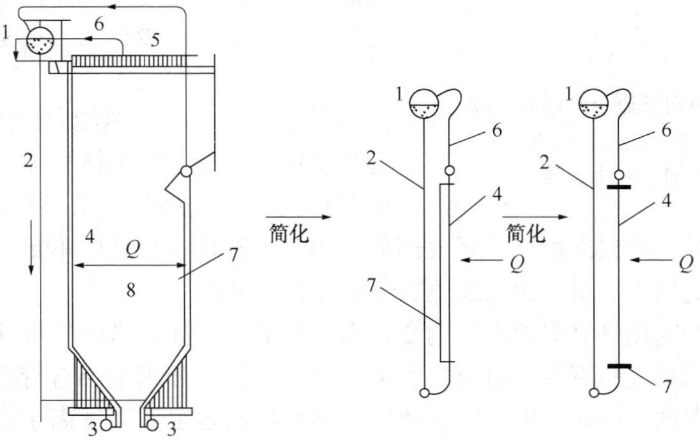

图 9-5 自然循环蒸发设备示意图

1—汽包；2—下降管；3—下联箱；4—水冷壁；5—上联箱；6—导气管；7—炉墙；8—炉膛

自然循环锅炉的蒸发设备由汽包、下降管、水冷壁、联箱及其连接管道等组成，汽包、下降管、联箱及其连接管道等都位于炉外不受热。水冷壁布置在炉膛四壁，炉膛高温火焰对其辐射传热。给水通过省煤器加热后送入汽包，在汽包内保持一定的水位；汽包内的水通过下降管、下联箱送入水冷壁，水在水冷壁内受热达到饱和之后，继续受热使水部分转变成饱和蒸汽，形成汽水混合物。这样，由于水冷壁内汽水混合物的密度小于下降管内水的密度，它们的密度差使蒸发设备内的工质依次沿着由汽包、下降管、下联箱、水冷壁管、上联箱、汽水引出管、汽包构成的路线循环流动，所以称为自然循环。由水冷壁管进入汽包的汽水混合物在汽包内靠汽水密度差及汽水分离装置的作用进行汽水分离。分离出的饱和蒸汽由汽包顶部引出直接进入过热器进行过热，分离出的饱和水则回到汽包水空间与给水混合后进入下降管继续循环。

汽包是锅炉的重要蒸发设备，是由钢板制成的长圆筒形容器，筒身是由钢板卷制焊接而成；封头由钢板模压制成，焊接于筒身。在汽包上开有很多管孔，并焊上称作管座的短管，通过对焊，可分别连接给水管、下降管、汽水混合物引入管、蒸汽引出管，以及连续排污管、给水再循环管、加药管和事故放水管等，还有一些连接仪表和自动装置的管座。汽包不受火焰和烟气的直接加热，并具有良好保护。

汽包在汽包锅炉中具有很重要的作用，主要体现在以下几个方面。

① 是加热、蒸发、过热三个过程的连接枢纽和大致分界点。

如图 9-6 所示，省煤器出口与汽包连接；水冷壁、下降管分别连接于汽包，形成了自

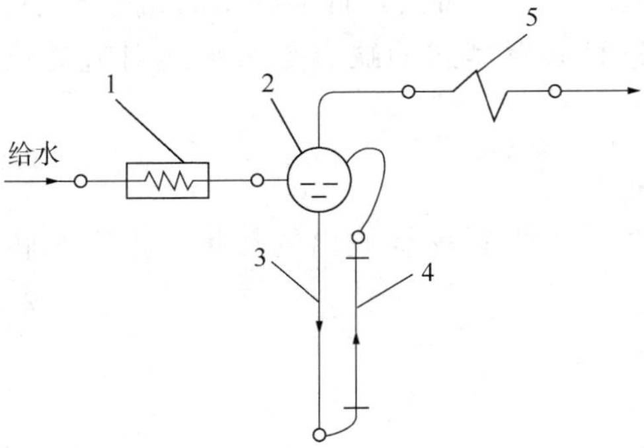

图 9-6 受热面管道与汽包的连接
1—省煤器；2—汽包；3—下降管；
4—水冷壁；5—过热器

然循环回路；汽包出口与过热器连接。汽包成为省煤器、水冷壁、过热器的连接中心。给水在省煤器中预热后送入汽包；锅水经自然循环在水冷壁下部的某一部位开始蒸发，形成的汽水混合物在汽包内分离出饱和蒸汽；饱和蒸汽进入过热器进行过热，且在任何工况下过热器进口始终是饱和蒸汽。所以汽包是汽包锅炉内工质加热、蒸发、过热三个过程的连接枢纽，也是这三个过程的分界点。

② 具有一定的蓄热能力，能较快地适应外界负荷变化。汽包是一个体积庞大的金属部件，其中存有大量的蒸汽和锅水，具有一定的蓄热量。当锅炉负荷变化时，汽包通过自发释放部分蓄热量弥补输入热量的不足，或通过增加部分蓄热量吸收多余的输入热量，快速地适应外界负荷的需要。

锅炉蓄热量的变化是靠锅炉汽压的变化来实现的。例如，当外界负荷增加而燃烧未能及时跟上时，则锅炉汽压下降，对应饱和温度也下降，部分锅水会自行汽化，水温降到对应压力下的饱和温度；同时，由于锅水温度下降而使汽包金属温度高于锅水温度，金属的部分蓄热向锅水释放，进一步使锅水汽化。产生的蒸汽可以弥补炉膛蒸发量的不足，缓解压力的下降速度。

③ 内部装置可以提高蒸汽品质。由水冷壁进入汽包的汽水混合物，利用汽包内部的蒸汽空间和汽水分离元件进行汽水分离，降低离开汽包的饱和蒸汽中的水分。超高压以上的锅炉汽包内有时还装有蒸汽清洗装置，利用给水清洗蒸汽，减少蒸汽直接溶解的盐分。此外，布置在汽包内的锅内加药、排污装置通过控制锅水含盐量来提高蒸汽品质。

④ 外接附件保证锅炉工作安全。汽包外接有压力表、水位计、安全阀等附件，汽包内还布置了事故放水管等，用来保证锅炉的安全运行。

水冷壁是蒸发设备中唯一的受热面，它是由连续排列的管子组成的辐射传热平面，紧贴炉墙形成炉膛周壁。大容量的锅炉有的将部分水冷壁布置在炉膛中间，两面分别吸收烟气的辐射热，形成所谓的双面曝光水冷壁。水冷壁管进口由联箱连接，出口可以由联箱连接再通过导汽管接于汽包，也可以直接连接于汽包。

一台锅炉的水冷壁管子的数量少则几百根，多则上千根。为了便于安装，水冷壁管进出口通过与上下联箱连接组合成多个水冷管屏组合件。由于水冷壁是一个庞大的组合体，要承担锅炉很大一部分热负荷，因此，必须解决其热膨胀问题。水冷壁一般是上部固定，下部能自由膨胀，上联箱固定在支架上，下联箱则由水冷壁管悬挂着，水冷壁管自身吊拉件限制其水平方向移动，以免引起其结构变形，但要保证水冷壁能上下滑动。

（三）空气预热器

空气预热器是锅炉烟气流程中的最后一个受热面，其任务是利用锅炉尾部烟气的热量加热燃料燃烧所需的空气。空气预热器对锅炉的作用体现在以下几个方面：

① 进一步降低排烟温度，提高锅炉效率，节省燃料。计算表明，排烟温度每降低

15℃，可使锅炉热效率提高1%。

② 改善燃料的着火与燃烧条件，降低不完全燃烧热损失，进一步提高了锅炉热效率。

③ 节约金属用量，降低造价。由于炉膛温度提高，因而强化了炉内的辐射换热，在一定的蒸发量下，炉内水冷壁可以布置得少一些，这就节约了金属用量，降低了锅炉造价。

④ 改善引风机的工作条件。由于排烟温度降低，改善了引风机的工作条件，同时也降低了引风机电耗。

现代电站锅炉中，最常用的传热式空气预热器是管式空气预热器，蓄热式的是回转式空气预热器。另外，有一部分锅炉采用了热管式空气预热器。

空气预热器中烟气与空气流速都有一定的推荐范围，两者必须保持一定的比例关系。烟气流速主要是考虑因受热而磨损、积灰、传热和通风电耗的影响。在管式空气预热器中，由于烟气在管内是纵向冲刷管壁，磨损较小，烟速可适当提高，一般推荐烟气流速10~14m/s。空气在管外横向冲刷管束，传热效果较好，但流动阻力大，因此，应采用较低的空气流速。管式空气预热器的布置与空气流速、传热效果和流动阻力有很大关系，并且要适合于锅炉的整体布置。其典型布置方式如图9-7所示。

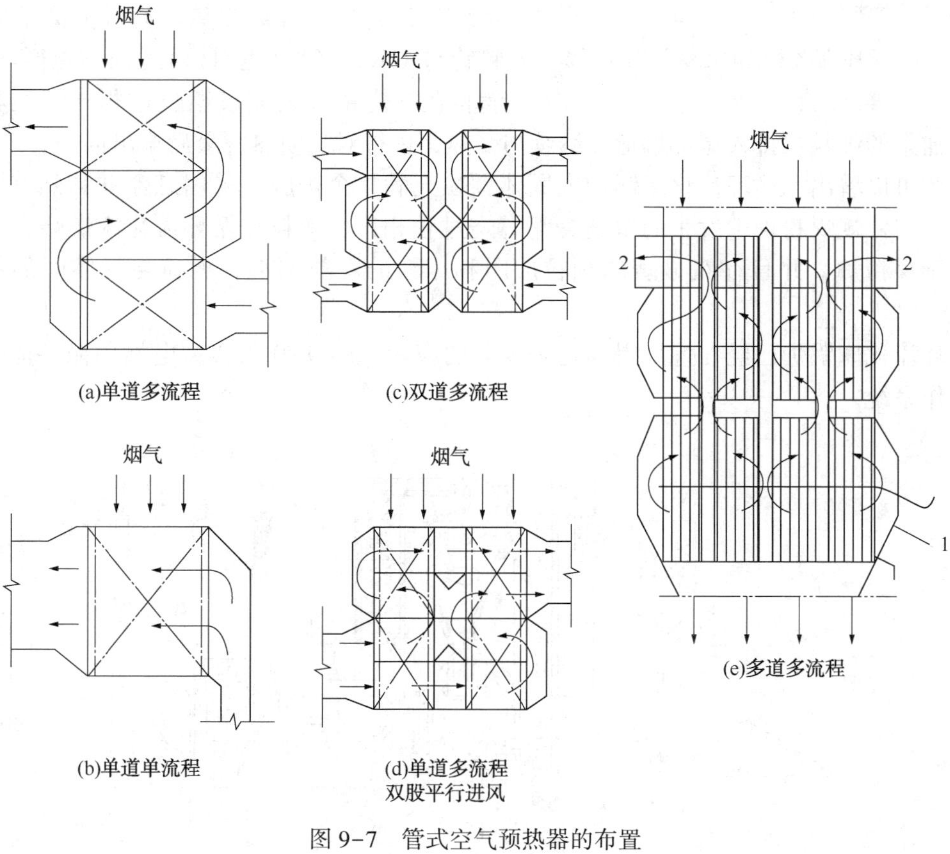

图9-7 管式空气预热器的布置

1—空气进口；2—空气出口

如图9-7(a)所示为单道多流程。当受热面积不变时，流程数越多，空气流速越大，同时因空气与烟气的交叉次数增多，越接近于逆流传热，可以得到较大的传热温差，但也会造成流动阻力增大。图 9-7(b)所示为一单道单流程，此种布置方式简单，烟气与空气一次交叉流动，空气通道截面大，流动阻力小，但传热温差小。在大型锅炉中，为了得到较大的传热温差，又不使空气流速过大，可采用双道多流程，如图 9-7(c)所示，或采用单道多流程双股平行进风，甚至是多道多流程，如图 9-7(d)、(e)所示。通道数越多，空气的流通截面积就越大，空气流速就越可降低。如果维持空气流速不变，可以降低每个通道的高度。

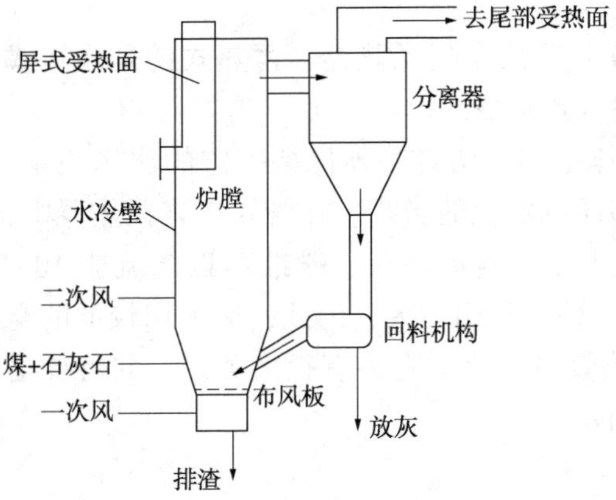

图 9-8 循环流化床锅炉燃烧与烟风系统

(四) 循环流化床锅炉的工作过程

循环流化床燃煤锅炉是基于循环流态化的原理组织煤的燃烧过程，以携带燃料的大量高温固体颗粒物料的循环燃烧为重要特征。图 9-8 是典型循环流化床锅炉燃烧与烟风系统示意图。

预热后的一次风(流化风)经风室由炉膛底部穿过布风板送入，使炉膛内的物料处于快速流化状态，燃料在充满整个炉膛的惰性床料中燃烧。较细小的颗粒被气流夹带飞出炉膛，并由飞灰分离装置分离收集，通过分离器下的回料管与飞灰回送器(返料器)送回炉膛循环燃烧；燃料在燃烧系统内完成燃烧过程。烟气和未被分离器捕集的细颗粒排入尾部烟道，继续与受热面进行对流换热，最后排出锅炉。

由此可以看出，循环流化床锅炉内固体颗粒充满整个炉膛，采用悬浮并强烈掺混的燃烧方式，与常规煤粉炉中发生的单纯悬浮燃烧过程相比，颗粒在循环流化床燃烧室内的浓度远大于煤粉炉，并且存在显著的颗粒成团和床料的颗粒回混，颗粒与气体间的相对速度大。

循环流化床锅炉已经在炼厂得到越来越多的应用，图 9-9 为典型电站用循环流化床锅炉的工作系统。

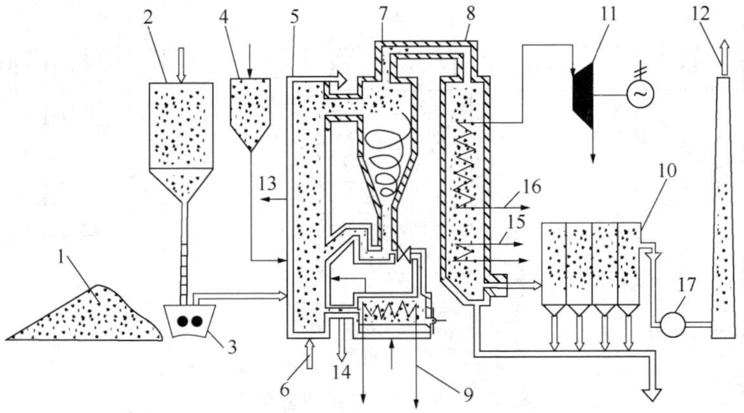

图 9-9 典型电站用循环流化床锅炉的工作系统

1—煤场；2—燃料仓；3—燃料破碎机；4—石灰石仓；5—水冷壁；6—布风板下的空气入口；7—旋风分离器；8—锅炉尾部烟道；9—外置式换热器的被加热工质入口；10—布袋除尘器；11—汽轮机；12—烟囱；13—二次风入口；14—排渣管；15—省煤器；16—过热器；17—引风机

其基本工作过程如下：煤由煤场经抓斗和运煤皮带等传输设备送入煤仓，然后由煤仓进入破碎机被破碎成粒径小于 10mm 的煤粒后送入炉膛。与此同时，用于燃烧脱硫的脱硫剂——石灰石也由石灰石仓送入炉膛，参与煤粒燃烧反应。此后，随烟气流出炉膛的大量颗粒在旋风分离器中与烟气分离。分离出来的颗粒可以直接回到炉膛，也可经外置式换热器再进入炉膛参与燃烧过程。由旋风分离器分离出来的烟气则被引入锅炉尾部烟道，对布置在尾部烟道中的过热器、省煤器和空气顶热器中的工质进行加热，从空气预热器出口流出的烟气经布袋除尘器除尘后，由引风机排入烟囱，排向大气。

在汽水系统方面，循环流化床锅炉和煤粉炉基本相似。给水由给水泵压入省煤器，吸热后流入汽包，经下降管和下联箱汇集，重新分配给布置在炉膛四周的水冷壁管中。工质在水冷壁管中吸热汽化后再返回汽包，在汽包内进行汽水分离，饱和蒸汽流入位于对流烟道的过热器，并在其中进一步被烟气加热到规定的温度和压力的过热蒸汽。随后，过热蒸汽流入汽轮机，推动汽轮机转动，并带动同轴的发电机组发电。

（五）锅炉热平衡

锅炉热平衡是指在稳定运行状态下，锅炉输入热量与输出热量及各项热损失之和的热量平衡。热平衡是以 1kg 固体或液体燃料，或 0℃、0.1MPa 的 $1m^3$ 气体燃料为基础进行计算的。通过热平衡可知锅炉的有效利用热量、各项热损失，从而计算锅炉效率和燃料消耗量，以检查锅炉的设计和运行水平，分析产生热损失的主要原因，及时调整、改进，提高效率。

从能量守恒的角度考虑，对整个锅炉机组而言，输入锅炉的热量应等于输出锅炉的热量，写成数学表达式如下：

$$Q_r = Q_1 + Q_2 + Q_3 + Q_4 + Q_5 + Q_6$$

式中　Q_r——锅炉输入热量，kJ/kg；

Q_1——锅炉有效利用的热量，kJ/kg；

Q_2——排烟热损失，kJ/kg；

Q_3——气体不完全燃烧热损失，kJ/kg；

Q_4——固体不完全燃烧热损失，kJ/kg；

Q_5——锅炉散热损失，kJ/kg；

Q_6——其他热损失，kJ/kg。

将上式用方程右侧各项热量占输入热量的百分数来表示，则为：

$$100 = q_1 + q_2 + q_3 + q_4 + q_5 + q_6$$

$$q_1 = \frac{Q_1}{Q_r} \times 100$$

$$q_2 = \frac{Q_2}{Q_r} \times 100$$

…………

1kg 燃料输入锅炉的热量、锅炉有效利用热量和各项热损失热量之间的平衡关系也可用图 9-10 来表示。图中热空气带入炉内的热量来自锅炉本身，是一股循环热量，故在热平衡中不予考虑。

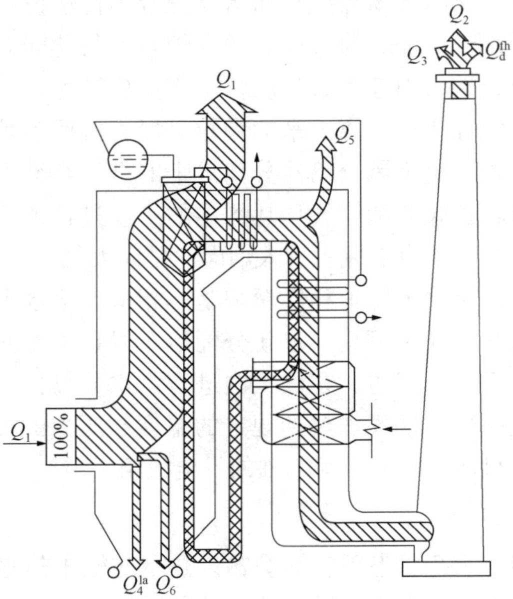

图 9-10 锅炉热平衡示意图

锅炉有效利用热指水和蒸汽流经各受热面时吸收的热量。空气在空气预热器吸热后又回到炉膛，这部分热量属锅炉内部热量，不应计入。锅炉有效利用热 Q 为：

$$Q=[D_{gr}(h_{gr}-h_{gs})+D_{zz}(h''_{zr}-h'_{zr})+D_{zy}(h_{zy}-h_{gs})+D_{pw}(h'-h_{gs})]$$

式中 D_{gr}、D_{zz}、D_{zy}、D_{pw}——过热蒸汽量、再热蒸汽量、自用蒸汽量和排污量，kg/s；

h''_{gr}、h'_{gr}、h''_{zr}、h'_{zr}、h'、h_{gs}、h_{zy}——过热蒸汽出口焓、过热蒸汽入口焓、再热蒸汽出口焓、再热蒸汽入口焓、饱和水焓、给水焓和自用蒸汽焓，kJ/kg。

排烟热损失(q_2)是由于排出锅炉时的烟气焓高于进入锅炉时的空气焓而造成的热损失，也是煤粉炉中热损失中最主要的一项，对大中型锅炉，约为4%~8%。排烟热损失的计算公式如下：

$$q_2=\frac{Q_2}{Q_r}\times100=\frac{(H_{py}\quad \alpha_{py}H_{lk}^0)(100-q_4)}{Q_r}$$

$$\alpha_{py}=\alpha''_1-\sum\Delta\alpha$$

式中 H_{py}——排烟焓，kJ/kg；

H_{lk}^0——进入锅炉的冷空气焓，按冷空气温度 $t_{lk}=30$℃计算，kJ/kg；

α_{py}——排烟处的过量空气系数。

气体不完全燃烧热损失(q_3)是指由于 CO、H_2、CH_4 等可燃气体未燃烧放热就随烟气离开锅炉排入大气而造成的热损失，也称化学不完全燃烧损失。在锅炉运行中可用下式计算：

$$q_3=\frac{C_{ar}+0.375S_{ar}}{Q_r}\times\frac{236CO+201.5H_2+668CH_4}{RO_2-CO+CH_4}\times\frac{100-q_4}{100}\times100$$

式中 CO、H_2、CH_4——干烟气中一氧化碳、氢气、甲烷的容积分数，可从烟气分析

测得,%;

RO_2——干烟气中三原子气体容积分数,%。

固体不完全燃烧热损失是指燃料中，未燃烧或未燃尽碳造成的热损失，这些碳残留在灰渣中，也称为机械未完全燃烧热损失。对不同燃烧方式，燃料燃烧生成不同形式的灰渣，固体不完全燃烧热损失 q_4 的计算公式如下。

对于煤粉炉：

$$q_4=\left(a_{lb}\frac{C_{lh}}{100-C_{lh}}+a_{yh}\frac{C_{yh}}{100-C_{yh}}+a_{fb}\frac{C_{lh}}{100-C_{fh}}\right)\frac{32700A_{ar}}{Q_r}$$

$$a_{lh}+a_{yh}+a_{fh}=1$$

对于流化床锅炉：

$$q_4=\left(a_{yl}\frac{C_{yl}}{100-C_{yl}}+a_{lh}\frac{C_{lh}}{100-C_{lh}}+a_{yh}\frac{C_{yh}}{100-C_{yb}}+a_{fh}\frac{C_{fh}}{100-C_{fh}}\right)\frac{32700A_{ar}}{Q_r}$$

$$a_{yl}+a_{lh}+a_{yh}+a_{fh}=1$$

式中　a_{lz}、a_{lm}、a_{yh}、a_{fb}、a_{yl}、a_{lh}——炉渣、漏煤、烟道灰、飞灰、溢流灰、冷灰或冷炉斗灰渣中的灰量占入炉燃料总灰分的质量份额,%;

C_{lz}、C_{lm}、C_{yh}、C_{fh}、C_{yl}、C_{lh}——炉渣、漏煤、烟道灰、飞灰、溢流灰、冷灰或冷炉斗灰渣中可燃物含量的质量百分数,%;

32700——每千克纯碳的发热量，kJ/kg。

散热损失(q_5)是由于锅炉炉墙、汽包、联箱、汽水管道、烟风管道的温度高于环境温度而散失的热量。在锅炉额定蒸发量时的散热损失 $q_{5,ed}$ 可按下式计算：

$$q_{5,ed}=5.82(D_{ed})^{0.38}$$

当锅炉在其他蒸发量运行时，应换算成实际散热损失 q_5：

$$q_5=q_{5,ed}\frac{D_{ed}}{D}$$

式中　D_{ed}、D——额定蒸发量和实际蒸发量，kg/s;

$q_{5,ed}$——额定蒸发量时的散热损失,%。

锅炉其他热损失(q_6)是指除了上述损失外主要还有灰渣物理热损失 q_6^{hz} 和由于某些部件位(尾部受热面的支撑梁等)需用水和空气冷却，而水和空气吸收的热量又不能送回锅炉系统中应用时，就造成冷却热损失 q_6^{lq}。

以上五项热损失可分成两类：q_2、q_5、q_6 表示燃料燃烧放出的热量中以各种形式逸离锅炉而造成的损失；q_3 和 q_4 则表示进入锅炉的燃料因没有燃烧、放出热量而造成的损失，反映燃烧的完全程度，通常用燃烧效率 η_r 来表示：

$$\eta_r=100-(q_3+q_4)$$

锅炉效率即为锅炉的有效利用热与锅炉送入热量之比，即：

$$\eta=\frac{Q_1}{Q_r}\times100$$

上述计算热效率的方法称为正平衡法。在锅炉设计或热效率试验时常用反平衡法，即求出各项热损失后，用下式求得 η：

$$\eta=100-(q_2+q_3+q_4+q_5+q_6)$$

二、主蒸汽系统

（一）蒸汽等级

1. 高压及超高压级

压力范围一般为6.74~13.7MPa，相应的过热温度为441~530℃，这种高参数的蒸汽作为一次蒸汽，送入工业装置，例如大型石油化工装置(如300kt/a乙烯及以上)、大型合成氨装置(300kt/a合成氨及以上)，以及其他大型工业联合企业的高压蒸汽母管，然后通过蒸汽透平(背压或抽汽凝汽式透平)驱动各类压缩机或发电机，其排汽(或抽汽)进入中压母管。

2. 中压及次高压级

压力范围一般为3.67~6.73MPa，相应的过热温度为350~485℃。在大型工业联合企业、大型化工及石油化工企业，该级蒸汽一般置于二级蒸汽母管，其汽源来自高参数蒸汽透平的抽排汽，少部分来自相应级别的开工锅炉和余热锅炉。对于中型企业，该级蒸汽可作为第一级母管，其汽源来自中压或次高压蒸汽锅炉及相应级别的余热锅炉。主要用作驱动各类压缩机、泵、风机、发电机用中压蒸汽透平、参与化学反应、加热及其他用途的汽源。

3. 低压及次中压级

压力范围一般为0.35~2.5MPa，相应的温度范围为200~400℃。该级蒸汽在大型企业置于第三级母管，中型企业置于第二级母管，小型企业可置于一级母管。其汽源来自中压蒸汽透平的抽排汽、低压或次中压锅炉产汽。主要用于加热工件、干燥成品及半成品，加热各种工艺介质，热力除氧、参与化学反应，蒸馏、低压透平供汽、生活用汽和蒸汽透平的回注蒸汽。

（二）蒸汽系统组成

蒸汽系统一般由热能动力的生产、分配、转换、回收和水的净化等部分组成，包括：锅护、燃气轮机、余热锅护、蒸汽分配及平衡设施，工业汽轮机及发电汽轮机、各种热用户、补充水、回收凝结水、给水除氧及分配等装置。

1. 蒸汽发生装置

(1) 燃料锅炉

包括供热锅护、电站锅炉、开工锅炉、辅助锅炉和蒸汽过热炉等。

(2) 余热锅炉

利用工业生产过程中所产生的热量、燃气透平及其他排气的热量，或工业生产过程中的废气和废物料燃烧热量等生产蒸汽。

(3) 闪蒸扩容器

各种压力的蒸汽凝结水、锅炉排污水等在闪蒸扩容器中降压闪蒸后形成的二次蒸汽，经过分离装置进入次一级的蒸汽母管。

2. 蒸汽用户

(1) 耗汽户

蒸汽经使用后仅发生状态变化，包括可回收及不能回收蒸汽凝结水的用户。

① 工艺生产过程反应用汽。蒸汽被用作化工原料参加化学反应，生成半成品或成品，如合成氨生产中的原料气生产用汽、乙烯生产中的烃类裂解用稀释蒸汽等。

② 真空喷射及雾化用汽。利用高速蒸汽流的动能，使喷射泵产生真空，抽吸其他气体或雾化其他液体和吹扫设备、管道等。

③ 密封及消防用汽。包括转动设备的轴封用汽、隔离空气(消防)用汽等。

④ 直接加热用汽。包括各种混合式加热器(如除氧器等)用汽等。

⑤ 间接加热器用汽。包括回热加热器、空气预热器(暖风器)、蒸发器、油加热器、伴管及夹套保温用汽等。

⑥ 凝汽器。凝汽式汽轮机或抽汽凝汽式汽轮机的排汽冷凝器，大量低压蒸汽，在真空条件下凝结成水，是蒸汽动力循环中汽源损失最大的部位。

⑦ 采暖及生活用汽。

⑧ 向系统外供出蒸汽。

⑨ 系统散热损失。

(2) 用汽户

蒸汽经使用后，仍能以气态形式返回系统的设备，如背压或抽汽背压式汽轮机、抽汽凝汽式汽轮机的抽汽部分和蒸汽蓄热器等。

3. 给水装置

(1) 给水加热装置

在发电厂，给水预热均采用传统的回热加热系统；而在化工厂或其他工业企业，有可能利用工厂余热加热给水，使相应的蒸汽系统得到简化。工厂中可利用的各种低温热源较多，因此，给水预热可分为进除氧器之前的脱盐水预热和除氧后的给水加热。为充分利用化工及石油化工企业工艺余热，需要做多种方案进行优选，以达到最好的节能效果。

(2) 常温除氧装置

为了回收低温位余热，同时又不腐蚀管道，宜采用真空除氧及树脂除氧设备。

(3) 给水、炉水加药装置

为了防止给水腐蚀管道及设备，保持给水的pH值大于8，常在给水泵入口加入浓度0.5%~5%的氨水。同样，为了维持炉水的pH=10~11，常加入磷酸盐，如$Na_3PO_4 \cdot 12H_2O$、$Na_2HPO_4 \cdot 12H_2O$、$NaH_2PO_4 \cdot H_2O$等；或当炉水相对碱度太高时，需加入$NaNO_2$、Na_2SO_3。加药量由给水及炉水的水质控制指标确定。

4. 辅助装置

(1) 凝结水、排污水的回收装置

为回收蒸汽凝结水和锅炉排污水的热量，通常采取多级闪蒸的办法回收二次蒸汽，闪蒸后的水经进一步冷却后回到凝结水处理系统或排入地沟。其显热可用于加热脱盐水或生活用水。

(2) 疏水装置

蒸汽系统输汽管网及热力设备，在正常运行及停车期间，由于散热损失及水雾的蒸汽夹带，在系统中必然会产生一定数量的凝结水，为此，必须考虑装设疏水装置，并对疏水进行回收利用或排放。

5. 平衡装置

（1）配汽装置

系统中生产的蒸汽，依靠各级母管、支管、配汽站和分汽缸等配汽装置分送到各个不同的用户。

（2）减压装置

在汽源压力高于用户要求压力的供汽管、汽轮机排汽备用旁路及高压级母管向次压级母管的排汽管上均需装设减压装置。对于事故备用的减压装置，应具备自动、快速投入等特性。

（3）减温装置

当供汽温度高于用汽温度要求时，常采用除氧水减温。

（4）安全装置

为防止设备、管道、阀门等发生超压事故，在系统的各级母管及主要设备本体上应装设重锤式或弹簧式安全阀、放空阀或减压阀等，为稳定母管操作压力，同时应装设以母管操作压力为控制信号的调节阀。各阀门的开启压力设定值一般应为调压阀<减压阀<放空阀<母管安全阀<设备安全阀，表9-1、表9-2可供参考。

表9-1 蒸汽母管放空阀、安全阀的开启压力 MPa

母管设计压力 P	放空阀开启压力 P_1	安全阀开启压力 P_{max}
<1.3	P+0.02	P+0.04
1.3~3.82	1.04P	1.06P
>3.82	1.05P	1.08P

表9-2 三级母管中各阀开启压力的典型设定值 kPa

项目名称	母管压力		
	352	1055	4219
透平壳体安全阀开启压力	703	1301	无
母管安全阀开启压力	563	1230	5026
放空阀开启压力	422		4570
减压阀开启压力	373	1000	4323
允许的管道损失	35	56	211
用户处的压力	338	1033	4113

（5）放空设施

为控制各级母管压力，常在母管上装设自动放空阀。因压差较大，阀门容易损坏，高压母管只在试车或开车过程中使用此阀。中压母管一般不直接自动放空，而是经减压阀排到低压母管后再放空或排入余汽冷凝器。放空阀后一般装设消音器，放空管流速不宜过大，以避免产生过大的背压，影响阀门的正常开启和排放量。

（三）主蒸汽管道系统的形式与应用

锅炉与汽轮机之间连接的蒸汽管道及由母管与通往各用汽处的蒸汽支管（对工业锅炉来

说是锅炉与分汽缸之间相连接蒸汽管道)，一般均称为热电厂或锅炉房的主蒸汽管道系统。

常用的主蒸汽管道系统形式有：集中母管制、切换母管制、单元制和扩大单元制。

(1) 集中母管制系统

即所有锅炉产生的蒸汽(同参数)先引往一根蒸汽母管，再由母管引往汽轮机(或分汽缸)及各用汽处，见图 9-11。

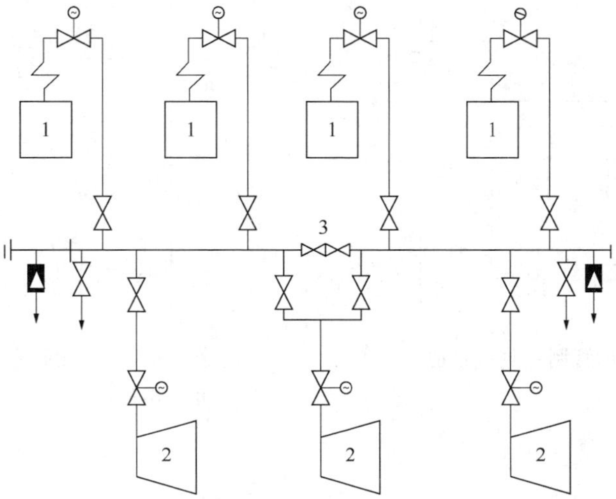

图 9-11　集中母管制主蒸汽管道系统

1—锅炉；2—汽轮发电机；3—分段阀

为保证系统安全可靠，一般要将母管分段。分段阀门为两个串联的切断阀，以确保隔离，并便于分段阀门本身的检修。正常运行时，分段阀门处于开启状态。出现事故或分段检修时，虽有一个区段不能运行，但另一区段的锅炉和汽轮机等仍能运行。这种系统通常适用于锅炉和汽轮机台数与容量不匹配或参数低、机组容量小的热电站。

(2) 切换母管制系统

把每台锅炉与相对应的汽轮机组成一个单元，各单元之间用母管将其连接起来，在每一单元与母管相连处装设三个切换阀门。这种机炉系统既可按单元运行，也可切换到母管从邻炉取得蒸汽，见图 9-12。

切换母管制的主要优点是：系统灵活、可靠，相邻两单元之间可以相互调节，有利于负荷分配，广泛使用于供热发电机组。主要缺点是：系统较复杂，阀门较多，事故隐患增加。

为便于母管检修或扩建，也可用两个串联的关断阀分段。母管管径一般按通过一台锅炉蒸发量来确定。正常运行时，母管应处在热备用状态，并要设置经常疏水点。

(3) 单元制系统

在热电站设计中，将每台或每两台锅炉直接向所配合的一台汽轮机供汽，组成一个单元，各单元之间无横向联系的母管。各单元需要新蒸汽的各种辅助设备的用汽支管分别与各单元的蒸汽总管相连，见图 9-13。

这种系统主要优点是：系统简单，管道短，管道附件少，系统事故少，投资省，便于集中控制。其缺点是：灵活性差。一般适用于大型发电站。

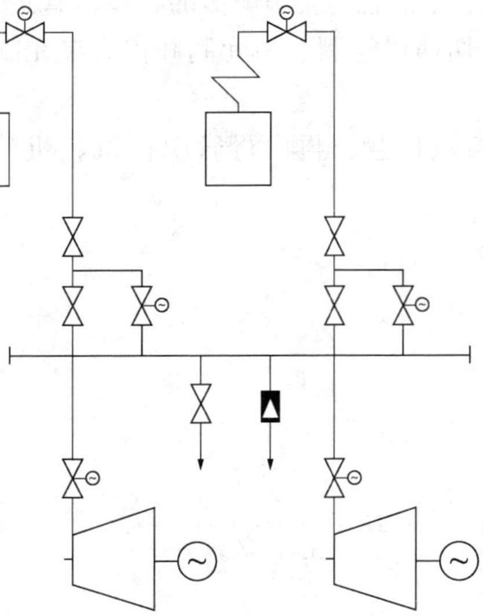

图 9-12 切换母管制主蒸汽管道

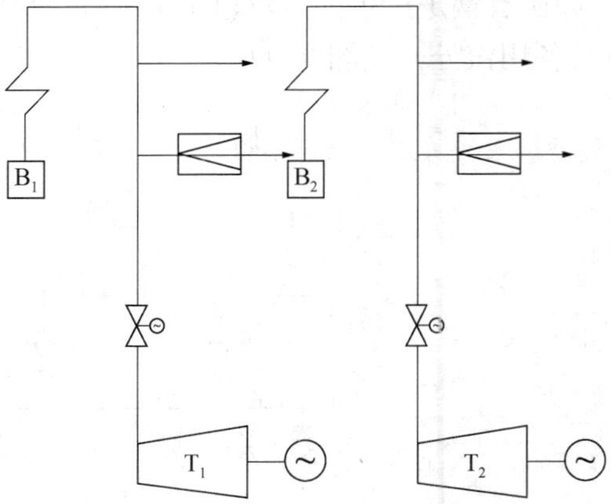

图 9-13 单元制主蒸汽管道系统

B_1、B_2—锅炉；T_1、T_2—汽轮发电机

三、汽轮机

汽轮机是以蒸汽为工质的旋转式热能动力机械，与其他原动机相比，它具有单机功率大、效率较高、运转平稳和使用寿命长等优点。

汽轮机能变速运行，可用来直接驱动各种泵、风机、压缩机和船舶螺旋桨等。汽轮机的排汽或中间抽汽还可用来满足生产和生活上的供热需要。在生产过程中有余能、余热的工厂企业中，还可应用各种类型的工业汽轮机(包括发电、热电联供、驱动动力用)，使不同品位的热能得以合理有效地利用。

按热力特性不同，汽轮机可以分为以下类型：

(1) 凝汽式汽轮机

汽轮机的排汽在低于大气压力的真空状态下进入凝汽器凝结成水，若将蒸汽在汽轮机某级后引出再次加热，然后再返回汽轮机继续膨胀做功，这就是中间再热凝汽式汽轮机。

(2) 背压式汽轮机

汽轮机的排汽压力高于大气压力，排汽直接供热给用户使用，而不进入凝汽器。当排汽作为其他中、低压汽轮机的工作蒸汽时，又称前置式汽轮机。

(3) 抽汽式汽轮机

从汽轮机中间某级后抽出一定参数、流量的蒸汽对外供热，汽轮机的排汽仍进入凝汽器。根据供热需求，可分为一次调整抽汽式和两次调整抽汽式汽轮机。

(4) 抽汽背压式汽轮机

具有调整抽汽的背压式汽轮机，调整抽汽和排汽都分别供热给用户。

(5) 多压式汽轮机

汽轮机的进汽不止一个参数，在汽轮机的某中间级前又引入其他来源的蒸汽，与原来的蒸汽混合共同膨胀做功。

在汽轮机中，冷源损失包括两部分，即理想情况下(汽轮机无内部损失)汽轮机排汽在凝汽器中的放热量；在汽轮机中蒸汽实际膨胀过程中存在着进汽节流、排汽及内部损失(包括漏汽、摩擦、湿汽等)，使蒸汽做功减少而导致的冷源损失。

汽轮机的内效率 η 表示汽轮机实际内功率与汽轮机热耗之比(即所做的功与耗用的热量之比)，其表达式为：

$$\eta_i=\frac{W_i}{Q_0}=\frac{1-\Delta Q_c}{Q_0}=\frac{W_1}{W_a}\cdot\frac{W_a}{Q_0}=\eta_n\eta_1$$

式中 Q_0——汽轮机汽耗为 D_0 时的热耗，kJ/h；

W_i——汽轮机汽耗为 D_0 时实际内功率，kJ/h；

W_a——汽轮机汽耗为 D_0 时理想内功率，kJ/h；

ΔQ_c——汽轮机冷源热损失，kJ/h；

η_1——循环的理想热效率,%；

η_n——汽轮机相对内效率,%。

随着技术的不断进步，炼厂对汽轮机的要求也越来越高，不仅要求汽轮机有更大的单机容量，而且要有更高的经济性。为提高汽轮机的经济性，除应努力减少汽轮机内的各种损失外，还应努力提高蒸汽的初参数和降低背压，以提高循环热效率。为提高汽轮机的单机功率，除应增大汽轮机的进汽量外，还应增大蒸汽在汽轮机内的比焓降。

(一) 回热循环及其热经济性

给水回热加热是指在汽轮机某些中间级抽出部分蒸汽，送入回热加热器对锅炉给水进行加热的过程；与之相应的热力循环叫回热循环，图 9-14 为某非再热机组回热系统图。

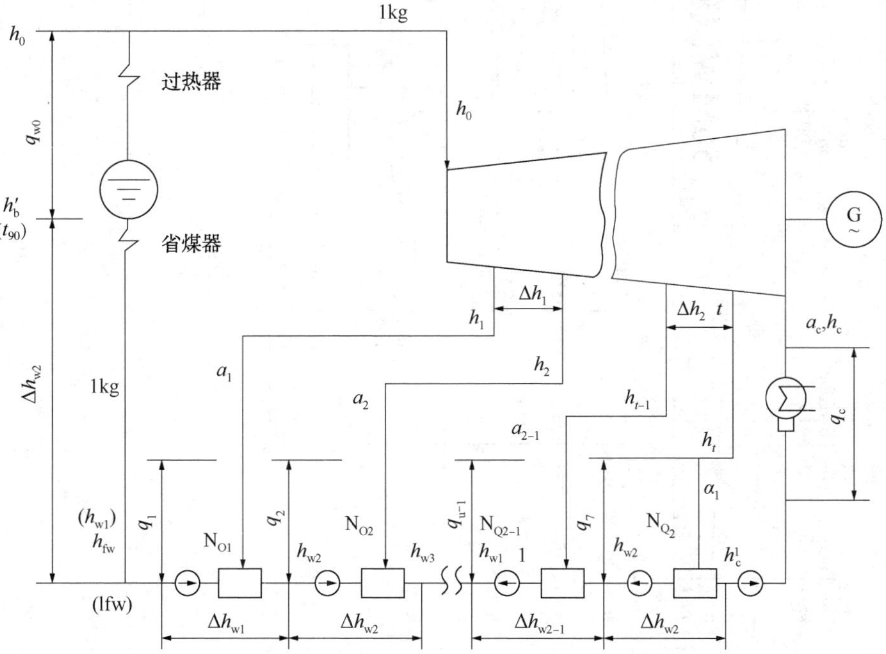

图 9-14 非再热机组全混合式加热器回热系统图

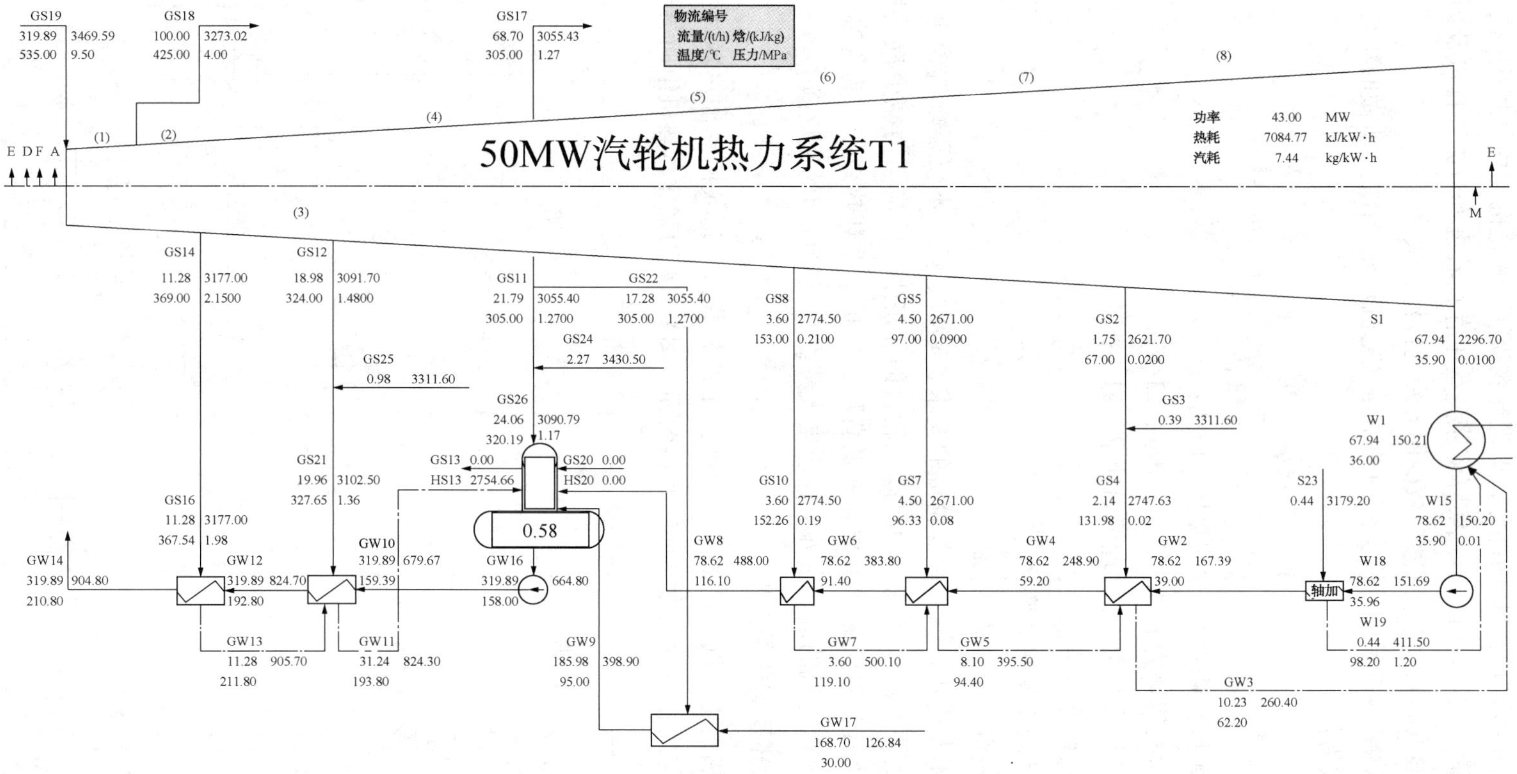

图9-15 某50MW汽轮机回热系统平衡图

给水回热加热的意义在于，一方面，回热使汽轮机进入凝汽器的凝汽量减少了，汽轮机冷源损失降低了；另一方面，回热提高了锅炉给水温度，使工质在锅炉内的平均吸热温度提高，使锅炉的传热温差降低。同时，汽轮机抽汽加热给水的传热温差比水在锅炉中利用烟气进行加热时温差小得多，因而做功能力的损失减小了。

给水温度的提高而使回热循环吸热过程平均温度提高了，所以理想循环热效率也增加了。因此在朗肯循环基础上采用回热循环，可以提高热电机组的热经济性。

回热循环是由回热加热器、回热抽汽管道、水管道、疏水管道等组成的一个加热系统，回热加热器是该系统的核心。按照加热器内部汽、水接触方式的不同，可分为混合式加热器与表面式加热器两类。前者的加热器内蒸汽与水直接接触，在此过程中蒸汽释放出热量，水吸收了大部分热量使温度得以升高，实现了热量传递，完成提高水温的过程。表面式加热器的蒸汽与水在加热器内通过金属管壁进行传热，通常水在管内流动，加热蒸汽在管外冲刷放热后凝结下来成为加热器的疏水。由于金属壁面热阻，管内流动的水在吸热升温后的出口温度比疏水温度要低，它们的差值称之为端差。

（二）蒸汽中间再热循环及其热经济性

蒸汽中间再热就是将汽轮机高压部分做过功的蒸汽从汽轮机某一中间级引出，送到锅炉的再热器再加热，提高温度后，又引回汽轮机，在以后的级中继续膨胀做功。与之相对应的循环称再热循环，如图 9-16 所示。

采用中间再热，可以降低汽轮机的排汽湿度，改善了汽轮机末几级叶片的工作条件，提高了汽轮机的相对内效率，同时由于蒸汽再热，使每千克工质的焓降增大，若汽轮发电机组输出功率不变，则可减少汽轮机总汽耗量。

根据加热介质的不同，再热方法有烟气中间再热、新蒸汽中间再热以及中间载热质中间再热等几种。图 9-17 是烟气再热示意图。

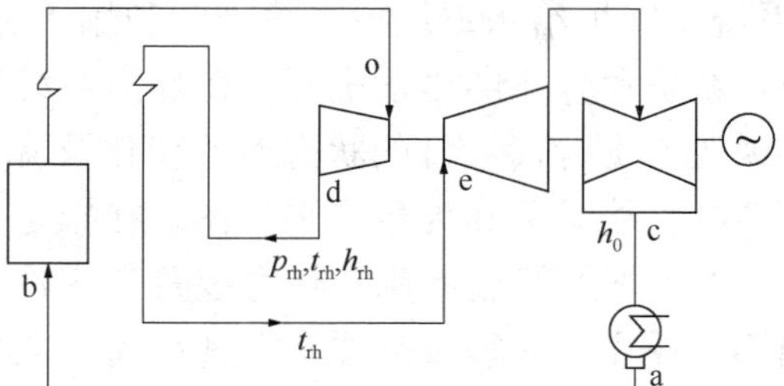

图 9-16　蒸汽中间再热系统

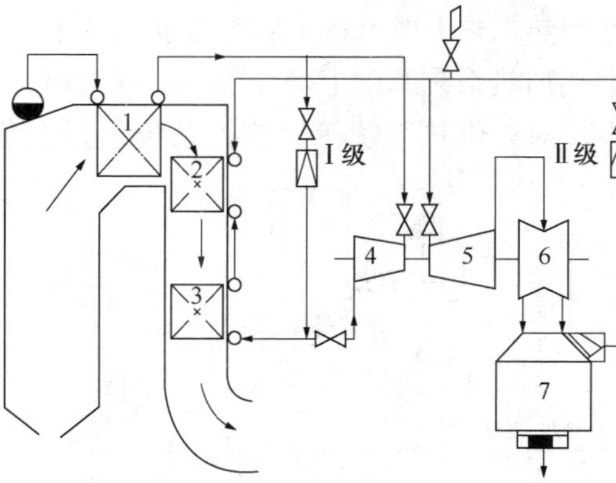

图 9-17　烟气再热系统

1—过热器；2—高温再热器；3—低温再热器；4—高压缸；5—中压缸；6—低压缸；7—凝汽器

烟气再热系统中，汽轮机中做过部分功的蒸汽，经冷段管道引至安装在锅炉烟道中的再热器中进行再加热，再热后的蒸汽经管道的热段送回汽轮机的中、低压缸中继续做功。这种再过热的方法，可使蒸汽温度加热到 550～600℃，因而在采用合理的中间再热压力和保证再热有很大的效果下，有可能使总的热经济性相对提高6%~8%。

（三）给水除氧及除氧器

锅炉给水主要由主凝结水及补充水组成。众所周知，水中经常含有大量溶解的气体，如氧气、二氧化碳等。这些气体的溶解度随温度升高而下降，温度愈高就愈容易直接和金属发生化学反应，使金属表面腐蚀。其中危害最大的是氧气，氧对钢铁构成的热力设备及管道会产生较强的氧腐蚀，而二氧化碳将加剧这种腐蚀。随着锅炉蒸汽参数的提高，对给水的品质要求愈高，尤其是对给水中溶解氧量的限制更严格。

通常所指的除氧器由除氧塔(除氧头)和给水箱两部分组成，给水除氧主要是在除氧塔中进行。根据除氧器内压力大小，可分为真空式、大气压式和高压除氧器等。

大气压式除氧器内的工作压力较大气压稍高(0.118MPa)，以便离析出的气体能在该压差的作用下自动排出除氧器。由于除氧器工作压力低，造价低，土建费用也低，适宜于中、低参数机组、补充水及生产返回水的除氧设备。

高压除氧器的工作压力大于0.343MPa，多应用在高参数机组。这是因为采用高压除氧器后，汽轮机相应抽汽口位置随压力提高而向前推移，可以减少造价昂贵、运行条件苛刻时的高压加热器台数，并且在高压加热器旁路时，仍然可以使给水有较高的温度，还容易避免除氧器的自生沸腾现象。提高压力也就提高相应的饱和水温度，使气体在水中的溶解度降低，对提高除氧效果更有利。

（四）热力系统

炼厂的蒸汽系统优化，应根据已知的热负荷及用汽参数，优化机、炉型式和容量，掌握热力机组的热力系统。

热电机组的热力系统一般是指将热力设备按照热力循环的顺序用管道和附件连接起来的一个有机整体。通常回热加热系统只局限在汽轮机组的范围内，而热电机组的热力系统则在回热加热系统基础上将范围扩大至整个机组。因此，热电机组的热力系统实际上就是在回热加热系统基础上增加了一些辅助热力系统，如锅炉连续排污利用系统，补充水系统，热电厂对外供热系统等。热力系统包括主蒸汽系统、锅炉给水系统、锅炉排污利用系统、补充水系统和对外供热系统等。在热力系统图中要说明工质(汽、水)的状态参数变化及流量平衡情况，故又称其为蒸汽平衡图。在拟定过程中，要根据外部热负荷及热力装置自用汽量列出不同季节(冬季及夏季)的热负荷、电负荷，进行全装置的汽水平衡和热平衡，得出不同季节的热平衡图。

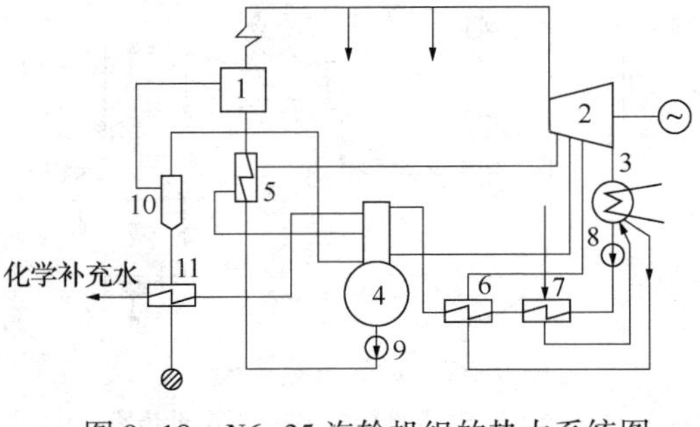

图9-18 N6-35汽轮机组的热力系统图
1—锅炉；2—汽轮机；3—凝汽器；4—除氧器；5—高压加热器；6—低压加热器；7—轴封加热器；8—凝结水泵；9—给水泵；10—排污扩容器；11—排污水冷却器

图9-18是N6-35汽轮机组的热力系统图，图中锅炉的蒸发量为35t/h，蒸汽压力为3.82MPa，温度为450℃。N6-35凝汽式汽轮机组有三级不调整抽汽，配一台低压加热器和一台高压加热器，经过排污冷却器预热的化学补

充水及高压加热器疏水，以及经过轴封加热器和低压加热器加热后的主凝结水进入除氧器，低压加热器和轴封加热器的疏水则进入凝汽器。

图 9-19 为国产 CC200-12.75/535/535 型双抽汽凝汽式机组热力系统。锅炉为自然循环汽包炉，采用两级连续排污扩容利用系统，其扩容蒸汽分别引入两级除氧器 HD 和 MD 中，其排污水经冷却器 BC 冷却后排入地沟。补充水进入大气压式除氧器 MD。汽轮机有八级回热抽汽，其中第三、六级为调整抽汽，其调压范围分别为 0.78～1.27MPa、0.118～0.29MPa。第三级抽汽一路供工艺热负荷 IIIS 直接供汽，回水通过回水泵 RP 进入主凝结水管混合器 M2；另一路供采暖系统中峰载加热器 PH 用汽，第六级抽汽除供 H5 用汽外，还作采暖系统的基载加热器用汽及大气压式除氧器 MD 的加热蒸汽。

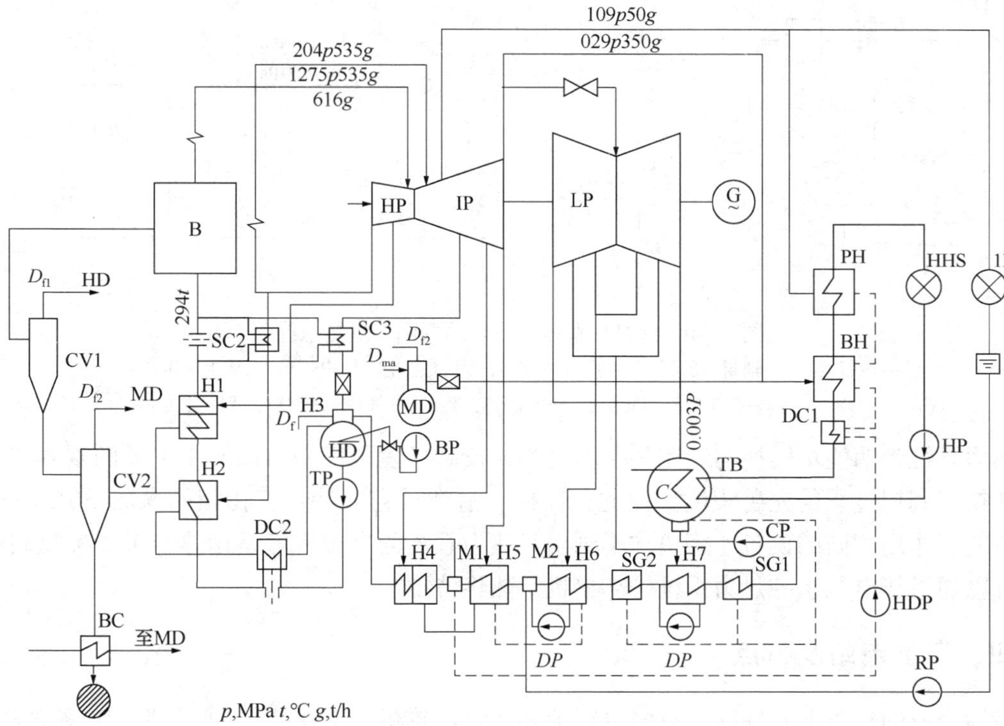

图 9-19　国产 CC200-12.75/535/535 型双抽汽凝汽式机组热力系统

采暖系统两级热网加热器 PH 和 BH 的疏水逐级自流经外置式疏水冷却器 DC1 后用 HDP 打入凝结水管上的混合器 M1。从用户返回的网水，先引至凝汽器内的加热管束 TB，将网水先加热再经 DC1 引至 BH、PH。第二、四级回热抽汽分别通过外置式蒸汽冷却器 SC2、SC3 后供高压加热器 H2 和高压除氧器 HD 用汽。H2 另设置一外置式疏水冷却器 DC2。图 9-19 中所示各点汽水参数的工况为最大工业抽汽量为 50t/h，采暖抽汽量为 350t/h，电功率 $P_e = 136.88$MW 时的数值，此工况下机组热耗率 $q = 4949.7$kJ/(kW·h)。夏季工况时，采暖热负荷为零，机组可凝汽运行带电负荷为 200MW，额定工况运行时，机组热耗率 $q = 8444.3$kJ/(kW·h)。

图 9-20 为 2 台 75t/h 炉和 2 台 6000kW 次高压背压机组热电站的供热系统图。热电站锅炉蒸发量为 75t/h，蒸汽压力为 5.3MPa，温度为 450℃，汽轮机为次高压抽气式背压机

组。额定功率为 6MW，进汽压力为 5.0MPa，抽汽压力为 1.8MPa，排汽压力为 0.6MPa，未设高低加热器，化学补水经轴封冷却器加热后进入除氧器。

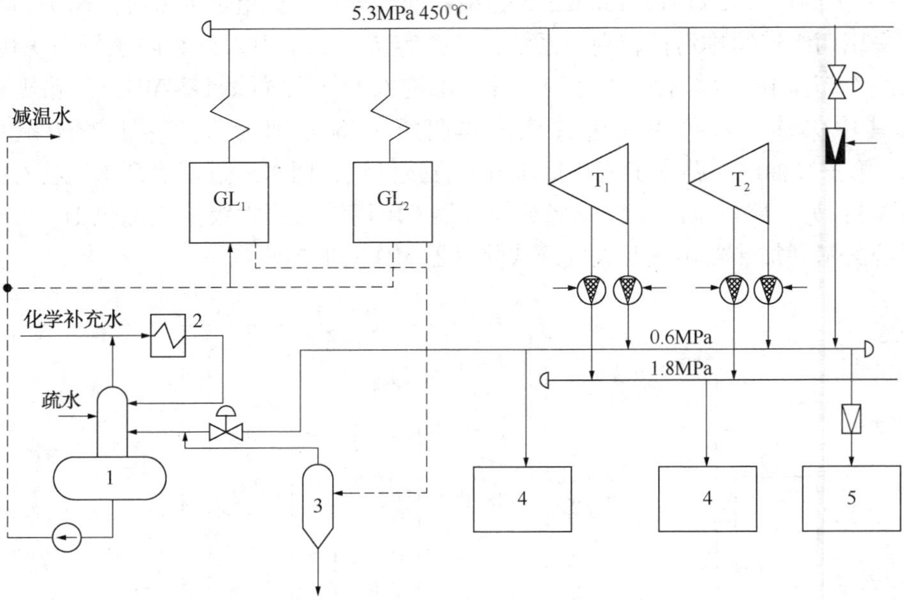

图 9-20 次高压背压式热电站原则性供热系统

1—除氧器；2—轴封冷凝器；3—排污扩容器；4—工业生产用户；5—采暖生活用户；

GL_1、GL_2—5.3MPa、450℃、75t/h 锅炉；T_1、T_2—CB6-50/18/6 背压机

热力系统表明能量转换与利用的基本过程，反映了发电厂动力循环中工质的基本流程、能量转换与利用过程的完善程度。因此，简捷、清晰是它的特点，在相同参数下凡是热力过程重复、作用相同的设备、管道均不画出。热力系统的完善程度是用热经济指标反映的，因此可以通过热电机组的热力系统计算出机组热经济指标。

四、自备电站及特点

炼油企业的自备电站往往具有多台锅炉和多台汽轮机，图 9-21 是某企业 1#电站的机炉配置情况。

该 1#装置有 0#～4#汽轮发电机组，0#机为 B25 背压式供热机组，1#～3#机为三台 C50 单抽供热机组，4#机为 CC50 双抽供热机组，设计装机容量为 225MW；设计低压汽供热能力为 800t/h、中压汽为 180t/h。其相关设计参数如表 9-3 所示。

表 9-3 1#热电装置汽轮机设计参数

序号	1#汽机	2#汽机	3#汽机	4#汽机
型号	C50-90/13-Ⅱ	C50-90/13-Ⅱ	C50-90/13-Ⅱ	CC50-8.83/4.12/1.47
主蒸汽温度/℃	535	535	535	535
主蒸汽压力/MPa	8.82	8.82	8.82	8.82±0.49
中压抽汽压力/MPa	—	—	—	4.12±0.2

续表

序号	1#汽机	2#汽机	3#汽机	4#汽机
低压抽汽压力/MPa	1.17±0.3	1.17±0.3	1.17±0.3	1.47±0.3
高压缸最高流量/(t/h)	370	370	370	410
中压缸最高流量/(t/h)	175	175	175	350
低压缸最高流量/(t/h)	149	149	149	150

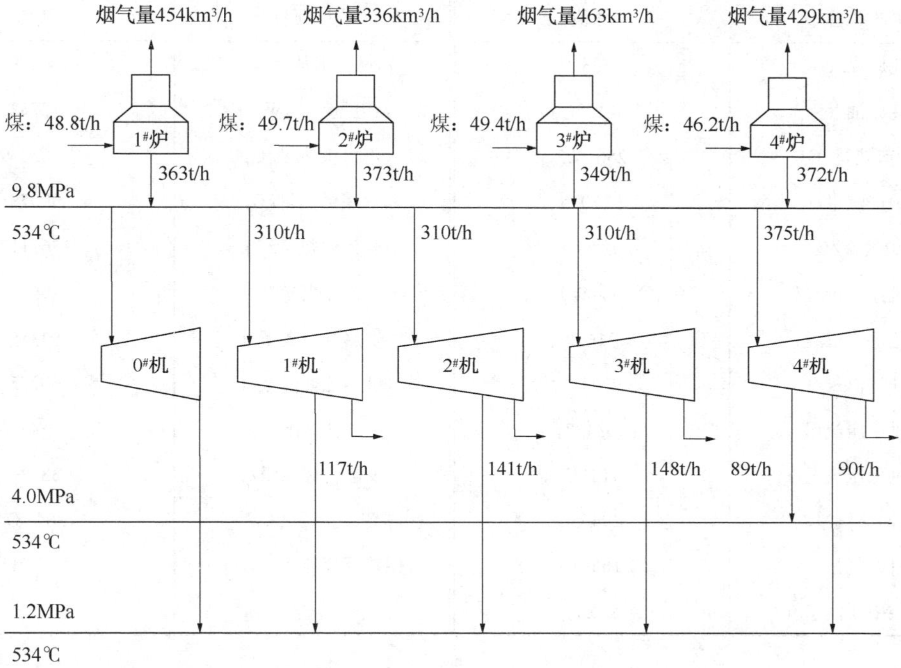

图 9-21 某企业 1#电站的机炉配置图

该 1#装置某年份的相关运行数据如表 9-4 所示。

表 9-4 某炼厂 1#热电装置汽机汽量情况表

项目	0#	1#	2#	3#	4#	合计
汽机进汽量/t	78548	189815	210042	204190	262054	944649
汽机耗热量/GJ	206093	498032	551103	535749	687571	2478548
汽机供中压汽量/t	—	—	—	—	68487	68487
汽机供低压汽量/t	57760	75329	102235	114727	62066	412117
发电量/万 kW · h	674	3086	3018	2776	3179	12732
运行小时数/h	494	744	744	744	744	
汽机供热量/GJ	174854.3	228041.07	309494.17	347310.9	403338.5	1463039
回热汽量/t	17289	65837	65837	65837	79831	294630
凝气量/t	—	48650	41970	23626	51669	165916

从表 9-4 可以看出，5 台汽机进汽量折算热量为 247.8×10^4GJ，对外供热合计 146.3×10^4GJ，发电量为 12732 万 kW · h(折当量能量 45.8×10^4GJ)，热力循环热量损失 $=247.8-146.3-45.8=55.7\times10^4$GJ；热力循环效率=(发电当量热量+供热量)/进热量=78.87%。

汽机凝汽量导致的冷端损失：$165916\times(2571.76-204.74)=39.27\times10^4$GJ。

该 1#装置的生产情况如表 9-5 所示。

表 9-5 某炼厂 1#热电装置生产情况统计表

统计项目	数值	统计项目	数值
耗原煤/t	137310	双减供低压汽量/t	4420
耗柴油/t	105	发电量/万 kW · h	12732
锅炉产热量/GJ	2561622	汽机供热量/GJ	1463039
锅炉产汽量/t	997095	双减供热量/GJ	99078
锅炉效率/%	0.877	合计供热量/GJ	1562117
汽机进汽量/t	944649	耗标煤量/t	99661
双减进汽量/t	31662	供热折标煤量/t	53315
合计进汽量/t	976311	供热耗标煤量/t	60775
汽机供中压汽量/t	68487	供热比	0.6098
汽机供低压汽量/t	412117	发电耗标煤量/t	38886
汽机回热汽量/t	294630	发电标煤耗/[g/(kW · h)]	304.87
汽机凝气量/t	165916	供热标煤耗/(g/GJ)	38.91
双减供中压汽量/t	27242		

炼油企业的蒸汽动力系统具有以下特点：

① 分散的多产汽点和多用户。炼油企业的蒸汽不仅仅在动力站产生，部分工艺装置也会发生各等级的蒸汽，并且会并入蒸汽管网满足全厂蒸汽供需；同时，蒸汽的用户大多在工艺装置内，分散于企业全厂的各个区域，需要通过蒸汽管网连接蒸汽用户和产汽点。

② 压力等级较多。炼油企业各装置的用汽压力等级各不相同，但受工程和经济因素限制，不可能设置过多的蒸汽管网系统，在安排产汽时，不可能产生各种压力等级的蒸汽以适应不同的装置，一般设置 10.0MPa、3.5MPa、1.0MPa 和 0.3MPa 四个系统管网；对于无高压蒸汽的企业，则只有三级管网；有一些则为区域性的局部管网。管网设置不仅要考虑多级利用，更应考虑现实和工程因素。而根据“按质用能”的原则，动力锅炉尽可能产生较高参数的蒸汽，逐级利用产汽和用汽的压差，特殊情况下会减温减压使用蒸汽。

③ 燃料来源和品种较多。动力站的燃料除了炼厂石油焦、炼厂干气外，还要外购部分煤、天然气等；蒸汽动力系统除了自身发电以外，同时为了满足企业生产需要还会从外部购入一定电力，外购电与自发电存在最优比例。

④ 多工况变化。炼油企业的蒸汽动力系统不是独立存在的，必须时刻满足工艺装置对蒸汽、电力的需求，因此，经常处于多工况的变化之中，如随季节、加工量、生产方案、市场价格等变化，这些变化主要来自于生产装置波动对蒸汽、电力需求产生的影响。

⑤ 蒸汽动力系统运行要求“以汽定电”。一般炼厂动力站是汽电联产的过程，蒸汽和电力的生产必须以实际消耗来确定，不能储存。工艺装置的蒸汽需求只能通过动力站提供，电力需求可以通过外部电网调解，因此要求炼油企业的动力站必须首先满足工艺装置的蒸汽需求，不足或多余电力通过与外电网输入/输出实现调节，即“以汽定电”。

⑥ 蒸汽管网的运行时刻在变动当中。蒸汽管网系统内的蒸汽流量变动导致压降和温降会有不同的变化。蒸汽流量过大时，管网的压降较大，造成末端的压力达不到工艺的需求；而流量过小时，由于热容流率过低，蒸汽管网的温降过大，过热蒸汽会在末端变成饱和蒸汽，甚至进一步降低饱和压力，达不到用户的需求。因此，变工况下管网的模拟和优化运行是蒸汽系统优化的一项重要内容。目前，已经有商业化的蒸汽管网模拟软件，利用这些软件，可以模拟蒸汽管网优化的运行方案，通过调节改变管网的不同管段的流量，从而使压降和温降保持在合理的范围内。

⑦ 大功率电机开、停时对电力系统冲击大。突发事故预案要求各级蒸汽、动力系统有完善的紧急备用设施；为保证工艺系统需求，炼油企业蒸汽动力系统热功联产效率目标常被牺牲。

第二节　动力站系统优化

一、基于装置优化蒸汽供给优化

工艺装置是决定蒸汽动力系统的蒸汽、电力产耗的关键性因素，工艺装置的内部优化会改变蒸汽、电力的需求和产出；同时工艺装置内部蒸汽的减温减压、大功率机泵的驱动方式、背压透平改为抽凝透平、汽机透平驱动改为电机驱动等都会对全厂蒸汽系统平衡产生影响。因此蒸汽动力系统运行优化首先应基于工艺装置、热集成等优化的结果，确定蒸汽系统的边界条件。

1. 工艺装置产汽量

由于炼油装置的工艺加工过程都是用能过程，在加工生产的工艺过程也产生大量的富余能量，该能量根据其温位可产生不同等级的蒸汽。如催化装置的再生烟气、重整装置的加热炉余热、制氢和硫黄回收等装置的加热炉和工艺过程，均有余热通过设置余热锅炉产生蒸汽，常减压、加氢裂化及渣油加氢等装置的工艺流程中设置蒸汽发生器用于产生蒸汽。

装置的余热是非稳定、不可控的能量，其产生的蒸汽一般不作为全厂的保证汽源，因此，工艺装置产汽对炼厂蒸汽动力系统有较大影响，尤其催化裂化装置、延迟焦化装置等产大量蒸汽，对蒸汽管网的压力控制、蒸汽流速和蒸汽平衡形成约束，工艺装置优化后的产汽情况是优化蒸汽动力系统的重要初始条件。

2. 工艺装置用汽量

工艺装置的蒸汽使用主要包括以下方面：

① 工艺过程用蒸汽。包括分馏塔汽提蒸汽、催化裂化反应器沉降段汽提蒸汽，以及作为反应物参与完成反应过程用的蒸汽，如烃类蒸汽转化制氢过程的蒸汽等。

② 加热用蒸汽。进入装置的原料或中间产品的加热蒸汽、分馏塔底再沸器加热用蒸汽，以及各种伴热、采暖用汽。

③ 动力用蒸汽。包括蒸汽往复泵、凝汽透平用汽、减压塔顶抽空器用汽。

④ 雾化蒸汽。包括燃油加热炉雾化蒸汽、催化裂化反应器进料雾化蒸汽等。

⑤ 吹扫、事故、消防用汽。这些用汽的特点是具有间断性。

⑥ 惰性介质及保护用汽。炼厂许多化学反应过程是需要阻抑的，蒸汽起到抑制反应、保护设备的惰性介质作用，如催化裂化反应器安全阀防焦蒸汽、再生器的稀相注汽、减压炉和焦化加热的炉管注汽、催化裂化提升管预提升蒸汽等。其目的在于降低油汽分压、增加流速、缩短停留时间。

工艺装置优化的结果会改变蒸汽消耗量，蒸汽动力系统优化必须基于新的蒸汽产耗平衡条件下进行，尤其对于溶剂再生蒸汽、动力用蒸汽等量大的蒸汽使用情况。

3. 工艺装置动力需求

工艺装置的动力需求是推动过程物料连续稳定流动的能量供入，主要包括电力和蒸汽驱动的各种泵、压缩机等，工艺装置优化的结果会产生新的动力需求平衡；同时结合蒸汽动力系统优化结果，对装置内的驱动源进行优化，适应蒸汽动力优化的结果。

二、蒸汽动力系统匹配优化

炼厂蒸汽动力系统的运行(图 9-22)首先要满足工艺装置的蒸汽需求，蒸汽需求确定后，汽轮机的中间抽汽量随之确定，机组的发电量则由汽轮机内部的蒸汽流量决定，企业不足或多余的电力可以通过与外电网进行调节，即“以用定产、以汽定电”。因此相比于以发电为主的燃煤电厂，炼厂自备电站的热电联产机组供热抽汽量往往较大(例如，某石化企业热电装置的汽轮机抽汽量占到进汽量的 50%左右)，而且随着工艺装置用汽需求的变化，汽轮机的中间抽汽量经常出现大范围波动。

热电联产机组中汽轮机存在背压式、凝汽式、抽凝式等不同型式，由于凝汽式汽轮机在热力循环过程中将低压段蒸汽进行冷凝冷却，导致蒸汽潜热被循环水带走，增加了汽机冷端损失，大大降低了热力循环效率，因此，热电联产机组中汽轮机型式不仅会影响蒸汽和电力的供应能力，其对自备电站的循环效率也有重要影响。

工业自备电站在生产运行中，电力可以通过与外电网的输入/输出得以调节，而蒸汽的大规模、长距离外购与外输难度较大，因此热电联产机组的生产运行往往首先要满足工业生产的蒸汽需求，而发电量则是在供汽量确定后由汽轮机的运行自行决定，即“以用定产、以汽定电”。

影响热电联产机组效率的因素主要包括：

(1) 供热比

供热比(α)指统计期内热电机组向外供出的热量与热电机组总产热量的百分比。

$$\alpha = \frac{\sum Q_{gt}}{\sum Q_{st}} \times 100\%$$

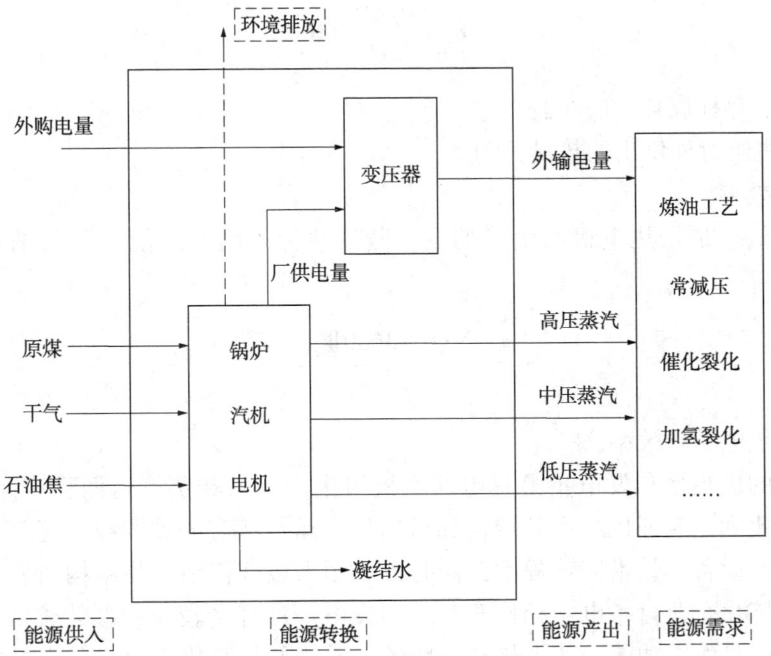

图 9-22 热电联产运行功能图

式中 α——供热比，%；

$\sum Q_{gt}$——统计期间热电机组向外供出的热量，GJ；

$\sum Q_{st}$——统计期间热电机组总产热量，GJ。

（2）热电比

热电比（R）指统计期内热电机组对外供出的热量与供电量的当量热量的百分比。

$$R=\frac{\sum Q_{wgt}}{3600\times W_g\times 10^{-6}}\times 100\%$$

式中 R——热电比，%；

$\sum Q_{wgt}$——电厂对外供出热量，GJ；

W_g——供电量，kW·h。

（3）发电标煤耗

发电标煤耗（b_f）指统计期内机组或电站每发出 1kW·h 电能所消耗的标准煤量。

$$b_f=\frac{B_b\times\left(1-\frac{\alpha}{100}\right)}{W_f}\times 10^6$$

式中 b_f——发电煤耗，g/（kW·h）；

B_b——热电机组所耗标煤量，g；

W_f——对外供电量，kW·h；

（4）供热标煤耗

供热标煤耗（b_r）指统计期内机组每对外供热 1GJ 的热量所消耗的标准煤量。

$$b_r = \frac{B_b \times \alpha}{\sum Q_{gr}} \times 10$$

式中 b_r——供热标煤耗，kg/GJ；

$\sum Q_{gr}$——机组对外供出的热量，GJ。

（5）循环效率

热电循环效率是指热电机组生产的电、蒸汽两种产品的总能量与其消耗的燃料能量之比。

$$\eta_o = \frac{\sum Q_{gr} + 3600 W_g \times 10^{-6}}{B_b}$$

式中 η_o——热电循环效率,%。

自备电站的供热量和发电量是热电联产机组生产电力和蒸汽这两种产品的数量反映，热电比和供热比则是表征机组产品结构和机组生产运行状态的重要技术经济参数，不仅可以反映热电联产设备的技术完善程度，同时也可用来表征机组产品结构对发电效率和循环效率的影响。炼化企业自备电站相比于纯火力发电厂，容量较小、参数较低，生产中以保供蒸汽为主，兼具发电功能，其供热量一般较大，例如某石化企业自备电站的供热比达到0.6。因此，优化热电结构对提升自备电站经济性和效率具有重要意义。

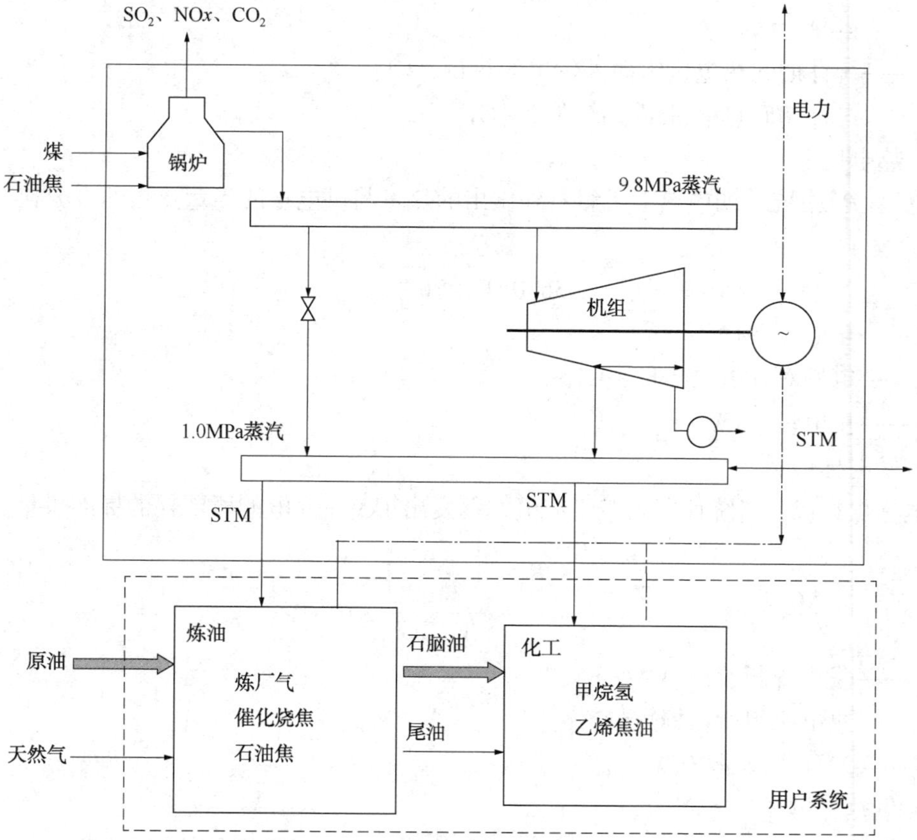

图 9-23 热电系统运行优化示意图

从汽轮机本身的操作运行看，当忽略汽轮机的回热系统时，汽轮机的进汽量、抽汽量、发电量三者是决定汽轮机运行的自由变量，是热电联产机组蒸汽-电转化过程的外在体现，当汽轮机的供汽量变化时，进汽量、凝汽量会发生变化，但最终反映的是影响汽轮机内部的通流蒸汽量，进而会影响汽轮机输出的电功率。热电机组运行调节示意见图 9-24。

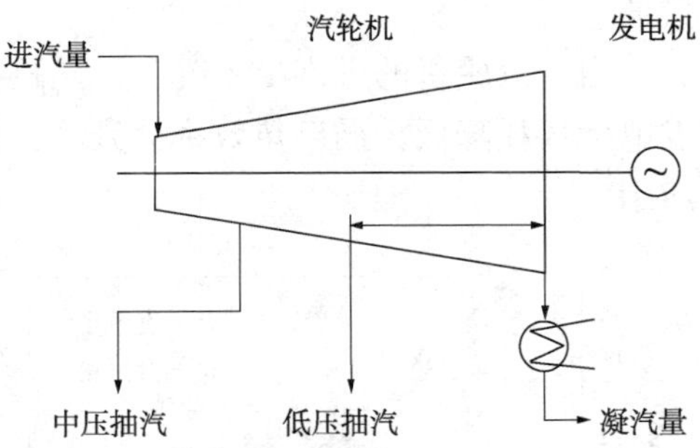

图 9-24　热电机组运行调节示意

当炼化企业工艺用汽、用电需求变化时，汽轮机的抽汽量和发电量也会变化，但最终在热电联产机组的反映则是汽轮机内部高压段、中压段和低压段蒸汽流量的变化与调节。当工艺用汽需求出现变化，要求热电装置的供热抽汽量变化时，汽轮机存在两种理想的调节方式：一是保持汽轮机的进汽量不变，将增加或减少的抽汽从汽轮机抽出或返回汽轮机低压段进行发电；二是通过改变汽轮机的进汽量，保证抽汽后的凝气量不变，此时汽轮机高压段蒸汽流量会变化。

在汽轮机进汽量一定时，中间抽汽量的变化会影响低压段蒸汽通流量和凝汽量，增加中间抽汽会减少冷端损失，尤其在不同季节和当工艺用汽出现变化时，预测中间抽汽量变化对机组效率和效益的影响具有重要意义。

在保持汽轮机进汽量不变时，改变汽轮机抽汽量，对应上述 6 种工况下的供热比、发电标煤耗、循环热效率、发电量如表 9-6 所示。

表 9-6　进汽量恒定时不同供热量的运行数据

工况	供热量/GJ	供热比	发电量/万 kW·h	发电煤耗/[g/(kW·h)]	循环热效率/%	汽机凝汽量/t
1	1331737	0.520	14161	337.9	71.89	242017
2	1459667	0.570	13399	320.0	75.81	199758
3	1598408	0.624	12567	298.2	80.06	153928
4	1737150	0.678	11735	273.3	84.31	108097
5	1875891	0.732	10903	244.7	88.55	62267
6	2014632	0.786	10071	211.3	92.80	16436

在保持汽轮机进汽量不变时，改变汽轮机抽汽量，汽轮机的发电量和凝气量会出现变化，如图 9-25 所示。

由图 9-25 可知，当供热量由 133.2×10^4GJ 增加到 201×10^4GJ 时，对应的汽轮机凝汽量由 242kt 降低至 16kt，此时汽轮机的运行几乎相当于背压机，低压段的蒸汽通流大幅减小，对应的发电量也由 14.2×10^4MW·h 降低至 10.1×10^4MW·h，减少发电量 4.1×10^4MW·h，折合当量能量 14.7×10^4GJ；而减发电量则是机组对外供热量增加 68.3×10^4GJ 的原因造成的。

由于汽轮机的进汽量不变，汽轮机抽汽量增加，供热比会增大，此时汽机凝气量减小，发电标煤耗降低，循环热效率会升高，供热比对发电标煤耗和循环热效率的影响如图 9-26 所示。

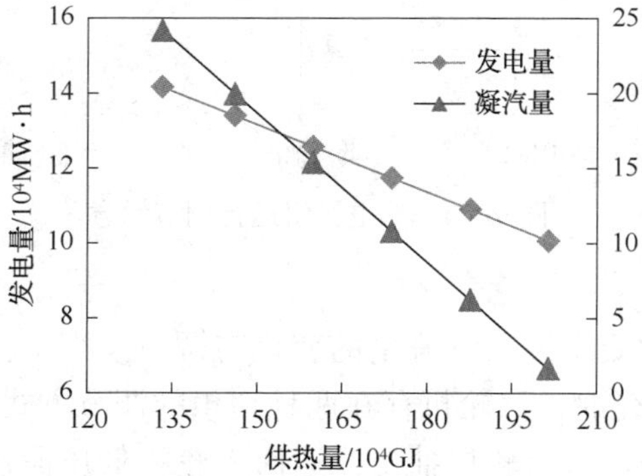

图 9-25 不同供热量时汽轮机发电量和凝汽量

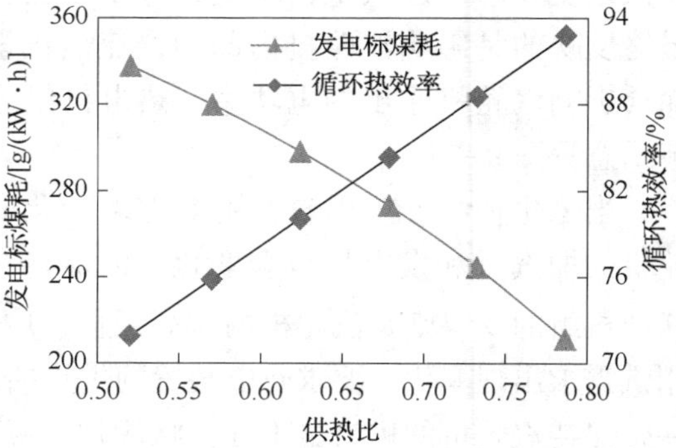

图 9-26 供热比对热电联产机组效率的影响

由图 9-26 可知，供热比对热电联产机组发电标煤耗有显著影，供热比增加导致供热耗煤量增加，在进汽量恒定时发电耗煤量(总耗煤量扣除供热耗煤量)下降速度快于发电量下降速度，发电标煤耗指标会逐渐降低。该装置供热比由 0.520(对应供热量为 133×10^4GJ、抽汽量为 404.5kt)增加到 0.786J(对应供热量 201×10^4GJ、抽汽量 630.1kt)时，发电标煤耗由 337.9g/kW·h 降低到 211.3g/kW·h，下降 126.6 g/kwh，降幅到 37%；循环热效率则由于 71.89%提升到 92.8%。

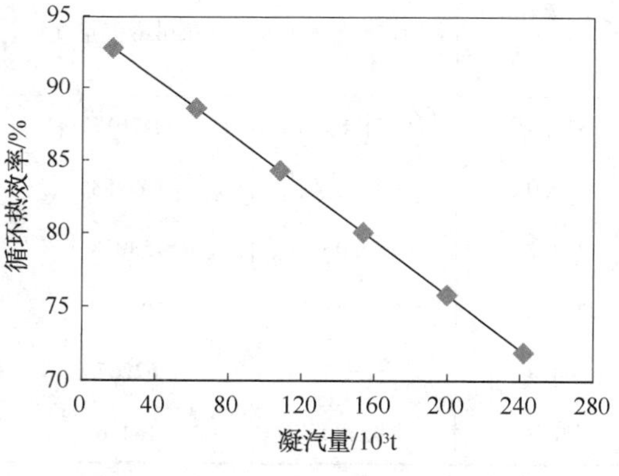

图 9-27 凝汽量对循环热效率影响

同时热电联产机组供热量增加，汽轮机凝汽量会降低，此时循环热效率会增加，如图 9-27所示。

由图 9-27 可知，凝汽量是决定冷端损失和循环热效率的主要因素，进汽量恒定时凝汽量也会影响汽轮机发电量。图 9-27 中，凝汽量由 242kt 降低至 16kt 时，发电量由 14161×10^4kW·h 降低至 1.0071×10^8kW·h，减少发电 4.09×10^8kW·h(折当量能量 14×10^4GJ)，减少发电量是由于供热量增加 68GJ，由此导致汽轮机多输出能量 54GJ，循环效率也由 72%提高至 93%。需要说明的是供热量为 201×10^4GJ 时，汽轮机的凝汽量仅为 16kt，接近于背压状态运行。

当工艺用汽变化要求汽轮机抽汽量变化时，可以通过改变汽轮机的进汽量实现调节，此时可以假定汽轮机的凝汽量不变，汽轮机运行的供热抽汽量与供热比、发电煤耗、循环效率关系如表 9-7 所示。

通过改变汽轮机的进汽量实现抽汽量调节，汽轮机的进汽量、发电量会随供热量增加而增加，相当于汽轮机高压段的背压发电负荷提高，汽轮机的高压段蒸汽流量增加，发电量、耗标煤量均增加，其变化趋势如图 9-28 所示。

表 9-7 凝汽量恒定(165915)条件下汽机调节

工况	供热量/GJ	供热比	发电量/万 kW·h	发电煤耗/[g/(kW·h)]	循环效率/%	进汽量/t	耗标煤量/t
1	1331736.9	0.5638	12227	327.90	75.02	868547	91917
2	1459667.1	0.5903	12539	314.44	77.28	910807	96232
3	1598408.4	0.6164	12872	300.72	79.51	956637	100912
4	1737149.7	0.6402	13205	287.69	81.54	1002467	105591
5	1875890.9	0.6620	13537	275.30	83.40	1048298	110271
6	2014632.2	0.6820	13870	263.51	85.11	1094128	114950

由图 9-28 可知，汽轮机供热量由 133.2×10^4GJ 增加到 201.0×10^4GJ 时，对应汽轮机进汽量由 869kt 增加至 1094kt，耗标煤量由 91.9kt 增加至 115kt，汽轮机增加耗热量 78.3GJ；此时发电量由 1.223×10^5MW·h 增加至 1.387×10^5MW·h，增加发电量 1.64×10^4MW·h，折当量能量 5.9×10^4GJ。汽轮机增加的耗热量，87.2%转化为抽汽供热量，7.5%联的电力，增量耗热量的热电转化效率高达 94.7%。

同时供热量和总耗热量均增加时，供热比也会增加，汽轮机发电标煤耗和循环效率会提高，供热比与发电标煤耗、循环效率的变化趋势可参见图 9-29。

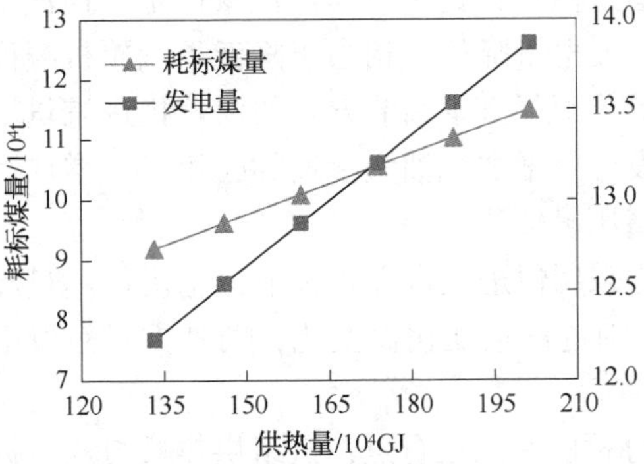

图 9-28 不同供热量时汽轮机进汽量与发电量

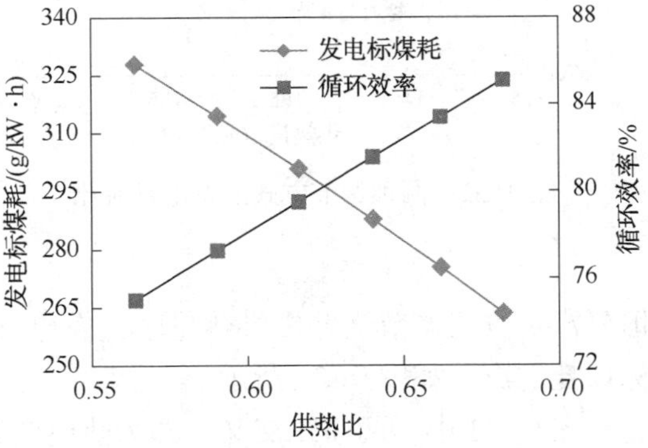

图 9-29 供热比对热电联产机组效率的影响

由图 9-29 及图 9-30 可知，当汽轮机进汽量和供热量分别由 869kt 和 133.2×10^4GJ 增大至 1.094Mt 和 201.5×10^4GJ 时，供热比从 0.5638 增加至 0.6820，增加了 0.1182，发电标煤耗由 327.9g/(kW·h)下降至 263.5g/(kW·h)，下降 64.4g/(kW·h)；汽轮机循环效率由 75.02%上升到 85.11%。

(6) 对比分析

由于热电联产机组抽汽量变化，上述恒进汽量调节方式和恒凝汽量调节方式都会改变机组的供热比，图 9-31 表示了供热比随供热量变化趋势。

由图 9-31 可知，恒进汽量方式的供热比变化幅度要大于恒凝汽量方式，即抽汽量对供热比的变化，恒进汽量方式要比恒凝汽量方式更加敏感。

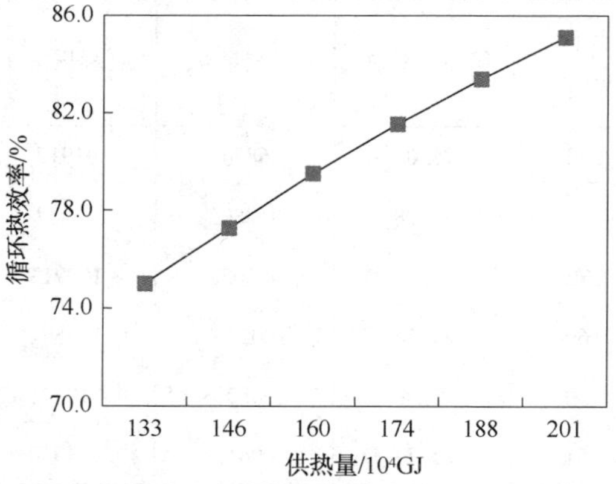

图 9-30 供热量对循环效率影响

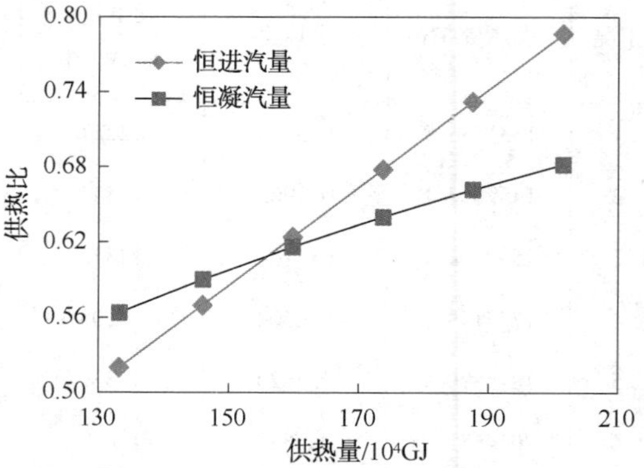

图 9-31 不同调节方式供热比对比

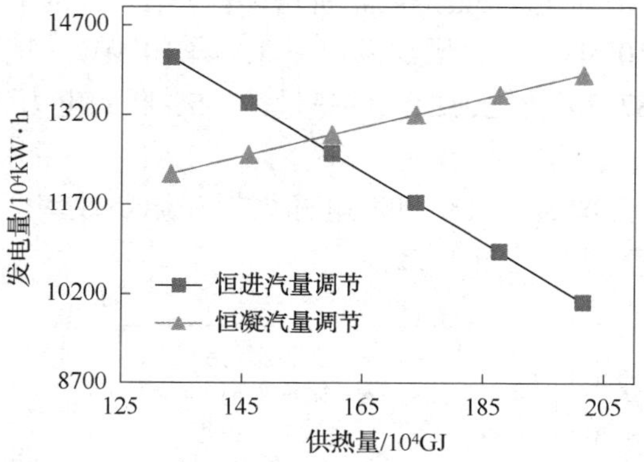

图 9-32 两种调节方式的发电量对比

恒进汽量方式相当于机组运行负荷维持恒定，热电比发生变化，发电量降低；恒凝汽量方式则相当于改变机组的运行负荷，两种调节方式下的发电量变化如图 9-32 所示。

图 9-32 中，两曲线交点即为目前运行点，工艺用汽量增加需要增加汽轮机抽汽量时，汽轮机恒进汽量方式调节的进汽量恒定，抽汽量增加，发电量降低，相当于降低了汽轮机凝汽段负荷；恒凝汽量调节方式的汽轮机进汽量增加，发电量增加，抽汽量增加，相当于增加汽轮机高压段负荷。

当采用恒进汽量方式调节汽轮机供热量和恒凝汽量方式调节汽轮机供热量时，发电标煤耗会随进汽量变化而变化，两种方式对发电标煤耗的影响如图 9-33 所示。

图 9-33 中，两曲线交叉点即为热电装置测算分析的基准运行点，机组供热量与发电标煤耗都随着供热量增加而降低。此曲线的意义揭示：从降低发电标煤耗的角度看，当抽汽量增加时，宜通过恒进汽量调节方式增加供热量(即单纯增加抽汽量)，此时煤耗增加幅度小于恒凝汽量方式；当减少汽轮机供热量时，宜通过恒凝汽量调节方式，即减少汽轮机进汽量，此时发电标煤耗增加幅度小于恒进汽量方式。

两种调节方式的循环效率变化趋势如图 9-34 所示。

由图 9-34 可知，降低抽汽供热负荷情况下，恒凝汽量方式的循环效率要高于恒进汽量方式；增加抽汽负荷情况下，恒进汽量方式的循环效率要低于恒凝汽量方式。

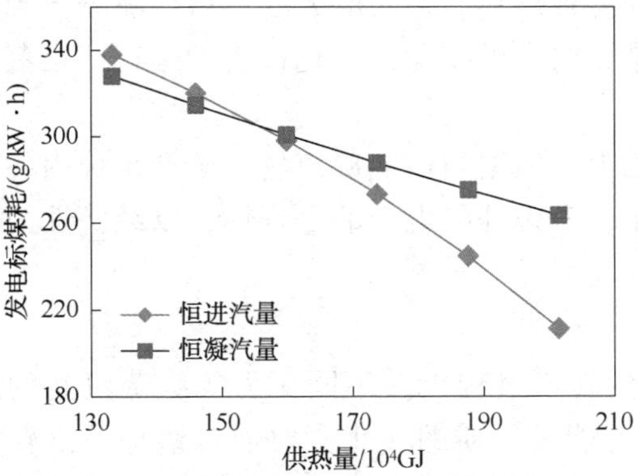

图 9-33　不同调节方式的发电标煤耗比较

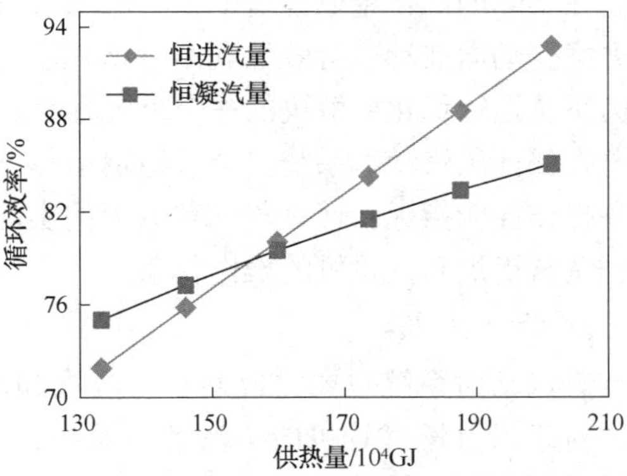

图 9-34　两种调节方式的循环效率对比

三、动力站系统运行优化

炼油企业的蒸汽动力系统存在优化潜力，表现在：包括锅炉与汽轮机等在内的设备陈旧、规模小，结构和参数设置不合理；因为扩产需要，炼油企业的蒸汽动力系统时常会增加小锅炉与小汽轮机，很少进行系统的蒸汽优化，造成系统效率低下。

应用数学规划法优化蒸汽动力系统，一般是先构造一个包括各种单元设备如锅炉、蒸汽轮机、燃气轮机、电动机等及不同压力等级的蒸汽管网及其他辅助设备的超结构，然后建立混合整数线性规划(MILP)模型或者混合整数非线性规划(MINLP)模型来表征蒸汽动力系统。目标函数可以是全周期内费用最小或者多个优化目标的最优解。最后选择合适的优化算法来求解，得到蒸汽动力系统最优流程结构和操作条件。

1. 优化目标函数

蒸汽动力系统优化目标往往要求系统运行费用最低。蒸汽动力系统的运行费用包括：燃料费用、设备折旧费用、购入电力和蒸汽费用。同时企业销售蒸汽和电力又能抵消部分运行费用。其优化的目标函数：

$$MinCost = \sum_n \sum_i F_{n,i} \times C_i + \sum_n Y_n \times M_n + 0.45 \times P_{\mathrm{P}} + \sum_I D_I \times C_{\mathrm{S},I} - 0.35 \times S_{\mathrm{P}} - \sum_I S_I \times C_{\mathrm{S},I}$$

式中　$F_{n,i}$——设备 n 的 i 种燃料量，t/h；

C_i——i 种燃料价格，元/t；

Y_n——设备 n 的运行状态的 0，1 变量；

M_n——设备 n 的运行费用，元/t；

P_{P}——购入电力量，kW；

D_I——购入 I 等级蒸汽量，t/h；

$C_{\mathrm{S},I}$——购入 I 等级蒸汽价格，元/t；

S_{P}——外输电力量，kW；

S_I——外输 I 等级蒸汽量，t/h。

在实际的炼化企业运营中，蒸汽动力系统的各种燃料、外购电力的价格会随季节和产品方案变动而波动；有效地利用价格在不同季节、时段的变化，优化设备的运行，是蒸汽动力系统运行优化要解决的一个重要方面。

在保证蒸汽动力系统安全、稳定运行的基础上，根据当前能源市场，核算系统内各个设备操作性能指标，计算蒸汽和电力的实际成本，考虑外购电力的合理性，以经济性为目标，调整锅炉和汽轮机的操作状态。

2. 约束关系

蒸汽动力系统主要完成燃料、蒸汽和电力的转换过程以及不同压力等级蒸汽间的调节，对于没有燃气轮机的蒸汽动力系统，上述各能量工质的转化主要通过锅炉、汽轮机和减温器实现，因此，蒸汽动力系统的优化建模必须要建立上述完成各转化过程的单体设备模型，在单体设备模型和工艺需求边界确定条件下建立模型的约束条件和最优化目标函数。

(1) 燃料转化关系——锅炉

锅炉是完成燃料与蒸汽转化过程的主要设备。对单个锅炉系统进行能量平衡分析可以得到锅炉的热平衡方程：

$$M(h_s-h_{fw})+k\times M(h_{sw}-h_{fw})=\sum(F_i\times q_i)\times\eta_B$$

在锅炉热平衡方程中，物性数据和排污率由锅炉日常操作决定，蒸发量除了与锅炉燃用燃料热值有关外，锅炉效率 η_B 是最主要影响因素，因此建立锅炉模型就是要确定锅炉效率 η_B。目前常用蒸发量关联方法确定锅炉效率[7]，本文采用如下效率关联式：

$$\eta_B=\frac{M}{a+b\times M}$$

将锅炉效率关联式代入锅炉热平衡方程可以得到锅炉模型关系式：

$$(a+b\times M)\times[(h_s-h_{fw})+k(h_{sw}-h_{fw})]=\sum(F_i\times q_i)$$

式中 M——锅炉产汽量，t/h；

h_s——锅炉蒸汽焓值，kJ/t；

h_{fw}——锅炉给水焓值，kJ/t；

k——锅炉排污率，%；

h_{sw}——锅炉排污水焓值，kJ/t；

F_i——锅炉 i 燃料燃用量，t/h；

q_i——锅炉 i 燃料热值，kJ/t；

η_B——锅炉 B 的效率，%；

a、b——模型系数。

由蒸汽动力系统锅炉的工业运行数据可以通过多元线性回归方法得到锅炉模型关系式中参数 a、b 数值，此关系式即为蒸汽动力系统模型的燃汽关系式。

(2) 蒸汽-电力转化关系——汽轮机

对于不含燃气轮机的蒸汽动力系统，蒸汽轮机是完成蒸汽和电力转换的主要设备。对于背压和凝汽蒸汽轮机机组发电量与机组进汽量满足如下关系[8]：

$$D_{in}=D_{nl}+d_1\times P_{el}$$

对于一次抽汽式汽轮机机组的出力主要由机组进汽量和抽汽量决定，且满足如下关系[8]：

$$D_{in}=d_1\times P_{el}+d_2\times D_c+D_{nl}$$

对于二次抽汽式汽轮机机组出力与机组汽量满足如下关系[8]：

$$D_{in}=d_0\times P_{el}+d_1\times D_{c_1}+d_2\times D_{c_2}+D_{nl}$$

式中 D_{in}——汽轮机进汽量，t/h；

D_{nl}——汽轮机模型参数，t/h；

d_0、d_1、d_2——汽轮机模型参数，t/kW · h；

P_{el}——汽轮机出力，kW；

D_c——汽轮机抽汽量，t/h；

D_{c_1}、D_{c_2}——汽轮机一级抽汽量、二级抽汽量，t/h、t/h。

由以上各汽轮机发电量与机组汽量关系式，通过实际生产中机组运行数据，可以采用线性回归方法得到各关系式中的参数，从而建立蒸汽动力系统中的汽电转化关系。

(3) 汽汽转换关系——减温减压

炼化企业的工艺装置对不同等级蒸汽的需求不同，在蒸汽动力系统中，除背压汽轮机外，减温器同样可以实现高等级蒸汽转化为低等级蒸汽的过程。对减温器做物料和能量衡算可以得到减温器模型：

$$D_0=\frac{h_s-\varphi\cdot h_{st}+h_k\cdot(\varphi-1)}{h_s-\varphi\cdot h_{st}+h_0\cdot(\varphi-1)}\cdot D_k$$

式中 D_0——减温器出口蒸汽量，t/h；

D_k——减温器入口蒸汽量，t/h；

h_s——减温水焓值，kJ/t；

h_{st}——减温饱和水焓值，kJ/t；

h_k——减温器入口蒸汽焓值，kJ/t；

h_0——减温器出口蒸汽焓值，kJ/t。

蒸汽在减温减压过程中压力能和热能无谓浪费，蒸汽的做功能力和品质会降低，因此蒸汽动力系统的合理调度应尽量减少采用减温减压手段调解蒸汽的耗量。

(4) 模型其他约束

蒸汽动力系统的燃料、蒸汽和电力之间的转化关系是不同能量介质间的约束。同时约束系统运行的关系还包括：

燃料供应约束：$\sum_i F_{n,i}\leqslant\Omega_i$

设备能力约束：$\Omega_{min}\leqslant D_{n,i}\leqslant\Omega_{max}$

蒸汽平衡约束：$\sum_i D_{out,i,I}+D_I\geqslant\sum_j D_{in,j,I}+S_I$

电力供应约束：$\sum_i P_{el,i}+P_P\geqslant P_D+S_P$

式中 φ——减温饱和水与减温水比值；

Ω_i——i 种燃料供应总量，t/h；

$D_{n,i}$——设备 n 的处理能力；

Ω_{min}、Ω_{max}——设备最小、最大处理能力；

$D_{out,i,l}$——设备 i 提供的 l 等级蒸汽量，t/h；

$D_{in,j,l}$——设备 i 所需 l 等级蒸汽量，t/h；

$P_{el,i}$——设备 i 的汽轮机出力，kW。

3. 模型求解

通过求解上述数学规划模型，可以优化炼厂蒸汽动力系统运行，根据全厂热电需求，综合工艺发生蒸汽量、热力管网压力等级，优化动力锅炉负荷及汽轮机运行等。目前，已有多款商业软件可以完成上述优化功能，如 Aspen Utility、KBC 公司的 Petro-sim、PIL 公司的 Site-int、石林公司的燃动模型等。优化的内容主要包括：

① 保证变生产工况条件下蒸汽、电的品质和数量。工艺装置对蒸汽和电力的需求会随着各种因素发生变化，优化模型可以得到最优的产、耗平衡状态。

② 全厂蒸汽和瓦斯的产、用平衡，蒸汽动力系统的最优燃料构成。

③ 在保证供应和产/用平衡的条件下，实现最佳的功热联产，达到最优的汽电比例。

④ 锅炉、汽轮机的开停状态及运行负荷率分配。

⑤ 各种变工况条件下的最高功热联产效率研究。

⑥ 减温减压阀的合理启用和监控。

⑦ 价格变动影响。

数学规划法虽然已经在大型公用工程系统中得到验证并且取得显著的经济效益，但对于规模较大、设备单元多的系统，变量数太多，混合整数线性规划和混合整数非线性规划容易出现无法求解的情况。实际生产过程中，设备的价格及其处理能力并非连续的函数，而在数学规划法中则做了简化，可能得到的解并不是最优解；企业在不同时期进料的组成、生产计划、热功需求以及随着季节变化等，使得工艺过程的实际情况非常复杂，应用数学规划法时都是将问题简化为多周期问题，但随着周期与系统单元的增加，模型求解变得非常困难，无法在合理的时间内得到问题的最优解。

4. 环境因素考虑

炼油企业的蒸汽动力系统消耗大量能源，同时会产生许多污染物，其主要来源是锅炉的燃料燃烧，包括二氧化硫、氮氧化物以及一些悬浮颗粒物、炉渣等。尤其随着应对气候变化日益受到重视，炼厂蒸汽动力系统的碳排放将受到限制。2017 年 12 月 18 日，国家发改委印发《全国碳排放权交易市场建设方案(发电行业)》，在发电行业(含热电联产，下同)率先启动全国碳排放交易体系，全国碳排放交易体系要求“发电行业年度排放达到 2.6 万吨二氧化碳当量(综合能源消费量约 1 万吨标准煤)及以上的企业或者其他经济组织”作为重点排放单位纳入全国统一碳市场，并要求重点排放单位“按实际排放清缴配额，按年向所在省级、计划单列市应对气候变化主管部门提交与其当年实际碳排放量相等的配额，以完成其减排义务，其富余配额可向市场出售，不足部分需通过市场购买。”当炼化装置的蒸汽需求变化时，自备电站的运行调节对碳排放量、碳配额量会产生重要影响，尤其随着全国碳排放交易体系的推进，研究碳排放履约条件下炼化企业自备电站运行调节对指导企业完成碳排放履约、降低履约成本具有重要指导意义。

从碳排放权交易体系的运行机制看，影响企业履约成本的因素主要是自备电站的碳配额量和碳排放量，企业碳排放的履约成本取决于排放量和配额量比较：当企业实际排放量大于配额量时，需要购买缺口部分配额完成履约；当配额量大于排放量时，企业则可以卖出部分剩余配额以获利。

（1）配额分配方法

全国碳排放交易体系对电力行业的配额分配方法采用基准线法，其方法如下：

$$EA_t = EA_e + EA_h$$

式中　EA_t——配额分配总量，tCO_2；

EA_e——供电配额总量，tCO_2；

EA_h——供热配额总量，tCO_2；

其中，供电配额总量=供电量×排放基准×冷却方式修正系数×供热量修正系数×燃料热值修正系数

冷却方式修正系数：水冷为1；空冷为1.05。供热量修正系数：燃煤电厂为1-0.25×供热比，燃气电厂为1-0.6×供热比。燃料热值修正系数：只存在于流化床IGCC机组的情况，其他机组可默认为1；对于流化床，IGCC机组，低于3000kcal的取1.03，高于3000kcal的取1。

供热量配额计算方法如下：

供热配额=供热量×供热基准值

排放基准值分为供电基准值和供热基准值，根据压力、机组容量和燃料类型分为11个数值，同时考虑了冷却方式、供热方式、IGCC机组燃料热值的不同。

由上述分配方法可知，自备电站的配额分配总量主要取决于热电机组对外供出的电量和蒸汽量。

（2）碳排放量

目前，核查企业碳排放量的方法主要按照排放源进行，炼化企业自备电站的碳排放量包括：化石燃料燃烧的二氧化碳排放、脱硫过程的二氧化碳排放、企业净购入使用电力产生的二氧化碳排放。其中，化石燃料燃烧产生的二氧化碳排放占企业排放的绝大部分，该排放源通常按照消耗的燃料量和相应的排放因子进行计算，即：

$$E_{燃烧} = \sum AD_i \times EF_i$$

式中　$E_{燃烧}$——化石燃料燃烧的二氧化碳排放量，t；

AD_i——第 i 种化石燃料活动水平TJ，以热值表示；

EF_i——第 i 种燃料的排放因子（tCO_2/TJ）；

i——化石燃料的种类。

因此，企业实现低成本履约可采用两方面措施，一是通过优化能源结构，合理使用清洁低碳能源和采取节能降耗措施，降低企业碳排放量；二是通过优化发电量和供热量等产品以获取更多的配额。

相比于电力行业的大型热电联产机组，炼化企业热电机组的规模相对较小、机组参数等级较低；而且自备电站的能源结构复杂，燃料品种选择较多，包括原煤、水煤浆、柴油、天然气、石油焦、渣油等；同时，实际生产中热电联产机组的供热量、供电量等产品的生

产负荷会发生变化，其碳排放量和配额量会随之变动。因此，影响企业履约策略和履约成本的因素较复杂。

（3）恒进汽量

在汽轮机进汽量一定时，中间抽汽量的变化会影响低压段蒸汽通流量和凝汽量，增加中间抽汽量会减少冷端损失，其碳排放量和碳配额情况如图9-35所示。

由图9-35可以看出，在恒进汽量工况下，随着汽轮机中间抽汽量增加，供热配额量会增加，供电配额量会降低，总配额量会增加；同时由于进汽量不变，因此锅炉燃料消耗不变，此时碳排放量不变。当供热量由179.2×10^4GJ增加到287.5×10^4GJ时，配额总量由376.76kt增加到434.68kt，同时配额相比碳排放由缺少31.64kt到富余26.26kt，其配额排放的盈亏平衡点在240.59×10^4GJ，这主要是由于供热量增加使得机组循环效率提高，配额量会相应增加。

图9-35中供热量增加导致供电配额量降低不仅仅是由于供电量减少导致，同时也是由于发电的配额基准值减少导致，如图9-36所示。

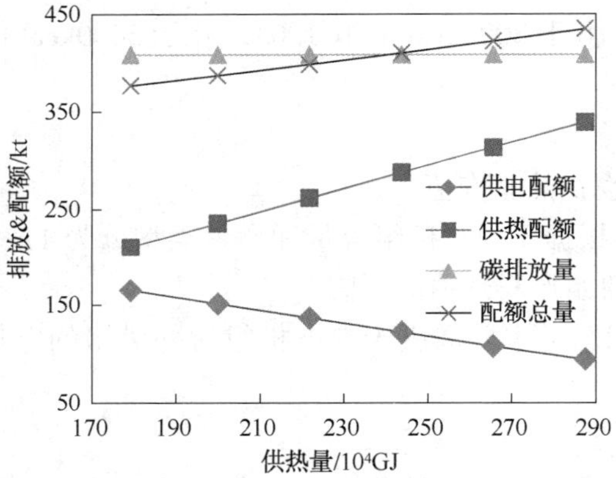

图9-35 恒进汽量调节下供热量对碳排放和配额影响

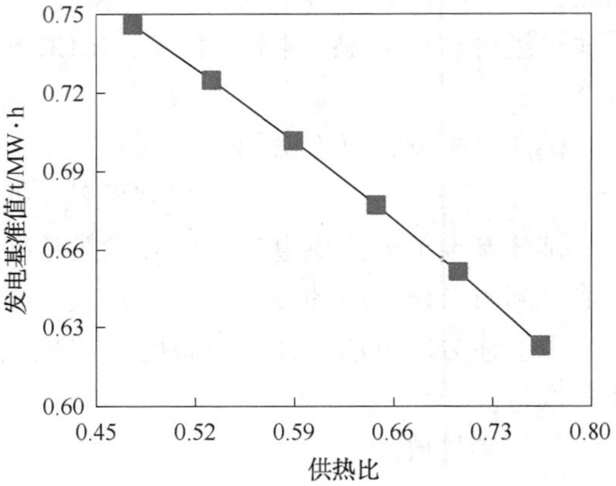

图9-36 供热比对供电基准值影响

发电基准值是热电机组的供电配额量与机组发电量的比值，反映机组不同运行状态下单位发电量可以获取的配额量。由图9-36可以看出，随着机组供热比增加，发电配额的基准值会降低，当供热比由0.476增加到0.767时，其发电配额基准值由0.746t/MW·h降低至0.623t/MW·h，因此供热比增加将不利于机组获得较多的供电配额，但此时供热获得的配额会增加，其总配额量依然是增加的。因此，在燃料投入一定的情况下，多产汽将有利于降低热电联产机组的碳排放履约成本。

（4）恒凝汽量

在保持汽轮机凝汽量不变时，增加中间抽汽量需要提高锅炉产汽量和汽轮机进汽量，此时汽轮机高压段的通流量增加，发电量会增加，其碳配额及碳排放情况如图9-37所示。

由图9-37可以看出，在恒凝汽量调节下，随着机组供热量增加，其供热配额量、供电配额量和总配额量均增加，当供热量由179.2×10^4GJ增加到287.5×10^4GJ时，配额总量由355.98kt增加到502.76kt；同时；其碳排放量由于燃料量增加也由381.98kt增加到

486.10kt，相应地，其配额量相比碳排放量由缺少 26.99kt 到富余 16.66kt，其配额排放盈亏平衡点为 246.31×10^4GJ。随着供热量增加，供电配额量增加的主要原因是由于发电量增加导致，实际上其发电配额的基准值也是减小的。因此，通过提高锅炉产汽负荷满足热电机组抽汽量增加的需求时，由于机组供热比增加，对其碳排放履约也是有利的。

(5) 供电配额

由上述分析可知，无论对恒进汽量调节还是恒凝汽量调节而言，当机组的供热量增大时，其配额缺口都会减小，图 9-38 对比了两种调节方式对配额缺口的影响。

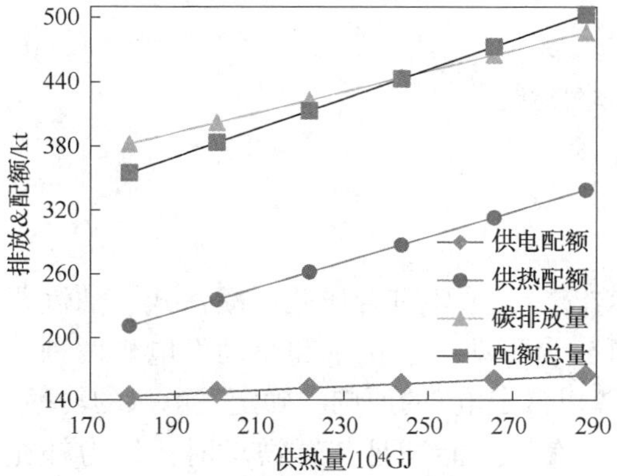

图 9-37　恒凝汽量调节下供热量对碳排放和配额影响图

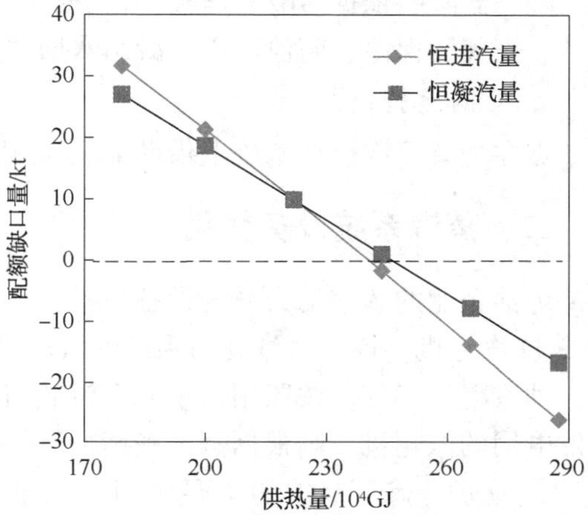

图 9-38　不同调节方式对配额缺口的影响

图 9-38 中，两曲线交点即为基准数据状态点，对恒进汽量调节和恒凝汽量调节而言，配额缺口均随着供热量增加而减小，直至配额盈余；恒进汽量调节相比恒凝汽量调节而言，供热量对配额缺口的影响更加敏感。同时，为了降低企业履约成本，应该按照两种调节方式中配额缺口较小的方式进行调节，即：当供热量增大时，按照恒进汽量调节，热电机组配额缺口减少更快；当供热量减少时，按照恒凝汽量调节，热电机组配额缺口增加更慢。

需要说明的是，图 9-38 仅是机组运行调节对碳排放履约成本的影响，实际上热电机组的运行调节对发电量、燃料消耗量、供汽成本等均会有影响，这需要结合热电机组发电发汽成本、自发电与外购电成本比较做出权衡。

第三节　蒸汽管网系统优化

一、优化蒸汽管网

蒸汽伴热与热力管网布局优化，包括结构、参数、保温、压力等级、疏水方式、设备等。

1. 优化物料伴热，降低蒸汽伴热

炼厂的很多物料通过蒸汽和输油管线内介质的热交换及管线外绝热层的作用，保证正常的输送工艺。蒸汽伴热虽然一次性投资低，但维护成本较高。在操作温度不高或者不能采用高温伴热介质的管线，应该充分利用热媒水替代蒸汽伴热，降低伴热蒸汽消耗量。

2. 优化蒸汽管网布局

在满足汽源流量、温度、压力、用户流量等要求的情况下，调整管网的结构参数。通过调节管径大小、材质、弯头、阀门等布置，减少蒸汽沿程阻力损失；加强管理维护、检修，避免蒸汽泄漏损失；通过有效的保温措施减少管道散热损失；保证凝结水及时疏出，避免造成蒸汽管网磨损、腐蚀；保证蒸汽主管有坡度，防止有管网供气距离过长，降低管线压降、温降，依据GB/T 15910热力管线保温结构、表面温升及GB/T 12712疏水阀进行选型、安装、保温、防泄漏以及凝结水回收。

3. 管网运行改造

需在现有管网模拟基础上借助PROSS优化管网运行。

二、蒸汽系统设备优化

炼油企业的蒸汽动力系统设备包括：

① 汽轮机。炼厂蒸汽动力系统的汽轮机种类较多，主要有背压式、凝汽式、抽汽背压式、抽汽凝汽式等。按照用途不同，汽轮机又可分为驱动工艺机泵和驱动发电机两种。对于发电用的汽轮机，则根据蒸汽平衡情况，按照“以汽定电”的原则，确定发电机的功率。

② 锅炉。炼厂锅炉的主要作用是：在工艺产汽量不能满足装置需求时，作为补充汽源；在装置开、停车过程中，锅炉发生蒸汽供应装置使用；锅炉产蒸汽，驱动汽轮发电机，为工厂提供所需的电力。锅炉主要有循环流化床锅炉和煤粉炉等。

③ 除氧器。炼厂的锅炉及余热锅炉的参数一般较高，要求锅炉给水的残留溶解氧较低，所以，除氧器一般采用压力式热力除氧；当锅炉及余热锅炉的参数不高时，也经常采用大气式除氧器。

④ 闪蒸罐。炼厂回收的温度较高的水（如锅炉、余热锅炉的连续排污、工艺冷凝水等），为了回收其热量，以便于用泵输送，通常将其送到闪蒸罐，闪蒸的二次蒸汽回蒸汽管网利用。

⑤ 减温减压装置。为保证上级蒸汽母管的压力不超过限定值，或者满足下级蒸汽母管的压力，或者工艺要求的蒸汽参数与母管的参数不一致，或者作为有抽汽式汽轮机或者背压式汽轮机事故状况的备用设施，均需要设置减温减压装置。

1. 确定设备工况条件

对蒸汽动力系统进行优化，通过建立数学模型，可以确定符合生产实际的最优操作运行方式、锅炉负荷分配和燃料配比、汽轮机的发电/抽汽情况以及蒸汽系统的自发电与外购电比例等，降低了系统操作成本。蒸汽动力系统的建模优化结果会确定设备的运行工况条件，为提高设备运行效率提供边界条件。

2. 减少蒸汽减温减压

减少直接的减温减压与低压蒸汽排空，采用恰当的减温减压方式，有效利用过程的能量损失，如利用余压发电或者做功，实现热电联产，达到蒸汽梯级利用。

蒸汽能量的梯级利用，主要包括功热联产、减少低压蒸汽放空与管网凝结水回收利用。

在炼油生产过程中，蒸汽动力系统与工艺过程关联度较大，导致低压蒸汽用量变化较大，同时蒸汽动力系统缺乏柔性，中压与低压蒸汽之间缺乏足够的调节手段，导致大量的中压蒸汽减温减压，造成能量浪费。在蒸汽动力系统的运行过程中，可能某个周期内低压蒸汽需要中压蒸汽减温减压才能满足需求，也有可能在某个周期内低压蒸汽出现过剩放空的情况。

蒸汽能量的梯级利用就是能量的数量和质量的充分利用。通过用能分析揭示能量的损失与浪费，得到合理的蒸汽动力系统运行方案。蒸汽逐级利用，主要是发挥蒸汽功热联产，回收产汽与用汽之间压差做功或发电。可以直接带动设备做功，利用效率较高，转换损失小，如催化气压机用背压透平直接驱动。也可以利用背压透平驱动发电机发电并入电网，如炼油企业自备电站的背压发电机组。

3. 回收余热

回收利用蒸汽余热、自发汽给新鲜水、除盐水、除氧水预热。加强余热余能的回收，可以有效提高系统热效率，在蒸汽使用后，部分蒸汽温度压力仍然较高，不进行回收利用会造成能量的浪费。冷凝水回收，可用于管网的加热、保温等工作，也可以代替蒸汽参数要求不高的生活用汽或者冬季采暖等。

4. 优化给水预热

单纯从动力厂内部热力循环来讲，无论是从经济性、能耗还是设备设计角度来讲，给水回热采用蒸汽是合理的。但是，放在炼油厂全局考虑，由于工艺装置存在较多的低温热源，现有这些热源通常被冷却水或者空气冷却，造成热量损失，而动力厂的给水则是很好的热阱，通过与工艺装置低温余热的集成换热，可以大大降低汽轮机的加热抽汽量，从而提高汽轮机的发电量或者降低汽轮机的耗汽量，提高全局能量利用效率。

5. 优化驱动源

炼厂的大部分工艺机泵的驱动负荷都是靠电机驱动，能源由蒸汽转化为电，能量转换过程增多，造成了较大的二次损失。采用汽机驱动可减少能量转化过程，但其效率要比大型汽机低，因此应权衡考虑汽机和电机的最优驱动方式。

第十章　循环水系统优化

在炼油企业中，循环冷却水系统是公用工程系统的重要组成部分，循环冷却水系统的能耗较高，对循环水系统进行系统节能优化，是炼油企业能量系统优化的重要内容。

循环冷却水由循环水泵送往生产装置中各换热器，以冷却工艺介质，冷却水本身温度升高，利用自身余压送往冷却塔顶部，在冷却塔中均匀地喷溅到填料上并形成水膜和水滴，通过塔体本身高度形成的自然拔风及塔顶风机的抽风，与落下的水滴和填料上的水膜进行热交换，通过蒸发、接触传热，水膜和水滴在下降的过程中逐渐变冷，冷却后落入塔底集水池。循环水系统流程图见图 10-1。

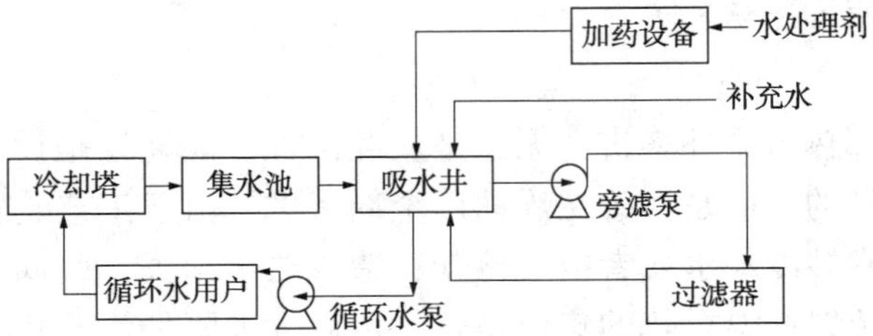

图 10-1　循环水系统流程图

空气在塔内上升过程中逐渐变热，最后由塔顶逸出，同时带走水蒸气，这部分水的损失称为蒸发损失。热水由塔顶向下喷溅时，由于外界风吹和风机抽吸的影响，循环水会有一定的飞溅损失和随空气带出的夹带损失，统称为风吹损失。因蒸发和风吹损失原因，水中各种矿物质和离子含量也不断被浓缩增加，为了维持各种矿物质和离子含量在某一水平，必须排出一定量的浓缩水，称为排污水；同时向系统补充一定量的冷却水以维持水池水位，通常称为补充水。

收集在塔底集水池的冷却水经管(渠)道流入吸水井，由循环水泵加压送至各装置，使用后的水再回到冷却塔冷却后重复利用。

为降低循环水浊度，循环水设有旁滤系统，部分循环水通过旁滤泵和旁滤设施过滤后重新返回系统。

循环水系统消耗的能源主要有电、补充水等，其中电耗占总能耗的 90% 以上。因此循环水处理系统的节电是循环水系统节能的根本，其中又以水泵和冷却塔风机为重点。循环水系统用电量较大的设备主要有循环水泵、旁滤水泵、冷却塔风机。

① 循环水泵。进入循环冷却水集水池的冷却水，由循环水泵提升后送往生产装置中各换热器，水泵运行要消耗大量的能量，占循环冷却水系统运行总能耗相当大的比例，与循环冷却水流量和要提升的扬程有关。

② 旁滤水泵。循环冷却水在循环冷却过程中，不断受到来自空气的污染和微生物滋生的危害，导致水的浊度上升，需设置旁滤系统以控制浊度。旁滤水泵耗电量的多少与旁滤水量和要提升的扬程有关。

③ 冷却塔风机。冷却塔顶风机转动消耗大量的电能，风机耗电量与冷却水量、冷却水温差、减速机效率等有关。

④ 补水消耗。循环冷却水在运行过程中，会因蒸发损失、风吹损失、排污损失等损失部分水量，为了系统平衡，需对系统补充一定量的冷却水，称为补充水。补充水的大小与循环水量、循环水实际温差、浓缩倍数、季节等因素有关。

由于循环冷却水电耗与补水率影响因素较多(如循环冷却水系统大小、供水压力高低、温差大小、浓缩倍数、季节因素、环境温度等)，因而在同一企业中的不同循环水系统其电耗与补水率的差值也相差很大。

炼油企业循环水系统优化内容和措施包括：

一、降低循环水量

1. 降低需求量

通过工艺装置优化降低工艺装置的冷却负荷，减少循环水的需求量。循环水系统运行要满足工艺装置要求，对工艺装置的能量优化、装置间的直供料等措施，会改变装置的循环水需求量，直接影响循环水系统优化的后续措施。因此首先结合工艺装置优化，降低循环水量和输送负荷，减小管路的流动阻力。通过热供料会停用循环冷却水，降低循环水装置能耗。

其次要核查工艺装置内的循环水冷却设备，在取热负荷一定时，循环水进出温差过小意味着冷却设备的传热面积小，在经济核算基础上决定是否更换冷却设备，如果经济上不合理，而循环水温升过小，可以考虑采用循环水串级利用。

2. 降低供水量

循环水温差决定着整个循环冷却水系统的循环量，在工艺热介质冷却负荷一定的情况下，循环水温差越高，循环冷却水的循环量越小，循环冷却水系统能耗也就越低。导致循环水系统进、回水温差较大的原因有：

① 换热器的设计不够优化。一方面，传热系数低，主要是流速低导致传热系数低，同时流速低，污垢容易沉积，污垢热阻增加；另一方面，换热面积不够，主要由于扩能改造后换热器利旧，导致冷却不够充分。

② 由于工艺介质性质的原因，循环冷却水出口温度难以提高。一些轻烃物料和气体介质的冷却由于传热系数低，换热器冷却水出入口温差一般都不高。

③ 循环冷却水的水质差。工艺装置为追求进、回大温差，将循环冷却水冷却器出口阀关很小，导致换热器中循环冷却水侧流速过低(一般不能低于 0.9m/s)，污垢更容易黏附在管层内表面，污垢热阻增加，冷却器传热系数降低，循环水温差自然也就降低。流速低严重时污泥沉积较多，还容易发生垢下腐蚀穿孔，工艺介质泄流到循环冷却水中，污染水质。循环水的浊度和黏附速率超标，导致换热器污垢热阻增加，换热效果变差。实际生产中，为满足工艺介质的冷却负荷，只能加大循环冷却水量，循环水温差就无法提高。

④ 管理方面不到位。管理分两个方面：一方面是各个生产装置的循环冷却水冷却器管理不完善；另一方面是水质管理不到位。

采用循环水串级利用，降低循环水系统的供水量。循环水串级利用是将循环水冷却器温差较小的循环水(比如塔顶油气冷却)串给冷却要求不高的循环水冷却器，达到循环冷却水的二次利用。通过循环水的重复利用、二次取热提高循环水温差，降低循环水的供水量。

循环冷却水的串级利用可以分为两种情况：一种情况是装置内部的流程优化，将循环冷却水冷却器温差较小的循环冷却水(比如塔顶油气冷却)串给对冷却要求不高的循环冷却水冷却器(比如最终产品的冷却)，达到循环冷却水的二次利用。另一种情况就是装置之间的循环冷却水大串联，将有些装置总的循环冷却水进回水温差小的串联给另外一个对冷却要求不高的装置。

但是串级利用会增加系统的压降，需要提高循环水泵的压头，因此实施串级利用时需要对水量和压头进行权衡做出决策。

【案例一】 装置内串级利用案例

某石化厂常减压装置减顶循冷却器和减三冷却器温差较小，减三冷却器对冷却要求不高，具有串级利用的潜力。减顶循冷却器循环冷却水串联给减三冷却器，优化后循环冷却水温差从4℃提高到7.7℃，节约循环冷却水量130t/h。如图10-2所示。

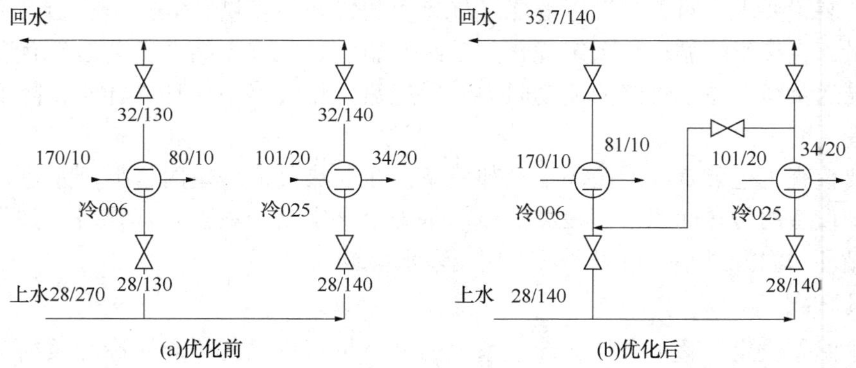

图10-2 循环水串级利用流程图

【案例二】 装置间串级利用案例

某石化厂气分车间总循环冷却水温差仅为2℃，循环冷却水量有870t/h。综合全厂考虑，采取就近原则和流量匹配，发现MTBE车间可满足要求。MTBE车间需要循环冷却水量490t/h，距离气分车间180m。将气分车间循环冷却水总管回水加跨线到MTBE车间上水总管上，同时增设管道泵保证供水压力。优化后可节约循环冷却水量490t/h，按该厂循环冷却水内部价格0.37元/t计，年效益为150万元，管线设备投资80万元。

二、降低循环水补水

1. 提高浓缩倍数

循环冷却水浓缩倍数是指循环冷却水的含盐量与其补充水含盐量之比。

提高循环冷却水浓缩倍数，可以降低补充水的用量，节约水资源；还可以减少排污量，从而减少对环境的污染和污水的处理量。此外，提高浓缩倍数还可以节约水处理剂的消耗量，从而降低冷却水的处理成本。

但是过多地提高浓缩倍数，会使循环冷却水中的硬度、碱度和浊度升得太高，水的结垢倾向增大很多，从而使控制结垢的难度增大；还会使循环冷却水中腐蚀性离子和腐蚀性物质的含量增加，水的腐蚀性增加，从而使控制腐蚀的难度增加；过多地提高浓缩倍数还会使药剂在冷却水系统内停留时间增长而水解。因此，冷却水的浓缩倍数需要优化权衡。

(1) 减少系统的保有水量

根据系统的实际状况，在保证安全平稳生产的基础上，可采取垫高集水池底部减少集水池有效深度、降低冷水池水位的方法，降低冷却塔集水池、冷水池的容量。

(2) 提高系统热负荷

调整换热器进、出口阀门的开度，适当减少循环水量，同时，根据季节、水温、水量及时调节冷却塔上塔阀门开度，使各塔布水均匀，从而使冷却塔进、出塔水温差接近设计值。

(3) 旁滤池处理效率

如在石英砾、砾石的基础上，增加新的滤料层，合理调整级配，提高旁滤池的截污能力，使循环水过滤后浊度降低率升高，从而改善循环冷却水水质。另外，可对旁滤池进行改造，如采用纤维素过滤器等。

(4) 强化管理，减少系统波动

加强水质监测力度和频次，发现异常数据(如浊度、pH 值、含油量)，及时排查，尽快找出并切断“泄漏源”；及早进行工艺处理，把工艺介质泄漏对系统的影响降至最低。严格控制生产装置任意向循环水系统回串水。加强对循环水地下管线的检查，防止管线因腐蚀泄漏；对系统构筑物、管网阀门等要定期检查、维护和保养。

(5) 优化清洗工艺

合理控制系统清洗频次，优化清洗方案，确保系统运行平稳，保证清洗效果，减轻清洗对浓缩倍数的影响。

2. 回用污水作循环水补水

炼油企业外排污水水质差，直接回用多数不能满足循环水补水要求，适度处理可以使外排污水水质达到回用循环水的要求。

三、降低循环水管阻压力

优化循环水的供水压力，包括管路、阀门供水压力，针对管路系统要优化阀门开度、合理配水分布等。

1. 增加管道泵

增加管道泵，满足高位供水压力，降低母管供水压力。对于存在高位冷却器的循环水系统，为了满足高位供水压力要求，会提高整个系统的母管压力，大大增加水泵能耗。对于存在此种情况的循环水系统，应优先采用独立设置管道泵的方式，单独为高位换热器供水，降低系统母管压力。

对于存在多个高位冷却器的循环水系统，可以建立泵压头管道特性与管道泵参数的数学模型，以系统运行费用和投资总费用最低为目标函数求解设立管道泵的条件。

2. 优化循环水的阀门及配水系统

优化循环水的阀门及配水系统。利用阀门控制，实现用水装置的按需分配，并始终保持管网的动态水力平衡。对多用户、多冷却塔的循环水系统，换热用户与冷却塔匹配方式直接影响循环水系统操作费用，通过建立模型可以寻找冷却塔组水流量平衡的高效输配。根据回水温度及环境温度，合理控制风机开停台数，实现冷却效率最大化。

通过对用户供水系统的调查，针对不同运行方式下的供水参数，如水泵和电机的运行状态、阀门开度、关键点的压力值、流量、水位高度、冷却塔状态、沿程管路阻力及各种末端设备的型号和工艺参数等，按最佳工况运行的原则，建立水力数学模型，解决水循外系统不匹配、低效率、过流量等引起的功率损耗问题，提高输送效率，实现能量优化。

3. 优化水冷器流速

循环水冷却器的对流换热系数与管内流体的流动状态有很大关系，提高循环水流速可改变冷却器内的流动状态，进而对传热系数产生影响。水冷器中循环水流速低于 0.5m/s 时易结垢，不利于设备的长周期运行，同时降低水冷器换热效率，需进行调整。但当流速提高到一定程度时，传热系数随着流速的提高而增速减慢，而换热器的压降增加幅度却很大，增加了循环水的消耗。

因此，在设计换热器时，可适当加大管内流速，以提高管内换热系数，强化管内传热。

四、提高设备效率

1. 切割水泵叶轮

这种方法只有在过载现象严重的情况下才使用，叶轮切割后会直接减小流量、降低运行功率，但水泵效率也随之降低，并且叶轮切割准确度差，效率会有折扣。

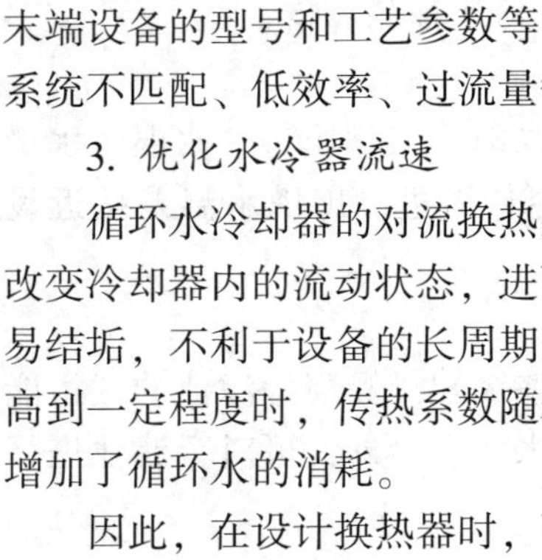

图 10-3 出口节流阀调节

2. 更换水泵

循环水系统更换水泵的改造措施，可以通过以下三方面实现：

① 回收循环水泵出口阀门节流能量损耗。循环水的管路系统是由管道、阀门、冷却塔、泵等构成，管路每一个元件的工作状态都会影响水力系统的特性曲线(即流量和压头的关系曲线)，同时循环水泵的流量和压头同样存在特定的关系曲线，即泵的特性曲线。循环水系统的流量降低时，通常的调节措施是通过关小出口阀门的开度来实现，在图 10-3 中，R_1 是出口阀门开度全开时的管路特性曲线，当出口阀门关小时，管路的流通阻力会加大，相应的管路特性曲线向左移动，变为如图 10-3 中 R_2 所示的状态。阀门本身节流所造成的压头损失为 h_3，因节流损失而多消耗的功率为：

$$\Delta N=\frac{h_3 Q_A \rho}{102\eta}$$

式中 ΔN——对应一定压头下的功率，kW；

h_3——出口阀门节流压头，m；

Q_A——管道流量，kg/h；

ρ——管道液体密度，kg/m^3；

η——机泵效率,%。

更换循环水泵，可以通过增加出口阀门开度、减小节流的能耗损失，降低水泵运行能耗。但是循环水泵出口阀保持一定的节流量是必要的，它是循环水系统特殊情况下增加系统操作弹性的裕量能力，因此更换水泵时，不宜将出口阀门完全打开作为设计条件。

② 校正循环水泵的运行，使其处于高效运行区。循环水泵的运行效率与泵的供水量有密切关系(如离心泵性能曲线所示)，循环水系统原设计中往往根据最大需水量，选择处于高效运行区的水泵设备，但是实际运行中的循环水量与设计水量会存在较大偏差，当改变出口阀门开度调节循环水量时，由于水泵流量变化，会导致循环水泵的运行效率偏离高效运行区，如图 10-4 所示。

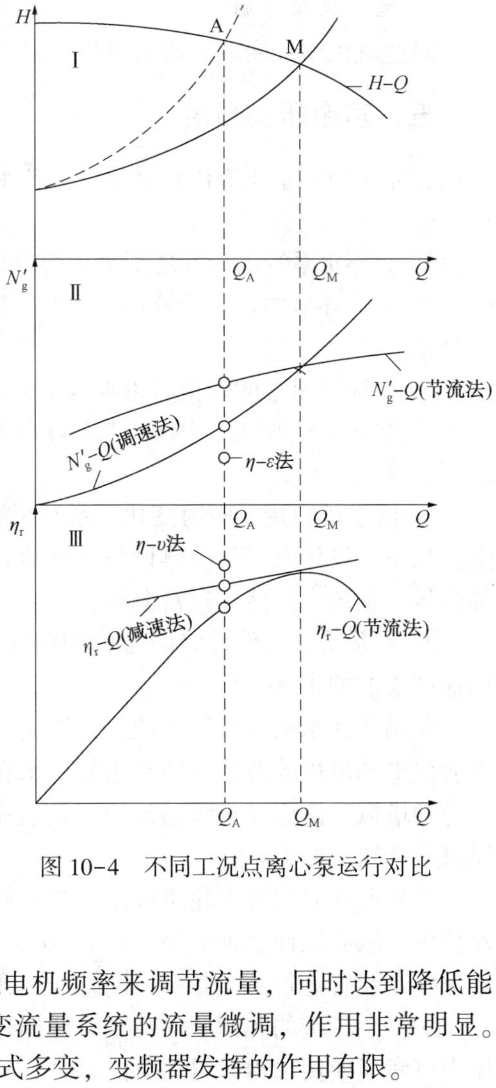

图 10-4 不同工况点离心泵运行对比

通过更换适合实际流量下的新泵，使水泵处于高效运行区间，降低供水能耗。同时，更换新泵、矫正水泵流量时，可以通过减少并联泵台数，降低并联泵边际流量递减带来的效率损失。

③ 水泵自身效率的提高，使单泵的效率改进。循环水泵的效率包括容积效率、水力效率和机械效率，其影响因素包括密封、流体损失、摩擦、泄漏等因素，这主要取决于水泵及机械制造水平的改进。水泵最高点效率往往在 80%~90%，在相同水量和压头工况下，如果最高点效率由 80%提高到 90%，其节能率也只有约 12.5%；同时水泵的运行不可能长期完全处于最高效率点，因此通过水泵本身效率提高带来的节能空间有限。

3. 采用变频技术

变频技术主要通过温差、压差或负荷信号改变电机频率来调节流量，同时达到降低能耗的目的。变频技术应用于末端流量精确配送或变流量系统的流量微调，作用非常明显。对于水泵并联、串联等复杂系统情况，主机运行模式多变，变频器发挥的作用有限。

4. 液力耦合器调速技术

液力耦合器技术是以液体为工作介质的一种非刚性联轴器，又称液力联轴器。液力耦合器的泵轮和涡轮组成一个可使液体循环流动的密闭工作腔，泵轮装在输入轴上，涡轮装在输出轴上。电动机带动输入轴旋转时，液体被离心式泵轮甩出。这种高速液体进入涡轮后即推动涡轮旋转，将从泵轮获得的能量传递给输出轴，最后液体返回泵轮，形成周而复始的流动。

液力耦合器靠液体与泵轮、涡轮的叶片相互作用产生动量矩的变化来传递扭矩。它的输出扭矩等于输入扭矩减去摩擦力矩，所以它的输出扭矩恒小于输入扭矩。

液力耦合器的特点是：输入轴与输出轴间靠液体联系，工作构件间不存在刚性连接，能消除冲击和振动；输出转速低于输入转速，两轴的转速差随载荷的增大而增加；过载保护性能和启动性能好，载荷过大造成停转时输入轴仍可转动，不致造成动力件的损坏；当载荷减小时，输出轴转速增加直到接近于输入轴的转速，使传递扭矩趋于零。

5. 优化风机运行

通过风机增加变频，改变风机叶扇角度等措施优化供水温度。

五、富余压头利用

在完成循环水压头优化之后，循环水回水的压力会大大降低，但有时还会有富余压头，其原因包括：

① 循环水系统的冷却塔所处地势较低，而冷却设备台位较高。

② 设计环节中，在计算设备和管路阻损、提升高度、输送距离等条件时，放大了压头的余量。

③ 在计算出总的阻损后再乘以 1.1~1.3 倍的系数，并以此作为水泵选型的依据。

④ 在水泵选型时，因没有恰好与选定参数一致的扬程，而往往选择扬程较大的水泵。

⑤ 由于用户用量瞬时变化，水泵系统在设计时不仅具有富余扬程，而且还具有富余流量。在系统设计时，从换热设备热负荷、换热面积到冷却水需求量的各个环节均放有一定的余量，系统中必然存在富余扬程。

⑥ 水泵系统在设计时因考虑到汽蚀、结垢等原因会使效率降低，因此留有富余扬程，以保证长期的正常运行。

若循环回水的富余压头较高，能满足驱动水轮机并带动冷却塔风机，则可进行水轮风机替代电动风机的改造。即利用循环水存在一定程度的富余能量作为水轮机动能，将传统的冷却塔风机由电动机驱动改为水轮机驱动，同时取消电动机和减速箱系统。冷却塔水轮风机示意图见图 10-5。

循环回水先通过水轮机推动水轮机旋转做功后再进入循环水配水系统。水轮机结构相对简单，因此维修量明显减少，故障率降低。在不改变循环水系统其他设计参数情况下，保证生产装置运行不受影响，同时能达到节能目的。

对富余压头的利用要立足于降低循环水系统回水压力基础之上，对于无法消除的富余压力再考虑使用水力风机的节能方法。

六、循环水回水热量利用

循环水富余热量可以设计采用热泵技术提高热量温位，用于用户端生活热水，目前在电力循环水系统已有应用的报道，炼油企业可以尝试采用。尤其对冬季而言，循环水回水

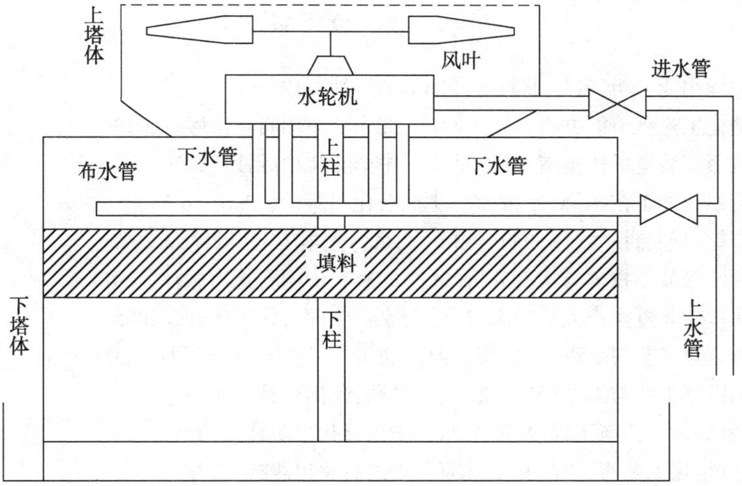

图 10-5　冷却塔水轮风机示意图

温度为 30~35℃，对于温度为 5~8℃的冬季空气，循环水回水可以作为预热加热炉空气热源使用。

扫码获取更多学习资料

参 考 文 献

[1] 华贲．工艺过程用能分析[M]．北京．烃加工出版社，1989.
[2] 陈安民．石油化工过程节能方法与技术[M]．北京：中国石化出版社，1995.
[3] 王宾．常减压蒸馏装置操作指南[M]．北京：中国石化出版社，2020.
[4] 张德义．含硫原油加工技术[M]．北京：中国石化出版社，2003.
[5] 冯霄．化工节能原理与技术(第四版)[M]．北京：化学工业出版社，2015.
[6] 章建华．炼油装置节能技术与实例分析[M]．北京，中国石化出版社，2011.
[7] 刘英聚．催化裂化装置操作人员指南[M]．北京：中国石化出版社，2005.
[8] 陈俊武．催化裂化工艺与工程(第二版)[M]．北京：中国石化出版社，2005.
[9] 徐承恩．催化重整工艺与工程[M]．北京：中国石化出版社，2009.
[10] 李大东．加氢处理工艺与工程[M]．北京：中国石化出版社，2004.
[11] 方向晨．加氢裂化工艺与工程[M]．北京：中国石化出版社，2017.
[12] 李立权．加氢裂化装置工艺计算与技术分析[M]．北京：中国石化出版社，2009.
[13] 胡尧良．延迟焦化装置技术手册[M]．北京：中国石化出版社，2013.
[14] 瞿国华．延迟焦化工艺与工程[M]．北京：中国石化出版社，2007.
[15] 候芙生．炼油工程师手册[M]．北京：石油工业出版社，1995.
[16] 化工部热工涉及技术中心站．热能工程设计手册[M]．北京：化学工业出版社，1998.
[17] 林世雄．石油炼制工程[M]．北京：石油工业出版社，2009.
[18] 曹湘洪．石油化工流程模拟技术进展及应用[M]．北京：中国石化出版社，2009.
[19] 张瑞生．过程系统工程概论[M]．北京：科学出版社，2001.
[20] 钱家麟．管式加热炉[M]．北京：中国石化出版社，2002.
[21] 姚平经．全过程系统能量优化综合[M]．大连：大连理工大学出版社，1995.